普通高等教育“十三五”规划教材

机械制造基础

主　编　张平宽
副主编　王慧霖　温淑花

北　京
冶金工业出版社
2024

内 容 提 要

本书以机械制造工艺为主线，较全面地介绍了零件机械加工过程中所涉及的金属切削、表面成形、机床装备、加工工艺、机器装配等基本知识，及现代制造技术和系统。具体内容有：机械加工工艺过程设计；去除加工原理、方法及其装备；机床夹具设计；机械结构工艺性；机械加工质量与精度；机器装配工艺过程设计；现代加工工艺和系统。

本书为高等工科院校机械类专业教材，也可供工厂、院所从事机械制造、机械设计工作的工程技术人员学习参考。

图书在版编目(CIP)数据

机械制造基础/张平宽主编．—北京：冶金工业出版社，2020.7（2024.1 重印）

普通高等教育“十三五”规划教材

ISBN 978-7-5024-8332-6

Ⅰ.①机…　Ⅱ.①张…　Ⅲ.①机械制造—高等学校—教材　Ⅳ.①TH

中国版本图书馆 CIP 数据核字（2019）第 267227 号

机械制造基础

出版发行　冶金工业出版社　　**电　　话**　(010)64027926

地　　址　北京市东城区嵩祝院北巷 39 号　　**邮　　编**　100009

网　　址　www.mip1953.com　　**电子信箱**　service@mip1953.com

责任编辑　戈　兰　郭雅欣　美术编辑　彭子赫　版式设计　孙跃红

责任校对　石　静　责任印制　窦　唯

三河市双峰印刷装订有限公司印刷

2020 年 7 月第 1 版，2024 年 1 月第 4 次印刷

787mm×1092mm　1/16；19.75 印张；479 千字；306 页

定价 49.00 元

投稿电话　**(010)64027932**　**投稿信箱**　**tougao@cnmip.com.cn**

营销中心电话　**(010)64044283**

冶金工业出版社天猫旗舰店　**yjgycbs.tmall.com**

（本书如有印装质量问题，本社营销中心负责退换）

前　言

"机械制造基础"是机械类专业学生的一门专业基础课，近年来出版的类似教材有不少，普遍反映是这门课的内容多、课时少、系统性差，对教师的专业知识面要求高，学生上手难度大。本教材针对此问题做了大量工作，结合我校实际情况，以及编写组老师的多年教学经验，经过多次讨论编写了本教材的大纲，并征求了相关院校的意见，经出版社编辑审查，同意在此基础上编写。

通过对机械类专业培养计划的分析，进一步明确了"机械制造基础"课程的主要目的是让学生掌握与设计密切相关的机械制造知识。因此，在对相关知识进行仔细研究的基础上，决定本教材应该着重解决如下6个问题：

（1）刀具性能与被切材料性能之间的关系问题。

（2）刀具形状、被加工零件及表面形状与机床的关系问题。

（3）零件精度要求、自身形状及其实现方法的关系问题。

（4）机械零件的结构与其制造可能性及方便性的关系问题（包括零件结构与机器装配可能性与方便性的关系问题）。

（5）机器精度与相关零件精度的关系问题。

（6）机器使用性能与相关零件制造质量的关系问题。

本教材的大纲就是围绕上述6个问题展开，与其他同类教材相比，内容更精简，重点更突出。

本教材由太原科技大学张平宽教授任主编，王慧霖副教授、温淑花教授任副主编。参加本教材各章编写的都是讲授该课多年的太原科技大学教师：第1章由王友利副教授编写；第2章由马国红博士编写；第3章、第7章由王慧霖副教授编写；第4章由张平宽教授编写；第5章由郝建军讲师编写；第6章由温淑花教授编写；第8章由杜娟教授编写。

由于我们的水平和认识层次有限，书中难免存在不妥之处，欢迎广大读者批评指正。

编　者

2020年5月

目　　录

机械制造过程概述

1.1 机械产品的生产过程

机械产品的生产过程是指从原材料进厂到该机械产品出厂的全部劳动过程的总和。一台机械产品的生产过程包括的内容有以下几点：

（1）原材料（或半成品）、元器件、标准件、工具、夹具等设备的购置、运输、检验和保管。

（2）生产技术准备工作：如编制工艺文件，专用工装及设备的设计与制造等。

（3）毛坯的制造。

（4）零件的机械加工及热处理。

（5）产品装配与调试、性能试验以及产品的包装、发运等工作。

根据机械产品的复杂程度的不同，工厂的生产过程又可按车间分为若干车间的生产过程。某一车间的原材料可能是另一车间的成品，而它的成品又可能是其他车间的原材料。例如，锻造车间的成品是机械加工车间的原材料，机械加工车间的成品又是装配车间的原材料等。

1.2 机械加工工艺过程的概念及组成

1.2.1 机械加工工艺过程

在生产过程中凡直接改变生产对象的尺寸、形状、性能（包括物理性能、化学性能、力学性能等）以及相对位置关系的过程，统称为工艺过程。它是生产过程中的主要部分。按照工艺过程中的任务、性质不同，可将其分为机械加工工艺过程、热处理工艺过程和装配工艺过程等。采用机械加工的方法（例如，切削加工、磨削加工、电加工、超声加工、电子束及离子束加工等），直接改变毛坯的形状、尺寸和表面质量等，使其成为零件的过程称为机械加工工艺过程。在热处理车间，对机器零件的半成品通过各种热处理方法直接改变它们的材料性能的过程，称为热处理工艺过程。将合格的机器零件和外购件、标准件装配成组件、部件和机器的过程，称为装配工艺过程。本节只研究机械加工工艺过程，以下简称为工艺过程。

1.2.2 机械加工工艺过程组成

机械加工工艺过程往往是比较复杂的。为保证产品质量、有效组织生产，将机械加工工艺过程划分为若干个按一定顺序排列的工序组成，工序又可细分为安装、工位、工步、走刀等。毛坯依次通过这些工序变为成品。

1.2.2.1　工序

工序是指在一个工作地（如一台机床或一个钳工台）对一个（或同时对几个）工件连续完成的那部分工艺过程。划分工序的主要依据是工作地是否变动和工艺过程是否连续。

一个工艺过程需要包括哪些工序，由被加工零件的结构复杂程度、加工精度要求及生产类型（生产规模、加工条件不同）所决定。如图 1-1 所示的圆盘零件，因不同的生产批量，就有不同的工艺过程及工序，见表 1-1 和表 1-2。

工序是组成工艺过程的基本单元，也是制定生产计划、进行经济核算的基本单元。

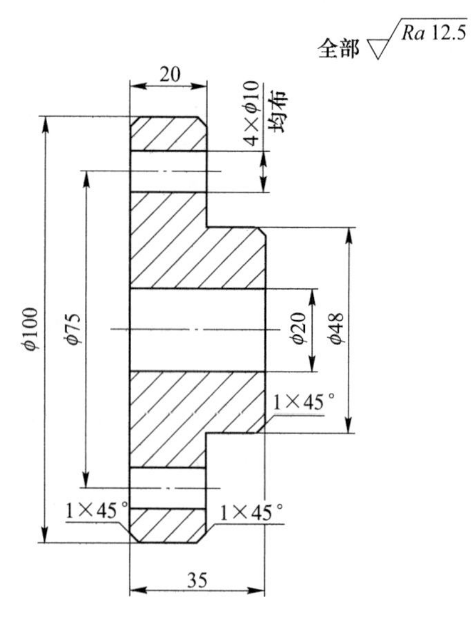

图 1-1　圆盘零件

表 1-1　圆盘零件单件小批机械加工工艺过程

工序号	工序名称	安装	工步	工 序 内 容	设备
1	车削	（一）	 （1） （2） （3） （4）	（用三爪卡盘夹紧毛坯小端外圆） 车大端端面 车大端外圆至 ϕ100mm 钻 ϕ20mm 孔 倒角	车床
		（二）	 （5） （6） （7）	（调头，三爪卡盘夹紧大端外圆） 车小端端面，保证尺寸 35mm 车小端外圆至 ϕ48mm，保证尺寸 20mm 倒角	
2	画线			画出 4×ϕ10mm 孔位置线	画线平台
3	钻削	（一）	 （1） （2）	（工件依次按线找正、夹紧 4 次） 钻孔 4×ϕ10mm 修孔口的锐边及毛刺	钻床

表 1-2　圆盘零件成批机械加工工艺过程

工序号	工序名称	安装	工步	工 序 内 容	设备
1	车削	（一）	 （1） （2） （3） （4）	（用三爪自定心卡盘夹紧毛坯小端外圆） 车大端端面 车大端外圆至 ϕ100mm 钻 ϕ20mm 孔 倒角	车床

续表 1-2

工序号	工序名称	安装	工步	工 序 内 容	设备
2	车削	(一)	 (1) (2) (3)	(以大端面及涨胎心轴) 车小端端面，保证尺寸 35mm 车小端外圆至 ϕ48mm，保证尺寸 20mm 倒角	车床
3	钻削	(一)	(1)	(钻床夹具) 钻孔 4×ϕ10mm	钻床
4	钳	(一)	(1)	修孔口的锐边及毛刺	

1.2.2.2　安装

工件加工前，使其在机床或夹具中相对于刀具占据正确位置并给予固定的过程，称为装夹。工件经一次装夹后所完成的那一部分加工内容称为安装。

在一道工序中可能有一个或多个安装。表 1-1 中工序 1 有两个安装，工序 3 有四个安装。加工中尽量减小装夹次数，多一次装夹就多一次装夹误差，又增加了装卸等辅助时间。

1.2.2.3　工位

为减少装夹次数，常采用多工位夹具或多轴（多工位）机床，使工件在一次安装后先后经过若干个不同位置顺次进行加工。在一次装夹后，工件在机床上所占的每个位置上所完成那一部分加工内容称为工位。

在一次安装后，可能有一个或多个工位。表 1-2 中工序 1、工序 2 各有一个工位，工序 3（当采用回转夹具时）有四个工位。采用多工位加工，可提高生产率和保证被加工表面的相互位置精度。

可以看出，如果一个工序只有一次安装，并且该安装只有一个工位，则工序内容就是安装内容，同时也是工位内容。

1.2.2.4　工步

当被加工表面、切削刀具、切削速度和进给量都不变的情况下所完成的那部分加工内容称为工步。当构成工步的任一因素改变后，即成为新的工步。工步是构成工序的基本单元。

一个工序可以只包括一个工步，也可以包括几个工步。表 1-2 中工序 1 有四个工步，工序 2 有四个工步，工序 3（当采用回转夹具时）有四个工步或工序 3（当采用多轴钻夹具时）有一个工步。

为简化工艺文件，对于那些连续进行的若干相同的工步即重复工步，通常仅填写一个工步，如表 1-1 中工序 3，钻孔 4×ϕ10mm。

为了提高生产率，常将几个待加工表面用几把刀具同时加工，这种由刀具合并起来的工步可看作一个工步，称为复合工步。图 1-2 是用转塔车床的转塔刀架同时加工齿轮内孔和外圆即为复合工步。

1.2.2.5　走刀

在一个工步中，若被加工表面切去的金属层很厚，或为了提高加工质量时，往往需要对同一表面进行多次切削。刀具相对工件加工表面进行一次切削所完成的那部分加工内容，称为走刀（又称工作行程）。

每个工步可包括一次走刀或几次走刀。如图 1-3 所示为用棒料制造阶梯轴的情形，其中第二工步中就包括了两次走刀。

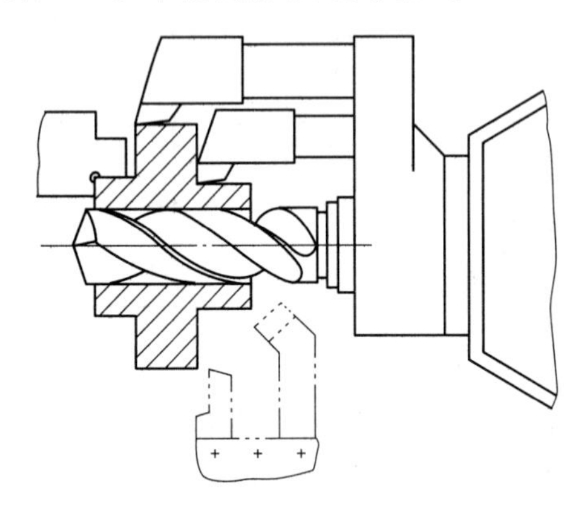

图 1-2 立轴转塔车床的一个复合工步

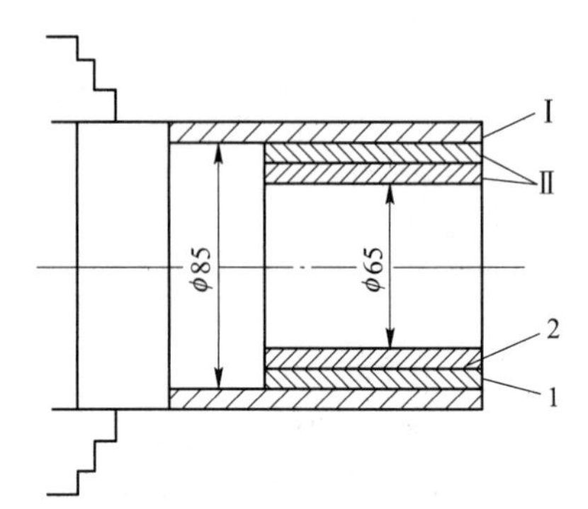

图 1-3 走刀示例

Ⅰ—第一工步（在 $\phi85$mm 处）；

Ⅱ—第二工步（在 $\phi65$mm 处）；

1—第二工步第一次走刀；2—第二工步第二次走刀

综上分析可知，工艺过程的组成是很复杂的，工艺过程由许多工序组成，一个工序可能有几个安装，一个安装可能有几个工位，一个工位可能有几个工步，一个工步可能有几个走刀。

1.3 生产纲领和生产类型

不同的生产类型，其生产过程和生产组织、车间的机床布置、毛坯的制造方法、采用的工艺装备、加工方法以及工人的熟练程度等都有很大的不同，因此在制定工艺路线时必须明确该产品的生产类型。

各种机械产品的结构、技术要求等差异很大，但它们的制造工艺则存在着很多共同的特征，这些共同的特征取决于企业的生产类型，而企业的生产类型又由企业的生产纲领决定。

1.3.1 生产纲领

生产纲领是指企业在计划期内应当生产的产品产量和进度计划。产品的年生产纲领就是产品的年生产量，它是包括备品、备件在内的产品的年总产量。零件的年生产纲领由下式计算：

$$N = Qn(1 + a)(1 + b) \tag{1-1}$$

式中，N 为零件的生产纲领，件/年；Q 为产品的年产量，台/年；n 为单台产品所需该零件的数量，件/台；a 为备品率，以百分数计；b 为废品率，以百分数计。

1.3.2 生产类型及其工艺特点

生产类型是指企业（或车间）生产专业化程度的分类。生产批量是指一次投入或产出的同一产品（或零件）的数量。一般根据零件的生产纲领或生产批量，并考虑产品的体积、重量和其他特征，把机械制造生产类型划分为以下三种类型：

（1）单件生产：单个的生产不同结构和不同尺寸的产品，并很少重复或不重复生产。例如重型机械厂或机修车间的生产及新产品试制等。特点：产品的种类繁多，数量单一。

（2）成批生产：一年中分批、分期地制造相同产品，制造过程有一定的重复性。例如，机床制造、食品机械、工程机械、电动机的生产等多属于成批生产。特点：生产品种较多，每种品种均有一定数量，各种产品分批、分期轮番进行生产。

成批生产中，每批投入或产出的同一零件或产品的数量，称为批量。根据批量的大小，成批生产又可分为小批生产、中批生产和大批生产。由于小批生产与单件生产的工艺特点相似，大批生产与大量生产的工艺特点比较接近，生产中常将它们合在一起，称为单件小批生产和大批大量生产。而成批生产仅指中批生产。

（3）大量生产：同一种零件（或产品）的制造数量很大，大多数工作地点经常重复地进行某一零件的某一道工序的加工。例如自行车、汽车、轴承等的生产大都是以大量生产的方式进行的。特点：产品品种少、产量大，长期重复进行同一产品的加工。

各种生产类型的规范见表1-3。生产类型不同，其工艺特点有很大差别，见表1-4。

表1-3 生产类型与生产纲领

生产类型		同种零件的年产量/件		
		重型机械	中型机械	小型机械
单件生产		<5	<20	<100
成批生产	小批生产	5~100	20~200	100~500
	中批生产	100~300	200~500	500~5000
	大批生产	300~1000	500~5000	5000~50000
大量生产		>1000	>5000	>50000

表1-4 各种生产类型工艺过程的主要特点

工艺特征	生产类型		
	单件小批生产	成批生产	大批大量生产
产品数量	少	中等	大量
加工对象	经常变换	周期性变换	固定不变
工件的互换性	一般是配对制造，没有互换性，广泛用钳工修配	大部分有互换性，少数用钳工修配	全部有互换性，某些精度较高的配合件用分组选择装配法
毛坯的制造方法及加工余量	铸件用木模手工造型，锻件用自由锻；毛坯精度低，加工余量大	部分铸件用金属模，部分锻件用模锻；毛坯精度中等，加工余量中等	铸件广泛采用金属模机器造型，锻件广泛采用模锻，以及其他高生产率的毛坯制造方法；毛坯精度高，加工余量小
机床设备及其布置	采用通用机床、数控机床或加工中心，按机群布置	采用通用和部分专用设备，按工艺路线布置成流水线	广泛采用高效率专用设备和自动生产线

续表 1-2

工艺特征	生产类型		
	单件小批生产	成批生产	大批大量生产
夹具和工具	多用标准附件，极少采用专用夹具和特种夹具	广泛采用专用夹具和特种夹具	广泛采用高效率专用夹具和特种夹具
刀具与量具	采用通用刀具和万能量具	部分地采用专用刀具及专用量具	广泛采用高效率刀具和量具，或采用统计分析法保证质量
对工人的要求	需要技术熟练的工人	需要一定熟练程度的工人和编程技术人员	对操作工人的技术要求较低，对生产线维护人员要求有高的素质
工艺规程	有简单的工艺路线卡	有工艺规程，对关键零件有详细的工艺规程	有详细的工艺规程
生产成本	高	中	低
生产率	低	中	高

随着市场需求的变化和先进制造技术的发展及其广泛应用，传统的生产制造方式正在发生巨大的变化，各种生产类型的工艺特点也在逐渐发生变化，并存在向柔性化的方向发展的总趋势。

1.4 工件的安装及机械加工精度概述

1.4.1 机械加工精度概述

1.4.1.1 机械加工精度

机械加工精度是指加工后零件表面的实际几何参数（尺寸、形状和各表面间相互位置）与图纸要求的理想几何参数的符合程度。理想的几何参数，对尺寸而言，就是平均尺寸；对表面几何形状而言，就是绝对的圆、圆柱、平面、锥面和直线等；对表面之间的相互位置而言，就是绝对的平行、垂直、同轴、对称等。零件实际几何参数与理想几何参数的偏离数值称为加工误差，对于一批零件的加工误差是指一批零件加工后，其几何参数的分散范围。

加工精度与加工误差都是评价加工表面几何参数的术语。加工精度用公差等级衡量，等级值越小，其精度越高；加工误差用数值表示，数值越大，其误差越大。加工精度高，就是加工误差小，反之亦然。

任何加工方法所得到的实际参数都不会绝对准确，从零件的功能看，只要加工误差在零件图要求的公差范围内，就认为保证了加工精度。

加工精度包括三个方面内容：

（1）尺寸精度：指加工后零件的实际尺寸与零件尺寸的公差带中心的相符合程度。

（2）形状精度：指加工后的零件表面的实际几何形状与理想的几何形状的相符合程度。

（3）位置精度：指加工后零件有关表面之间的实际位置与理想位置的相符合程度。

零件加工的尺寸精度、形状精度和位置精度之间是有联系的。一般情况下，形状误差应限制在位置公差之内，而位置误差又应限制在尺寸公差之内。即当尺寸精度要求高时，相应的形状精度和位置精度也要求高。但形状精度要求高时，相应的位置精度和尺寸精度不一定要求高，这与零件的使用性能要求有关。

1.4.1.2 获得机械加工精度的方法

A 获得尺寸精度的方法

（1）试切法。加工时先在零件上试切出很小部分加工表面，测量试切所得的尺寸，按照加工要求适当调整刀具切削刃相对工件的位置，再试切，再测量，如此经过两三次试切和测量，当被加工尺寸达到要求后，再切削整个待加工表面。试切法达到的尺寸精度取决于机床的调整、刀具的刃磨、计量器具的精度和工人技术水平，可获得较高精度，也不需要复杂的装置，但这种方法费时（需作多次调整、试切、测量、计算），效率低，质量不稳定，常用于单件、小批生产或高精度零件的加工。

（2）调整法。预先用样件或标准件调整好刀具与工件的相对位置，并在一批零件的加工过程中保持这个位置不变，从而获得零件所需的尺寸精度。调整法比试切法的加工精度稳定性好，有较高的生产率，对机床操作工的要求不高，但对机床调整工的要求高，常用于成批、大量生产。

（3）定尺寸刀具法。零件的尺寸精度是由刀具的相应尺寸保证的，如钻孔、铰孔等。加工精度取决于刀具的尺寸精度和磨损及刀具与工件的位置精度，为了消除刀具与工件位置误差对加工精度的影响，可采用将刀具与机床主轴浮动连接的方法来解决。定尺寸刀具法操作方便，生产率较高，加工精度比较稳定，几乎与工人的技术水平无关，在各种类型的生产中广泛应用。

（4）自动控制法。将测量、进给装置和控制系统组成一个自动加工系统，通过自动测量和数字控制装置，在达到尺寸精度后自动停止加工。自动控制法加工精度取决于自动加工系统，加工质量稳定、生产率高、加工柔性好、能适应多品种生产，是目前机械制造的发展方向和计算机辅助制造（computer aided manufacturing，CAM）的基础。

B 获得形状精度的方法

（1）成形运动法。由机床提供的刀具与工件相对运动来获得所要求的零件表面形状，如2.2节所介绍的轨迹法、成形法、展成法等，常用于加工圆柱面、圆锥面、平面、球面、曲面、螺旋面和齿面等。形状精度主要取决于成形运动的精度、刀刃形状精度等。

（2）非成形运动法。通过对加工表面形状的检测，由工人对其进行相应的修整加工，以获得所要求的形状精度。这一过程也可自动完成，属于逐点成形。尽管非成形运动法是获得零件表面形状精度最原始的方法，效率也相对低，但当零件形状精度要求很高（超过现有机床设备所能提供的成形运动精度）或表面形状比较复杂时，常常用此方法。如0级平板的加工，就是通过三块平板配刮方法来保证其平面度要求的。

C 获得位置精度的方法

（1）一次安装获得法。零件表面的位置精度在一次安装中，由刀具相对于工件的成形运动位置关系保证。例如，轴类零件一次安装加工各外圆柱面获得同轴度位置精度，主要是靠轴的回转轴线与顶尖轴线重合来保证的；而齿坯在车床上一次安装加工端面与内孔获得垂直度位置精度，主要是靠车床横向溜板（刀尖）运动轨迹与车床主轴回转中心线的垂直度来保证的。

（2）多次安装获得法。通过刀具相对工件的成形运动与工件定位基准面之间的位置关系来保证零件表面的位置精度。例如，精度要求高的轴类零件上外圆柱面与顶尖孔的同轴度、机床主轴加工时端面与内孔垂直等。

（3）找正获得法。利用人工，而不是依靠机床精度，对工件的相关表面进行反复的检测和加工，使之达到零件的位置精度要求。

1.4.2 工件的安装

上述前两种获得位置精度的方法都与工件的装夹方式有关，位置精度也主要取决于工件的装夹方式及其精度。工件的装夹方式有：

（1）直接找正装夹。此法是用划针、百分表、千分表等工具或通过目测直接在机床上找正工件位置的装夹方法。定位精度与找正用的工具精度、工人的技术水平有关。这种装夹方法生产率低，适合于单件小批生产且零件结构简单或精度要求特别高的生产中使用。

（2）画线找正装夹。此法是用划针根据毛坯或半成品上所画的线为基准找正它在机床正确位置的装夹方法。这种装夹方法生产率低，精度不高，且对工人技术水平要求高，一般用于单件小批生产中加工复杂而笨重的零件，或毛坯尺寸公差大而无法直接用夹具装夹的场合。

（3）夹具装夹。此法是直接由夹具来保证工件在机床上的正确位置并在夹具上直接夹紧工件的装夹方法。这种装夹方法不需要找正，生产率高，定位精度高而且稳定，但需要设计、制造专用夹具，广泛用于成批及大量生产。

1.5 机械加工工艺规程概述

规定产品或零部件制造工艺过程和操作方法等的工艺文件称为工艺规程。其中，规定零件机械加工工艺过程和操作方法等的工艺文件称为机械加工工艺规程。

它是在具体的生产条件下，最合理或较合理的工艺过程和操作方法，并按规定的形式书写成工艺文件，经审批后用来指导生产实践。工艺规程中包含各个工序的排列顺序、加工尺寸、公差及技术要求、工艺设备及工艺措施、切削用量及工时定额等内容。

1.5.1 机械加工工艺规程的作用

正确的机械加工工艺规程是在总结长期的生产实践的基础上，依据科学理论和必要的工艺试验而制订的，并通过生产实践过程不断地改进和完善。机械加工工艺规程的作用有以下三个方面：

（1）机械加工工艺规程是生产准备的主要依据。在产品投入生产之前需要进行一系列的准备工作，如原材料和毛坯的供应，机床的调整，专用工艺装备（如专用夹具、刀具和量具）的设计与制造，生产作业计划的编排，劳动力的组织，以及生产成本的核算等，这些内容都可以依据机械加工工艺规程获得。

（2）机械加工工艺规程是组织车间生产和计划调度的指导性技术文件。机械加工工艺规程是车间中一切从事生产的人员都要严格遵守，认真贯彻执行的工艺技术文件。它是顺利组织生产，实现各工序科学衔接的必要保证。按照它进行生产，就可以保证产品质量、并获得较高的生产率和较好的经济效益。有了机械加工工艺规程，就可以制定所生产产品的进度计划和相应的调度计划，从而使生产均衡，并且顺利进行。

（3）机械加工工艺规程是新建或扩建工厂、车间的主要技术文件。在新建或扩建工厂、车间时，只有根据机械加工工艺规程，才能准确确定生产所需机床的种类和数量，工厂或车间的面积，机床的平面布置，生产工人的工种、等级、数量，以及各辅助部门的安排等。

总之，零件的机械加工工艺规程是每个机械制造厂或加工车间必不可少的技术文件，生产前用它做生产的准备，生产中用它做生产的指挥，生产后用它做生产的检验。

1.5.2 机械加工工艺规程的格式

通常，机械加工工艺规程被填写成表格（卡片）的形式。在我国各机械制造厂使用的机械加工工艺规程表格的形式不尽一致，但是其基本内容是相同的。在单件小批生产中，一般只编写简单的机械加工工艺过程卡片；在中批生产中，多采用机械加工工艺卡片；在大批大量生产中，则要求有详细和完整的工艺文件，要求各工序都要有机械加工工序卡；对半自动及自动机床，则要求有机床调整卡，对检验工序则要求有检验工序卡等。

其中，最常用的是：机械加工工艺过程卡、机械加工工艺卡和机械加工工序卡。

1.5.2.1 机械加工工艺过程卡

机械加工工艺过程卡是以工序为单位，简要说明产品或零、部件的加工过程的一种工艺文件。该卡片主要列出零件加工所经过的工艺路线（包括毛坯制造、机械加工、热处理等），是制定其他工艺文件的基础，也是生产技术准备、编制作业计划和组织生产的依据。由于这种卡片对各工序的说明不够具体，一般不能直接指导操作者操作，而多作为生产管理方面使用。其格式见表1-5。主要应用于单件、小批生产。

表1-5　机械加工工艺过程卡

<table>
<tr><td colspan="2" rowspan="2"></td><td colspan="2" rowspan="2">机械加工工艺过程卡</td><td>产品型号</td><td colspan="2"></td><td colspan="2">零(部)件图号</td><td colspan="2"></td><td colspan="2">共　页</td></tr>
<tr><td>产品名称</td><td colspan="2"></td><td colspan="2">零(部)件名称</td><td colspan="2"></td><td colspan="2">第　页</td></tr>
<tr><td>材料牌号</td><td></td><td>毛坯种类</td><td></td><td>毛坯外形尺寸</td><td></td><td colspan="2">每毛坯件数</td><td></td><td>每台件数</td><td></td><td>备注</td><td></td></tr>
<tr><td rowspan="2">工序号</td><td rowspan="2">工序名称</td><td colspan="3" rowspan="2">工序内容</td><td rowspan="2">车间</td><td rowspan="2">工段</td><td rowspan="2">设备</td><td colspan="3" rowspan="2">工艺装备</td><td colspan="2">工时</td></tr>
<tr><td>单件</td><td>准终</td></tr>
<tr><td></td><td></td><td colspan="3"></td><td></td><td></td><td></td><td colspan="3"></td><td></td><td></td></tr>
<tr><td colspan="10"></td><td>编制(日期)</td><td>审核(日期)</td><td>会签(日期)</td></tr>
<tr><td>标记</td><td>处记</td><td>更改文件号</td><td>签字</td><td>日期</td><td>标记</td><td>处记</td><td>更改文件号</td><td>签字</td><td>日期</td><td></td><td></td><td></td></tr>
</table>

1.5.2.2 机械加工工艺卡

机械加工工艺卡是按产品或零、部件的某一工艺阶段编制的一种工艺文件。它以工序为单元，详细说明产品（或零、部件）在某一工艺阶段中的工序号、工序名称、工序内容、工艺参数、操作要求以及采用的设备和工艺装备等。重要工序要画出工序简图。其格式见表1-6。主要应用于成批生产，以及单件、小批生产中的重要零件。

表 1-6 机械加工工艺卡

			机械加工工艺卡		产品型号				零(部)件图号				共 页		
					产品名称				零(部)件名称				第 页		
材料牌号		毛坯种类			毛坯外形尺寸				每毛坯件数		每台件数		备注		
工序	装夹	工步	工序内容	同时加工零件数	切削用量				设备名称及编号	工艺装备名称及编号			技术等级	工时定额	
					背吃刀量/mm	切削速度/(m/min)	每分钟转数或往复次数	进给量/(mm/r或mm/双行程)		夹具	刀具	量具		单件	准终
										编制(日期)	审核(日期)	会签(日期)			
标记	处记	更改文件号	签字	日期	标记	处记	更改文件号	签字	日期						

1.5.2.3 机械加工工序卡

机械加工工序卡是用来指导生产的一种详细的工艺文件。它详细地说明该工序中的每个工步的加工内容、工艺参数、操作要求、所用设备和工艺装备等。一般都有工序简图，注明该工序的加工表面和应达到的尺寸公差、形位公差和表面粗糙度值等。其格式见表1-7。主要应用于大批大量生产中所有零件，中批生产中的重要零件和单件小批生产中的关键工序。

1.5.3 机械加工工艺规程的制定原则

制定工艺规程的原则是，在一定的生产条件下，以最少的劳动消耗和最低的成本，在计划规定的期间内，可靠地加工出符合图样及技术要求的零件。工艺规程必须满足“优质、高产、低消耗”的要求，同时还要保证工人的安全和良好的劳动条件。即工艺规程首先要保证产品质量，同时要取得好的经济效益。在制订工艺规程时，应注意以下问题：

（1）技术上的先进性。在制订工艺规程时，要从本厂实际出发，所制订的工艺规程应立足于本企业实际条件，同时要了解当时国内外本行业工艺技术的发展水平，通过必要地工艺试验，积极选用合适的先进工艺和工艺装备，确保产品的质量和生产率。

（2）经济上的合理性。在一定的生产条件下，可能会出现几个保证工件技术要求的工艺方案。此时应全面考虑，并通过核算或相互对比选择经济上最合理的方案，使产品的能源、各种物资消耗和成本最低。

表 1-7 机械加工工序卡

	机械加工工序卡	产品型号		零(部)件图号		共 页
		产品名称		零(部)件名称		第 页

车 间	工序号	工序名称	材料牌号
毛坯种类	毛坯外形尺寸	每坯件数	每台件数
设备名称	设备型号	设备编号	同时加工件数

夹具名称	夹具编号	切削液	
		工序工时	
		准终	单件

工步号	工 步 内 容	工 艺 装 备	主轴转速 /(r/min)	切削速度 /(m/min)	进给量 /(mm/r)	背吃刀量 /mm	进给次数	工步工时 机动	工步工时 辅助

										编制(日期)	审核(日期)	会签(日期)	
标记	处记	更改文件号	签字	日期	标记	处记	更改文件号	签字	日期				

(3) 良好的劳动条件。在制订工艺规程时，要注意保证操作者有良好、安全的劳动条件。因此，在工艺方案上要注意采取机械化或自动化措施，将操作者从某些繁重的体力劳动中解放出来。劳动环境要保持清洁卫生、空气新鲜、噪声较小、温度适宜，从而最大限度地发挥操作者的主观能动性和劳动积极性，提高工作效率。

1.5.4 机械加工工艺规程的制定步骤

1.5.4.1 制订机械加工工艺规程所需的原始资料

(1) 产品装配图、零件图。

(2) 产品验收质量标准。

(3) 产品的年生产纲领。

(4) 毛坯材料与毛坯生产条件。

(5) 制造厂的生产条件（包括机床设备和工艺装备的规格、性能和现在的技术状态，工人的技术水平，工厂自制工艺装备的能力以及工厂供电、供气的能力等有关资料）。

(6) 工艺规程设计、工艺装备设计所用设计手册和有关标准。

(7) 国内外同类产品的有关工艺技术资料。

1.5.4.2 制定机械加工工艺规程

（1）计算零件的生产纲领、确定生产类型。

（2）对零件进行工艺分析。拟定工艺规程时，必须分析零件图，明确零件的尺寸精度、形状精度、位置精度、表面质量等技术要求，以及零件的结构，找出技术关键，以便在拟定工艺规程时采取适当的工艺措施加以保证。有问题时，可以和设计人员协商解决。

（3）确定毛坯。毛坯的种类和质量对零件加工质量、生产效率、材料消耗以及加工成本都有密切关系。毛坯的选择应以生产批量的大小、零件的复杂程度、加工表面及非加工表面的技术要求等几方面综合考虑。正确选择毛坯的制造方式，可以使整个工艺过程更加经济合理，故应慎重对待。通常情况下，主要以生产类型来确定。

（4）拟定机械加工工艺路线。

1）选择定位基准。根据粗、精基准选择原则合理选定各工序的定位基准，当某工序的定位基准与设计基准不相符时，需对它的工序尺寸进行计算。

2）拟定工艺路线。在对零件进行分析的基础上，选择表面加工方法，划分粗、精加工阶段，安排各表面的加工顺序，拟订出零件的工艺路线；对于比较复杂的零件，可以先考虑几个方案，分析比较后，再从中选择比较合理的加工方案。

3）确定工序集中或分散的程度，制订零件的机械加工工艺路线。

（5）确定各工序所用机床设备和工艺装备（含刀具、夹具、量具、辅具等）。机械设备的选用应当既保证加工质量、又要经济合理，在成批生产条件下，一般应用通用机床和专用工、量、夹具。

（6）确定各工序的加工余量、工序尺寸及其公差。

（7）确定各主要工序的技术要求及检验方法。

（8）确定各工序的切削用量和时间定额。在单件小批量生产时，切削用量多由操作者自行决定，机械加工工艺过程卡片中一般不作明确规定，在中批或大批量生产时，为了保证生产的合理性和节奏的均衡，则要求规定切削用量，并不得随意改动。

（9）评价工艺路线。对所制定的工艺方案应进行技术经济分析，并应对多种工艺方案进行比较，或采用优化方法，以确定出最优工艺方案。

（10）填写工艺文件。

习题与思考题

1-1 何谓生产过程、工艺过程？

1-2 什么是工序、安装、工位、工步？

1-3 什么是安装？什么是装夹？它们有什么区别？

1-4 习图 1-1 所示零件，毛坯为锻件，其机械加工工艺过程为：在车床上粗精车端面 C；粗精镗 ϕ60H9 内孔；倒角；粗精车 ϕ200 外圆；调头粗精车端面 A；车 ϕ96 外圆；车端面 B；倒角；插键槽；划线；钻 6-ϕ20 孔；去毛刺。试详细划分其工艺过程的组成。

1-5 在成批生产的条件下，如习图 1-2 中的齿轮，试按表中的顺序将其工序、安装、工位、工步、走刀用数码区分开来。

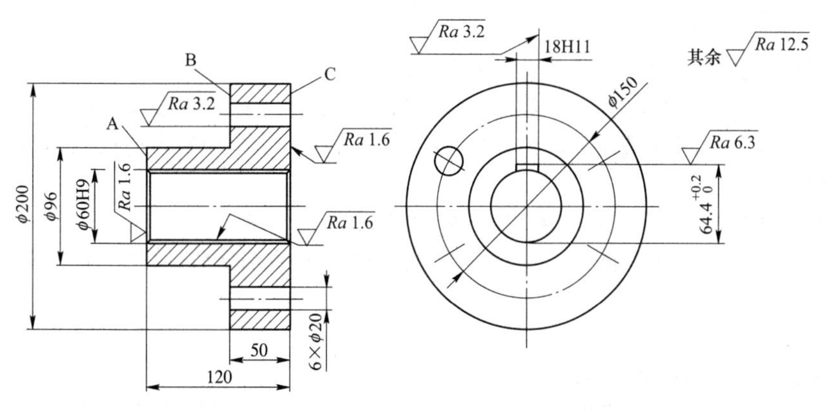

习图 1-1

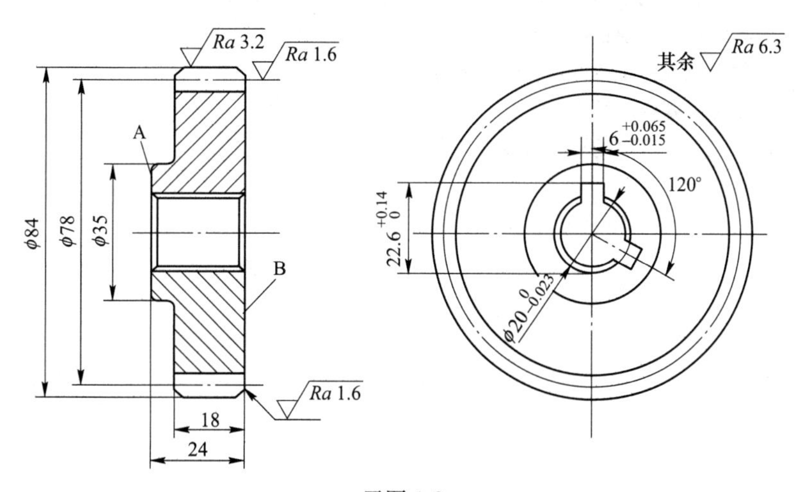

习图 1-2

顺序	加 工 内 容	工序	安装	工位	工步	走刀
1	在立钻上钻 ϕ19.2mmm 孔（即 ϕ20mm 处）					
2	在同一立钻上，端面 A					
3	在同一立钻上倒角 2×45°					
4	掉头倒角 2×45°					
5	在拉床上拉 $\phi 20^{+0.02}_{0}$mm 孔					
6	在插床上插一键槽					
7	插另一键槽（夹具回转 120°）					
8	在多刀车床上粗车外圆、台阶、端面 B					
9	在普通车床上精车 $\phi 84\ ^{0}_{-0.14}$ mm					
10	再精车端面 B					
11	在滚齿机上滚齿					
	（1）v=25m/min，a_p=4.5mm，f=1.0mm/r					
	（2）v=35m/min，a_p=2.2mm，f=0.5mm/r					
12	在钳工台上去毛刺					
13	检验					

1-6 何谓生产纲领，如何计算？

1-7 如何划分生产类型？各种生产类型的工艺特征是什么？

1-8 试为某车床厂丝杠生产线确定生产类型，生产条件如下：加工零件为卧式车床丝杠（长为1617mm，直径为40mm，丝杠精度等级为8级，材料为Y40Mn）；年产量为5000台车床；备品率为5%；废品率为0.5%。

1-9 何谓加工精度？何谓加工误差？两者有何区别与联系？

1-10 获得零件尺寸精度、形状精度、加工表面间的位置精度的方法分别有哪些？影响各精度的因素有哪些？试举例说明。

1-11 工件的安装方法有哪几种？

1-12 试切法和调整法的区别是什么？

1-13 “直接找正安装法的定位精度比用夹具安装的定位精度低”这种说法是否正确？

1-14 常用的工艺规程的格式有哪些？其各自的特点及应用场合是什么？

1-15 什么是工艺规程？工艺规程在生产中有何作用？

1-16 工艺规程的制定原则有哪些内容？应注意哪些问题？

1-17 制订工艺规程所需哪些原始资料？

1-18 请简答机械加工工艺路线的拟定步骤。

去除加工原理、方法及其装备

2.1 金属切削基本知识

去除法加工的主要方法是切削和磨削加工，通过对这两种加工方法的加工过程中所涉及的一些基本概念的介绍，初步了解该种加工方法的基本原理。

2.1.1 切削加工基本知识

2.1.1.1 切削运动

用刀具对工件进行切削加工时，刀具与工件之间必须有相对运动，这种运动是由金属切削机床完成的，它分为主运动、进给运动和合成切削运动。

A 主运动

直接去除工件上多余金属层，使之变为切屑的运动称为主运动，也是消耗功率相对最大的运动。如图 2-1 所示的车削外圆加工中的工件旋转运动；刨削加工中，刀具或工件的往复直线运动。由此可见，主运动可以是旋转运动、也可以是直线运动。

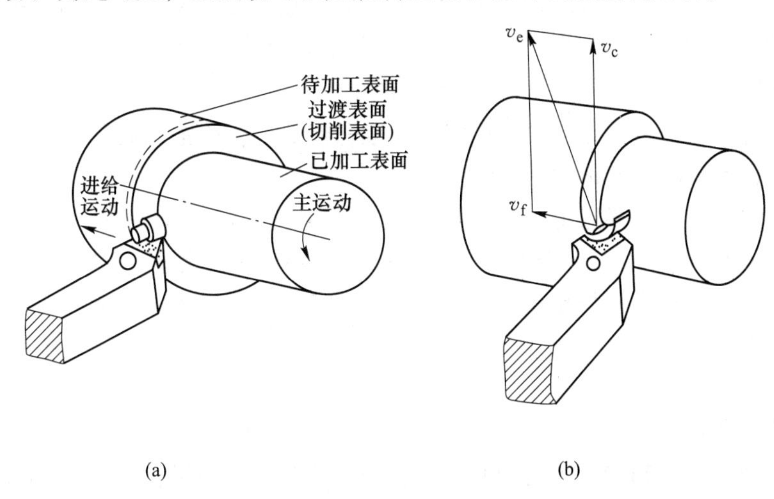

图 2-1 车外圆及其切削运动

B 进给运动

在切削加工时，不断地将切削层投入切削，使切削持续进行下去，从而形成工件已加工表面的运动，称为进给运动。它的运动速度相对较低，消耗的功率也较小。在一种切削方法中，进给运动可以是旋转的，如鼓轮式铣床、也可以是直线的，如车削外圆；可以是连续的、也可以是间歇的。

任何一种切削方法中，有且必须只有一个主运动，而进给运动可以有一个（如车外圆）、两个或多个进给运动（如磨外圆）、甚至没有（如车螺纹）。主运动和进给运动可以由刀具或工件分别完成，也可以由刀具、甚至工件单独完成。

C　合成切削运动

当主运动和进给运动同时进行时，刀具的实际切削运动是主运动和进给运动的合成，称为合成切削运动。切削刃上任意一点相对工件的合成切削运动的瞬时速度称为合成切削速度，用 v_e 表示，它等于该点的主运动速度 v_c 与进给运动速度 v_f 的矢量和，即

$$v_e = v_c + v_f \tag{2-1}$$

2.1.1.2　切削用量

切削用量是指在进行切削加工时，主运动速度、进给量、背吃刀量三者的总称。它们的定义如下。

A　主运动速度 v_c

切削刃上各点的主运动速度可能是不同的。当主运动是旋转运动时，主运动速度可按下式计算：

$$v_c = \frac{\pi dn}{1000} \tag{2-2}$$

式中，v_c 为某一点的主运动速度，m/s 或 m/min；d 为工件或刀具上某一点的回转直径，mm；n 为工件或刀具的转速，r/s 或 r/min。

在生产中，磨削速度习惯用 m/s，其他习惯用 m/min。

切削刃上各点相对于工件的旋转半径不同，故各点的主运动速度不同，考虑到主运动速度对刀具磨损及加工质量的影响，计算时应取最大主运动速度。

B　进给量 f、进给速度 v_f、每齿进给量 f_z

（1）进给量 f：当主运动回转一周或一个双行程时，工件或刀具沿进给运动方向的相对位移量，单位为 mm/r 或 mm/双行程。

（2）进给速度 v_f：指单位时间的进给量，单位为 mm/s 或 mm/min。

（3）每齿进给量 f_z：对于铣刀、铰刀、拉刀、齿轮滚刀等多刃刀具，还规定了每一个齿的进给量，即后一个刀齿相对于前一个刀齿的进给量，单位为 mm。设多刃刀具的刀齿数为 z，显然

$$v_f = fn = f_z zn \tag{2-3}$$

C　背吃刀量 a_p

工件上已加工表面和待加工表面间的垂直距离称为背吃刀量，单位为 mm。

2.1.1.3　切削刀具切削部分的基本定义

A　刀具切削部分的结构要素

任何刀具都由切削部分和夹持部分组成，刀具的种类虽然繁多，但其切削部分的几何形状与参数有着许多共性，都可以看作是由外圆车刀的切削部分为基础演变而来。所以，为了统一认识，国际标准化组织（ISO）在确定金属切削刀具工作部分几何形状的一般术语时，以车刀切削部分为基础，我国国家标准也如此。如图 2-2 所示为车刀切削部分的结构要素（GB/T 12204-2010），其定义如下：

（1）切削部分：刀具各部分中起切削作用的部分，由切削刃、前刀面和后刀面等产生切削的各要素组成。

（2）刀楔：切削部分夹于前刀面和后刀面之间的部分。

（3）前刀面（A_{γ}）：刀具上切屑流过的表面。

（4）主后刀面（A_{α}）：与工件上切削中产生的过渡表面相对的表面。主切削刃的后刀面称为主后刀面，副切削刃的后刀面称为副后刀面（A'_{α}）。

（5）切削刃：刀具前刀面上起切削作用的边锋。

（6）主切削刃（λ_{s}）：用来在工件上切出过渡表面的那个整段切削刃。

（7）副切削刃（λ'_{s}）：切削刃上除主切削刃以外的刃，起始于主偏角为零度的点。

（8）刀尖：指主切削刃与副切削刃的连接处相当少的一部分切削刃。具有曲线状切削刃的刀尖称为修圆刀尖，r_{ε} 为刀尖圆弧半径，或为直线状刀尖称为过渡刃，长度为 b_{ε}。

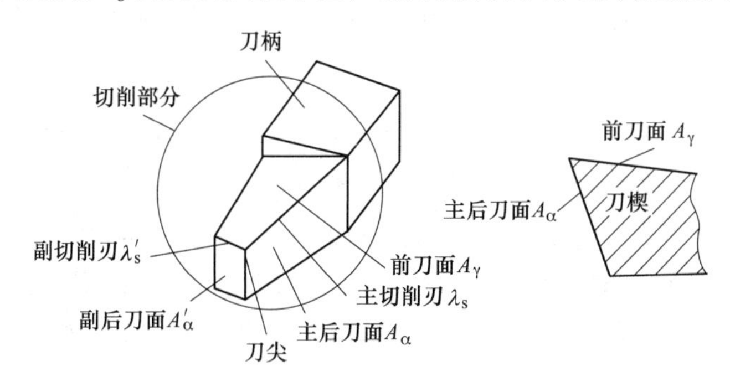

图 2-2　车刀切削部分的构造要素

由此可见，车刀切削部分的构成可以归纳为：前刀面、主后刀面和副后刀面；主切削刃和副切削刃；刀尖；即“一点、二线、三面”。

B　刀具标注角度的参考系

为了确定前刀面、后刀面及切削刃在空间的位置，必须先建立坐标系，然后标注刀具上各表面与基准坐标面之间的角度确定它们的空间位置。所以，对同一把刀具，建立不同的坐标系就有不同的标注角度。

用于确定刀具几何角度的参考系有两类：一类是刀具标注（静止）角度参考系，用于刀具的设计、制造。另一类是刀具工作角度参考系，它是确定刀具在切削运动中有效角度的基准。

构成刀具角度静止（标注）参考系如图 2-3 所示，参考平面有：

（1）基面 P_{r}：过切削刃上选定点的平面，它平行或垂直于刀具在制造、刃磨及测量时适合于安装或定位的一个平面或轴线。一般，其方位要垂直于假定的主运动方向。

（2）主切削平面 P_{s}：通过切削刃上选定点，与切削刃 λ_{s} 相切，并垂直于基面 P_{r} 的平面。

（3）正交平面 P_{o}：通过切削刃上选定点，同时垂直于基面 P_{r} 和切削平面 P_{s} 的平面。

（4）法平面 P_{n}：通过切削刃上选定点，垂直于切削刃的平面。

（5）假定工作平面 P_{f}：通过切削刃上选定点，同时垂直于基面 P_{r}，它平行于假定的进给运动方向。

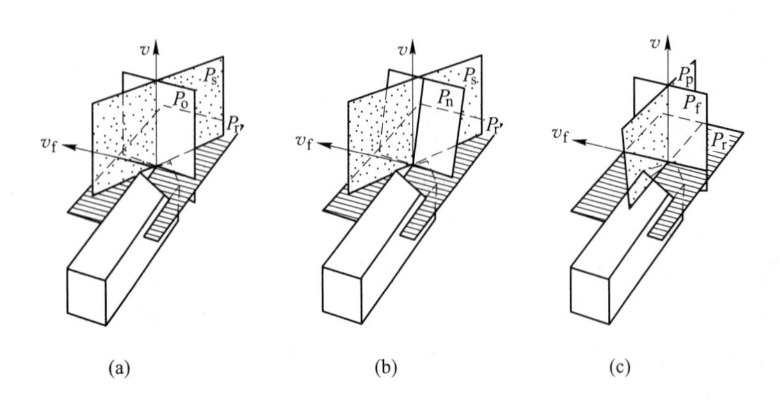

图 2-3 刀具角度参考系

（a）正交平面参考系；（b）法剖面参考系；（c）假定工作平面-背剖面参考系

（6）背平面 P_p：过切削刃上选定点，并垂直于基面 P_r 和假定工作平面的平面。

（7）副切削平面 P'_s：过副切削刃上选定点与副切削刃相切并垂直于基面的平面。

刀具标注角度的参考系有：正交平面参考系由基面 P_r、主切削平面 P_s、正交平面 P_o 三个相互垂直的平面组成；法剖面参考系由基面 P_r、主切削平面 P_s、法平面 P_n 三个平面组成；假定工作平面参考系由基面 P_r、背平面 P_p、假定工作平面 P_f 三个平面组成。这三个参考系标注的角度之间有其内在联系，可以相互转换。一般情况下，刀具按正交平面参考系标注角度。

C 刀具角度标注

在标注时，如下五个角度为基本角度：

（1）前角 γ_o：在正交平面 P_o 内度量的基面 P_r 与前刀面 A_γ 间的夹角。当前刀面与切削平面间的夹角小于 90°时，取正；大于 90°时，取负。

（2）后角 α_o：在正交平面 P_o 内度量的后刀面 A_α 与主切削平面 P_s 间的夹角。当后刀面与基面间夹角小于 90°时，取正；大于 90°时，取负。

（3）主偏角 κ_r：在基面 P_r 内度量的主切削平面 P_s 与假定工作平面 P_f 间的夹角。也是主切削刃在基面上的投影与进给方向的夹角。

（4）副偏角 κ'_r：在基面 P_r 内度量的副切削平面 P'_s 与假定工作平面 P_f 间的夹角。

（5）刃倾角 λ_s：在主切削平面 P_s 内度量的主切削刃 λ_s 与基面 P_r 间的夹角。当刀尖处于切削刃最低位置时，取负；反之，取正。

图 2-4 为一车刀角度标注实例。

D 刀具的工作角度

在实际加工中，考虑到合成运动及刀具的具体安装情况，刀具的参考系将发生变化。按照刀具在工作中的实际情况，在刀具工作参考系中确定的角度，称为刀具的工作角度。在工作角度参考系中，各剖面的名称及符号都有所变化，具体变化如下：

基面 P_r 变为工作基面 P_{re}，过切削刃上选定点并和合成切削速度方向垂直的平面。

切削平面 P_s 变为工作切削平面 P_{se}，过切削刃上选定点与切削刃相切并垂直于工作基面的平面。

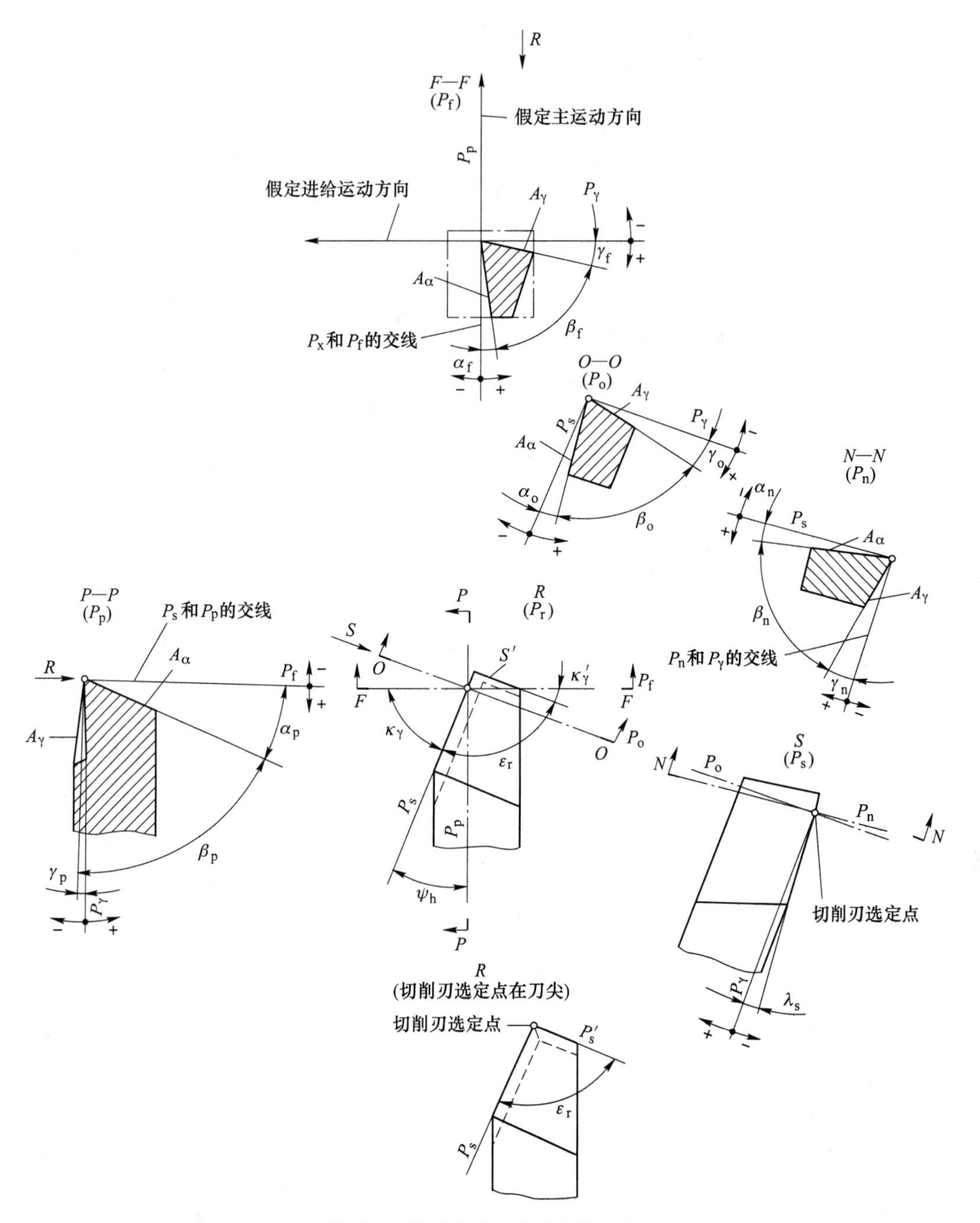

图 2-4　外圆车刀的主要标注角度

正交平面 P_o 变为工作正交平面 P_{oe}，过切削刃上选定点并同时与工作基面和工作切削平面相垂直的平面。

假定工作平面 P_f 变为工作平面 P_{fe}，过切削刃上选定点并同时包含主运动方向和进给运动方向的平面，因而该平面垂直于工作基面。

背平面 P_p 变为工作背平面 P_{pe}，过切削刃上选定点并同时与工作基面相垂直的平面。

法平面 P_n 变为工作法平面 P_{ne}，定义不变。

对各角度的符号，均在原符号角标基础上增加一个“e”即可。

图 2-5 为一外圆车刀工作角度标注实例。

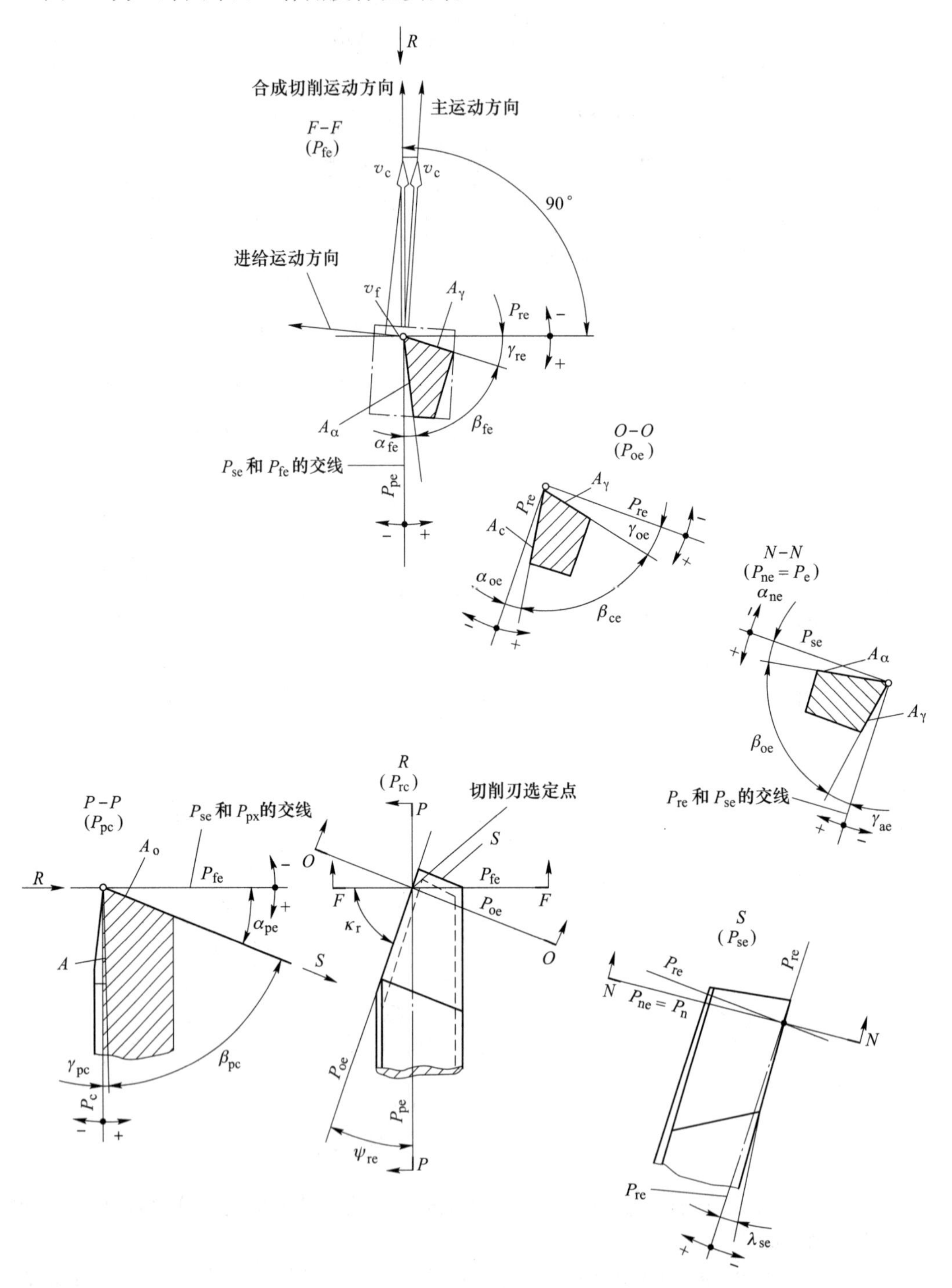

图 2-5 外圆车刀的工作角度

对于各工作角度的计算，在通常情况下，由于进给速度远小于主运动速度，所以，一般正常安装时，不必计算工作角度。但当进给速度不可忽略时，或改变了正常的安装条件，刀具角度变化较大，就必须计算工作角度，这时只要严格按定义进行计算即可。

2.1.1.4　切削层参数及切削方式

A　切削层参数

切削加工时，刀具的刀刃在一次走刀中，从工件待加工表面上切下的金属层，称为切削层。以车削外圆为例，即是工件每转一周，主切削刃沿工件轴向移动f距离所切下的一层金属。切削层参数就是指这个切削层的截面尺寸，它决定了刀具切削部分所承受的负荷和切屑的尺寸大小如图2-6所示。通常在过切削刃上选定点的基面内观察和测量。

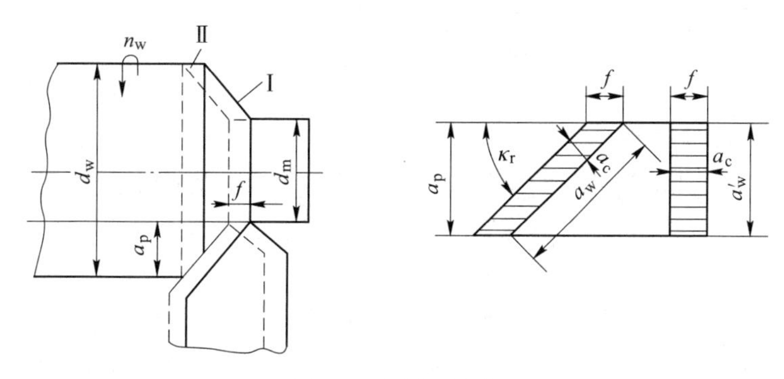

图2-6　切削层参数

(1) 切削厚度a_c：在主切削刃上选定点的基面内，垂直于切削表面度量的切削层尺寸。在纵车外圆时，如切削刃为直线，且刃倾角为0，则

$$a_c = f\sin\kappa_r \tag{2-4}$$

(2) 切削宽度a_w：在主切削刃上选定点的基面内，沿切削表面度量的切削层尺寸。在纵车外圆时，如切削刃为直线，且刃倾角为0，则

$$a_w = a_p/\sin\kappa_r \tag{2-5}$$

可见，当f、a_p一定时，主偏角增大，切削厚度也增大，但切削宽度减小。

(3) 切削面积A_c：在主切削刃上选定点的基面内切削层截面面积。

$$A_c = a_c a_w = fa_p \tag{2-6}$$

以上计算的是名义面积，实际面积等于名义面积减去残留面积。

B　切削方式

(1) 自由切削和非自由切削。只有一条直线切削刃参加切削的称为自由切削。这时切削刃上各点的切屑流出方向大致相同，切屑变形简单。由非直线刃、或有几条切削刃参加的切削称为非自由切削。这时切削刃上各点的切屑流出方向互相影响，切屑变形复杂。生产中多为非自由切削。

(2) 正切削和斜切削。切削刃垂直于合成切削速度方向的切削称为正切削或直角切削。否则成为斜切削或斜角切削。因此，多数切削属于斜切削。

(3) 正切屑和倒切屑。图2-7所示的切屑，当$f\sin\kappa_r < a_p/\sin\kappa_r$时，称正切屑，生产中大多数情况下是这种切屑。但当大进给切削法出现后，常出现$f\sin\kappa_r > a_p/\sin\kappa_r$的情况，这种切屑称倒切屑。当二者相等时称对等切屑。当出现倒切屑时，主副切削刃的作用发生转换。由此可见，主、副切削刃除与切削运动有关外，还与切削层尺寸有关，设计、刃磨刀具时必须进行具体分析。

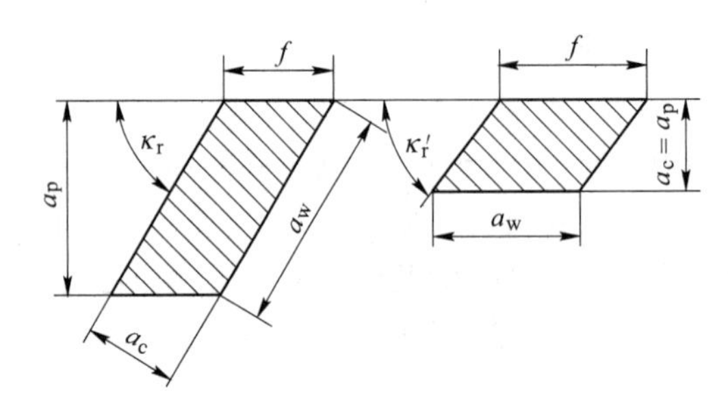

图 2-7　正切屑与倒切屑

2.1.1.5　常用刀具材料

刀具材料是指刀具切削部分的材料，它的性能好坏直接影响加工表面质量、切削效率及刀具的使用寿命。一种新型刀具材料的出现，往往能成倍提高生产率，并能解决某些难加工材料的加工关键。此外刀具材料的工艺性能对刀具本身的制造、刃磨质量也有显著影响，因此，正确选择刀具材料是设计和选用刀具的重要内容之一。

在切削加工时，刀具的切削部分是在较大的切削压力、较高的切削温度及强烈摩擦条件下工作的，同时还要承受冲击、振动，因此，刀具材料必须具备高的硬度和耐磨性、足够的强度和韧性、高耐热性、高导热性、较好的工艺性及经济性。

A　高速钢

高速钢是加入了钨（W）、钼（Mo）、铬（Cr）、钒（V）等合金元素的高合金工具钢。它与普通工具钢相比，热硬性显著提高，在 500~600℃时，仍能保持 HRC60 的硬度，从而使当时的主运动速度成倍提高，故得名。高速钢具有良好的淬透性、工艺性，又容易获得锋利的刃口，故又称“锋钢”。可制造各种刀具，尤其适用于制造各种小型及结构和形状复杂的刀具，如钻头、成形车刀、各种铣刀、拉刀、齿轮刀具、螺纹刀具等。

（1）普通高速钢：有钨系高速钢和钨钼系高速钢。前者的典型代表是 W18Cr4V。用于制造各种复杂刀具。后者的典型代表是 W6Mo5Cr4V2，它的抗弯强度、冲击韧性均超过前者，且热塑性特别好，常用于轧制麻花钻，也用于制造大尺寸刀具。

（2）高性能高速钢：在普通高速钢中加入一些其他合金元素，使其耐热性、耐磨性提高的高速钢。其种类繁多，此处介绍两种超硬高速钢。1）钴高速钢，典型牌号 W2Mo9Cr4VCo8（M42），是一种应用最广的含钴超硬高速钢，因含钒少，可磨削性好，适用于加工导热性差、强度高的高温合金、不锈钢等难加工材料。因含钴量高，故较贵。2）铝高速钢，典型牌号 W6Mo5Cr4V2Al（501），是我国独创的不含钴超硬高速钢，其综合性能和 M42 持平，抗弯强度略高于 M42，其性能好，成本低，但热处理温度较难控制。

（3）粉末冶金高速钢：碳化物偏析是影响高速钢冶炼质量的主要原因之一，采用粉末冶金法则可以完全消除碳化物偏析，提高刀具质量。其基本原理是用高压惰性气体将熔炼的高速钢水雾化成粉末，然后将粉末在高温、高压下制成刀坯，经轧制或锻造成材。

粉末冶金高速钢比冶炼高速钢有很多优点，如强度和韧性较高，材质均匀，热处理变形小。它不仅耐磨性好，而且磨削加工性也较好。特别适于制造各种精密刀具和形状复杂的刀具。

B 硬质合金

硬质合金是由高硬度、高熔点的金属碳化物（碳化钨 WC、碳化钛 TiC、碳化钽 TaC、碳化铌 NbC 等）微米量级粉末，用钴或镍等金属作粘结剂烧结而成的粉末冶金制品。常用碳化物的主要性能见表 2-1。

表 2-1 常用金属碳化物的性质

碳化物	熔点/℃	硬度（HV）	弹性模量/GPa	导热系数/W·(m·℃)$^{-1}$	密度/g·cm^{-3}	对钢的黏附温度
WC	2900	1780	720	29.3	15.6	较低
TiC	3200~3250	3000~3200	321	24.3	4.93	较高
TaC	3730~4030	1599	291	22.2	14.3	—
TiN	2930~2050	1800~2100	616	16.8~29.3	5.44	—

a 硬质合金分类

目前常用的硬质合金是以碳化钨为基体，并分为 WC-Co、WC-TiC-Co、WC-TaC(NbC)-Co 及 WC-TiC-TaC(NbC)-Co 四类。YG 类合金（GB 2075—1987 标准中的 K 类），主要用于加工短切屑的黑色金属，有色金属和非金属材料；YT 类合金（GB 2075—1987 标准中的 P 类），主要用于加工长切屑的黑色金属；YW 类合金（GB 2075—1987 标准中的 M 类），可以覆盖 K、P 类合金的应用范围。YN（GB 2075—1987 标准中的 P01 类），是以 TiC 为主要成分，用 Ni 和 Mo 作黏结剂的硬质合金。由于 TiC 的硬度高，因此，这类硬质合金的硬度高于 WC 基硬质合金，具有很高的耐热性、耐磨性和抗氧化能力。主要用于钢料的连续表面加工。

b 硬质合金的选用

正确选用硬质合金牌号对于发挥其效能具有重要意义。表 2-2 为各种硬质合金的应用范围。

表 2-2 各种常用硬质合金的应用范围

牌号	应用范围		
YG3X	硬度、耐磨性、切削速度 ↑	抗弯强度、韧性、进给量 ↓	铸铁、有色金属及其合金的精加工、半精加工、不能承受冲击载荷
YG3			铸铁、有色金属及其合金的精加工、半精加工、不能承受冲击载荷
YG6X			普通铸铁、冷硬铸铁、高温合金的精加工、半精加工
YG6			铸铁、有色金属及其合金的半精加工和粗加工
YG8			铸铁、有色金属及其合金、非金属材料的粗加工，也可用于断续切削
YG6A			冷硬铸铁、有色金属及其合金的半精加工，也可用于高锰钢、淬硬钢的半精加工和精加工
YT30	硬度、耐磨性、切削速度 ↑	抗弯强度、韧性、进给量 ↓	碳素钢、合金钢的精加工
YT15			碳素钢、合金钢在连续切削时的粗加工、半精加工，也可用于断续切削时的精加工
YT14			
YT5			碳素钢、合金钢的粗加工，可用于断续切削

续表 2-2

牌号			应 用 范 围
YW1	硬度、耐磨性、切削速度 ↑	抗弯强度、韧性、进给量 ↓	高温合金、高锰钢、不锈钢等难加工材料及普通钢料、铸铁、有色金属及其合金的半精加工和精加工
YW2			高温合金、高锰钢、不锈钢等难加工材料及普通钢料、铸铁、有色金属及其合金的半精加工和精加工

c 新型硬质合金

（1）超细晶粒硬质合金。普通硬质合金的粒度为几微米，超细晶粒硬质合金的粒度为0.2~1μm，且大部分在0.5μm以下。由于晶粒的细化，使硬质相和钴的分布高度分散，增加黏结面积，提高结合强度和硬度，并可磨出锐利的切削刃。因此，它是一种高强度、高硬度兼备的硬质合金。适于制造小尺寸刀具、精密刀具，加工难加工材料。

（2）涂层硬质合金，即是在普通硬质合金刀片表面，用化学气相沉积或物理气相沉积方法，涂覆一层5~12μm高硬度、高熔点的金属化合物，从而使刀片既保持普通硬质合金基体的强度和韧性，又使表面有更高的硬度（可达HV1500~3000）和耐磨性，更小的摩擦系数和更高的耐热性（800~1200℃），改善了刀具的切削性能。常用的涂层材料有TiC、TiN、Al_2O_3等。它主要用于钢、铸铁的精加工和半精加工。

（3）钢基硬质合金，以TiC或WC作硬质相（质量约占30%~40%），以高速钢作粘结相，用粉末冶金的方法制成。其性能介于高速钢和硬质合金之间，具有良好的耐磨性和韧性，而且可以进行锻造、切削加工和热处理，具有较好的工艺性。可以用来制造复杂刀具，适于加工不锈钢、耐热钢和有色金属。

C 其他刀具材料

（1）陶瓷：制作刀具的陶瓷有：1）纯氧化铝，它以氧化铝为主体，加微量添加剂（如MgO），经冷压烧结而成，是一种廉价的非金属刀具材料。2）复合氧化铝，在氧化铝基体中加入TiC、WC等，并加入其他金属，如镍、钼等，以提高抗弯强度，它又称为金属陶瓷。3）复合氮化硅，它是在Si_3N_4基体中添加TiC等化合物和金属钴等进行热压而成。氮化硅有很高的硬度和耐磨性，它仅次于金刚石和立方氮化硼。所以，它具有比硬质合金和氧化铝更好的切削性能。

（2）金刚石：它是目前已知的最硬材料，接近于HV10000（硬质合金为HV1300~1800），有天然和人造两种，天然金刚石的质量好，但价格昂贵，用的较少。金刚石可对陶瓷、高硅铝合金、硬质合金等高硬度耐磨材料进行切削加工，又能切削各种有色金属及其合金，使用寿命极高，在正确使用条件下，其使用寿命可达100h以上。但金刚石的热稳定性差，在切削温度高于700℃时，则会碳化，因此不宜加工铁族金属。

（3）立方氮化硼：其硬度仅次于金刚石，为HV8000~9000，热稳定性和化学惰性远比金刚石好，可耐1300~1500℃的高温，不发生相变，仍然保持其硬度。立方氮化硼与铁族材料的亲和作用小，能以加工普通钢和铸铁的主运动速度切削淬硬钢、冷硬铸铁和高温合金等，其加工精度和表面质量足以代替磨削。

立方氮化硼刀片可用机夹或焊接的方法固定在刀杆上，也可以将立方氮化硼与硬质合金压制在一起成为复合刀片。是目前最有发展前途的刀具材料之一。

2.1.1.6 切削层变形

金属切削就是指刀具与工件接触，并对接触部分的工件材料产生挤压，使其发生弹性变形、塑性变形，直到与基体分离而形成切屑。在这个过程中，工件与刀具接触部位的附近将产生复杂的弹性、塑性变形，统称为切削层变形简称切屑变形。对切屑变形规律的深入了解，是认识金属切削过程实质的基础，并有利于分析和理解切削过程中产生的切削力、切削热、刀具磨损等重要物理现象及其变化规律。

A 变形区的划分

大量实验研究证明，金属切削过程的实质就是被切金属层在刀具切削刃及前刀面的挤压作用下，产生剪切滑移的塑性变形过程。那么，在刀具、工件、切屑接触的附近金属将发生剧烈的塑性变形，按变形特点及发生部位不同可以分为三个变形区，分别称为第一、第二、第三变形区，如图 2-8 所示。

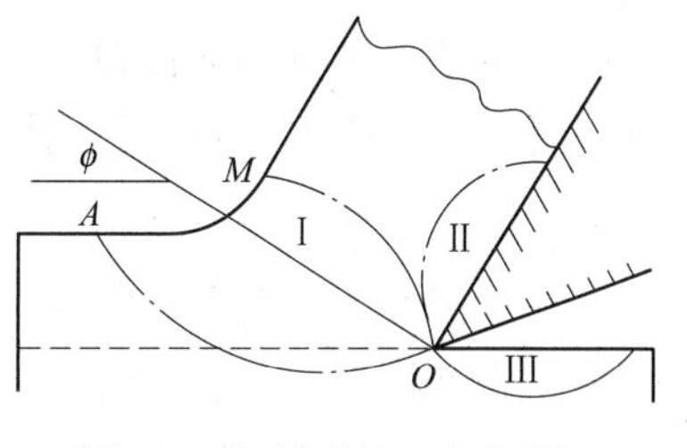

图 2-8 切削时的三个变形区

第一变形区（Ⅰ）为始滑移面 OA 与终滑移面 OM 之间区域。由于变形速度极快、变形时间很短，OA 面与 OM 面间距离约为 0.02～0.2mm，故常用一平面代替，称为剪切面，也称滑移面。

第二变形区（Ⅱ）为与前刀面接触的切屑底层内产生的变形区域。

第三变形区（Ⅲ）为近切削刃处已加工表面层内产生的变形区域。

B 变形程度的表示

切削变形是材料微观组织的动态变化过程，其变形量计算非常复杂，但为研究切削变形规律，通常用相对滑移 ε，即切削层在剪切滑移面上的滑移量；切削层厚度压缩比 A_h（变形系数 ξ），即切屑外形尺寸的相对变化量；剪切角 ϕ，即在切屑根部金相组织中晶面滑移方向角表示，这些参数均可进行定量计算。

C 影响变形程度的因素

影响切屑变形程度的因素有很多，在切削条件方面有：

（1）被加工材料。材料的强度、硬度高，刀、屑面间正压力大，则剪切角大，切屑变形减小。

（2）刀具前角。前角增大，切屑流出阻力减小，使摩擦系数减小，剪切角增大，切屑变形减小。

（3）主运动速度。它是通过对切削温度及积屑瘤影响切屑变形的。在形成积屑瘤的速度范围内，速度较低时，切屑变形随速度的增加而减小；速度较高时，则反之。这是因为速度较低时，积屑瘤高度随速度的提高而增大，致使刀具实际工作前角增大，切屑变形减小；速度较高时，随着速度的提高，积屑瘤高度刀具前角随之减小，切屑变形增大。当速度更高时，积屑瘤消失，由于温度随速度的提高而升高，使摩擦系数减小，剪切角增大，切屑变形减小，如图 2-9 所示。

（4）进给量。一般来讲，随进给量的增加，摩擦系数会减小，切屑变形也减小。

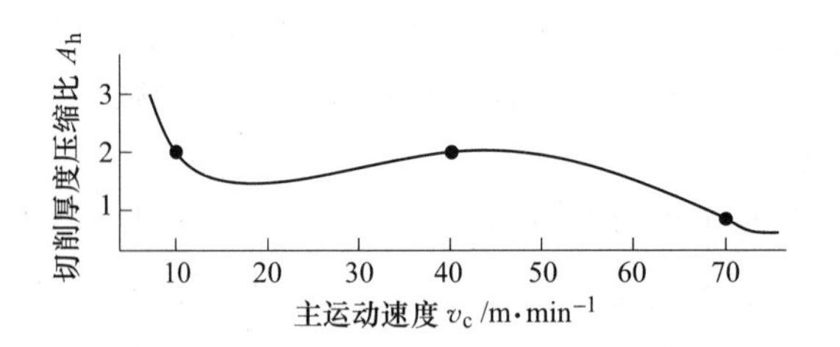

图 2-9 主运动速度对切削变形的影响

2.1.1.7 切削力

切削力是工件材料抵抗刀具切削所产生的阻力。凡影响切削过程变形和摩擦的因素都影响切削力，其中主要有：切削用量、工件材料、刀具几何参数。

A 切削用量

背吃刀量 a_p、进给量 f 的增大会直接使切削面积增大，从而使切削力增大，但二者的影响程度略有区别。a_p 增大时，变形系数 ξ 不变，切削力成正比增加；而 f 增大时，ξ 有所下降，故切削力不成正比地增加。主运动速度对切削力的影响，与积屑瘤的形成有关，主要是因积屑瘤影响实际前角和摩擦系数的变化造成，在无积屑瘤情况下，切削力随主运动速度的增大，会有所减小。在加工脆性材料时，由于切削变形和摩擦均很小，故主运动速度对切削力影响很小。

B 工件材料

工件材料是通过材料的剪切屈服强度、塑性变形程度与刀具间的摩擦等影响切削力。材料的硬度、强度高，切削力大；材料的塑性、韧性高，则切屑变形大，切屑和刀具间的摩擦增加，切削力增大。

C 刀具几何参数

刀具几何参数中，前角对切削力的影响最大，一般来讲，前角增大，切削力会减小。主偏角、刃倾角对切削力的影响主要是改变了各个分力之间的比例，而对总切削力影响较小。负倒棱与刀尖圆弧半径的增大，均会使切削力增大。

2.1.1.8 切削热和切削温度

用刀具切削工件而产生的热称为切削热。切削热通过切屑、工件、刀具和周围介质向外传递，各途径传散热量的比例与切削方式、刀具、工件材料和周围介质有关。传到工件上的切削热会影响加工精度，传到刀具上的切削热会引起刀具磨损和破损，进而影响生产率和成本。

切削热的聚集会使切削温度增高，故应尽量减少切削热。影响切削热的主要因素有：

（1）切削用量。切削用量增加，切削温度增高，其中主运动速度对切削温度影响最大，进给量次之，背吃刀量影响最小。

（2）刀具角度。前角增大会使切削力减小，减少功率消耗，降低切削热，降低切削温度，但前角增大，刀具楔角减小，使散热条件变差，故该作用有一最佳点。主偏角减小，使刀刃工作长度增加，改善了散热条件，但同时切屑变形增大，总的来讲，切削温度下降。

（3）工件材料。工件材料的强度、硬度、塑性韧性高，切削时消耗的功率就高，切削温度也就高。工件材料的导热性好，则热量传散快，切削温度就低，反之就高。

（4）周围介质。这里主要指冷却液，加工时，合理使用冷却液，可以减小刀-屑及刀-工件接触面上的摩擦并带走大量切削热，可有效降低切削温度。

2.1.1.9 材料的切削加工性

工件材料的切削加工性是指工件材料被切削加工成合格零件的难易程度。其衡量指标有多种，这里仅以材料的加工性等级做简单介绍。

以正火状态的 45 钢，使用寿命为 60min 的主运动速度 $(v_{60})j$ 为基准，把其他材料的 v_{60} 与之相比，其比值 K_v 称为该材料的相对加工性。

$$K_v = v_{60}/(v_{60})j \tag{2-7}$$

常用工件材料的相对加工性分为 8 级，$K_v > 3$ 是很容易加工的材料；$1.6 < K_v < 3$ 是较易加工的材料；$K_v < 0.65$ 是难加工材料，其余为一般材料。

这种实验性数据对于一些新材料就不好用，此时可以用材料的物理、化学和力学性能来衡量切削该材料的难易程度。即根据材料的硬度、抗拉强度、延伸率、冲击韧度和热导率来划分加工等级，进行综合评价，与相对加工性等级基本对应，如表 2-3 所示。

表 2-3 工件材料切削加工性分级表

切削加工性		易切削			较易切削		较难切削			难切削			
等级代号		0	1	2	3	4	5	6	7	8	9	9a	9b
硬度	HBS	≤50	>50~100	>100~150	>150~200	>200~250	>250~300	>300~350	>350~400	>400~480	>480~635	>635	
	HRC					>14~24.8	>24.8~32.3	>32.3~38.1	>38.1~43	>43~50	>50~60	>60	
抗拉强度 σ_b/GPa		≤0.196	>0.196~0.441	>0.441~0.588	>0.588~0.784	>0.784~0.98	>0.98~1.176	>1.176~1.372	>1.372~1.568	>1.568~1.764	>1.764~1.96	>1.96~2.45	>2.45
延伸率 δ×100		≤10	>10~15	>15~20	>20~25	>25~30	>30~35	>35~40	>40~50	>50~60	>60~100	>100	
冲击韧度 a_k/kJ·m^{-2}		≤196	>196~392	>392~588	>588~784	>784~980	>980~1372	>1372~1764	>1764~1962	>1962~2450	>2450~2940	>2940~3920	
热导率 K/W(m·K)$^{-1}$		418.68~293.08	<293.08~167.47	<167.47~83.74	<83.74~62.8	<62.80~41.87	<41.87~33.5	<33.5~25.12	<25.12~16.75	<16.75~8.37	<8.37		

2.1.1.10 刀具几何参数选择

A 前角的选择

前角影响切屑的变形程度、刀具的强度和使用寿命，进而影响加工质量和断屑，它的选择原则是：加工塑性材料时，取较大的前角，而材料的强度、硬度高时，为保证刀具的强度，应取较小的前角；韧性低的刀具材料，应取较小的前角；粗加工，断续切削，切削力大，应取较小的前角，反之应取较大的前角；在数控机床、自动线、自动机上，为保证刀具的可靠性及使用寿命，应取较小的前角。

B 后角的选择

后角影响后刀面与工件间的摩擦，使用寿命及刀具强度，其选择原则是：粗加工，选小后角，精加工，选较大后角；加工塑性大的材料，为减少后刀面摩擦，应选大后角；工艺系统刚性较差时，应取小后角，以增强后刀面对振动的阻尼作用；对一些定尺寸刀具，如拉刀、铰刀等，为减少重磨后的尺寸变化，应取小后角。

C 主、副偏角的选择

主偏角影响刀具切削刃工作部分单位长度上的负荷和散热条件，影响已加工表面粗糙度及断屑效果。其选择原则是：粗加工、强力切削、工艺系统刚性不足时，取较大主偏角，取小时可使使用寿命较高；被加工材料强度、硬度高时，取较小的主偏角。

副偏角影响已加工表面粗糙度，散热条件。选择时主要根据工件表面粗糙度要求和具体加工条件确定。

D 刃倾角的选择

刃倾角影响切屑的流出方向、实际切削前角、刀尖部分强度和散热条件。刃倾角小于0，切入工件时，刃上远离刀尖的点首先接触工件，可使刀尖免受冲击。其选择原则是：粗加工、冲击力大的加工、高硬度材料的加工取负刃倾角；工艺系统刚性差、微量切削时取正刃倾角。

E 负倒棱、过渡刃、修光刃的选择

为了提高刀刃的强度可以在主切削刃上磨出一个前角为负值的倒棱面，即负倒棱。过渡刃是为了可以加强刀尖部分的强度和改善散热条件。修光刃则是为了减小已加工表面粗糙度，在主副切削刃之间磨出一段与进给方向平行的刀刃。

2.1.2 磨削加工基本知识

磨削是切削加工中另一常见加工方法，应用范围很广，可以加工各种材料、各种表面，也可用于工件的各种加工阶段。磨削方法、磨具的形式有多种，这里主要简介砂轮、砂带磨削。砂轮磨削后的工件尺寸精度可达IT6~4，表面粗糙度可达Ra0.25~0.8μm。

2.1.2.1 砂轮特性及其选择

砂轮是用结合剂将磨粒固结成一定形状的多孔体。为了了解砂轮的切削性能，需先了解砂轮的组成要素。

A 砂轮的组成要素

（1）磨料：有天然磨料和人造磨料两大类。一般天然磨料杂质多，质地不均，故目前主要使用人工磨料。常见的有棕刚玉（A）、白刚玉（WA）、铬刚玉（PA）；黑碳化硅（C）、绿碳化硅（GC）；人造金刚石（MBD）等、立方氮化硼（CBN）。其性能与适用范围见表2-4。

（2）粒度：它是指磨粒的大小，有两种表示方法：当磨粒较大时，用筛选法区分，如60号粒度表示刚能通过每英寸60格的筛网，故数字越大，磨粒尺寸越小；当磨粒尺寸小时，用显微镜测量来区分，以其最大尺寸（单位为μm）前加W表示。

（3）结合剂：它是把磨粒固结成一定形状的材料。其性能决定了砂轮的强度、耐腐蚀性、耐热性、耐冲击性。

表 2-4 砂轮组成要素、代号、性能和适用范围

砂轮
- 磨粒
  - 磨料
  - 粒度
- 结合剂
  - 种类
  - 硬度
- 气孔
  - 组织

磨料

系列	名称	代号	性能	适用范围
刚玉	棕刚玉	A	棕褐色，硬度较低，韧性较好	磨削碳素钢、合金钢、可锻铸铁与青铜
	白刚玉	WA	白色，较A硬度高，磨粒锋利，韧性差	磨削淬硬的高碳钢、合金钢、高速钢、薄壁零件、成形零件
	铬刚玉	PA	玫瑰红色，韧性比WA好	磨削高速钢、不锈钢、成形磨削、刀具刃磨，高表面质量磨削
碳化物	黑碳化硅	C	黑色带光泽，比刚玉类硬度高，导热性好，但韧性差	磨削铸铁、黄铜、耐火材料及其他非金属材料
	绿碳化硅	GC	绿色带光泽，较C硬度高 导热性好 韧性较差	磨削硬质合金、宝石、光学玻璃
超硬磨料	人造金刚石	MBD、RVD 等	白色、淡绿、黑色，硬度最高，耐热性较差	磨削硬质合金、光学玻璃、宝石、陶瓷等高硬度材料
	立方氮化硼	CBN	棕黑色，硬度仅次于MBD，韧性比 MBD 等好	磨削高性能高速钢、不锈钢、耐热钢及其他难加工材料

粒度

类别		粒度号	适用范围
磨粒	粗粒	8 10 12 14 16 20 22 24	荒磨
	中粒	30 36 40 46	一般磨削。加工表面粗糙度可达 $Ra0.8\mu m$
	细粒	54 60 70 80 90 100	半精磨、精磨和成形磨削。加工表面粗糙度可达 $Ra0.8\sim0.1\mu m$
	微粒	120 150 180 220 240	精磨、超精磨、成形磨、刀具刃磨、珩磨
微粉		W60 W50 W40 W28	精磨、超精磨、珩磨、螺纹磨
		W20 W14 W10 W7 W5 W3.5 W2.5 W1.5 W1.0 W0.5	超精磨、镜面磨、精研，加工表面粗糙度可达 $Ra0.05\sim0.01\mu m$

种类（结合剂）

名称	代号	特性	适用范围
陶瓷	V	耐热、耐油、耐酸、碱腐蚀、强度较高，但性较脆	除薄片砂轮外，能制成各种砂轮
树脂	B	强度高，富有弹性，具有一定抛光作用，耐热性差，不耐酸、碱	荒磨砂轮、磨窄槽、切断用砂轮、高速砂轮、镜面磨砂轮
橡胶	R	强度高，弹性更好，抛光作用好，耐热性差，不耐油和酸，易堵塞	磨削轴承沟道砂轮、无心磨导轮、切割薄片砂轮、抛光砂轮

硬度

等级	超软			软			中软		中		中硬			硬		超硬
代号	D	E	F	G	H	J	K	L	M	N	P	Q	R	S	T	Y
选择	磨未淬硬钢选用 L～N，磨淬火合金钢选用 H～K，高表面质量磨削时选用 K～L，刃磨硬质合金刀具选用 H～J															

组织

组织号	0	1	2	3	4	5	6	7	8	9	10	11	12	13	14
磨粒率/%	62	60	58	56	54	52	50	48	46	44	42	40	38	36	34
用途	成形磨削、精密磨削				淬火钢磨削、刀具刃磨				韧性大而硬度不高材料的磨削					高热敏性材料磨削	

(4) 硬度：砂轮的硬度是指磨粒在外力作用下，从砂轮表面脱落的难易程度。砂轮的硬度合适，磨粒磨钝后因磨削力增大而自行脱落，使新的锋利的磨粒露出，砂轮具有自锐性，则磨削效率高，加工质量好，砂轮损耗小。

(5) 组织：它是表示砂轮中磨料、结合剂、气孔之间的体积比例。

B 常用砂轮的形状、尺寸和标志

为了适应各种磨床上的不同需要，砂轮的形状有许多。常用砂轮如表 2-5 所示。砂轮标志的意义为：

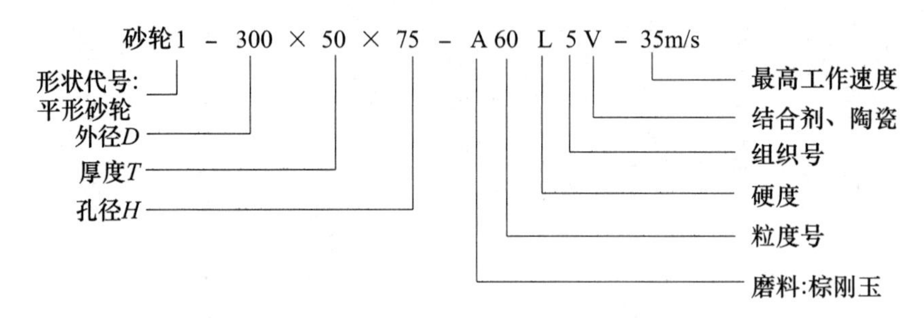

表 2-5 常用砂轮的形状、代号、主要用途

代号	名 称	断 面 形 状	形状尺寸标记	主 要 用 途
1	平面砂轮		1-D×T×H	磨外圆、内孔、平面及刃磨刀具
2	筒形砂轮		2-D×T-W	端磨平面
4	双斜边砂轮		4-D×T×H-W	磨齿轮及螺纹
6	杯形砂轮		6-D×T×H-W	端磨平面，刃磨刀具后刀面
11	碗形砂轮		11-D/J×T×H	端磨平面，刃磨刀具后刀面

续表

代号	名 称	断 面 形 状	形状尺寸标记	主 要 用 途
12a	碟形一号砂轮		12a-D/J×T/U×H-W，E，K	刃磨刀具前刀面
41	薄扁砂轮		41-D×T×H	切断及磨槽

注：↓所指表示基本工作面。

2.1.2.2 磨削表面成形机理

砂轮的磨削实际上是砂轮表面无数磨粒对工件的切削。而每一颗磨粒都是不规则的多面体，其尖端在砂轮表面的分布，无论方向、高低、间距等都是随机的。砂轮表面的磨粒状况除与磨料种类、粒度、组织有关，还与砂轮的修整密切相关，且在磨削过程中，磨粒的形态还在不断变化。

A 磨削过程分析

磨粒的刃口钝，且形状不规则、分布不均匀。在磨削时，其中一些突出的和比较锋利的磨粒，切入工件较深，切削厚度较大；而那些比较钝的，突出高度小的磨粒，可能切不下切屑，只起刻划作用，在工件表面上挤压出细微的沟槽，使金属向两边塑性流动，造成沟槽两边微微隆起；那些更钝的、隐藏在其他磨粒下面的磨粒，只稍微滑擦工件表面，起抛光作用。即使那些参加切削的磨粒，在刚进入磨削区时，也先经过滑擦、刻划阶段，然后再进行切削（见图 2-10）。所以，磨削过程是包括切削、刻划、抛光的综合过程。

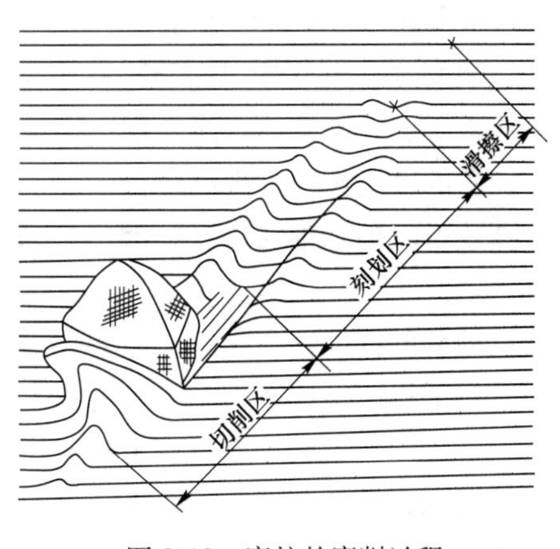

图 2-10 磨粒的磨削过程

磨削之所以能达到很高的精度，很小的表面粗糙度值，是因为经过精细修整的砂轮，磨粒具有微刃等高性；磨削厚度很小，除切削作用外，还有挤压、抛光作用。而磨床砂轮的回转精度很高，工作台进给运动平稳等。但是，相对来讲，由于它把被切除的金属变成了粉末，所以，切除单位体积的金属所消耗的功率大。

B 磨削力

和刀具切削类似，磨削力也可以分解为三个相互垂直的力：进给力 F_f、背吃刀力 F_p、主切削力 F_c。其中 $F_p=(1.6\sim3.2)F_c$，F_p 特别大是磨削的一个特征。这是因为磨粒以负前角切削，刃口钝圆半径相对于切削厚度之比很大，而且磨削时砂轮与工件接触宽度很大，同时参与磨削的磨粒数很多等。

C 磨削热、磨削温度

由于磨削速度很高，切削刃很钝，所以切除单位体积的金属所消耗的功率约为车削的10~20倍，而这些能量大多数转变为热，故磨削区温度很高。

磨削温度是指磨削区的平均温度，一般在400~1000℃之间。它影响磨粒的磨损，磨屑与磨粒的黏附；影响工件表面的加工硬化，烧伤和裂纹，使工件膨胀、翘曲、形成内应力。因此，磨削时需要用大量的切削液进行冷却，并冲走磨屑和碎落的磨粒。为控制磨削温度，除进行大量冷却外，背吃刀量和进给量的合理选择很重要。

D 磨削阶段

磨削时，由于背向力 F_p 很大，引起工艺系统弹性变形，使实际切深与名义切深有差别。所以，普通磨削过程分三个阶段。

（1）初磨阶段。初次以名义背吃刀量进行磨削，由于工艺系统变形，实际的磨削深度小于名义值。

（2）稳定阶段。再次吃刀进行磨削，如果切深与前一次基本相等，那么，实际磨削深度与名义值相等。

（3）清磨阶段。在磨去主要磨削余量后，则减小磨深进给量，或不进给再磨几次，这时由于系统的弹性变形恢复，实际磨深大于名义磨深，经几次无进给磨削后，火花逐渐消失。这个阶段主要是为了提高磨削精度和表面质量。

2.1.2.3 超硬磨料磨削

超硬磨料磨削就是用高硬磨料如金刚石和立方氮化硼（CBN）制成的磨具进行磨削的加工技术。磨具由基体、过渡层、工作层构成，工作层中含有高硬度磨料。由于该种磨具具有优良的磨削性能，现已广泛用于磨削技术各个方面，并成为超硬材料磨削、超精密磨削、高效率磨削、难加工材料磨削、高精度成形磨削、磨削自动化和无人化等技术进步的基础。

这种磨削技术在选择磨具时要考虑磨料、粒度、结合剂、硬度、浓度等诸因素。所谓浓度是指工作层单位体积中高硬磨料的含量，是磨具的重要特性之一。磨削时磨削深度不能过大，否则会造成磨具过度消耗甚至开裂、脱环、碎裂。同时还应进行冷却，这可以减少磨具消耗，提高磨削质量，防止磨具堵塞。磨具的修整方法有对滚法、电火花、电化学腐蚀和研磨。

金刚石和CBN磨料由于它们在加工材料适应方面的互补性，由它们所构成的磨具可加工范围大为扩展，覆盖了包括各种高硬、高脆、高强韧性材料的几乎全部被加工材料。

金刚石磨具是磨削硬质合金、光学玻璃、陶瓷、半导体材料和石材等硬脆材料的最佳磨具，但因其在700~800℃时容易碳化，所以它不适于磨削钢铁材料及超高速磨削。CBN磨料的出现引起磨削技术的革命，它能承受1300~1500℃的高温，对铁族元素化学惰性大，导热性好，磨钢料时的切除率高，磨削比大，磨具寿命长，是磨削淬硬钢、高速钢、高强度钢、不锈钢和耐热合金等硬度高韧性大的金属的最佳磨料。此外，CBN磨具还适用于超高速磨削，金属基体的CBN磨具线速度超过250m/s也不会破碎。CBN磨具的广泛使用主要是近几年各种高效高性能CNC磨床问世，以及磨具制造技术的进步，开发出了性能优异的单层电镀和高温钎焊等新磨具，促使了磨削技术的发展，其中尤以高效率磨削新工艺更受人们的青睐。

2.1.2.4 *砂带磨削*

砂带磨削经过近三十年的发展，现已成为一项较完整且自成体系的新的加工技术。因其加工效率高、应用范围广、适应性强、使用成本低、操作安全方便等特点而深受用户青睐。砂带磨削技术的加工对象和应用领域几乎包括所有的工程材料，从一般日常生活用具到大型宇航器具等各个领域的各种形状、大小的零件，并已成为获取显著经济效益的一种重要手段，图 2-11 为砂带磨削外圆示意图，图 2-12 为砂带结构图。其作为一种加工技术之所以受到人们日益广泛的重视，得到迅速发展，是因为它具有以下一些重要的特点。

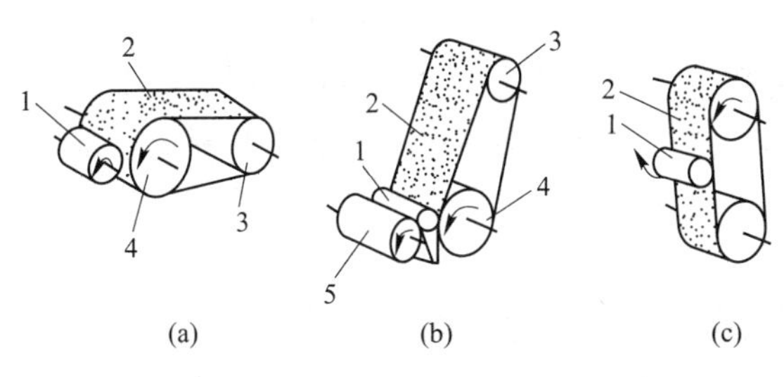

图 2-11 砂带磨削外圆表面

（a）中心磨；（b）无心磨；（c）自由磨

1—工件；2—砂带；3—张紧轮；4—接触轮；5—导轮

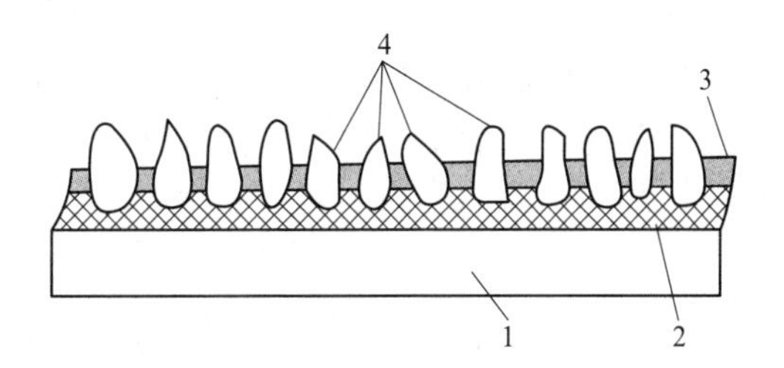

图 2-12 砂带结构

1—基体；2—底胶；3—复胶；4—磨粒

砂带磨削是一种弹性磨削，是一种具有磨削、研磨、抛光多种作用的复合加工工艺。砂带上的磨粒比砂轮磨粒具有更强的切削能力，所以其磨削效率非常高。砂带磨削效率高表现在它的切除率、磨削比（切除工件重量与磨料磨损重量之比）和机床功率利用率三个方面都很高。目前已知的砂带磨削对钢材的切除率已达到 $700mm^3/s$，甚至超过了车削或铣削等。砂带的磨削比大大超过了砂轮，高达 300∶1，甚至 400∶1，而砂轮才30∶1。砂带磨床的功率利用率，远在砂带磨削发展初期就已达到 80%，领先于其他机床，而今则高达 96%，相比之下，砂轮磨床只有 52%，铣床 57%，车床 65%，所以砂带磨削还是一种很好的节能加工技术。

砂带磨削工件表面质量高主要表现在表面粗糙度值小，残余应力状态好，以及表面无微观裂纹或金相组织变化等现象。从表面粗糙度来看，砂带磨削目前已可达 $Ra0.01\mu m$，达到了镜面磨削的效果，而对于粗糙度值在 $Ra0.1\mu m$ 以上的情况，则非常容易达到。砂带磨削工件表面残余应力多呈压应力状态，其值一般在 $-60\sim-5kg/mm^2$，而砂轮磨削则多是张应力，所以砂带磨削非常有利于强化工件表面，提高工件疲劳强度。

砂带磨削精度高是由于砂带制作质量和砂带磨床生产水平的提高，砂带磨削早已跨入精密和超精密加工的行列，最高精度已达到 $0.1\mu m$ 以下。

砂带磨削设备简单，成本低。与砂轮磨床相比，砂带磨床简单得多，这主要是因为砂带质量轻，磨削力小，磨削过程中振动小，对机床的刚性及强度要求都远低于砂轮磨床。

砂带磨削操作简便，辅助时间少。不论是手动还是机动砂带磨削，其操作都非常简便。从更换调整砂带到被加工工件的装夹，这一切都可以在很短的时间内完成。

砂带磨削安全性高，噪声和粉尘小，且易于控制，环境效益好。由于砂带本身质量很轻，即使断裂也不会有伤人的危险。砂带磨削不像砂轮那样脱砂严重，特别是干磨时，磨屑构成主要是被加工工件的材料，很容易回收和控制粉尘。由于采用橡胶接触轮，砂带磨削不会像砂轮那样形成对工件的刚性冲击，故加工噪声很小，通常小于70dB。

砂带磨削工艺灵活性大、适应性强。砂带磨削可以十分方便地用于平面、内、外圆和复杂曲面的磨削。设计一台砂带磨头装置作为功能部件可以装在车床上进行车后磨削，也可以装在刨床上使用，同时还可以设计成各种专用的磨床。利用砂带磨削的这种特性能够很容易地解决一些难加工零件，如超长、超大的轴类和平面零件的精密加工。

砂带的基材、磨料、黏结剂均有很大的选择范围，能适应各种用途的需要。砂带的粒度、长度和宽度也有各种规格，并有卷状、环状等多种形式可供选用。

对同一种工件，砂带磨削可以采用各种不同的磨削方式和工艺结构进行加工。

砂带磨削的应用范围极其广泛，几乎能磨削一切工程材料。除了砂轮磨削能加工的材料外，其还可以加工诸如铜、铝等有色金属和木材、皮革、塑料等非金属软材料。特别是砂带磨削的“冷态”磨削效应使之在加工耐热难磨削材料时更显出独特的优势。

2.2 切削加工成形原理及机床

用切削加工的方法形成工件的表面形状，需要研究工件表面形状与所用刀具形状及工件、刀具运动之间的关系，即切削加工成形原理；实现这些运动的设备就是机床。

根据在机床上加工的各种表面和使用的刀具类型，分析得到这些表面的方法和所需的运动，机床必须具备的传动联系，实现这些运动所需要的机构和机床运动的调整方法。这个机床运动分析过程是认识和分析机床的基本方法，次序是“表面—运动—传动—机构—调整”。

2.2.1 工件表面成形方法

2.2.1.1 工件表面构成元素及其形成方法

机械零件的形状虽多种多样，但构成其内外轮廓的元素却不外乎几种基本形状的表面：平面、圆柱面、圆锥面、螺旋面和各种成形表面，图2-13所示为组成不同形状零件常用的各种表面。从几何学的角度看，这些表面都可以由一根母线沿着导线运动而形成，即都属于线性表面。如平面由一根直线（母线）沿另一根直线（导线）运动形成；圆柱和圆锥是由一根直线（母线）沿一圆（导线）运动而形成；普通螺纹的螺旋面是由“∧”形线（母线）沿螺旋线（导线）运动而形成；渐开线齿廓是由渐开线（母线）沿直线运动而形成等。有些表面的母线和导线可以互换如圆柱面，这些表面又称为可逆表面，有些表面的母线和导线不能互换如圆锥，这些表面称为不可逆表面。母线和导线又称为发生线。

2.2.1.2 发生线的形成方法

A 切削刃的形状与发生线的关系

发生线是由刀具的切削刃与工件间的相对运动得到的，所以工件表面的成形与刀具切

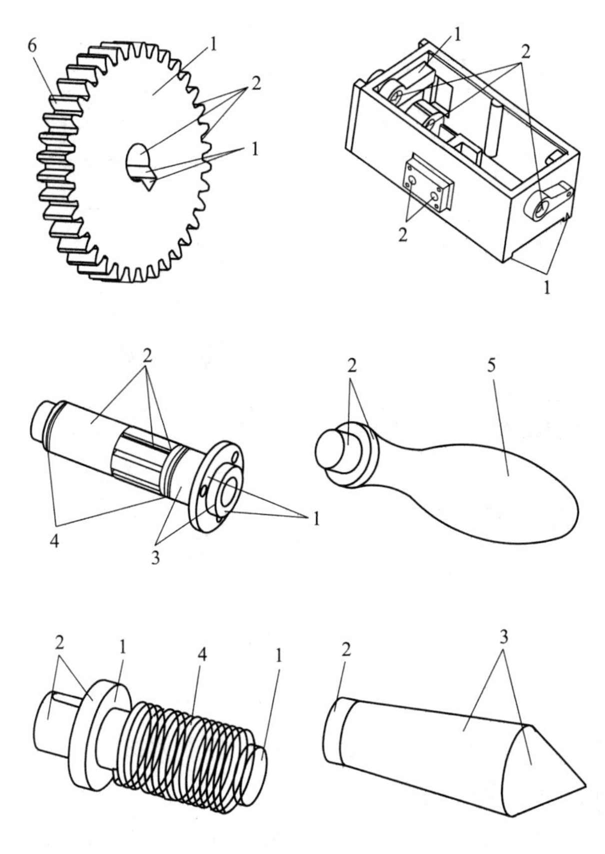

图 2-13 构成零件外廓的常用表面

1—平面；2—圆柱面；3—圆锥面；4—螺旋面（成形面）；
5—回转体成形面；6—渐开线表面（直线成形面）

削刃形状有密切关系。所谓切削刃形状，是指切削刃与工件成形表面相接触部分的形状。它和需要成形的发生线之间的关系可分为三种：

（1）切削刃的形状为一切削点，在整个切削过程中，切削刃与被成形表面接触的长度很短，可以看作点接触。如普通外圆车刀，见图 2-14（a）。此时切削刃与发生线相交。

（2）切削刃的形状是一条切削线 1，它与要成形的发生线 2 的形状完全吻合，见图 2-14（b），因此在切削时，切削刃与被成形的表面作线接触，刀具无需任何运动就可以得到所需要的发生线形状，如成形车刀。

（3）切削刃形状仍然是切削线 1，但它与所需成形的发生线 2 的形状不吻合，见图 2-14（d），切削时，刀具切削刃与被成形的表面相切，可以看成点接触，切削刃相对工件滚动，所需成形的发生线 2 是刀具切削线 1 的包络线，即刀具与工件间须有共轭的展成运动。图 2-14（c）是另一种相切点接触。

B 形成发生线的方法及所需运动

因使用的刀具切削刃形状及采取的加工方法不同，形成发生线的方法归纳起来有以下四种。

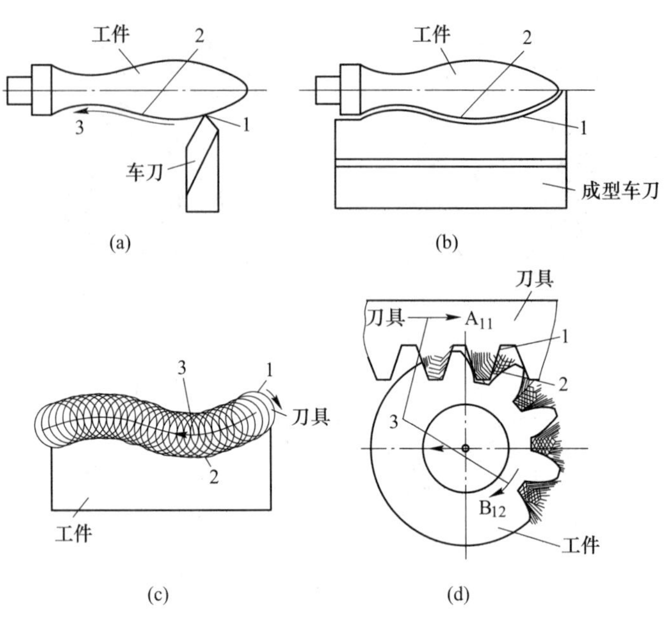

图 2-14　切削刃形状与发生线

1—切削线；2—发生线；3—展成线

（1）轨迹法。切削刃为切削点，它按一定规律作轨迹运动，形成所需要的发生线。所以轨迹法形成发生线需要一个独立的成形运动。

（2）成形法。因切削刃形状与发生线形状完全相同，故不需要运动。

（3）相切法。此时刀具旋转，切削刃轨迹为圆，刀具旋转中心按一定规律作轨迹运动，发生线就是该轨迹的包络线，故相切法形成发生线需要两个独立的成形运动，见图 2-14（c）。

（4）展成法。发生线是切削刃轨迹的包络线，形成发生线需要两个运动，这两个运动分别由刀具和工件完成，且该两个运动间必须满足某一要求，即形成复合运动，也就是展成运动。如齿轮渐开线的形成。

2.2.2　机床型号编制方法

使刀具、工件获得所需要的成形运动的设备称为机床。由于所使用的刀具形状不同，所需要的运动各异，被加工工件的形状、要求不同，加工时，它们所需要的运动也各不相同，这就需要设计制造各种各样的机床。此外，被加工工件的尺寸、精度等不同，也需要采用不同的机床。因此机床的品种、规格繁多，为了便于区别、使用和管理，需要对机床加以分类、编号。机床的分类方法也有多种，此处仅就按其加工性质和所用刀具分类法，根据国家制定的机床型号编制方法（GB/T 15375—2008）作简介。

2.2.2.1　型号表示方法

通用机床的型号由基本部分和辅助部分组成，中间用“/”分开，基本部分统一管理，辅助部分是否纳入型号由企业自定。型号构成如下：

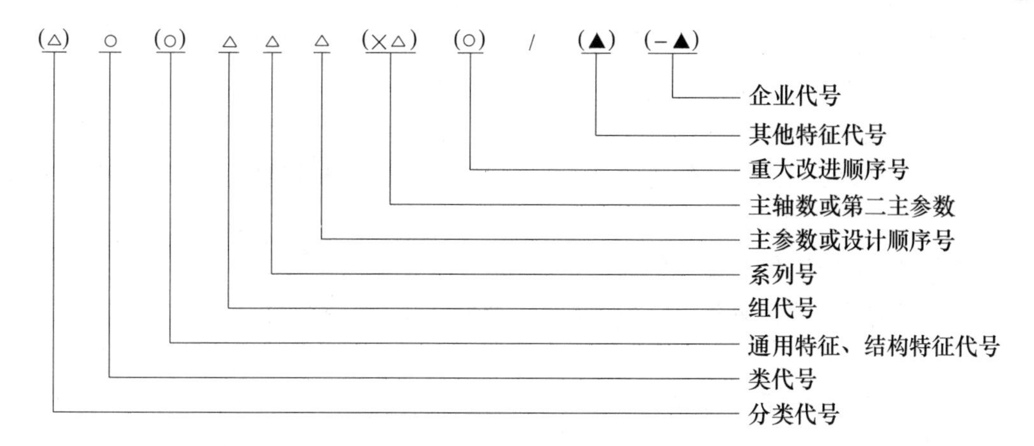

注: 1. 有“( )”的代号或数字，当无内容时，则不表示；若有内容则不带括号。
2. 有“ ○ ”符号者，为大写的汉语拼音字母。
3. 有“ △ ”符号者，为阿拉伯数字。
4. 有“ ▲”符号者，为大写的汉语拼音字母，或阿拉伯数字，或两者兼有之。

2.2.2.2 机床类、组、系的划分及代号

机床的类代号，用大写汉语拼音字母表示。必要时，每类可分为若干分类，分类代号在类代号前，是型号的首位，用阿拉伯数字表示。目前将机床分为11类，如表2-6所示。在每一类机床中，又按工艺特点、布局形式和结构特点等不同，分为10个组；每一组又细分为10个系。在同一类机床中，主要布局或使用范围基本相同的机床，为同一组。在同一组机床中，取其主参数相同、主要结构及布局形式相同的机床，为同一系。机床的组用一位阿拉伯数字表示，位于类代号或通用特性代号、结构特性代号之后。机床的系用一位阿拉伯数字表示，位于组代号之后。

表 2-6 机床类别和分类代号

类别	车床	钻床	镗床	磨床			齿轮加工机床	螺纹加工机床	铣床	刨插床	拉床	锯床	其他机床
代号	C	Z	T	M	2M	3M	Y	S	X	B	L	G	Q
读音	车	钻	镗	磨	二磨	三磨	牙	丝	铣	刨	拉	割	其

2.2.2.3 机床的通用特性代号和结构特性代号

通用特性代号有统一的固定含义，如表2-7所示。当某种机床，既有普通型又有某种通用特性时，则在类代号之后加通用特性代号予以区别，如该型机床仅有某种通用特性，而无普通型，则通用特性不予表示。

表 2-7 通用特性代号

通用特性	高精度	精密	自动	半自动	数控	加工中心（自动换刀）	仿形	轻型	加重型	简式或经济型	柔性加工单元	数显	高速
代号	G	M	Z	B	K	H	F	Q	C	J	R	X	S
读音	高	密	自	半	控	换	仿	轻	重	简	柔	显	速

对主参数相同而结构、性能不同的机床，在型号中加结构特性代号予以区别。用汉语拼音字母表示，无统一含义。

2.2.2.4 机床主参数和设计顺序号

机床主参数表示机床规格的大小，用折算值表示。对于某些机床，当无法用一个主参数表示时，则在型号中用设计顺序号表示。

2.2.2.5 主轴数和第二主参数

对于多轴机床，其主轴数应以实际值列入型号。第二主参数一般不表示，仅在特殊情况下表示。

2.2.2.6 机床的重大改进序号

当对机床的结构、性能有更高要求，并需要按新产品重新设计、鉴定时，才按改进的先后顺序选用 A、B、C 等表示。

2.2.3 机床的运动及其分析方法

在机床上切削工件时，刀具、工件间的相对运动，就其运动性质而言，有直线运动、旋转运动，一般常用 A 表示直线运动，用 B 表示旋转运动。如就机床上运动的功能而言，则可分为表面成形运动、切入运动、分度运动、辅助运动、操纵及控制运动、校正运动。

2.2.3.1 表面成形运动

表面成形运动简称成形运动，是形成发生线、保证得到工件要求的表面形状的运动，是机床的基本运动。按其组成不同，可分为简单成形运动、复合成形运动。如图 2-15（b）所示，用普通车刀车削外圆柱面，工件的旋转运动 B_1，刀具的直线运动 A_2就是两个简单运动；再如用砂轮磨削外圆柱表面，砂轮和工件的旋转运动 B_1、B_2及工件的直线移动 A_3都是简单运动，如图 2-15（c）所示。如果一个独立的成形运动是由两个或两个以上的简单运动，按某种确定的运动关系组合而成，这种成形运动称为复合成形运动。如车螺纹时，形成螺旋形发生线所需的工件与刀具间的螺旋轨迹运动，是由工件的等速旋转运动 B_{11}和刀具的等速直线运动 A_{12}复合构成，它们之间必须保持严格的运动关系，即工件每转一周，刀具就均匀地移动一个螺旋线导程，如图 2-15（a）所示。用尖头车刀车削回转体成形面时，车刀的曲线轨迹运动，通常是由相互垂直方向上、有严格速比关系的两个直线运动 A_{21}和 A_{22}来实现，A_{21}、A_{22}也组成一个复合运动，如图 2-15（d）所示。即组成复合运动的两个末端件之间有严格的速比关系，联系它们之间的运动链称为内联系传动链。其余均为外联系传动链。

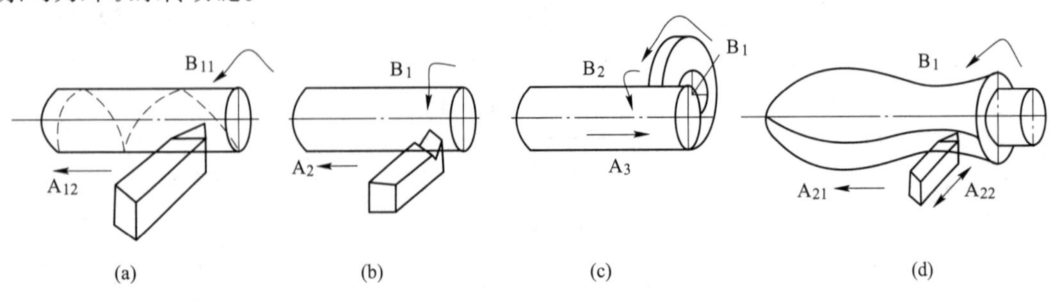

图 2-15 成形运动的组成

成形运动按其在切削加工中起的作用，又可分为主运动和进给运动。主运动是切除工件上被切削层，使之转变为切屑的运动；进给运动是依次或连续不断地把被切削层投入切削，以便逐渐切出整个工件表面的运动。主运动速度高，消耗的功率大；进给运动的速度较低，消耗的功率也较小。任何一种机床，必定有且通常只能有一个主运动，但进给运动可能有一个或几个，也可能没有（如车螺纹）。它们可能是简单的成形运动，也可能是复合的成形运动。

表面成形运动是机床上最基本的运动，其轨迹、数目、行程和方向等，在很大程度上决定着机床的传动和结构形式。显然，用不同工艺方法加工不同形状的表面，所需的表面成形运动是不同的，从而产生了不同类型的机床。然而即使是用同一种工艺方法和刀具结构加工相同表面，由于具体加工条件不同，表面成形运动在刀具和工件间的分配也往往不同。如车削外圆柱面，多数情况下表面成形运动是工件旋转和刀具直线运动，但根据工件形状、尺寸和坯料形式等具体条件不同，表面成形运动也可能是工件旋转并作直线运动，或刀具旋转并作直线运动，或刀具旋转，工件作直线运动。表面成形运动在刀具和工件间分配情况不同，机床结构就不一样，这决定了机床结构形式的多样性。

2.2.3.2 切入运动

刀具相对工件切入一定的深度，以保证达到工件要求的尺寸。

2.2.3.3 分度运动

使多工位刀具、工作台实现周期性转位或移位，以便依次加工工件上的各个表面，或依次使用不同刀具对工件进行顺序加工。

2.2.3.4 辅助运动

为切削加工创造条件的运动称为辅助运动。如刀具的快进、快退运动等。它虽然不直接参与表面成形过程，但对机床整个加工过程却是不可缺少的，同时还对机床的生产率、加工精度和表面质量有较大影响。

2.2.3.5 操纵及控制运动

操纵及控制运动包括起动、停止、变速、换向、部件与工件的夹紧和松开、转位及自动换刀、自动测量、自动补偿等运动。

2.2.3.6 机床的运动分析方法

为了实现加工过程中所需的各种运动，机床必须有执行件、运动源和传动装置。传动装置是联系执行件和运动源的中间器官，可以实现变速、换向等。对于数控机床该功能由数控系统完成。

机床的传动系统图是表示机床全部运动传动关系的示意图，在图中用简单的规定的符号代表各种传动件。机床的传动系统图是画在一个能反映机床外形和主要部件位置的投影面上，并尽可能绘制在机床外形的轮廓内。在传动系统图中，各传动链中的传动元件是按运动传递的先后顺序，以展开图的形式画出来的。它只表示传动关系，不代表各传动元件的实际尺寸和空间位置。分析一台机床的传动系统时，应按下列步骤进行：

（1）确定传动链两端件；

（2）根据两端件的相对运动要求确定计算位移；

（3）写出传动链的传动路线表达式；

（4）列出运动平衡式。

2.2.4　常用机床及其所用刀具形状

对于各种机床，当其结构形式及所具有的运动形式确定后，在其上能使用的刀具形式就大致被确定，所能完成的加工类型也被确定。这里介绍几种常用机床所能完成的加工表面及所用刀具结构。

2.2.4.1　车床

车床是工件被安装在主轴上，并以比较高的转速旋转，作主运动；刀具仅能作纵横两个方向的直线运动，作进给运动，故车床上主要加工回转表面。图 2-16 所示为车刀的型式与用途。

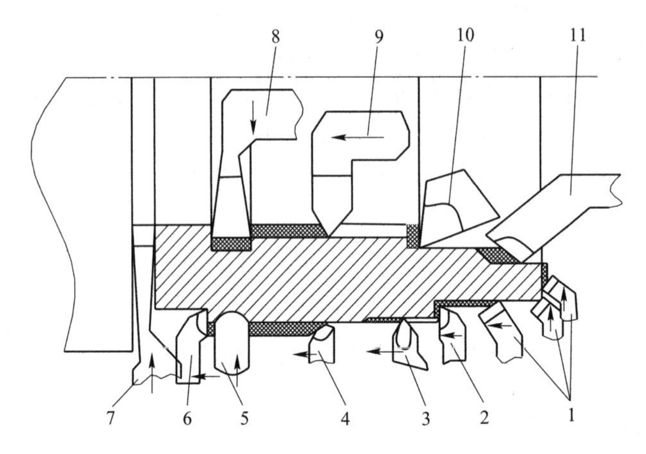

图 2-16　车刀形状及用途

1— 45°端面车刀；2—90°外圆车刀；3—外螺纹车刀；4—75°外圆车刀；5—成形车刀；6—90°左切外圆车刀；7—切断车刀；8—内孔切槽车刀；9—内孔螺纹车刀；10—95°内孔车刀；11—75°内孔车刀

车刀的结构类型有：整体式、焊接式、机夹式、可转位式。后三种结构的车刀是由刀片和刀柄两部分组成，刀片多选用硬质合金，刀柄用 45 号钢。如图 2-17 所示。

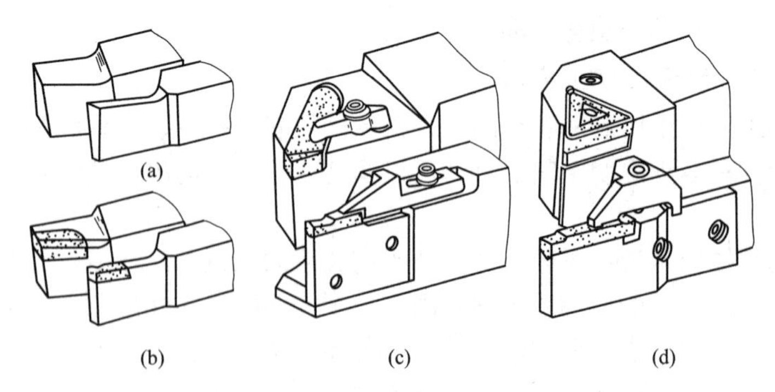

图 2-17　车刀的结构类型

（a）整体式；（b）焊接式；（c）机夹式；（d）可转位式

车床的种类很多，各种车床上能加工的表面也随车床结构上的细微差别有所不同，这里以普通卧式车床为例，给出其上能加工的典型表面，也就是该机床的工艺范围，如图 2-18 所示。

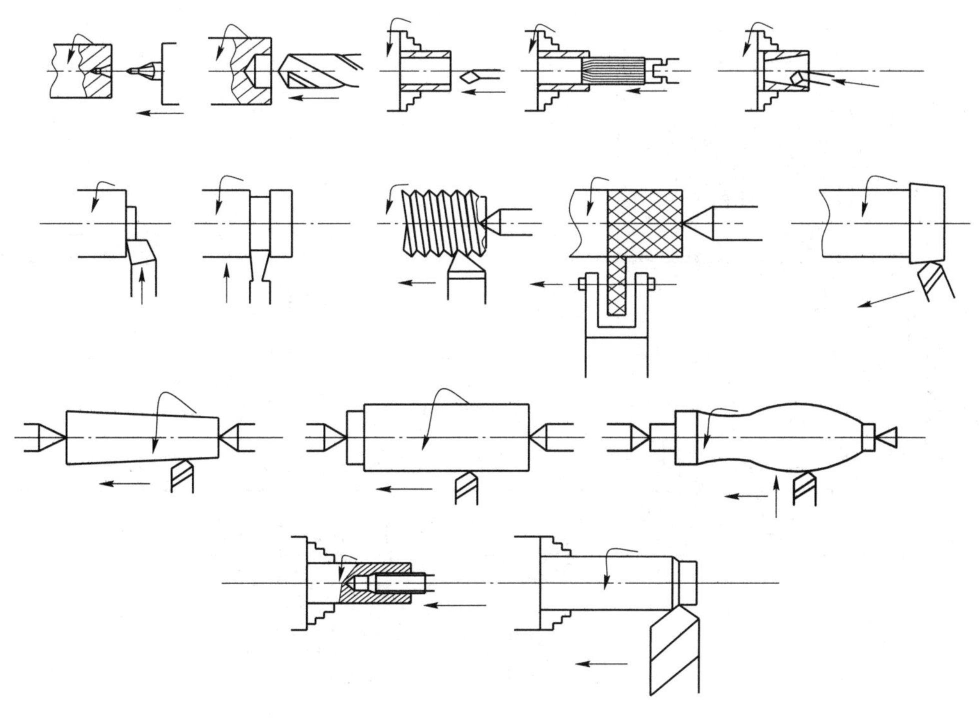

图 2-18　卧式车床能加工的典型表面

下面以普通卧式车床 CA6140 为例，简介其传动系统及其主运动系统主要结构。图 2-19是其外形图，图 2-20 是其传动系统图。

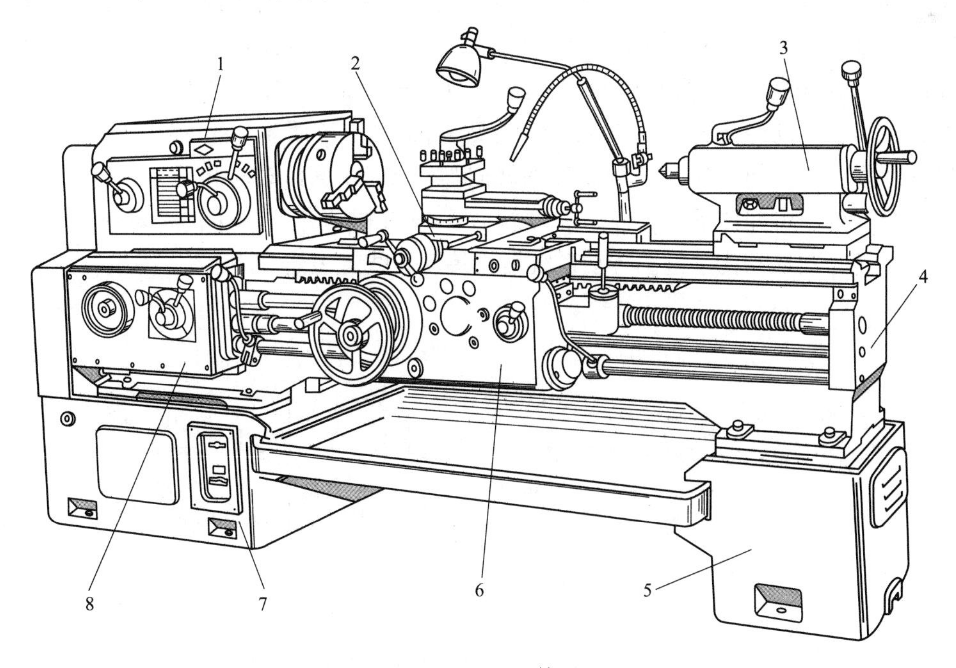

图 2-19　CA6140 外形图

1—床头箱；2—刀架；3—尾架；4—床身；5—右床腿；6—溜板箱；7—左床腿；8—进给箱

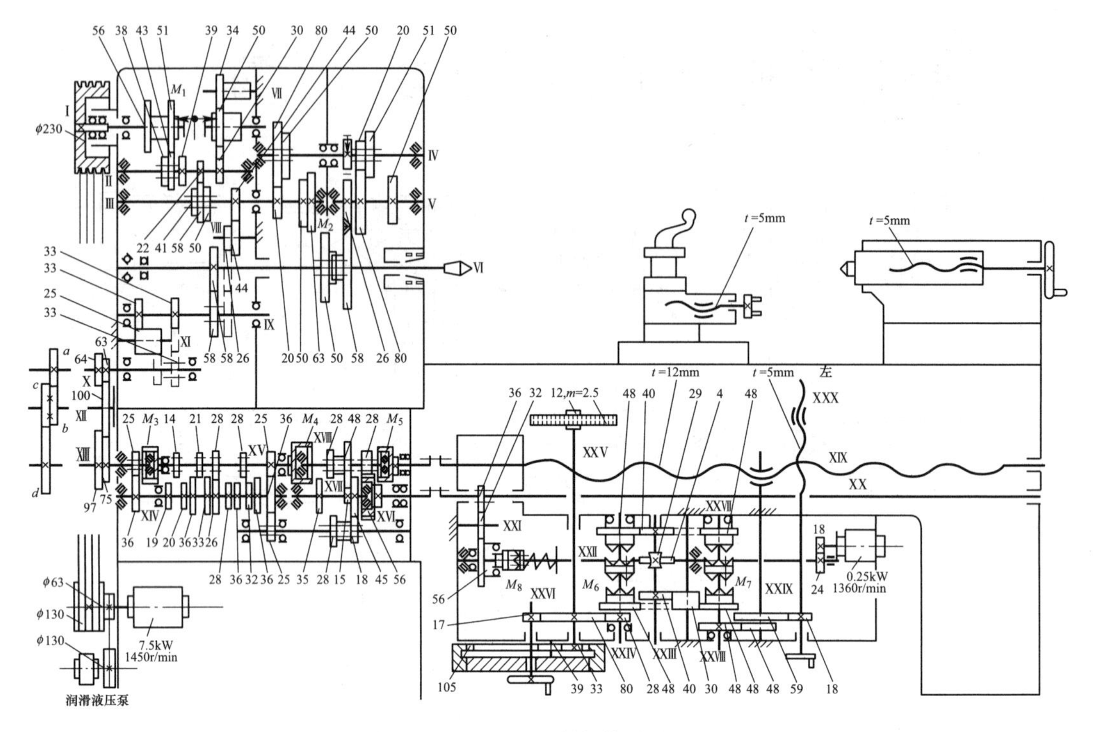

图 2-20 CA6140 车床传动系统图

A 主运动传动链

主运动传动链的两末端件是主电动机和主轴。运动由主电动机经 V 带轮传至主轴箱中的轴Ⅰ。在轴Ⅰ上装有双向摩擦离合器 M_1，使主轴正、反转或停止。当压紧摩擦离合器 M_1 左部时，轴Ⅰ的运动经齿轮副 56/38 或 51/43 传给轴Ⅱ，使轴Ⅱ获得两种转速。压紧右部摩擦片时，运动经齿轮 50、轴Ⅶ上的空套齿轮 34 传给轴Ⅱ上的固定齿轮 30，这时轴Ⅰ至轴Ⅱ间多一个中间齿轮 34，故轴Ⅱ的转向与经 M_1 左部传动时相反，反转转速只有一种。当离合器处于中间位置时，左、右摩擦片都没有被压紧，轴Ⅰ的运动不能被传至轴Ⅱ，主轴停转。主运动传动链的传动系统可用传动路线式表达如下：

$$\text{主电动机}\left(\begin{matrix}7.5\text{kW},\\ 1450\text{r/min}\end{matrix}\right)-\frac{\phi130\text{mm}}{\phi230\text{mm}}-\text{Ⅰ}-\left\{\begin{matrix}\begin{matrix}M_1\text{（左）}\\ \text{（正转）}\end{matrix}-\left\{\begin{matrix}\frac{56}{38}\\ \frac{51}{43}\end{matrix}\right\}- \\ \begin{matrix}M_1\text{（右）}\\ \text{（反转）}\end{matrix}-\frac{50}{34}-\text{Ⅶ}-\frac{34}{30}\end{matrix}\right\}-\text{Ⅱ}-\left\{\begin{matrix}\frac{39}{41}\\ \frac{30}{50}\\ \frac{22}{58}\end{matrix}\right\}-$$

$$\text{Ⅲ}-\left\{\begin{matrix}-\frac{63}{50}- \\ \left\{\begin{matrix}\frac{20}{80}\\ \frac{50}{50}\end{matrix}\right\}-\text{Ⅳ}-\left\{\begin{matrix}\frac{20}{80}\\ \frac{51}{50}\end{matrix}\right\}-\text{Ⅴ}-\frac{26}{58}-M_2\text{（右移）}\end{matrix}\right\}-\text{Ⅵ（主轴）}$$

由传动路线表达式及其相应数据可知，主轴总共可获得 $2\times3\times[1+(2\times2-1)]=24$ 级转速。同理，主轴反转时，有 $1\times3\times[1+(2\times2-1)]=12$ 级转速。

主轴的各级转速，可根据滑移齿轮的啮合状态求得。其正转 24 级转速为 10～1400r/min；反转 12 级转速为 14～1580r/min。主轴反转通常不是用于切削，而是用于车螺纹时，切削完一刀后使车刀沿螺旋线退回，所以转速较高以节约时间。

B　进给运动传动链

进给运动传动链是实现刀具纵向或横向运动的传动链。在切削螺纹时，进给运动链是内联系传动链。主轴每转一转刀架移动量等于被加工螺纹的导程。加工外圆面和端面时，进给链是外联系传动链。进给量以工件每转刀架的移动量计。所以，分析进给链时，以主轴和刀架为传动链的两端。

a　加工螺纹

该车床可以加工公制、英制、模数、径节四种标准螺纹，还可以加工扩大导程和非标螺纹，其传动路线表达式如下：

$$
\text{主轴 VI}-\begin{Bmatrix}\underset{\text{（正常导程）}}{\dfrac{58}{58}} \\ \dfrac{58}{26}-\text{V}-\dfrac{80}{20}-\text{IV}-\begin{bmatrix}\dfrac{50}{50}\\ \dfrac{80}{20}\end{bmatrix}-\text{III}-\dfrac{44}{44}-\text{VIII}-\dfrac{26}{58} \\ \text{（扩大导程）}\end{Bmatrix}-\text{IX}-\begin{Bmatrix}\dfrac{33}{33}\\ \text{（右螺纹）}\\ \dfrac{33}{25}-\text{XI}-\dfrac{25}{33}\\ \text{（左螺纹）}\end{Bmatrix}-
$$

$$
-\text{X}-\begin{Bmatrix}\begin{Bmatrix}\dfrac{63}{100}-\text{XII}-\dfrac{100}{75}\\ \text{（米、英制螺纹）}\\ \dfrac{64}{100}-\text{XII}-\dfrac{100}{97}\\ \text{（模数、径节螺纹）}\end{Bmatrix}-\text{XIII}-\begin{Bmatrix}\dfrac{25}{36}-\text{XIV}-i_{\text{基}}-\text{XV}-\dfrac{25}{36}-\dfrac{36}{25}\\ \text{（公制及模数螺纹）}\\ M_3\text{合}-\text{XV}-\dfrac{1}{i_{\text{基}}}-\text{XIV}-\dfrac{36}{25}\\ \text{（英制及径节螺纹）}\end{Bmatrix}-\text{XVI}-i_{\text{倍}} \\ -\dfrac{a}{b}\dfrac{c}{d}-\text{XIII}-M_3\text{合}-\text{XV}-M_4\text{合}\\ \text{（非标准螺纹）}\end{Bmatrix}-
$$

$$
-\text{XVIII}-M_5\text{合}-\text{XIX}
$$

b　加工外圆和端面

为了减少丝杠磨损和便于操纵，机动进给是由光杠经溜板箱传动的。这时将进给箱中的 M_5 脱开，使轴XVIII的齿轮 28 与轴XX左端的 56 相啮合。运动由进给箱传至光杠XX再经溜板箱中的齿轮副 $36/32\times32/56$、超越离合器及安全离合器 M_8、轴XXII、蜗杆蜗轮副 4/29 传至XXIII。再经齿轮副 40/48 或 $40/30\times30/48$、双向离合器 M_6、轴XXIV、齿轮副 28/80、轴XXV传至小齿轮 12。小齿轮 12 与固定在床身上的齿条啮合，从而带动刀架作纵向机动进给。若运动由轴XXⅢ经齿轮副40/48或40/30×30/48、双向离合器M_7、轴XXⅧ及齿轮副48/48×59/18传至横向进给丝杠XXX，就使刀架作横向机动进给。其传动路线表达式如下：

$$\cdots \text{XVIII} - \frac{28}{56} - \text{XX} - \frac{36}{32} - \text{XXI} - \frac{32}{56} - \text{XXII} - \frac{4}{29} - \text{XXIII} -$$

$$\text{快移电动机（250W，2800r/min）} - \frac{18}{24} - \text{(至 XXII)}$$

$$- \left[\begin{array}{l} \left[\begin{array}{l} M_6\uparrow\dfrac{40}{48} \\ M_6\downarrow\dfrac{40}{30}\times\dfrac{30}{48}\end{array}\right] - \text{XXIV} - \dfrac{28}{80} - \text{XXV} - z_{12}/\text{齿条} \\ \left[\begin{array}{l} M_7\uparrow\dfrac{40}{48} \\ M_7\downarrow\dfrac{40}{30}\times\dfrac{30}{48}\end{array}\right] - \text{XXVIII} - \dfrac{48}{48} - \text{XXIX} - \dfrac{59}{18} - \text{横向丝杠XXX} \end{array}\right.$$

纵向机动进给量可实现从0.028~6.33mm/r的64种，横向机动进给量是纵向的一半。

c 刀架的快速移动

为了减轻工人劳动强度和缩短辅助时间，刀架可以实现纵、横向快速移动。按下快移按钮，快速电动机（250W，2800r/min）经齿轮副18/24使轴XXⅡ高速转动，再经蜗杆副4/29，溜板箱内的转换机构，使刀架实现纵、横向的快速移动。这时不必脱开进给传动链。

C 主轴箱基本构造

机床主轴箱是一个比较复杂的传动部件。表达主轴箱中各传动件的结构和装配关系，常用展开图。展开图基本上是按各传动轴传递运动的先后顺序，沿其轴线剖开，并展开在一个平面上的装配图，如图2-21所示，Ⅳ—Ⅰ—Ⅱ—Ⅲ(Ⅴ)—Ⅵ—Ⅺ—Ⅸ—Ⅹ的轴线剖切，展开后绘制出来的。

展开图把立体展开在一个平面上，因而其中有些轴之间的距离拉开了，使原来相啮合的齿轮副分开了，所以展开图不表示各轴的实际位置。在读展开图时，首先应该弄清传动关系。由此可见，要表示清楚主轴箱部件的结构，仅有展开图是不够的，还需要有必要的向视图及剖面图来加以补充说明。需要时可参阅相关资料，此处不再赘述。

图2-22是摩擦离合器、制动器及其操纵机构；图2-23是主轴端部和卡盘的连接结构；图2-24是一个变速操纵机构，表示的是轴Ⅱ上的双联滑移齿轮和轴Ⅲ上的三联滑移齿轮用一个手柄操纵，变速手柄每转一转，变换6种转速，故手柄有均布的6个位置。

2.2.4.2 磨床

磨床的种类非常多，这里仅简介用砂轮磨削的磨床。砂轮安装在主轴上高速旋转，作主运动；工件安装在头架主轴上低速旋转，作进给运动，主要加工回转面；工件也可能安装在工作台上，主要磨平面。常用磨床加工示意图如图2-25所示。

2.2.4.3 钻床、镗床

钻、镗床主要用来加工孔，所用刀具有麻花钻、扩孔钻、铰刀、镗刀等。刀具安装在机床主轴上作旋转主运动，或同时进给；工件安装在工作台上不动或作进给。

A 钻床

钻床的种类主要有台钻、立钻、摇臂钻、深孔钻等，前三种都是立式钻床，即主轴轴

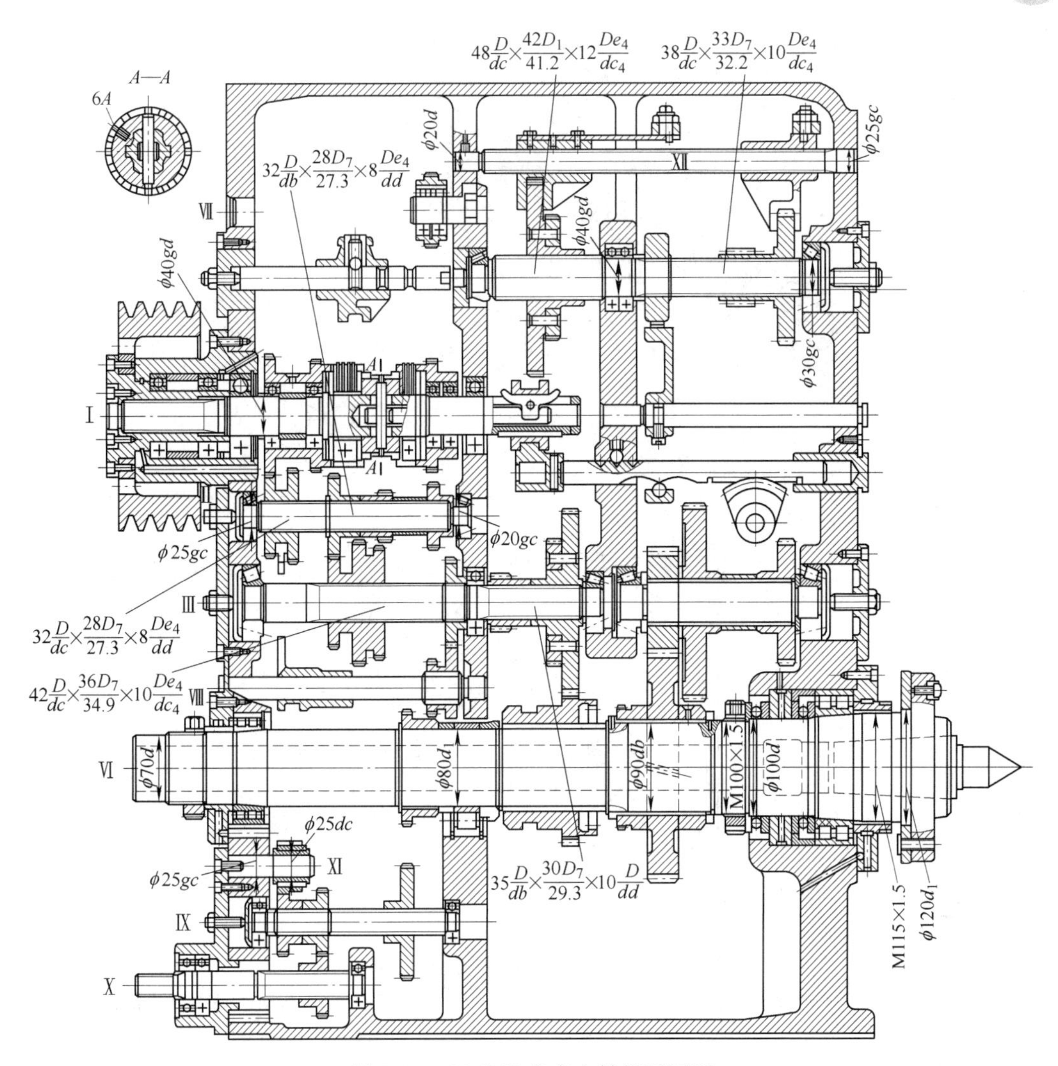

图 2-21 CA6140 车床主轴箱展开图

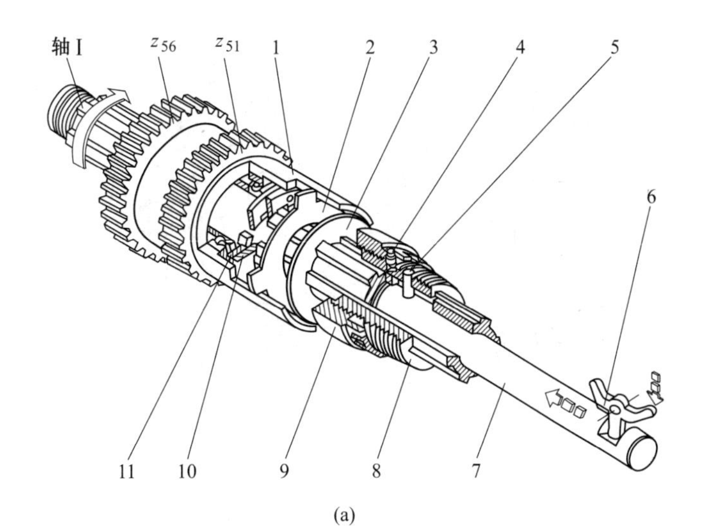

(a)

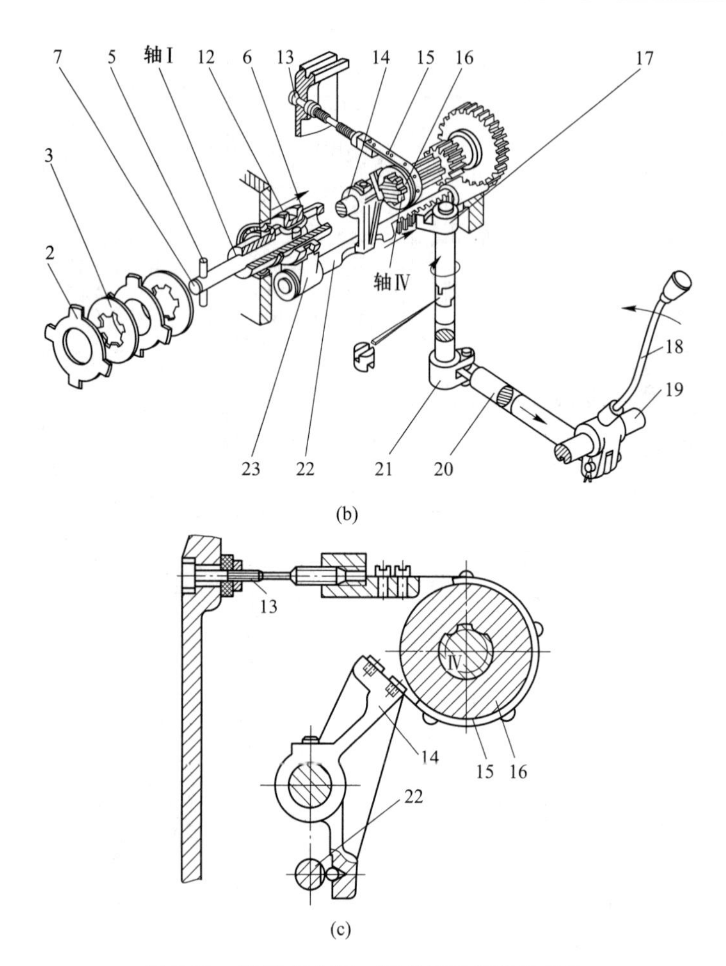

图 2-22　摩擦离合器、制动器及其操纵机构

1—齿轮；2—外摩擦片（被动）；3—内摩擦片（主动）；4—防松销；5—传动销；6—元宝销；7—推拉杆；8—压块；9—螺母；10，11—止推片；12—滑套；13—螺栓；14—杠杆；15—制动带；16—制动轮；17—齿扇；18—操纵手柄；19—轴；20—杆；21—曲柄；22—齿条轴；23—拨叉

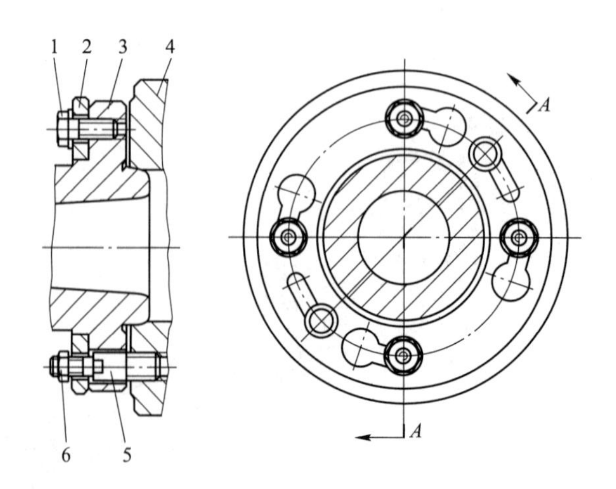

图 2-23　卡盘的安装

1—螺栓；2—锁紧盘；3—主轴法兰；4—卡盘座；5—双头螺栓；6—螺母

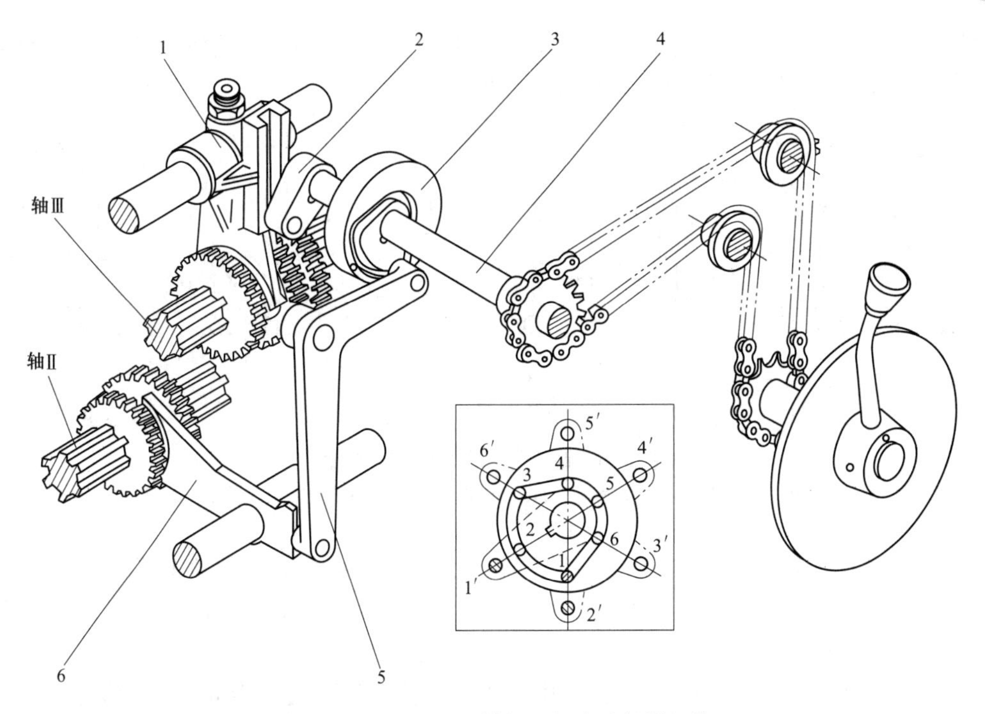

图 2-24 Ⅰ、Ⅱ、Ⅲ轴间六级变速操纵机构

1，6—拨叉；2—曲柄；3—端面凸轮；4—轴；5—杠杆

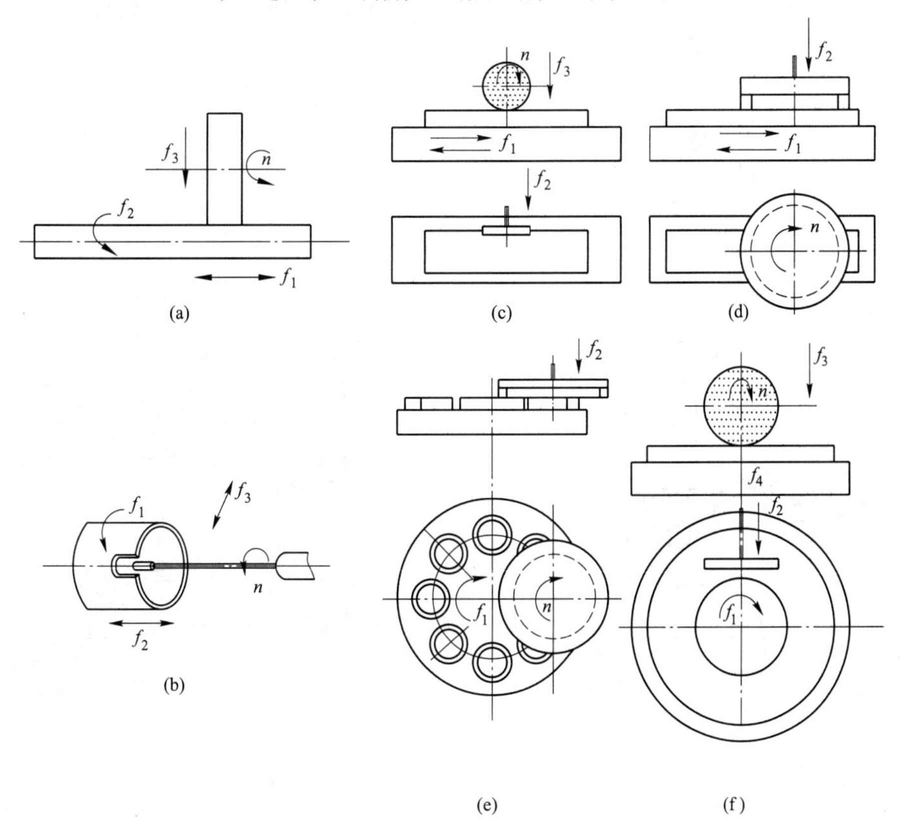

图 2-25 常用平面磨床加工示意图

线是垂直的，一般用来加工直径不大、精度不高的孔；深孔钻床多为卧式的，且使用深孔钻头。图 2-26 所示钻床的加工方法及刀具形状。

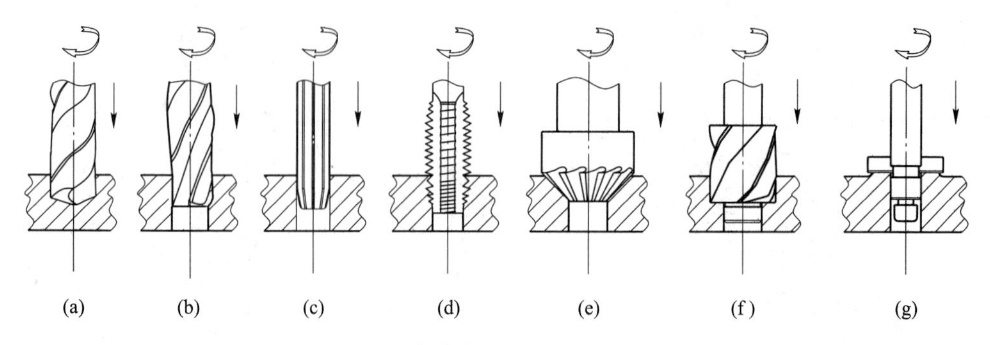

图 2-26　钻床加工方法及刀具轮廓

（a）钻孔；（b）扩孔；（c）铰孔；（d）攻螺纹；（e），（f）锪埋头孔；（g）锪端面

立钻外形如图 2-27 所示，其工作台、进给箱只能沿立柱上的导轨上下移动位置，只能通过移动工件来保证被加工孔中心对准机床主轴中心，操作不方便，因此只适用于单件、小批生产中的中小型零件加工。

台钻主要用来在小型零件上加工小孔，加工直径一般不大于 16mm。其结构简单、小巧灵活、使用方便，但自动化程度低，只能作手动进给。

对于一些大而重的工件，移动不变，则通过机床主轴箱的移动，完成对中心工作。这便是摇臂钻床，如图 2-28 所示。

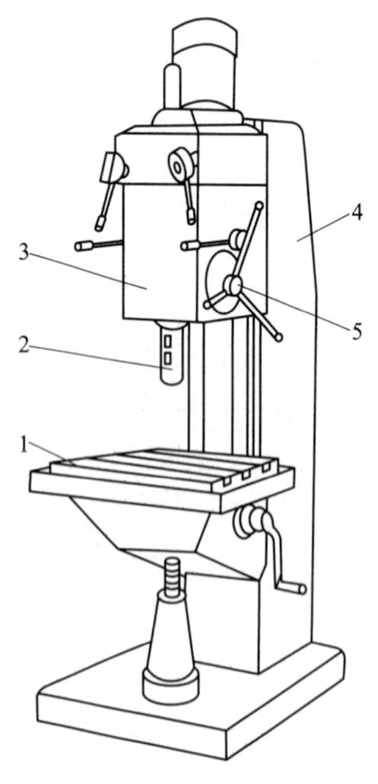

图 2-27　立式钻床

1—工作台；2—主轴；3—主轴箱；4—立柱；5—进给操纵机构

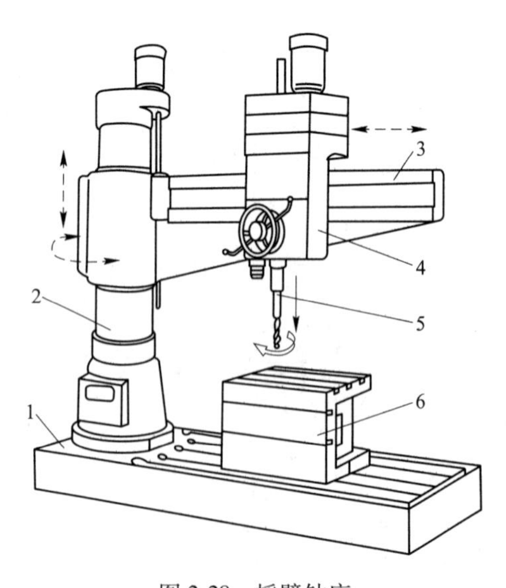

图 2-28　摇臂钻床

1—底座；2—立柱；3—摇臂；4—主轴箱；5—主轴；6—工作台

B 镗床

镗床除可以完成与钻床相同的任务外，一般还可以铣削。主要有卧式镗铣床、坐标镗床、落地镗床、金刚镗床。这里仅简介卧式镗床。

卧式镗铣床的主运动有：主轴、平旋盘的旋转运动。进给运动有：主轴的轴向进给运动；平旋盘刀具溜板的径向进给运动；主轴箱的垂直进给运动；工作台的纵、横向进给运动。辅助运动有：工作台的转位，后立柱的纵向调位，后支架的垂直向调位，主轴箱沿垂直向和工作台沿纵、横向的调位运动。卧式镗床外形及典型加工方法如图 2-29 和图 2-30 所示。

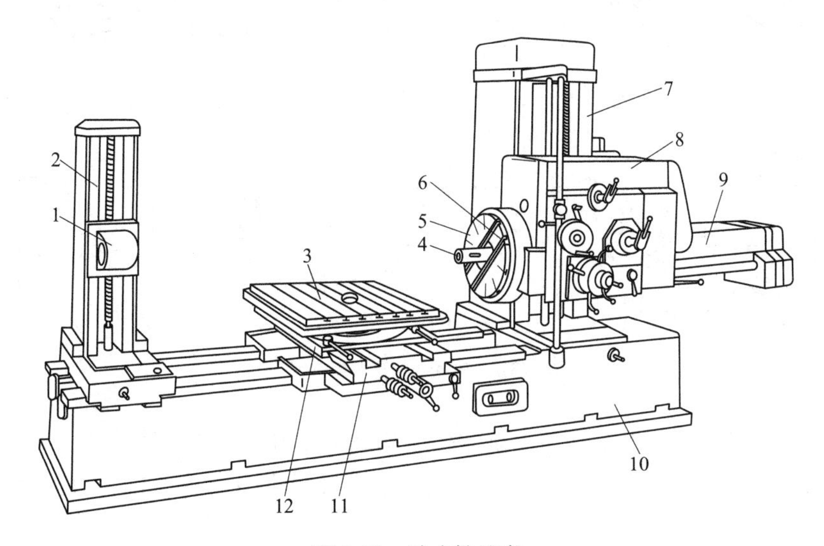

图 2-29 卧式铣镗床

1—后支架；2—后立柱；3—工作台；4—镗轴；5—平旋盘；6—径向刀具溜板；7—前立柱；8—主轴箱；9—后尾筒；10—床身；11—下滑座；12—上滑座

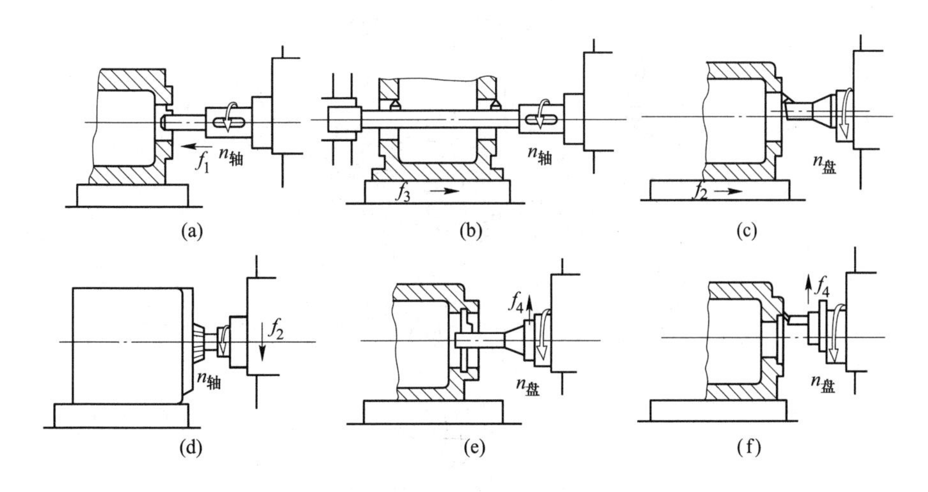

图 2-30 卧式镗床的典型加工方法

2.2.4.4 铣床

铣床是用多齿刀具进行铣削加工的机床，它可以加工平面、沟槽、齿形件、螺旋形表面及各种曲面等，如图 2-31 所示。铣床应用十分广泛，因是多齿加工，又不连续，故加工精度不高，主要用于粗加工和半精加工。铣床的主要类型有：卧式铣床、立式铣床、工作台不升降铣床、工具铣床、圆台铣床、龙门铣床等。

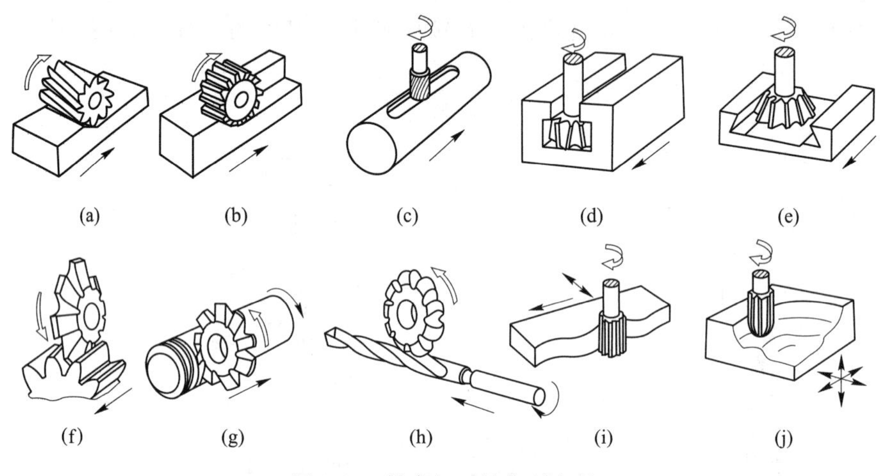

图 2-31 铣床加工的典型表面

（1）卧式铣床。主轴上安装刀具旋转作主运动，工件安装在工作台上，可以作相互垂直的三个方向任一方向进给运动或调整位置。用于中小型工件的加工，其外形如图 2-32 所示。

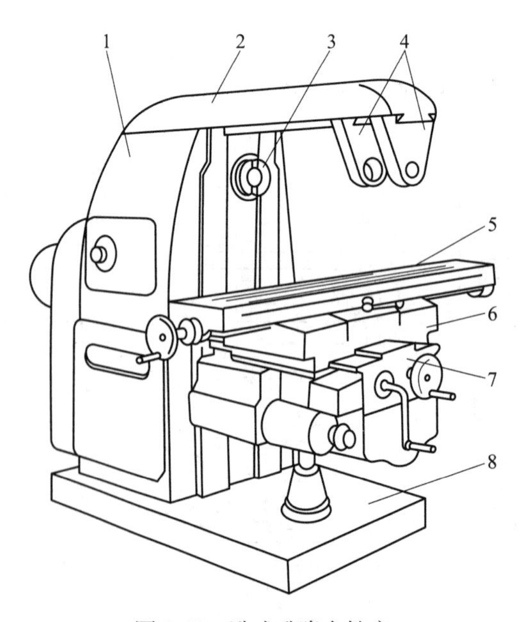

图 2-32 卧式升降台铣床

1—床身；2—悬梁；3—主轴；4—刀杆支架；5—工作台；6—床鞍；7—升降台；8—底座

在卧式升降台铣床的工作台与床鞍之间增加一层转盘，转盘可以相对于床鞍在水平面内绕垂直轴线±45°范围内转动，便成为万能升降台铣床。

卧式升降台铣床配置立铣头后，可作为立式铣床使用。

将卧式升降台铣床的主轴竖起来，就是立式升降台铣床。

（2）工作台不升降铣床。当被加工工件较大时，升降台的刚性就比较差，这时做成工作台不升降，就可以提高机床刚性，并可以用较大切削用量加工较大的工件。

（3）龙门铣床。龙门铣床的外形类似一龙门，在它的横梁和立柱上安装有铣削头，一般有 3~4 个。每个铣削头都是一个独立的主运动部件。加工时，工作台带动工件作纵向进给运动，铣削头可沿各自的轴线作轴向移动，实现切深。可以实现多把刀具同时加工，生产效率很高。主要用于加工体积大、重量大的工件。

2.2.4.5　齿轮加工机床

齿轮加工机床是用来加工齿轮的机床。其种类繁多，结构各异，加工方法各不相同，但就其加工原理可分为成形法、展成法两类。

成形法是把刀具的刃形做成被加工齿轮齿槽的形状，在普通铣床上，一次加工一个齿槽，经分度后，再加工下一个齿槽，其加工效率低，加工精度不高。

展成法是利用齿轮啮合原理进行，即把齿轮副中的一个转化为刀具，另一个转化为工件，并强制刀具和工件作严格的啮合运动，在工件上加工出齿形。由于齿轮啮合副正常的啮合条件是模数相同，故展成法加工齿轮所用刀具切削刃的渐开线廓形仅与刀具本身的模数相同，而与被切齿轮的齿数无关。所以，模数相同的齿轮不论齿数多少，都可以用同一把刀具加工，此外还可以用改变刀具与工件中心距的方法加工变位齿轮。这种方法的加工精度、效率都较高，齿轮加工机床的设计原理多为展成法。

齿轮的种类主要有：圆柱齿轮、圆锥齿轮。对应的为滚齿机、插齿机加工圆柱齿轮；刨齿机、铣齿机、拉齿机加工直齿圆锥齿轮；弧齿锥齿轮铣齿机、拉齿机加工弧齿锥齿轮。这里仅简介滚齿机。

滚齿加工是由一对交错轴斜齿轮副啮合传动原理演变而来，它是将啮合传动副中的一个齿轮的齿数减少到一个或几个，螺旋角增大到很大，就变成了蜗杆，再经开槽、铲背，使其具有一定的切削性能，就成为一把齿轮滚刀。其加工原理如图 2-33 所示。成形运动是滚刀旋转运动 B_{11} 和工件旋转运动 B_{12} 的复合运动，这个复合运动称为展成运动，当滚刀与工件连续不断地旋转时，便在工件的整个圆上依次切出所有齿槽，也就是说，滚齿时齿面的形成过程与齿轮的分度过程结合在一起，展成运动也就是分度运动。因此，为了得到所需要的渐开线齿廓和齿数，滚齿时，滚刀和工件之间必须保持严格的相对运动关系：即当滚刀转过 1 转时，工件应该相应地转过 k/z 转（k 是滚刀头数，z 是工件齿数）。

为了形成齿轮宽度，滚刀还需要作沿工件轴向的进给运动。图 2-34 为一滚齿机外形，它是立式布置，也是多数滚齿机的布局形式，可用来加工直齿、斜齿外啮合圆柱齿轮和蜗轮；滚齿机也有卧式布置的，主要用来加工轴齿轮、花键轴、链轮等。

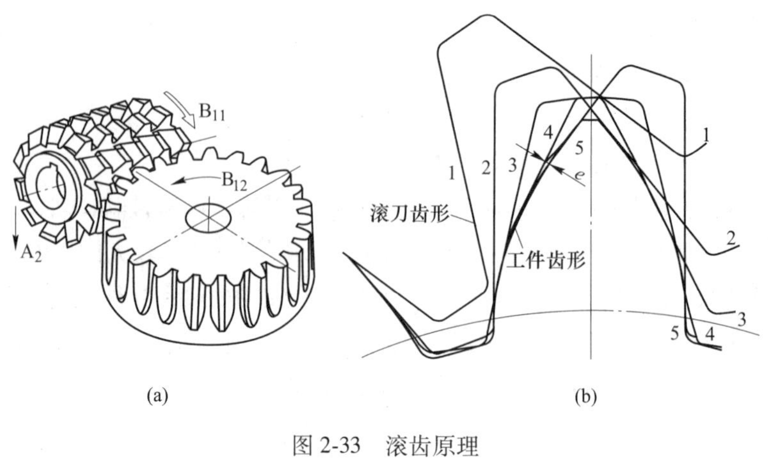

图 2-33 滚齿原理

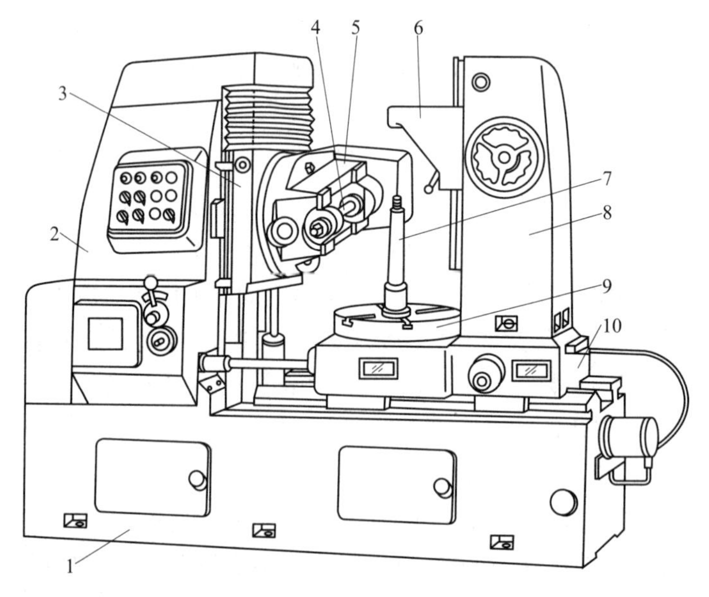

图 2-34 Y3150E 型滚齿机

1—床身；2—立柱；3—刀架溜板；4—刀杆；5—刀架体；6—支架；7—心轴；8—后立柱；9—工作台；10—床鞍

2.3 数控加工工艺

2.3.1 数控机床

数控机床是 20 世纪 50 年代问世的，是计算机技术、自动控制技术、精密测量技术、伺服驱动技术、先进机械结构等多方面新技术的综合产物，其发展飞速，已取得了极大进展，不仅形成了品种多样的数控单机，而且形成了以数控机床为核心的柔性制造单元、柔性生产线，甚至无人工厂。我国的数控技术起步较晚，近年来发展却很快，几乎各种数控机床都可以生产，但由于历史的原因，目前我国数控机床没有自己的统一分类系统。

2.3.2 数控加工工艺特点

数控加工是采用计算机控制系统和数控机床进行的加工，与普通机床加工相比具有：自动化程度高、精度高、质量稳定性高、生产效率高、设备使用成本高等，故对工艺的要求不同。数控加工工艺特点为：

（1）数控加工工艺要求更具体、更详细、更严密。由于所有加工过程是自动完成的，所以事先必须把全部工艺问题安排好，并编入程序中。如主轴转速、进给速度、进给的起讫点位置、中途退刀排屑等每一个动作都必须事先安排妥。

（2）需对零件上的尺寸数据进行换算。编程尺寸不是零件图上的设计尺寸，也不是零件尺寸加余量值，是需要根据零件尺寸及其公差要求、零件形状、编程方式等进行重新计算，才能确定合理的编程尺寸。

（3）刀具的选择很重要。数控程序是控制刀具中心位置的，对于不旋转刀具、钻削不存在问题。对于铣削加工，刀具的尺寸、形状对加工都有影响，所以必须先选定刀具，然后再编程。

（4）数控加工程序的校验。不论采用那种编程方法进行编程，在程序编制完成后，都需要进行模拟校验，发现问题及时修改。

此外，由于数控机床的刚度比普通机床的高，配的刀具也好，所以在同等条件下，数控机床的切削用量较大，加工效率高，可以完成从粗到精的加工。数控机床的功能往往比相应的普通机床强，工艺范围更广，完成的工序内容更多，在加工结构形状复杂的工件时，需要仔细选择安装方式和进行夹具设计，以免刀具与夹具、工件发生干涉。

2.3.3 数控机床刀具

2.3.3.1 刀具的特点

为了适应数控加工的高精度、高效率、工序集中，数控机床刀具除了应具有普通刀具的性能外，还应具备：

（1）高的可靠性和使用寿命。对多数数控机床刀具是实行强迫换刀制，在一个换刀周期内，刀具的可靠性和寿命成为加工质量保证的关键，所以，对同一批次的刀具必须性能稳定，且在切削性能和寿命方面不能有太大差异。为保证高质量、高效率、较低成本，刀具必须具备高的可靠性和高的使用寿命。

（2）可靠的断屑性能。数控机床是在一个封闭的环境中完成加工的，且切削效率高，故会产生大量切屑，为了能自动地顺利完成加工，刀具需要具备可靠的断屑、排屑性能。

（3）高的切削效率。

（4）高的精度和重复定位精度。由于数控机床的加工精度较高，又是自动加工，所以需要有相应精度的刀具作保证，并且在刀具的多次更换时，仍然要保证高精度，所以，刀具的刀柄与快换夹头间或与机床锥孔间的连接部分有高的制造、定位精度，以保证其高的重复定位精度。

（5）调整、换刀方便。

2.3.3.2 刀具的选择

数控机床刀具的选择不仅与被加工工件的材料、形状、精度有关，还与采用的成形方法有关，即与编程有关，非常重要。在选择刀具时主要应考虑以下几点：

(1) 被加工工件材料的种类及性能。

(2) 切削工艺的类别，即是车、钻、铣、镗，粗加工、精加工或超精加工。

(3) 工件的几何形状（影响连续切削还是断续切削、刀具的切入或退出角度）、精度、加工余量等。

(4) 刀具所能承受的切削用量。

(5) 生产现场的条件，如操作间断时间、振动、电力波动或突然中断。

A 铣刀的选择

铣刀的种类非常多，在许多情况下承担着零件成形时，金属切除、最终成形的主要工作，选择时应注意：

(1) 在数控机床上铣平面时，应采用可转位的硬质合金刀片铣刀。一般采用两次走刀，一次粗铣、一次精铣。当连续切削时，粗铣刀选直径较小的，以减小切削扭矩，精铣刀选直径较大的，最好能包容被加工面的整个宽度。加工余量大且加工表面又不均匀时，选较小直径的铣刀，以减小粗加工时接刀刀痕，保证加工质量。

(2) 高速钢立铣刀多用于加工凸台和凹槽，最好不要用于加工毛坯面。

(3) 加工余量较小，且要求表面粗糙度值低时，应采用立方氮化硼（CBN）刀片或陶瓷刀片的端铣刀。

(4) 镶齿硬质合金立铣刀可用于加工凸台面、凹槽、窗口面和毛坯面。

(5) 镶齿硬质合金玉米铣刀可以进行强力切削，铣削毛坯表面和用于孔的粗加工。

(6) 平面零件周边轮廓的加工，常采用立铣刀。对一些立体型面和变斜角轮廓外形的加工，常采用球头铣刀、环形铣刀、锥形铣刀和盘形铣刀。

(7) 加工精度要求较高的凹槽时，可以用直径比槽宽小一些的立铣刀，先铣槽的中间部分，然后利用刀具的半径补偿功能铣削槽的两边，直至达到精度要求。

所选铣刀的类型应与被加工工件的尺寸和表面形状相适应，即加工较大的平面选面铣刀；加工凸台、凹槽及平面零件轮廓选立铣刀；加工毛坯表面或粗加工孔选镶硬质合金的玉米铣刀；曲面加工常用球头铣刀，但加工曲面较平坦的部位应选环形铣刀；加工空间曲面模具型腔或凸模成形表面多选模具铣刀；加工封闭的键槽选键槽铣刀；选鼓形铣刀、锥形铣刀可加工类似飞机上的变斜角零件的变斜角面。图 2-35 为铣削加工时工件形状与刀具形状的关系。

图 2-35　铣削加工时工件形状和刀具形状的关系

B 孔加工刀具的选择

孔加工刀具的选择不仅与被加工材料有关，还与孔径、孔的深径比、加工精度有关。

钻孔刀具的选择 最常用的刀具是普通麻花钻，尤其是加工 ϕ30mm 以下的孔，刀具材料有高速钢、硬质合金两种。钻直径 ϕ20～60mm、$l/d \leqslant 3$ 的中等浅孔时，可选图 2-36 所示的可转位浅孔钻。其结构是在带排屑槽及内冷却通道钻体的头部装两个刀片，交错排列，切屑排除流畅，钻头定心稳定。其特点是刀杆刚度高、允许的主运动速度高、切削效率高、加工精度高。

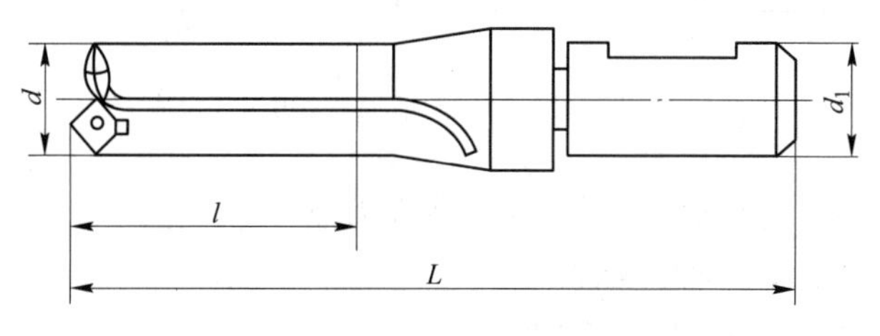

图 2-36 可转位浅孔钻

镗孔刀具的选择 主要问题是刀杆的刚性，故应尽可能选择大的刀杆直径；尽可能选择短的刀臂；主偏角选 75°～90°；精加工采用正前角，粗加工可采用负前角；镗深的盲孔时，用压缩空气或冷却液排屑和冷却；选择正确、快速的镗刀柄夹具。

2.3.4 数控加工工艺中的几个特殊问题

2.3.4.1 走刀路线与工步顺序

走刀路线是刀具在整个加工过程中相对于工件的运动轨迹，它不但包括了工步内容，而且也反映出工步顺序。走刀路线是编写程序的依据之一。因此，在确定走刀路线时，最好画一张工序简图，将已经确定的走刀路线画上去（包括进、退刀路线），这样可为编程带来许多方便。

工步顺序是指在同一道工序中，各表面加工的先后顺序。它与零件的加工质量、加工效率及走刀路线直接相关，应根据零件的结构特点和工序的加工要求等合理安排。在确定走刀路线时，主要遵循以下原则：

（1）保证零件加工精度及表面质量。对于点位加工机床需要考虑定位丝杠反向运动时带来的定位误差。为了避免两次走刀接刀误差，最终轮廓一次走刀完成。

（2）减少空行程时间，提高加工效率。如图 2-37 所示的钻孔工序，图 2-37（b）的走刀路线比图 2-37（a）的短。对于回转类零件的数控车削，加工余量往往不均匀，可采用阶梯法进行粗加工，切除多余材料，然后换精车刀一次成形。

（3）仔细考虑进、退刀路线。尽量避免在轮廓处接刀，对刀具的切入、切出要仔细设计。例如在铣削平面轮廓外形时，一般是利用立铣刀的周刃进行切削，其切入、切出部分应设计外延路线，以保证工件轮廓形状的平滑。在铣削平面零件时，还要避免在被加工表面范围内的垂直方向下刀或抬刀。

2.3.4.2 对刀点、换刀点的确定

对刀点就是在数控机床上加工零件时，刀具相对于工件运动的起始点。由于程序段从

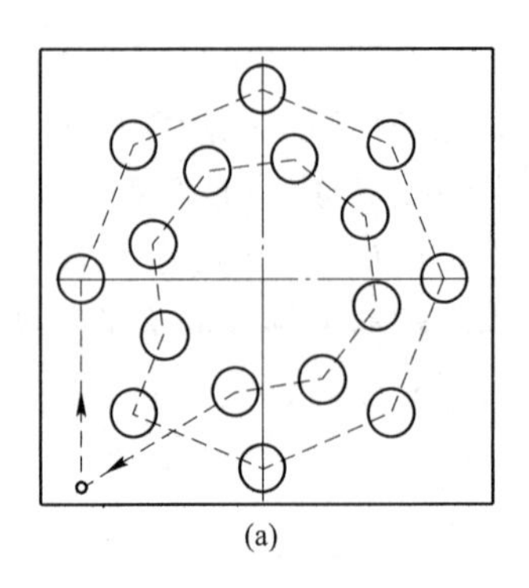
(a)

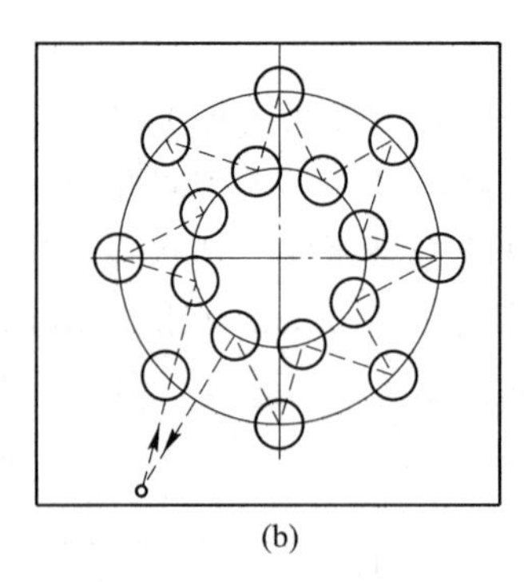
(b)

图 2-37　最短加工路线设计

该点开始执行，所以对刀点又称为程序起点或起刀点。对刀点的选择原则是：

（1）便于用数字处理和简化编程。

（2）在机床上找正容易，加工中便于检查。

（3）引起的加工误差小。

对刀点可选在工件上，也可选在工件外（如选在夹具上或机床上），但必须与零件的定位基准有一定的尺寸关系，如图 2-38 中的 x_0 和 y_0，这样才能确定机床坐标系与工件坐标系的关系。为了提高加工精度，对刀点应尽量选在零件的设计基准或工艺基准上。安装刀具时，就是把刀具上的刀位点对到对刀点。所谓刀位点指车刀、镗刀的刀尖，钻头的钻尖，立铣刀、端铣刀刀头底面的中心，球头铣刀的球头中心。

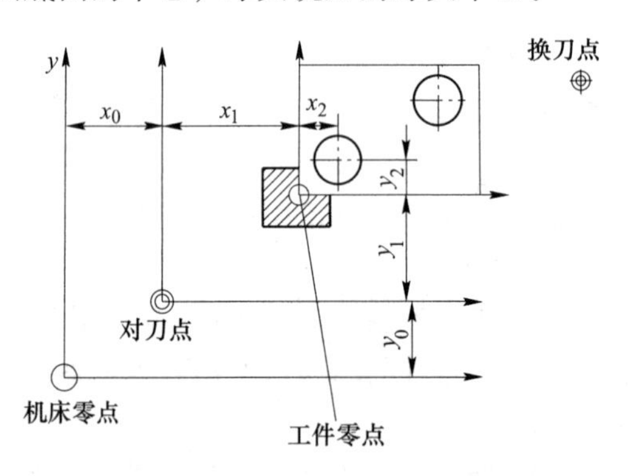

图 2-38　对刀点和换刀点

对刀点不仅是程序的起点，往往又是程序的终点。因此在批量生产时要考虑对刀点的重复精度，该精度可用对刀点距机床原点的坐标值（x_0，y_0）来校核。

换刀点是为多刀加工的机床编程而设置的，主要是针对数控车床类，为减少空行程时间，换刀时，刀架不需要每次都退到最远处，只要不与工件或夹具产生干涉即可，故可在工件、夹具的外部设换刀点。

2.3.4.3　数控加工工艺文件

数控加工工艺文件的种类、形式多种多样，主要包括数控加工工序卡、数控加工走刀路线图、数控刀具卡片、数控刀具明细表等，这些文件尚无统一标准，各企业可根据实际情况自行设计。现选几例，仅供参考。

A 数控加工工序卡

数控加工工序卡与普通加工工序卡有许多相似之处，所不同的是：工序简图中应注明编程原点和对刀点，各种参数齐全。它是操作人员配合数控程序进行数控加工的主要指导性工艺资料，见表2-8。

表2-8 数控加工工序卡

单位	数控加工工序卡片	产品名称或代号				零件名称		零件图号
工序简图		车间				使用设备		
		工艺序号				程序编号		
		夹具名称				夹具编号		
工步号	工步作业内容	加工面	刀具号	刀补量	主轴转速	进给速度	背吃刀量	备注
编制	审核	批准		年 月 日		共 页		第 页

B 数控加工走刀路线图

在数控加工中，常常要注意防止刀具在运动过程中与夹具或工件发生意外碰撞，必须告诉操作者关于编程中的刀具运动路线。为简化走刀路线，可按统一约定的符号来表示。不同机床可采用不同的格式，表2-9为一常用格式。

表2-9 数控加工走刀路线图

数控加工走刀路线图		零件图号	NC01	工序号		工步号		程序号	O100
机床型号 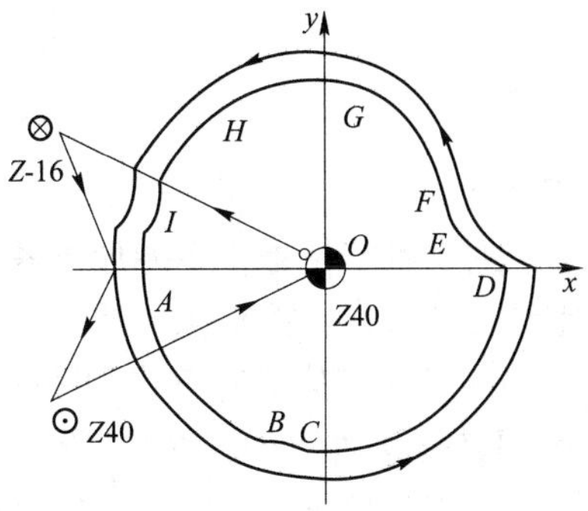	XK5032	程序段号	N10～N170	加工内容	铣轮廓周边			共1页	第 页
								编程	
								校对	
								审批	
符号	⊙	⊗				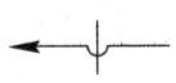	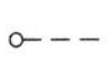	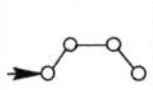	
含义	抬刀	下刀	编程原点	起刀点	走刀方向	走刀线相交	爬斜坡	铰孔	行切

C 数控刀具卡片

数控加工对刀具要求十分严格，一般需在机外对刀仪上预先调整刀具直径和长度，有些先进的机床上带有激光自动对刀仪。刀具卡反映刀具的基本组成等，是组装刀具和调整刀具的依据，见表 2-10。

表 2-10 数控刀具卡片

<table>
<tr><td colspan="2">零件图号</td><td></td><td colspan="4" rowspan="2">数控刀具卡片</td><td>使用设备</td></tr>
<tr><td colspan="2">刀具名称</td><td></td><td></td></tr>
<tr><td colspan="2">刀具编号</td><td></td><td>换刀方式</td><td>自动</td><td>程序编号</td><td></td><td></td></tr>
<tr><td rowspan="3">刀具
组成</td><td>序号</td><td colspan="2">编号</td><td>刀具名称</td><td>规格</td><td>数量</td><td>备注</td></tr>
<tr><td>1</td><td colspan="2"></td><td></td><td></td><td></td><td></td></tr>
<tr><td>2</td><td colspan="2"></td><td></td><td></td><td></td><td></td></tr>
<tr><td colspan="8">刀具图</td></tr>
<tr><td>备注</td><td colspan="7"></td></tr>
<tr><td>编制</td><td></td><td>审校</td><td></td><td>批准</td><td></td><td>共 页</td><td>第 页</td></tr>
</table>

D 数控刀具明细

数控刀具明细表是调刀人员调整刀具输入的主要依据，见表 2-11。

表 2-11 数控刀具明细表

<table>
<tr><td>零件图号</td><td>零件名称</td><td>材料</td><td colspan="5" rowspan="2">数控刀具明细表</td><td>程序编号</td><td>车间</td><td>使用设备</td></tr>
<tr><td></td><td></td><td></td><td></td><td></td><td></td></tr>
<tr><td rowspan="3">刀号</td><td rowspan="3">刀位号</td><td rowspan="3">刀具名称</td><td rowspan="3">刀具图号</td><td colspan="3">刀具</td><td colspan="2" rowspan="2">刀补地址</td><td rowspan="2">换刀方式</td><td rowspan="3">加工部位</td></tr>
<tr><td colspan="2">直径/mm</td><td>长度/mm</td></tr>
<tr><td>设定</td><td>补偿</td><td>设定</td><td>直径</td><td>长度</td><td>自动/手动</td></tr>
<tr><td></td><td></td><td></td><td></td><td></td><td></td><td></td><td></td><td></td><td></td><td></td></tr>
<tr><td></td><td></td><td></td><td></td><td></td><td></td><td></td><td></td><td></td><td></td><td></td></tr>
<tr><td>编制</td><td></td><td>审核</td><td></td><td>批准</td><td colspan="2"></td><td colspan="2">年 月 日</td><td>共 页</td><td>第 页</td></tr>
</table>

2.3.5 数控车削

2.3.5.1 数控车削的主要加工对象

数控车削除能完成普通车削所能加工的各种零件外，还能加工各种复杂的回转体类零件。针对数控车床的特点，下列几种零件最适合在数控车床上加工。

（1）表面形状复杂的回转体零件。由于数控车床具有直线和圆弧插补功能，所以可以车削任意直线和曲线组成的形状复杂的回转体零件。如图 2-39 所示的壳体零件封闭内腔的成形面，在普通车床上是无法加工的，而在数控车床上则可很容易地加工。组成零件轮廓的曲线可以是数学方程描述的曲线，也可以是列表曲线。

（2）精度高的回转体零件。由于数控机床刚性好，制造和对刀精度高，并能方便、精确地进行人工和自动补偿，所以能加工尺寸精度要求较高的零件，有些场合可以车代磨。

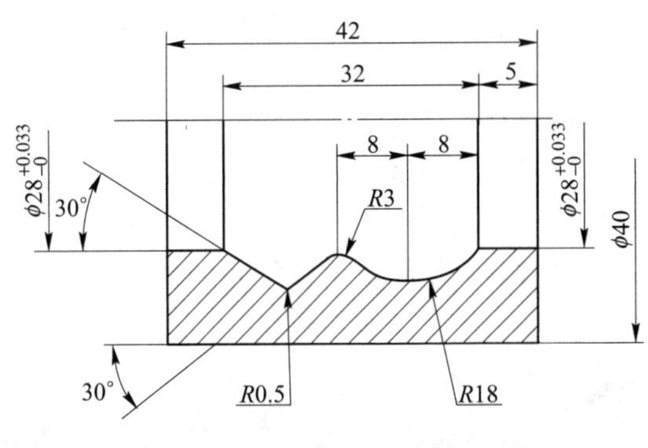

图 2-39 成形内腔零件

另外，数控车削的刀具运动是通过高精度插补运算和伺服驱动来实现的，再加上机床的刚性好、制造精度高，所以能加工出直线度、圆度、圆柱度等形状精度要求高的零件。数控车削对提高位置精度特别有效，不少位置精度要求高的零件用传统车削达不到要求，只能再进行磨削或用其他方法弥补。车削零件位置精度的高低主要取决于零件的装夹次数和机床的制造精度。在数控车床上还可以用修改程序内数据的方法来校正，这样还可以进一步提高其位置精度，而在普通车床上是无法做这种校正的。

（3）表面质量高的回转体零件。数控车削可以实现恒线速度切削功能，能加工出表面粗糙度值小而均匀的零件。因为在材质、精车余量和刀具已定的情况下，表面粗糙度取决于进给量和主运动速度。主运动速度的变化导致车削后的表面粗糙度不一致。使用数控车床的恒线速度切削功能，就可以选用最佳线速度来切削锥面、球面和端面等，使车削后的表面粗糙度值小而均匀。

（4）带特殊螺纹的回转体零件。普通车床所能加工的螺纹种类很有限，当加工特殊螺纹时，则需要做大量的准备工作。数控车床不仅能加工任何等导程的直、锥和端面螺纹，而且能加工增导程、减导程及要求等导程与变导程之间平滑过渡的螺纹，还具有高精度螺纹切削功能，再加上一般采用硬质合金成形刀具以及可以采用较高的转速，所以加工出来的螺纹精度高，表面粗糙度值小。

此外，对于外形复杂、端面及径向分布有各种槽、孔的回转体零件，可在车削中心上一次安装，实现回转面、槽、孔的加工，从而减少安装次数，保证加工质量，提高生产率。

2.3.5.2 数控车削工艺的主要内容

（1）分析被加工零件图纸，明确加工内容及要求。

（2）确定零件加工方案，划分工序，制定加工工艺路线，处理与非数控加工工序的衔接等。

（3）对于数控工序，要结合工步内容确定刀具轨迹路线，选定各工步使用的刀具和切削用量。

（4）数控加工程序的调整，如选取对刀点、换刀点，确定刀具补偿等。

2.3.6 数控铣削

2.3.6.1 数控铣削的主要加工对象

数控铣床除了能完成普通铣床所能完成的各种功能外，还可以铣削需要 2~5 轴联动的各种平面轮廓和立体轮廓。根据数控铣床的特点，从铣削加工角度考虑，适合数控铣削加工的对象有以下几种：

（1）平面类零件。加工面平行或垂直于定位面，或加工面与水平面的夹角为定角度的零件为平面类零件，如图 2-40 所示。目前在数控铣床上加工的大多数零件属于这类零件，其特点是各个加工面是平面，或可以展开成平面。它也是数控铣削中最简单的一类零件，一般只需用三坐标数控铣床的两坐标联动就可以把它们加工出来。

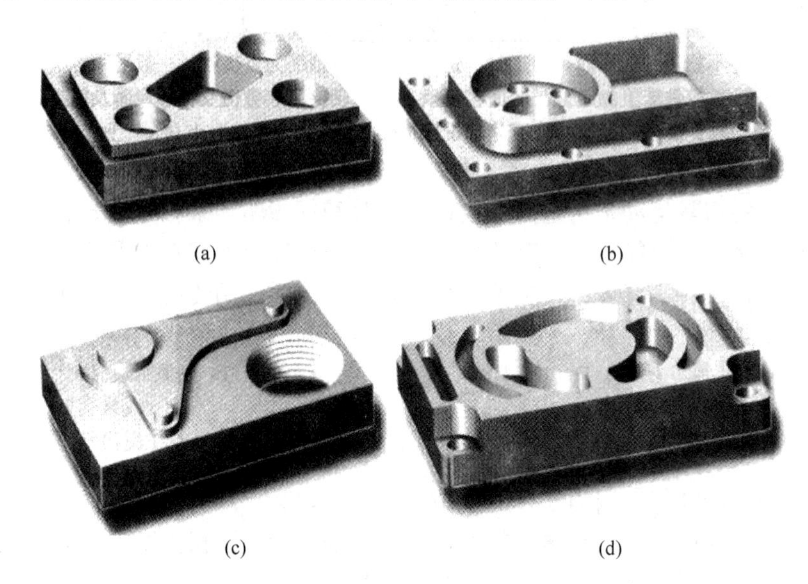

图 2-40 典型平面类零件

（2）变斜角零件。加工面与水平面的角度呈连续变化的零件称为变斜角零件，图 2-41 所示为飞机变斜角梁缘条。变斜角零件的变斜角加工面不能展开为平面，但在加工中，加工面与铣刀圆周的瞬时接触为一条线。最好采用 4 坐标、5 坐标数控铣床摆角加工，也可采用 3 坐标数控铣床进行近似加工。

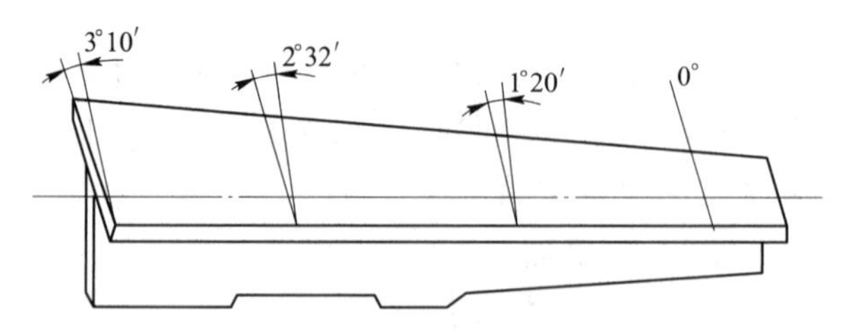

图 2-41 飞机上变斜角梁缘条

（3）空间曲面轮廓零件。即加工面为空间曲面的零件，如模具、鼠标、叶片、螺旋桨等，它不能展开为平面，加工时，加工面与铣刀始终是点接触，一般采用球头刀在 3 坐标数控铣床上加工。当曲面复杂、通道狭窄、可能会伤及相邻表面时，需要采用 4、5 坐标铣床加工。

（4）箱体类零件。箱体类零件一般是指具有一个以上孔系，内部有一定型腔或空腔，在长、宽、高方向有一定比例的零件。这类零件一般要经过铣、钻、扩、铰、锪、镗、攻螺纹等工序，在加工中心上一次安装，可完成大多数加工内容，精度高、周期短。

2.3.6.2 数控铣削工艺的主要内容

（1）分析被加工零件图纸，明确加工内容及要求。

（2）确定零件加工方案，划分工序，制定加工工艺路线，处理与非数控加工工序的衔接等。

（3）对于数控工序，要结合工序内容、加工方法确定零件安装方案，根据零件表面要素选定刀具及其轨迹路线，选定工步顺序和切削用量等。

（4）数控加工程序的调整，如选取对刀点，确定刀具补偿等。

习题与思考题

2-1 切削用量三参数是什么？它们的常用单位是什么？

2-2 刀具切削部分的材料应具备哪些性能？

2-3 高速钢有何特点，主要适合制造哪类刀具？

2-4 一般加工钢件用 YT 类硬质合金，加工灰铸铁等脆性材料用 TG 类，为什么？

2-5 金属切削时，其变形区域是怎样划分的？

2-6 影响切屑变形的主要因素有哪些？

2-7 影响切削力的主要因素有哪些？

2-8 影响切削温度的主要因素有哪些？

2-9 工件材料的可切削性指什么？

2-10 常用砂轮材料有哪些？

2-11 砂轮的粒度、硬度、组织是何意义？

2-12 何为零件表面成形运动？试分析普通卧式车床上的运动有哪些？

2-13 在普通车床、钻床、铣床上分别能加工哪些类型的表面，所使用的刀具外形是什么？

2-14 数控机床与普通机床的主要区别是什么？

2-15 数控加工的工艺特点是什么？

2-16 如何合理选择数控机床刀具？

2-17 数控车床的主要加工对象是什么？

2-18 数控铣床的主要加工对象是什么？

2-19 加工中心有何特点，主要用来加工什么类型零件？

3 机床夹具设计

3.1 概　　述

3.1.1 机床夹具的概念

机械制造过程中，凡用来固定加工对象，使之占有正确的位置以接受加工或检验的装置，统称为夹具。例如，机械加工用的机床夹具、装配时用的装配夹具、焊接过程中用于固定被焊件的焊接夹具、热处理时夹持工件的热处理夹具、检验过程中用的检验夹具等，都属于泛称的夹具范畴。本章研究机械加工时金属切削机床上的夹具，简称机床夹具或夹具。它是机械加工时附加于金属切削机床上的装置，用来夹持工件，使之与机床和刀具保持正确的相对位置。机床夹具的好坏直接影响工件加工表面的精度，所以机床夹具设计是装备设计中的一项重要工作，是加工过程中最活跃的因素之一。

图 3-1 是一个加工扇形板三个通槽的铣床夹具。图中双点划线表示的是工件，要求在图示方向上铣三个通槽。这套夹具中通过设计合理的定位、夹紧、定向、对刀、分度、对定等装置，实现工件加工的要求。

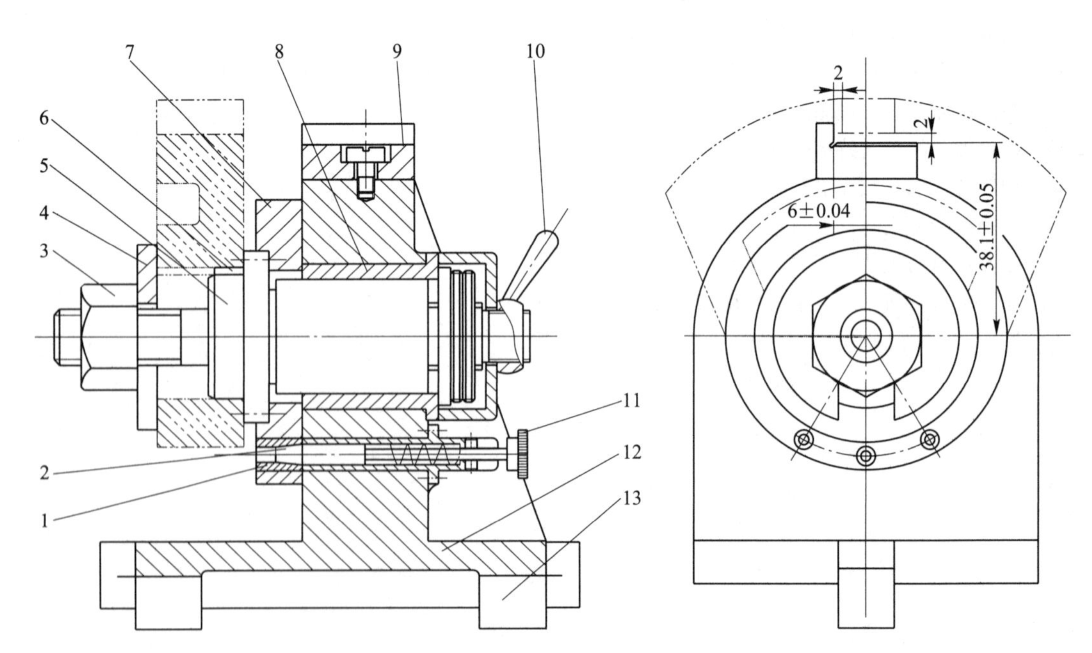

图 3-1　铣三个通槽的专用夹具

1—定位套；2—定位销；3—螺母；4—开口垫圈；5—定位心轴；6—键；7—分度轴；8—衬套；9—对刀块；10—手柄；11—手把；12—夹具体；13—定向键

3.1.2 机床夹具的功能

使用夹具安装工件可以达到多种目的:

(1) 易于保证加工精度。用夹具安装时,工件相对于机床和刀具的位置由夹具上的定位元件和对刀或导引装置保证,因此加工精度稳定,比按划线加工的精度(0.2~0.5mm)可提高一个数量级。有些表面的加工,若不用夹具,是很难保证设计要求的。

(2) 提高生产率和降低制造成本。用夹具安装工件,可以减少划线、找正、对刀等辅助时间。成批、大量生产中使用的专用夹具,还可以不同程度地采用高效率的多件、多位、快速、增力、机动等夹紧装置,进一步提高劳动生产率,降低工件制造成本。

(3) 扩大机床的工艺范围。有些机床夹具实质上是对机床进行了部分改造,扩大了原机床的功能和工艺范围。如在车床或摇臂钻床上装上镗模就可以进行箱体零件的孔系加工,以代替镗床加工。

(4) 降低对工人的技术要求和减轻工人的劳动强度。

3.1.3 机床夹具的分类

机床夹具有不同的分类方法:

(1) 按通用程度可分为通用夹具、专用夹具、可调夹具、成组夹具、组合夹具和随行夹具。

由于各类夹具的基本原理是一样的,制造厂经常遇到的是专用夹具的设计,本章主要介绍专用夹具设计的基本原理。

(2) 按工种又可将夹具分为车床夹具、铣床夹具、磨床夹具、钻床夹具、镗床夹具等。

(3) 按夹具的动力来源还可将夹具分为手动夹具、气动夹具、液压夹具、电动夹具、磁力夹具、真空夹具以及自动夹紧夹具等。

3.1.4 机床夹具的组成

在具体研究夹具设计问题时,需要将整个夹具分成几个既相对独立又彼此联系的组成部分。机床夹具的组成部分有:

(1) 定位元件。用来确定工件在夹具中位置的元件。图3-1中的定位心轴5。

(2) 夹紧装置。用于把工件紧固在被定位元件所确定的位置上,防止工件在自重、惯性力、切削力等的作用下产生位移。夹紧装置通常是一种机构,包括夹紧元件(如压板等)、增力装置(如杠杆、螺旋、凸轮等),以及动力源(如汽缸、油缸等)。图3-1中的开口垫圈4、螺母3与定位心轴5上的螺栓构成了工件的夹紧装置。

(3) 夹具体。将各元件和装置装于其上,使之成为一个整体的基础件。同时也用来与机床的有关部件相连接。图3-1中的夹具体12 。

(4) 对刀或导向元件。用于确定夹具相对刀具的位置,如铣床夹具上的对刀块,钻镗床夹具上的钻套、镗套等。图3-1中的对刀块9。

(5) 分度装置。在一次安装中,使工件变更加工位置的分度、对定和锁紧装置。图3-1中的分度盘7、定位套1、定位销2、手把11、手柄10等。

（6）其他机构和元件。如使夹具在机床工作台上定位和夹紧的元件、仿形装置、连接各部分所用的连接元件等。

上述各组成部分，并非每个夹具都必须完全必备，一般情况下，定位元件、夹紧装置和夹具体是每个夹具都必须具有的基本组成部分。

3.2 工件在夹具中的定位

3.2.1 六点定位原理

3.2.1.1 工件在空间的不定度及其消除方法

工件在没有采取定位措施以前，与空间自由状态的刚体相似，每个工件在夹具中的位置可以是任意的、不确定的。对一批工件来说，它们的位置是不一致的。这种状态在空间直角坐标系中可以用如下六个方面的独立部分来加以表示，即沿三个坐标轴位置的不确定，分别称为沿 x、y、z 轴的移动不定度（简记为 $\vec{x}$、$\vec{y}$、$\vec{z}$）和绕三个坐标轴位置的不确定，分别称为绕 x、y、z 轴的转动不定度（简记为 $\widehat{x}$、$\widehat{y}$、$\widehat{z}$），如图 3-2 所示。六个方面的不定度都存在，是工件在夹具中所占空间位置不确定的最高程度，既工件最多只能有六个不定度。限制工件在某一方面的不定度，工件在夹具中某一方面的位置就得以确定。工件在夹具中定位的任务，就是通过定位元件限制工件的不定度，以求满足工序的加工精度要求。

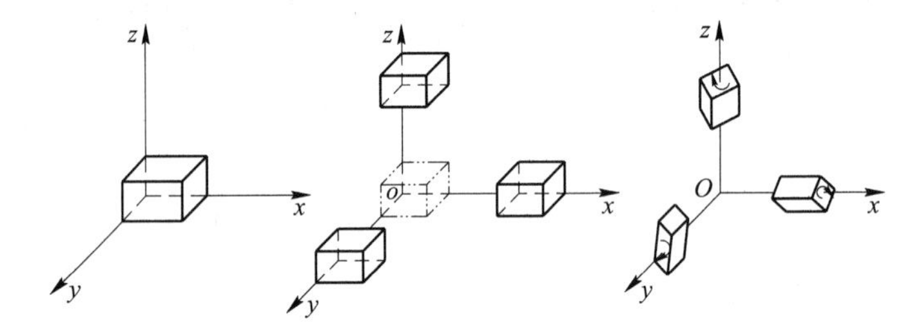

图 3-2 工件在空间的六个不定度

消除这些不定度的方法就是使工件的定位基面靠到夹具相应的定位元件上。设计和布置夹具的定位元件时，必须考虑到工件上已有的各个表面都存在着不同程度的制造误差，包括本身的形状和尺寸误差，同样，夹具上的定位元件也存在着制造误差。

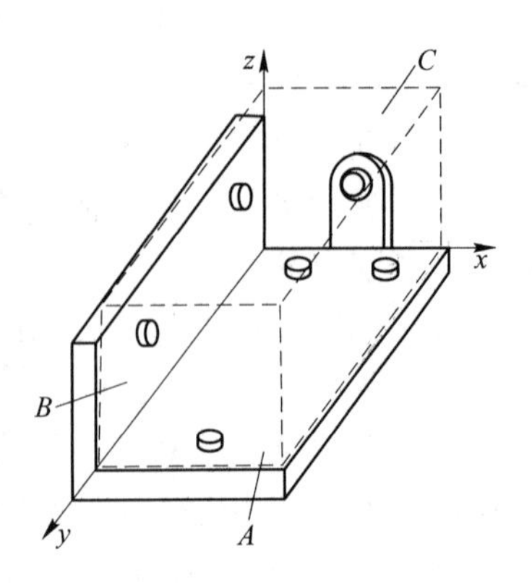

图 3-3 矩形工件的六点定位

鉴于工件的制造误差，可用图 3-3 方式使工件定位。图中用双点划线表示工件，它的底面 A 放在已定好位置的三个支承点上，由于三个点可确定一个平面，就确定了 A 面在空间的位置。其中一个点消除了 A 面的法向移动 $\vec{z}$，加上第二个点，构成一条直线，消除了工件脱离此直线的转动，第三个点则消除绕此直线的转动，这样，三个点各消除一个不定度，合起来共消除了 $\vec{z}$、$\widehat{x}$ 和 $\widehat{y}$ 三个不定度。工件的侧面 B 靠在两个支承点上，将消除不定度 $\vec{x}$ 和 $\overset{\frown}{z}$ 。至此，工件只剩下一个不定度 $\vec{y}$ ，可使端面 C 靠上第六个支承点来消除。

这里六个点不是随意布置的，其布置规则是：每个点各自消除一个不定度，作用互不重复。再增加支承点不仅无用，而且有害。例如，不平的表面 A 如用四点支承，将会有一点不接触，造成工件定位的不确定，不知该和哪三点接触。同样，由于表面的直线度误差，在一条直线上不能多于两点，所以 B 面上只能有两个支点。B 面上的第二个点的作用是确定 B 面的方向，即消除不定度 $\overset{\frown}{z}$ ，因此 B 面上的两点不能位于垂直于 A 面的一条直线上。垂直于 A 面的两点不能消除不定度 $\overset{\frown}{z}$ ，而是要消除不定度 $\overset{\frown}{y}$ ，但 $\overset{\frown}{y}$ 已经被 A 面的支承点消除，由于 A、B 两面间的垂直度误差，这种重复定位也造成定位的不确定。当 A、B 两面按图 3-3 定位后，由于 C 面对 A、B 两面的位置误差，C 面上只能设置一个定位点。

为了使工件不能脱离定位点，可施力将工件压向定位点，这是夹紧。定位与夹紧是两个不同的概念，不能混淆。

其他形状的工件，也可用六点使其完全定位，见图 3-4 和图 3-5。

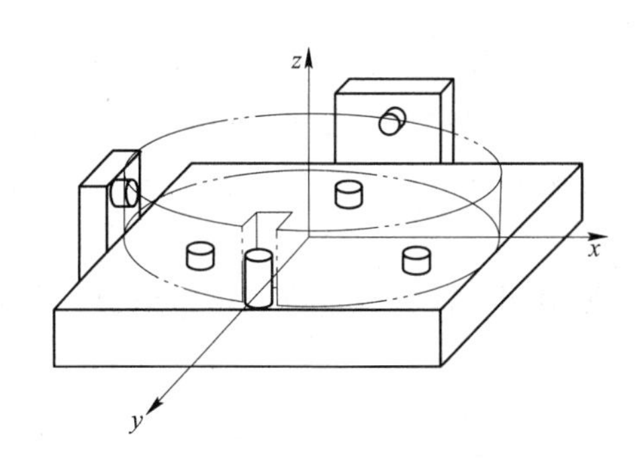

图 3-4　盘形工件的六点定位

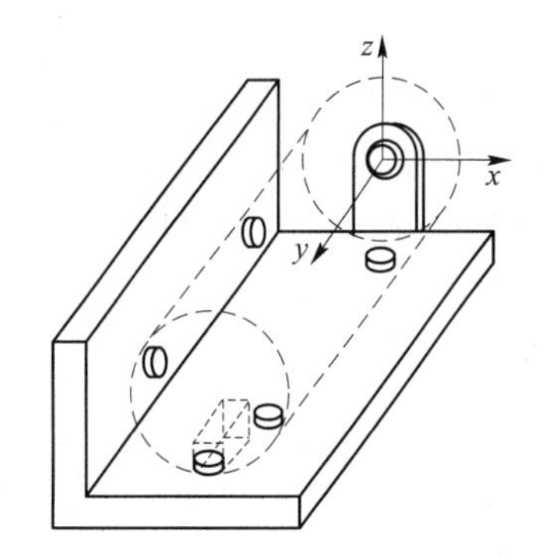

图 3-5　轴类工件的六点定位

由此可知，由于工件在空间有六个不定度及工件存在制造误差，而且仅需适当布置六个支承点，即可消除工件的六个不定度，使之占有完全确定的位置，其中每个点各自消除一个不定度，其作用互不重复。这就是六点定位原理。

实际使用的定位元件不一定采用支承点的形式，而往往采用连续表面。如图 3-3，底面为已加工的表面时，可不用三个支承点，而采用完整的平面或四个、六个支承块定位。因此不应简单地根据支承块的数目决定某定位元件作几点定位，而要按照定位元件实际消除的不定度个数，确定其作几点定位。

生产中常用具体的定位元件消除工件的不定度。因此，应根据工件定位基面的制造精度，将具体的定位元件按其作用抽象化为相应的支承点，来分析是否符合六点定位原理。

六点定位原理只解决工件位置的确定性问题。工件上有许多表面，六个点应布置在哪些表面上？例如矩形工件有六个表面，用哪三个表面，哪个表面用三点，哪个表面用两点，哪个表面用一点，是属于定位基准选择的问题，应根据加工要求而定。

3.2.1.2　完全定位与不完全定位

将六个不定度全部消除的定位称为完全定位。如图 3-6（a）所示，要求在矩形工件上铣不通槽，保证槽与三个基准面的坐标尺寸，就需要将工件完全定位。

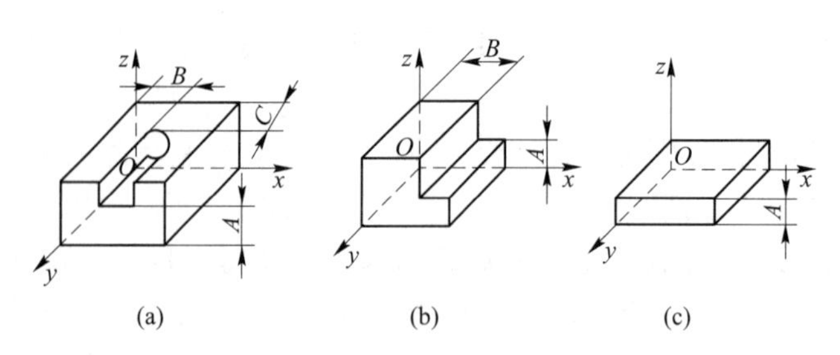

图 3-6 完全定位与不完全定位

但是，根据加工要求，也可以只消除工件的部分不定度。如图 3-6（b）所示，铣削直通的台阶表面，只要求保证与两个基准面的位置精度，与端面无尺寸关系及垂直度要求，则只需用底面和侧面共五点定位，端面可不设定位点，只要夹紧后保证工件不动即可。又如图 3-6（c）加工上平面，只要求保证对底面的尺寸和平行度，则只需底面三点定位即可。

根据加工要求未消除全部不定度的定位，称为不完全定位。不完全定位可简化夹具的结构。

在加工中，有时为了使定位元件帮助承受切削力、夹紧力，为了保证一批工件进给长度一致，减少机床的调整和操作，常常会对无位置尺寸要求的不定度也加以限制，只要这种定位方案符合六点定位原理，是允许的，有时也是必要的。

3.2.1.3 定位的正常情况与非正常情况

根据工件的加工要求应予消除的不定度，均已被限制，这就是定位的正常情况，它可以是完全定位，也可以是不完全定位。

根据工件加工表面的位置尺寸要求需要限制的不定度如果没有完全被限制，或某个不定度被两个或两个以上的约束重复限制，称之为非正常情况。前者又称为欠定位。它不能保证工件的加工要求，是绝对不允许的；后者称为过定位（或重复定位、超定位），加工中一般是不允许的。欠定位与过定位都违反了六点定位原理。

因此，总数超过六点的定位是过定位；即使总数不超过六点的定位，如果一条直线上超过两点，或一个平面上超过三点，也都是过定位。图 3-7 支承点布置不合理，如在其上面加工槽，既是欠定位，又是过定位。

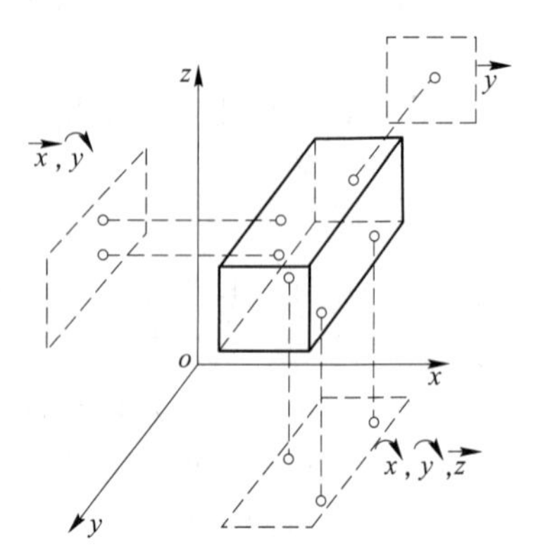

图 3-7 欠定位与过定位

现分析图 3-8（a）加工连杆大头孔时的定位情况。工件的定位基面为底面和小头孔，都已加工，用支承板 1 及长销 2 作定位元件，另以大头侧面靠在挡销 3 上。支承板 1 起三点作用，长销与孔的配合起四点作用。销 2 与板 1 都能消除不定度 $\widehat{x}$ 和 $\widehat{y}$，这样，这两个不定度都被重复限制，是过定位。由于孔与端面的垂直度误差，工件的底面将不可能与板 1 良好接触；若强行夹紧使其接触，将引起工作或夹具的变形。这两种情况都将影响加工精度。若把定位销 2 改为短销，只起限制两个移动不定度（$\vec{x}$、$\vec{y}$），见图 3-8（b），就合理了。挡销 3 用于消除不定度 $\widehat{z}$，使工件完全定位。图 3-9 是加工长轴时，用三爪卡盘和后顶尖安装工件。图 3-9

(a) 中三爪卡盘夹得过长，限制了 $\vec{y}$、$\vec{z}$、$\overset{\frown}{y}$、$\overset{\frown}{z}$ 四个不定度，后顶尖也要限制不定度 $\overset{\frown}{y}$、$\overset{\frown}{z}$，产生重复定位。由于工件和卡盘的误差，后顶尖将不能对准已制出的顶尖孔。若改成图 3-9 (b)，三爪卡盘只夹持很短一段，仅限制 $\vec{y}$、$\vec{z}$，就避免了过定位。

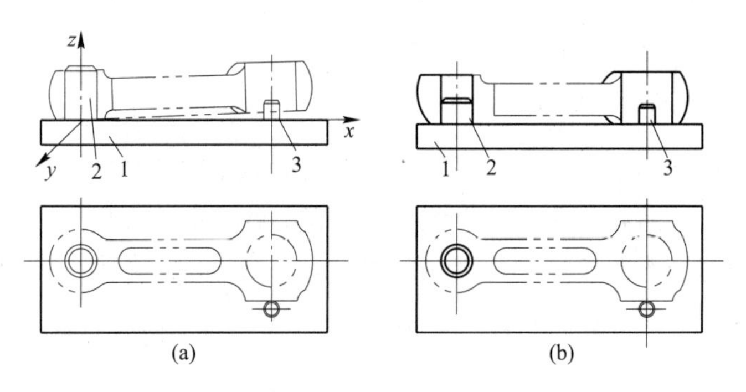

图 3-8　连杆的定位分析

1—支承板；2—销；3—挡销

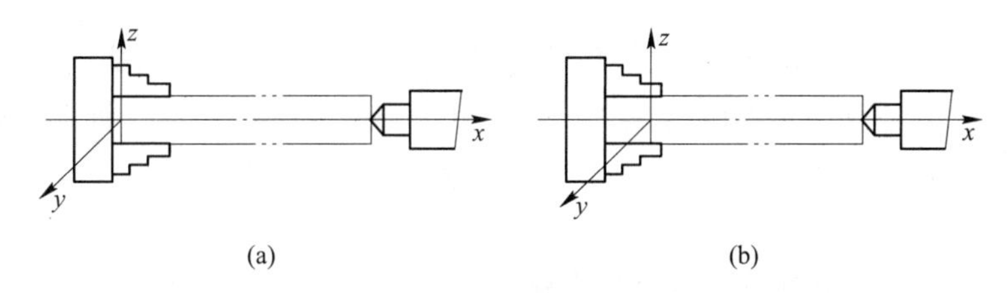

图 3-9　工件用三爪卡盘和顶尖安装

然而，有时根据具体情况也允许采用过定位，这一般属于下列几种情况：

(1) 工件各定位基面间和夹具各支承表面间都有很高的位置精度，过定位并不造成相互干涉或冲突。

如图 3-10 所示，用一个端面和两个短圆柱定位加工外圆。由于工件的各定位基面是在一次安装中加工出来的，具有很高垂直度和同轴度，同时心轴各支承表面间也有很高的位置精度，尽管是用七点消除五个不定度，但并不发生干涉，是允许的。这种定位方式使工件安装更为稳固，有利于保证加工表面与阶梯孔的同轴度。

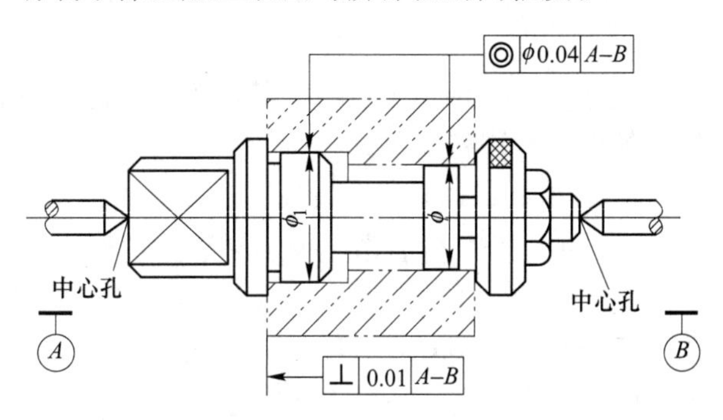

图 3-10　用阶梯心轴定位

(2) 工件刚度不足，点支承不能保证安装的稳定性，会造成更大的制造误差。为了减小加工时的受力变形，此时过定位只是提高工件某部位的刚度，减小变形。

（3）加工面对定位基面的位置精度要求不高，勿需按六点定位原理精确定位。对于这类零件，有时只需按工件轮廓直接在夹具体上加工出几个表面来，能将工件放入即可，从而简化了夹具结构。

3.2.2 典型的定位方式、定位元件及装置

工件在夹具中的实际定位，都是根据工件上已被选作定位基准面的形状，采用相应的定位元件来定位的。通常都将起定位作用的支承表面做在定位元件上，然后再装在夹具体上。一般不允许直接在夹具体上加工出定位用的支承表面，只有某些简单夹具，才直接在夹具体上加工出定位用的支承表面。

对定位元件有下列基本要求：

（1）足够的精度。定位元件的精度直接影响工件的定位精度，应根据分析计算或参考有关标准资料制订其制造公差。精度过低保证不了工件的加工要求，过高又增加了夹具制造成本。

（2）高的耐磨性。可采用 20Cr、20 号钢渗碳淬火或用 T7A、T8A 工具钢淬火，淬火硬度为 HRC60~64；有时也用 45 号钢淬火，硬度为 HRC40~45。对于使用期限长的夹具，定位元件磨损后应能更换。

（3）足够的强度与刚度。

（4）工艺性好，便于制造、装配和维修。

（5）便于清除切屑。

常用的定位元件基本上都已标准化、规格化，设计时可根据工件定位基面的情况，从有关夹具设计手册中选用。

3.2.2.1 工件以平面定位

工件以平面作定位基准是常用的定位方式之一。平面定位用的定位元件，根据是否起消除不定度作用、能否调整等，分为基本支承和辅助支承。

A 基本支承

基本支承用于消除工件的不定度，即起定位作用。它分为：固定支承、可调支承和自位支承。

（1）固定支承。固定支承安装在夹具上以后，其位置是固定的，既不能调整，也不能浮动。属于固定支承的有各种支承钉和支承板。

支承钉如图 3-11 所示，有平头、球头、齿纹形三种。球头支承钉用于粗基面的定位。齿纹形的也用于粗基准定位，可防止工件打滑，但不易清除切屑，故适用于侧面定位。平头支承钉用于精基准定位。

支承钉与夹具体孔的配合常用 H7/r6 或 H7/n6 直接压入。若支承钉在夹具使用期限内需要更换时，可加一个硬度稍低的衬套（图 3-12），衬套与夹具体的配合同前述，内径与支承钉的配合用 H7/js6。为了便于取出已磨损的支承钉，安装支承钉的孔应做成通孔。

支承板如图 3-13 所示，常用于大、中型零件的精基准定位。图中 B 型与 A 型相比容易清除切屑，故 A 型适用于侧面和顶面定位。B 型适于底面定位。支承板用螺钉紧固在夹

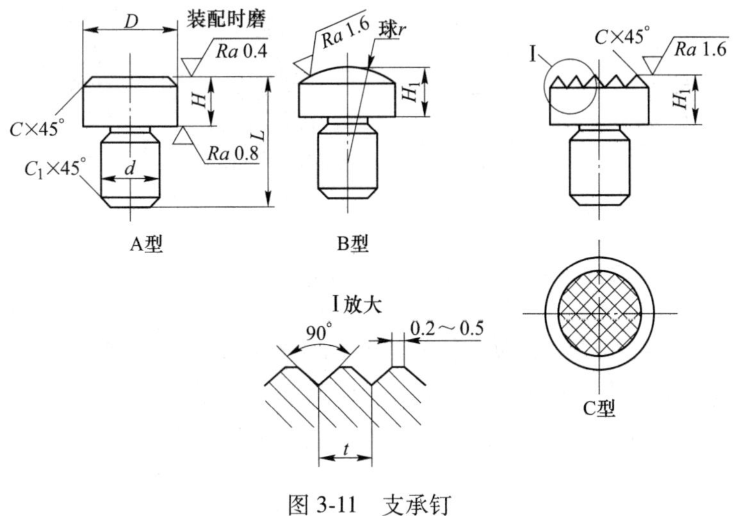

图 3-11 支承钉

具体上。在受力较大或支承板工作中有移动趋势时，应增加圆锥销或将支承板嵌入夹具体槽内。

为使几个支承钉或支承板的工作面处于同一个平面内，可在装配后终磨工作表面。否则，须严格规定支承钉或支承板高度的等高要求。

（2）可调支承。可调支承的高度可以调整，调好后用螺母锁紧，相当于固定支承。如图 3-14 所示。当工件的定位基面形状复杂，各批毛坯形状及尺寸变化较大，多采用这类支承。可调支承一般只对一批毛坯调整一次。可调支承也可用于同一夹具加工形状相同而尺寸不同的工件。

（3）自位支承。自位支承是指支承点的位置在工件定位过程中，随工件定位基准面位置的变化而自动与之适应

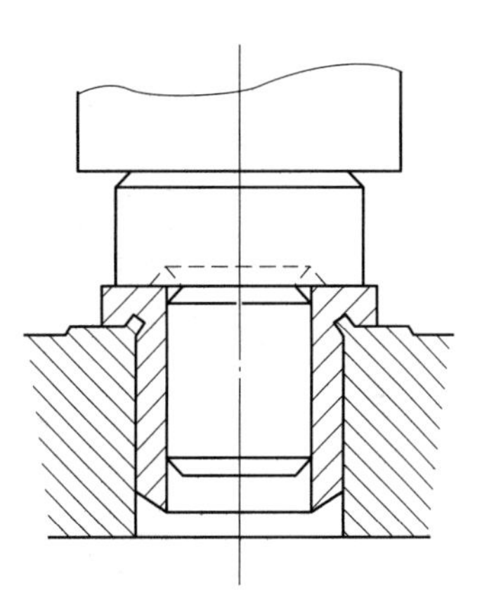

图 3-12 可更换的支承钉

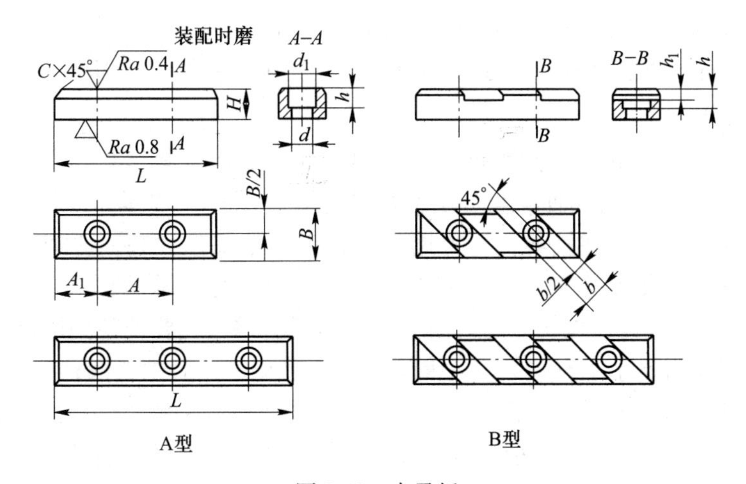

图 3-13 支承板

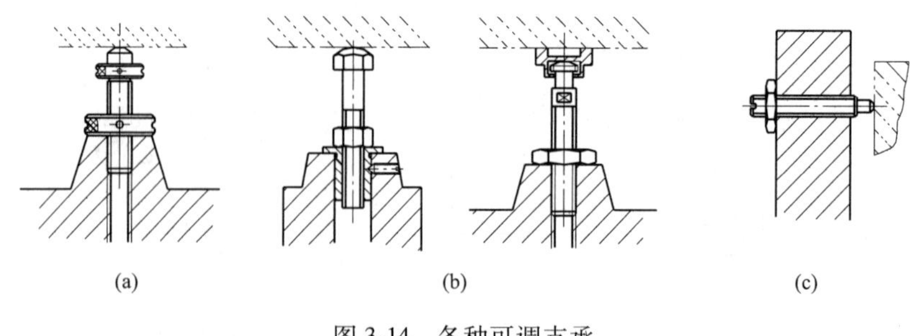

图 3-14　各种可调支承

的定位元件。这类支承在结构上均需设计成活动或浮动的，也称浮动支承。图 3-15 是几种常见结构。适用于定位基面不连续、或为台阶面、或基面有角度误差、或为使两个或多个支承的组合只起限制一个不定度的作用，避免过定位时使用。

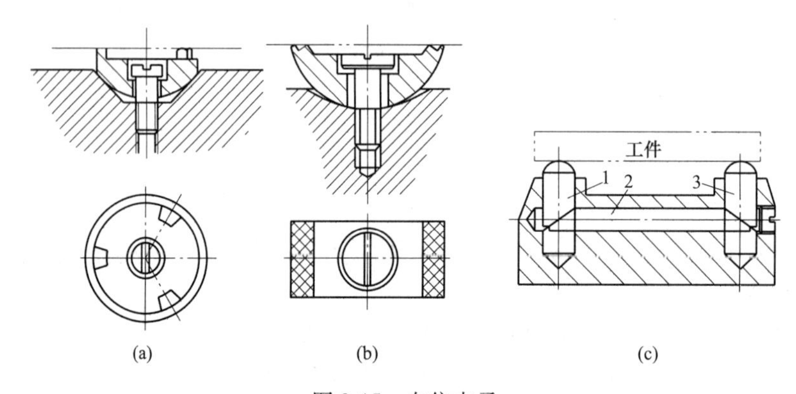

图 3-15　自位支承

（a）球面三点式；（b）杠杆两点式；（c）两点浮动式

1，3—支承杆；2—平衡杆

自位支承由于结构复杂，本身的稳定性差，多与固定支承联合使用。如图 3-16 所示底面有十字筋的间断毛坯表面，没有布置第三个点的恰当位置，可使用两个固定支承钉和一个两点式自位支承定位。

拉孔时，孔的轴线位置由拉刀决定，端面又需要刚性较大的支承来承受拉削力，为避免因端面与孔不垂直而折断拉刀，也使用球面自位支承，如图 3-17 所示。

B　辅助支承

辅助支承的主要作用是用于增加工艺系统的刚度，减小切削变形，不起定位作用。

图 3-18 为辅助支承的几种类型。最简单的是螺旋式辅助支承，如图 3-18（a）所示。工件定位后手动起升与工件接触，不得用力过大以致把工件顶起。这种辅助支承操作不便，多用于单件、小批量生产中。图 3-18（b）是一种自位式辅助支承，弹簧 1 推动滑柱 2 上升与工件接触，然后用滑块 3 的斜面把滑柱锁紧。弹簧力要调整到既能弹出滑柱又不会顶起工件；斜面角要小于自锁角（一般取 6°），以免锁紧时抬起滑柱。图 3-18（c）是一种推引式辅助支承。工件定位后推动手轮 1 使滑柱 2 上升接触工件，然后旋转手轮使斜楔 3 的开槽部分张开而锁紧。推引式辅助支承适用于工件较重及切削负荷较大的场合。斜面角可取 8°~10°，过小则行程短，过大则受载时不能自锁，失去承载能力。

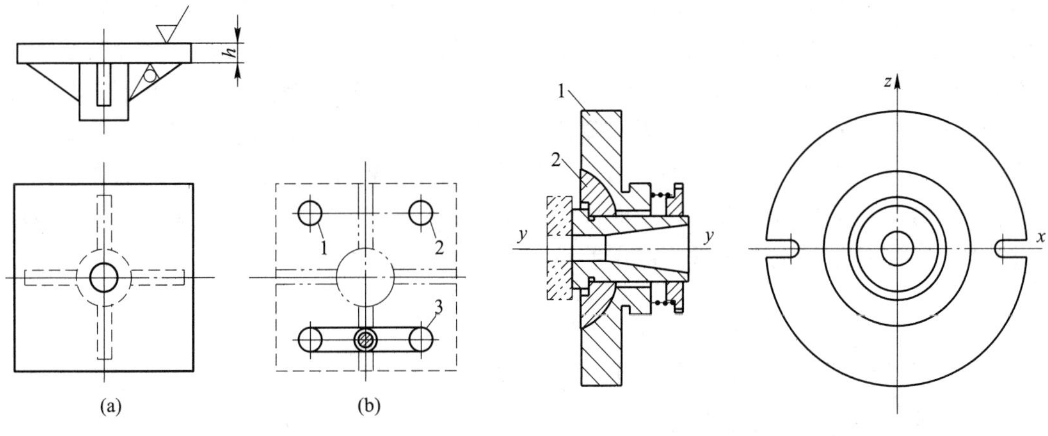

图 3-16　间断表面用自位支承定位

（a）工件；（b）定位元件

1，2—固定支承；3—两点自位支承

图 3-17　拉孔用自位支承

1—花盘；2—球面支承

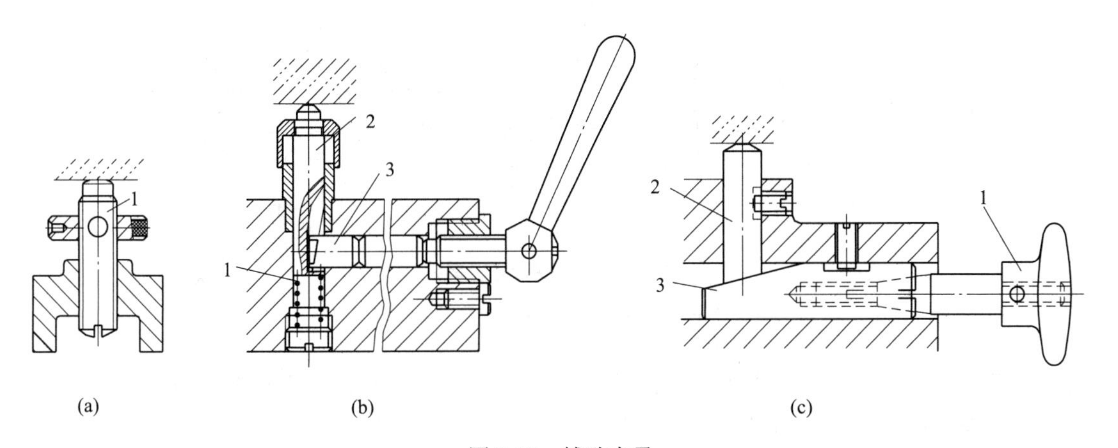

图 3-18　辅助支承

与可调支承不同的是：辅助支承每次卸下工件后必须松开，工件定位后再调整和锁紧。

3.2.2.2　工件以圆柱孔表面定位

工件以内孔作定位基准时，其基本特点是定位孔与定位元件之间处于配合状态。常用定位元件是各种心轴和定位销。

（1）心轴。盘、套、齿轮类零件常用内孔在心轴上定位加工其他表面，以保证与孔的位置精度。常见的心轴有以下几种：

1）刚性心轴。图 3-19 为刚性心轴的几种结构。图 3-19（a）、（b）是两种采用过盈配合的心轴。导向部分 1 与工件孔为间隙配合（H7/g6），工作部分 2 与孔为过盈配合（H7/r6），起定位并带动工件转动的作用。图 3-19（a）的心轴靠台阶端面使工件轴向定位，只可加工工件的一个端面；图 3-19（b）的心轴工件轴向位置 L_1 在压入时保证（图 3-19（c）），可同时加工工件的两个端面。当工件孔的长径比 $L/D>1$ 时，心轴的工作部分可略带锥度，直径 D_1 按 r6 制造，其基本尺寸为孔的最大极限尺寸，直径 D_2按 h6 制造，其基本尺寸为孔的最小极限尺寸。这两种心轴结构简单定心准确，但装卸工件不方便，且易损伤工件定位孔，因此多用于定心精度要求高的场合。图 3-19（d）为间隙配合的心轴，工作部分一般按基孔制配合 h6、g6 或 f7 制造，装卸工件比较方便但定心精度不高。间隙配合的心轴，为了轴向定位及减小因间隙造成的倾斜，常以孔和端面联合定位，故要求工件的孔与定位端面在一次安装中加工出来以保证垂直，心轴的圆柱工作面与端面亦应在一次安装中加工。夹紧螺母通过开口垫圈快速装卸工件，开口垫圈的两端面应平行，一般应经过磨削。当工作端面对孔的垂直度误差较大时，应采用球面垫圈。

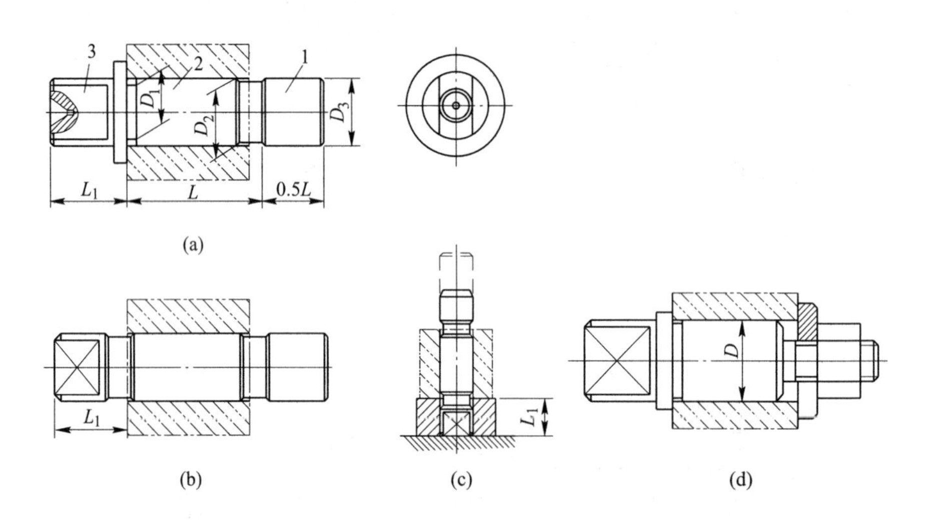

图 3-19　刚性心轴的结构

1—导向部分；2—工作部分；3—传动部分

大批量生产中为减少因装卸工件而停机的时间，常用几根同样的心轴轮流使用，这时要控制心轴的轴向尺寸，如图 3-20 所示，δ 为工件轴向尺寸公差。

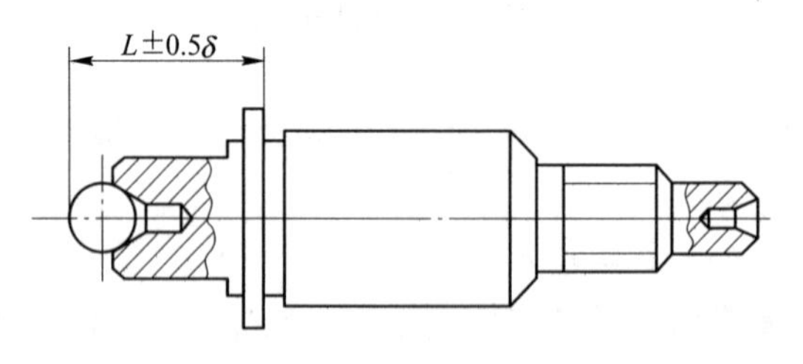

图 3-20　心轴的轴向尺寸公差

2）锥度心轴。为了提高定心精度，圆柱孔也可用锥度很小的心轴定位，如图 3-21 所示。一般取工作面锥度 $K=1/1000\sim1/5000$，可按表 3-1 选取。

表 3-1　高精度心轴锥度推荐值

孔径 D/mm	8~25	25~50	50~70	70~80	80~100	>100
锥度 K	$\frac{0.01}{2.5D}$	$\frac{0.01}{2D}$	$\frac{0.01}{1.5D}$	$\frac{0.01}{1.25D}$	$\frac{0.01}{D}$	$\frac{0.01}{100}$

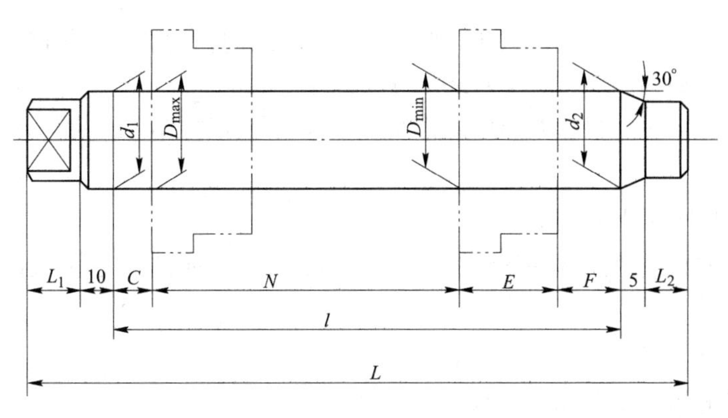

图 3-21 小锥度心轴

这种心轴靠接触面间的楔紧弹性变形夹紧工件，并使工件不致倾斜。定心精度可达 0.005mm~0.01mm。K 越小，发生弹性变形的接触长度越大，定心及定向精度越高，但因工件孔径公差引起的工件轴向位置的变动也越大。一般只用于工件定位孔的精度不低于 IT7 的精车和磨削外圆加工。

对于花键孔采用花键心轴定位。

心轴也可以设计成带锥柄的。锥柄按机床主轴锥孔（如车床）或机床工作台锥孔（如齿轮加工机床）设计。

长心轴是四点定位，常用小端面消除轴向移动不定度。对于浅孔大端面的盘、盖类工件，用大端面三点定位，短圆柱为二点，只起定心作用。

心轴定位还有液性塑料心轴、弹性夹头心轴等多种结构形式。它们在完成定位的同时完成工件夹紧，使用方便，结构却较复杂。

（2）定位销。定位销的结构如图 3-22 所示。其结构与定位销的尺寸有关。如图 3-22（a）~（c）所示。上端部做出 15°倒角，便于工件装卸。其工作部分直径 D 与工件定位孔配合应根据工件的定位精度要求并考虑工件的安装方便，按基孔制 g5 或 g6、f6 或 f7 制造的。其尾柄部分 d 一般与夹具体采用 H7/r6 或 H7/n6 过盈配合压入夹具体孔中。标准定位销常与平面定位元件（支承钉、支承板等）联合使用，小直径定位销因装配需要而带有台阶（图 3-22（a）、（b）），并非为工件端面定位使用；在大批量生产中，为了更换

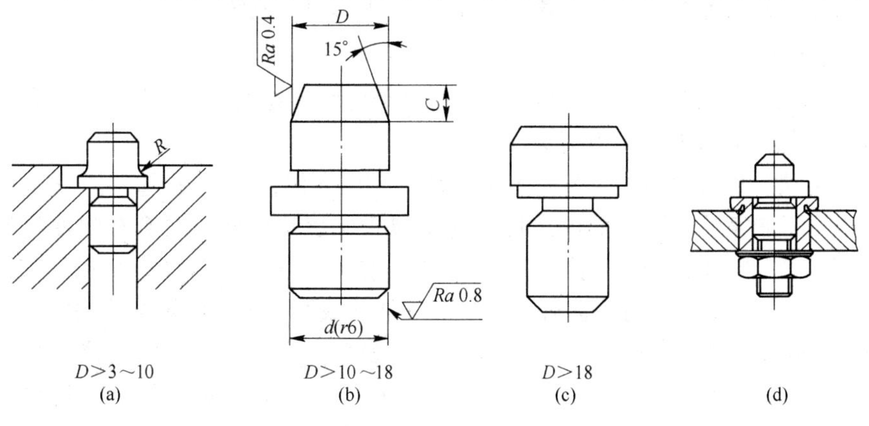

图 3-22 定位销的标准结构

磨损了的定位销，常采用图3-22（d）所示带衬套的结构，衬套以H7/n6配合压入夹具体中，其内径与定位销为间隙配合H7/h6或H7/h5。

定位销通常是短销，只起两点定心作用，如果要使定位销起四点定位作用，则设计成长销。

3.2.2.3 工件以外圆定位

工件以外圆柱面作为定位基准时，有两种形式，一种是定心定位，另一种是支承定位。

A 定心定位

常用的定位元件有定位套。

图3-23（a）、（b）表示外圆柱面定位所用的各种定位套。图3-23（c）是用下半圆孔定位，上半圆孔夹紧。

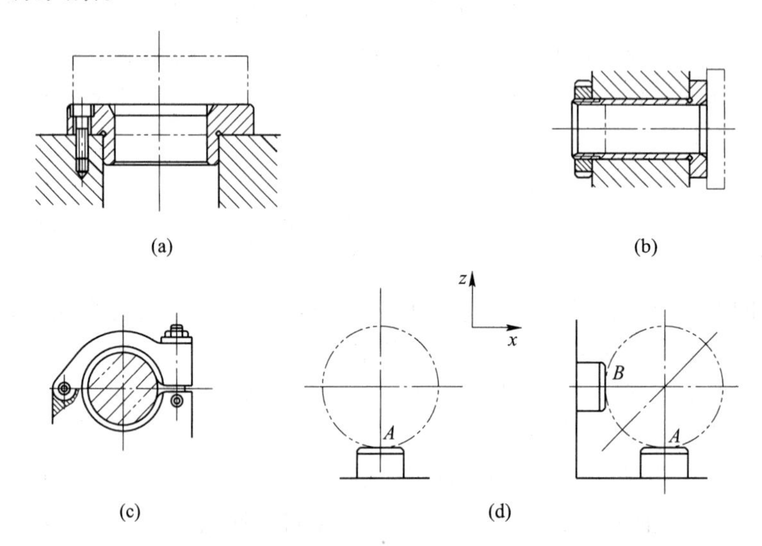

图3-23 外圆表面的一些定位方法

各种类型的定位套和定位销一样，也可根据被加工工件批量和工序加工精度要求，设计成固定式和可换式。同样固定式定位套在夹具中可获得较高的位置定位精度。

外圆表面也常用各种卡头、弹簧筒夹等定心-夹紧机构安装。

B 支承定位

（1）支承板。在夹具中，工件以外圆柱面的侧母线定位时，常采用平面定位元件支承板（支承钉），如图3-23（d）所示。

（2）V形块。外圆表面还广泛使用V形块作定位元件，V形块不仅用于完整圆柱表面的定位，也用于非完整的圆柱面的定位。它既属于支承定位同时又有对中性好的定位特点。图3-24是V形块的几种结构形式。整体的长V形块（图3-24（a））用于较短的精基准，起四点定位作用；长圆柱、阶梯轴用做成一体的或两个独立的短V形块定位（图3-24（b）、（c）），每个短V形块起两点定位作用；毛表面只能用短V形块定位；大型V形块也可用铸铁制造，工作表面镶淬硬钢板（图3-24（d））。要求精密耐磨的还可以镶硬质合金。

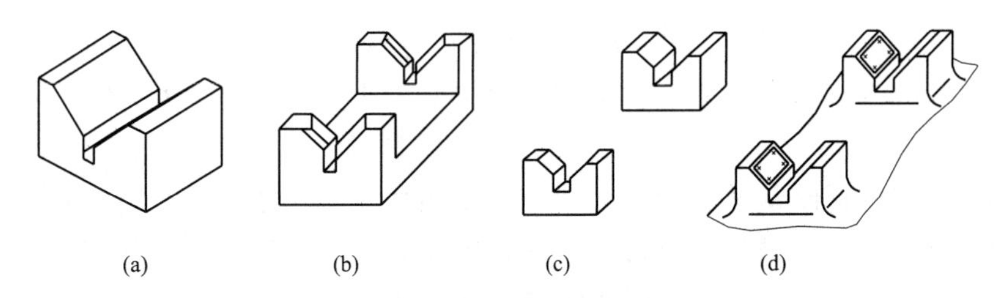

图 3-24 常见 V 形块的结构形式

V 形块在夹具上的装配，除用螺钉紧固外，还要用定位销定位，也可用键定位。

除固定 V 形块外，还经常使用活动 V 形块，起定位-夹紧作用，如图 3-25 所示。活动 V 形块只消除工件的一个不定度。

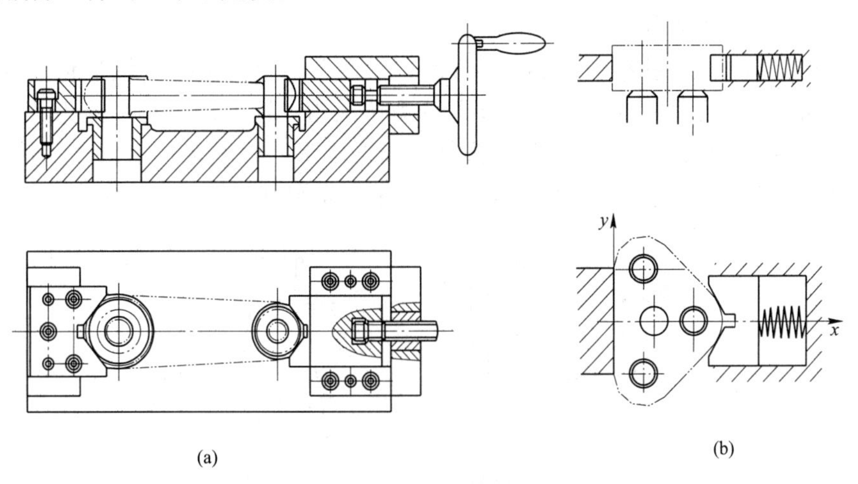

图 3-25 活动 V 形块的应用

V 形块两个工作面间的夹角，可取 60°、90°和 120°，以 90°应用最广。90° V 形块的典型结构和尺寸均已标准化，设计时可以选用。如需自行设计，可按图3-26计算其主要尺寸。

V 形块的主要尺寸参数为 N、H 和 T。H 是 V 形块的高度，N 是 V 形槽的宽度，T 是 V 形槽对直径为 D 的标准心轴的定位高度，可按 $T+\dfrac{D}{2}$ 测量 V 形槽的加工精度。由图示几何关系可得：

$$T-H=OB-O_1B$$

$$OB=\frac{D}{2\sin\frac{a}{2}},\quad O_1B=\frac{N}{2\tan\frac{a}{2}}$$

所以

$$T-H=\frac{D}{2\sin\frac{a}{2}}-\frac{N}{2\tan\frac{a}{2}} \tag{3-1}$$

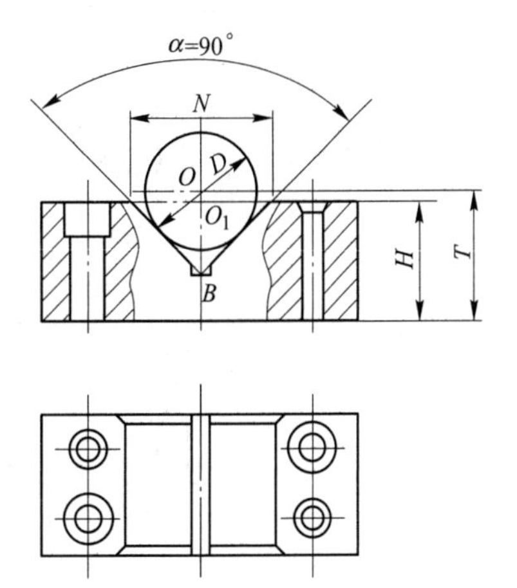

图 3-26 V 形块结构尺寸

当 $\alpha=90°$时：

$$T - H = 0.707D - 0.5N$$

槽宽 N 决定了 V 形块的大小，它影响工件在 V 形块上的高度（$T - H$），一般取

$$T - H = (0.14 \sim 0.16)D$$

于是，根据工件定位直径 D 及 T-H 之值，可求出槽宽 N 的尺寸。

高度 H 决定了工件在夹具中的高度，高度 H 也影响 V 形块的强度和刚度，可在

$$H = (0.5 \sim 1.2)D$$

之间选取。D 大时可取 $H = 0.5D$，D 小时可取 $1.2D$。

根据定位基准的直径 D 及选定的 N 及 H，即可算出定位高度 T。当 $\alpha = 90°$ 时：

$$T = 0.707D - 0.5N + H$$

各种定位元件所限制的不定度数与其和工件定位表面所接触的相对长度有关。

3.2.2.4 工件以锥面定位

在加工轴类零件或某些精密定心的零件时，常以工件上的锥孔（轴）作为定位基准，按定位基准面与定位元件相接触面的长度可分为长锥孔（轴）定位与短锥孔（轴）定位，需选用相应的锥面定位元件。图 3-27 为锥孔套筒在锥形心轴上定位磨外圆及精密齿轮在锥形心轴上定位进行滚齿加工的情况。此时，锥形心轴限制工件五个不定度。

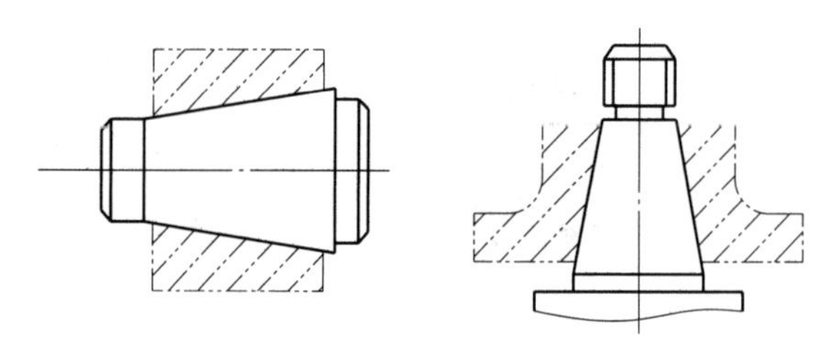

图 3-27 长圆锥孔在锥形心轴上的定位

短锥孔主要指工件的中心孔及孔口的锥面。图 3-28（a）为轴类零件以顶尖孔在顶尖

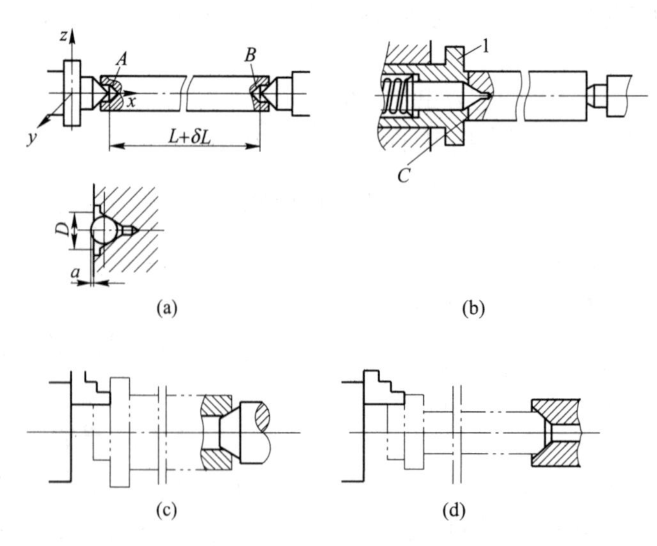

图 3-28 工件以短锥孔、轴定位

上定位的情况，左端固定顶尖限制三个不定度，右端的可移动顶尖则只限制两个不定度。为了提高工件轴向的定位精度，可采用图3-28（b）中所示的固定顶尖套和活动顶尖结构，此时活动顶尖仅限制两个不定度，沿轴线方向的不定度则由固定顶尖套限制。图3-28（c）中的工件由短外圆、短内锥孔及左端小平面定位，其中短外圆与短锥孔共同消除四个不定度，台阶端面消除轴向移动不定度。工件的定位表面为短外圆锥表面时，可用短锥套定位，短锥套常称为反顶尖或阴顶尖，见图3-28（d）。

3.2.2.5 工件以一面两孔定位

单个表面的定位在实际中较少，大多数情况是同时以工件的几个表面作为定位基准来定位，称为工件以组合表面定位。组合定位特别注意正确处理两个问题：一是过定位，二是要控制各定位元件对定位误差的综合影响。

组合定位方式很多，生产中（尤其在箱体零件）常采用一面两孔的组合定位方式，即以一个大平面和两个定位孔定位，如图3-29所示。这种定位方式能使工件在各道工序上定位基准统一，因而得到广泛应用。

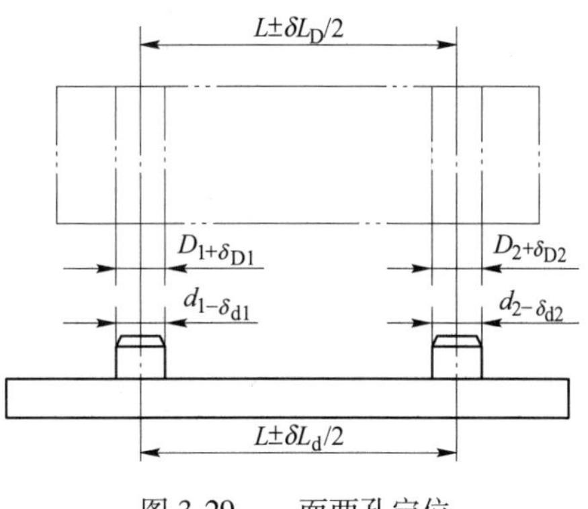

图3-29 一面两孔定位

A 定位元件的选择

（1）一个平面和两个短圆柱销为定位元件。

工件以一面和两孔在夹具的一个平面和两个圆柱销上定位，分析这种定位方式，可以看出两圆柱销在连心线方向上限制的不定度发生重复，当工件上第一个定位孔装入定位销后，由于孔、销、孔间距和销间距均有制造误差，会出现第二个孔装不到第二个销上的严重情况。解决的办法是在设计制造两销时，使一个销与孔留有最小的配合间隙，同时减小另一个销的直径，以补偿中心距公差，如图3-30所示。

由图可知，第一定位销允许的最大直径 d_1 为：

$$d_1 = D_1 - x_1 \tag{3-2}$$

式中，D_1 为第一孔的最小直径；x_1 为第一对销、孔的最小间隙。

第二定位销允许的最大直径 d'_2 为：

$$d'_2 = D_2 - \delta L_D - \delta L_d - a$$

式中，D_2为第二孔的最小直径；δL_D 为两孔中心距公差；δL_d 为两销中心距公差；a 为在极限情况下为第二孔与销安装顺利留下的必须间隙。

实际定位时，出现图3-30（a）、（b）两种情况的机会是很少的，所以就不再考虑第二孔与销留下的必须间隙（即 $a=0$）。另外，第一定位副的最小间隙也能补偿中心距误差，因此上式便改写为：

$$d'_2 = D_2 - \delta L_D - \delta L_d + x_1 \tag{3-3}$$

这种减小定位销直径的方法，会导致工件转角误差的增大。因此在加工要求不高时才使用。且由于销的强度降低，所以，生产中常采用另一种方法：把第二销碰到工件孔壁的部分（即图3-30中的阴影部分）削去，只留下一部分圆柱面，而成为削边销。

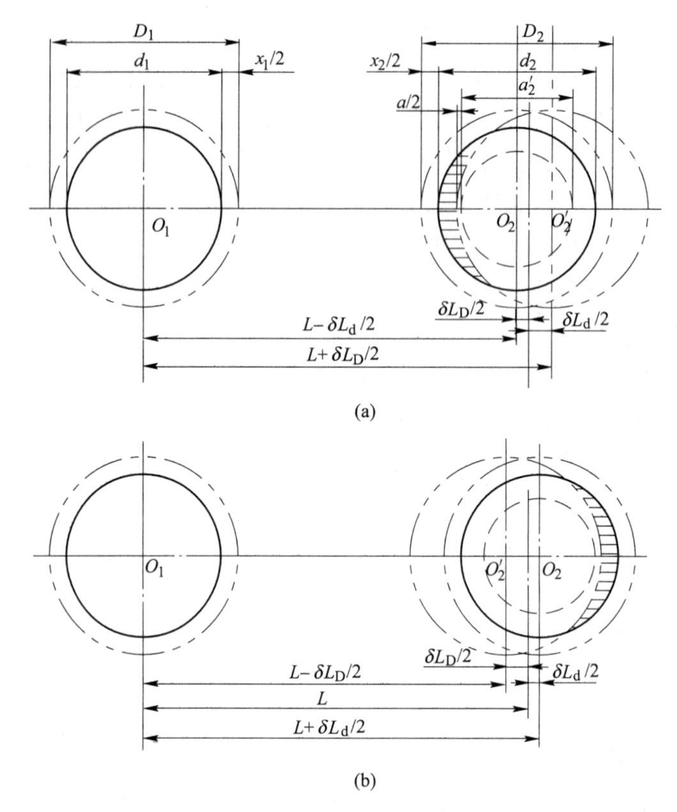

图 3-30　两圆柱销定位分析

（2）一个平面、一个短圆柱销和一个削边销为定位元件。采用此种定位元件，由于在连心线方向上仍有减小第二销直径的作用，而在垂直于连心线方向上，销子直径并未减小，故工件的转角误差没有增大，有利于保证加工精度。

削边销尺寸的确定，如图 3-31 所示。

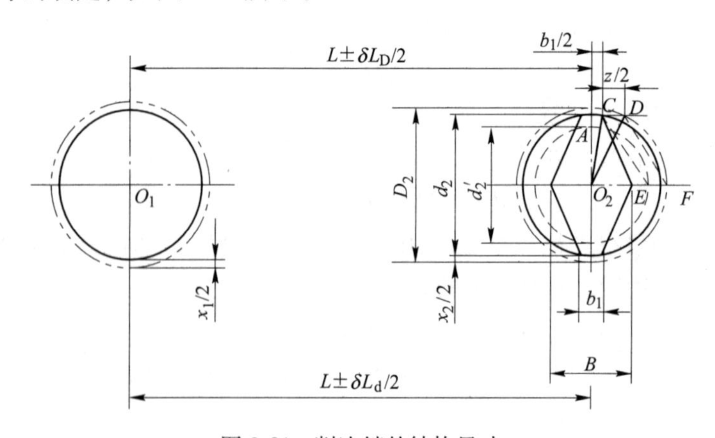

图 3-31　削边销的结构尺寸

未削边部分的最大直径 d_2：

$$d_2 = D_2 - x_2 \tag{3-4}$$

式中，x_2 为第二定位副的最小间隙。

第二销在连心线方向上可补偿的长度（即削去的部分）ε：

$$\frac{\varepsilon}{2}=\overline{CD}=\overline{EF}=\frac{D_2}{2}-\frac{d_2'}{2}=\frac{1}{2}(\delta L_D+\delta L_d-x_1)$$

即：
$$\varepsilon=\delta L_D+\delta L_d-x_1 \tag{3-5}$$

削边后留下圆柱部分的宽度 b_1：

由 $\triangle O_2DA$ 与 $\triangle O_2CA$

$$\overline{O_2C^2}-\overline{AC^2}=\overline{O_2D^2}-\overline{AD^2}$$

$$\left(\frac{D_2-x_2}{2}\right)^2-\left(\frac{b_1}{2}\right)^2=\left(\frac{D_2}{2}\right)^2-\left(\frac{\varepsilon+b_1}{2}\right)^2$$

化简并略去二次微量 x_2^2、ε^2，得：

$$b_1=\frac{D_2x_2}{\varepsilon} \tag{3-6}$$

尺寸 B 应小于或等于 d_2'，一般取：

$$B=D_2-2\varepsilon \tag{3-7}$$

当采用修圆削边销时，以 b 替换 b_1。尺寸 b_1、b 和 B 可根据表 3-2 选取，其结构形状如图 3-32 所示。

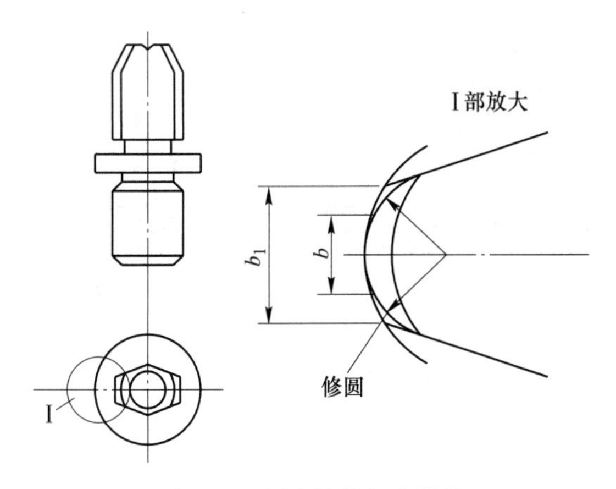

图 3-32　削边销的标准结构

B　定位元件的设计步骤

（1）确定两定位销的中心距及公差。夹具两定位销中心距的基本尺寸取工件两孔中心距的基本尺寸，其公差一般取工件两孔中心距公差的 1/5~1/2，即

$$L\pm\frac{\delta L_d}{2}=L\pm\left(\frac{1}{5}\sim\frac{1}{2}\right)\frac{\delta L_D}{2}$$

（2）确定圆柱销的尺寸及公差。圆柱销的基本尺寸取工件孔的最小尺寸，其公差一般取 g6 或 f7，即

$$d_1=D_1\text{g6（或 f7）}$$

（3）确定削边销的尺寸及公差。先按表 3-2 选取削边销宽度 b 或 b_1，然后按公式

$b_1 = \frac{D_2 x_2}{\varepsilon}$ 算出 x_2：

$$x_2 = \frac{b_1 \varepsilon}{D_2}$$

削边销的基本尺寸为：

$$d_2 = D_2 - x_2$$

削边销的公差一般取 h6。

表 3-2　削边销的尺寸　(mm)

d	>3～6	>6～8	>8～20	>20～25	>25～32	>32～40	>40～50	>50
B	d-0.5	d-1	d-2	d-3	d-4	d-5	d-5	—
b	1	2	3	3	3	4	5	—
b_1	2	3	4	5	5	6	8	14

注：1. b_1 为削边销留下的宽度；
2. b 为修圆后留下的圆柱部分宽度。

削边销的应用不限于一面两孔定位。图 3-33 为两面一孔定位，采用一个大平面、一个小端面和一个长菱形销定位，读者试自行分析该长菱形销的作用。

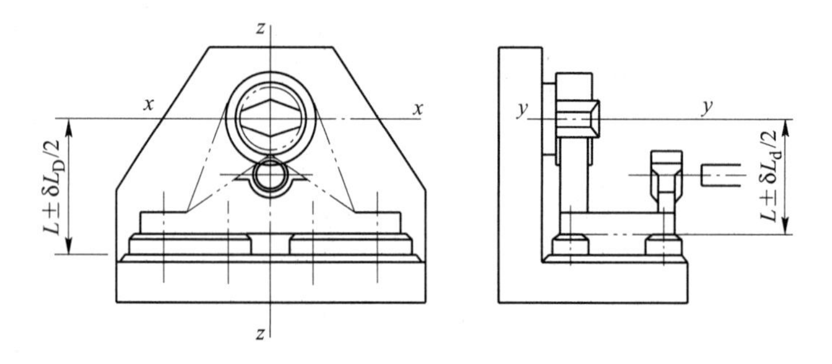

图 3-33　两面一孔定位

3.3　定位误差的分析与计算

在机械加工中，产生误差的因素可归纳为两类：一类是与所用夹具有关的误差，包括工件在夹具中的定位误差、夹紧误差、夹具在机床上安装误差、夹具的几何误差及刀具调整误差；另一类是加工过程误差，如加工原理误差、工艺系统受力变形等。这些误差引起的被加工工件在加工尺寸方向上的误差总和，若在工件公差允许范围内，就保证了加工精度要求，即为合格，用公式表示为：

$$\Delta_Z = \Delta_{dw} + \Delta_{jq} + \Delta_{GC} \leqslant \delta_K \tag{3-8}$$

式中，Δ_Z 为加工总误差；Δ_{dw} 为定位误差；Δ_{jq} 为除定位误差外，与夹具有关的其他误差；Δ_{GC} 为加工过程误差；δ_K 为工件的公差。

在夹具设计时，一般取

$$\Delta_{dw} = \left(\frac{1}{3} \sim \frac{1}{5}\right)\delta_K \tag{3-9}$$

3.3.1 定位误差产生的原因

工件用夹具定位时一般是按调整法进行加工的。即刀具的位置相对于夹具上的定位元件调整好以后，用来加工一批工件。由于一批工件中，每个工件彼此在尺寸、形状、表面状况及相互位置上均存在差异。因此就一批工件而言，六点定位后，每个具体表面都有自己不同的位置变动量。把一批工件由于定位、工序基准在加工尺寸方向上的最大位置变动量定义为该加工尺寸的定位误差，用 Δ_{dw} 表示。由上述定义可知，Δ_{dw} 由两部分组成：

（1）基准不重合误差 Δ_{jb}。定位基准与工序基准不重合所产生的加工误差（即一批工件定位时，工序基准相对于定位基准理想位置在工序尺寸方向上的最大变动量）。

（2）定位基准位置误差 Δ_{db} 。由于定位基准及定位元件的制造误差而使定位基准在夹具中的位置不准确所产生的加工误差（即一批工件定位时，实际定位基准相对于定位基准理想位置在工序尺寸方向上的最大变动量）。

如图 3-34 所示，工件以 C 面、D 面为定位基准加工孔 A 和孔 B。对于孔 A 的尺寸 A_1，工序基准与定位基准都是 D 面，没有基准不重合误差，但由于 C 面是第一定位基准面，D 面是第二基准面，且因 D 面对 C 面的角度误差 $\pm\delta\alpha$ ，D 面在定位时将有基准位置误差，例如由 D 变到 D'，而使 A_1 产生加工误差。对于 A 孔的尺寸 A_2，定位基准为 C 面，可以认为没有定位基准位置误差，但其工序基准为 E 面，存在 L_2的尺寸误差 δL_2，若 E 的位置变到E'，A_2出现基准不重合误差。对于孔 B 的尺寸 B_1，工序基准为 F ，定位基准为 D，既有基准不重合误差，又有基准位置误差。对于尺寸 B_2，既无基准不重合误差，又无基准位置误差，即不存在定位误差。定位误差为基准位置误差与基准不重合误差在加工尺寸方向上的代数和。即

$$\Delta_{dw} = \Delta_{db} + \Delta_{jb} \tag{3-10}$$

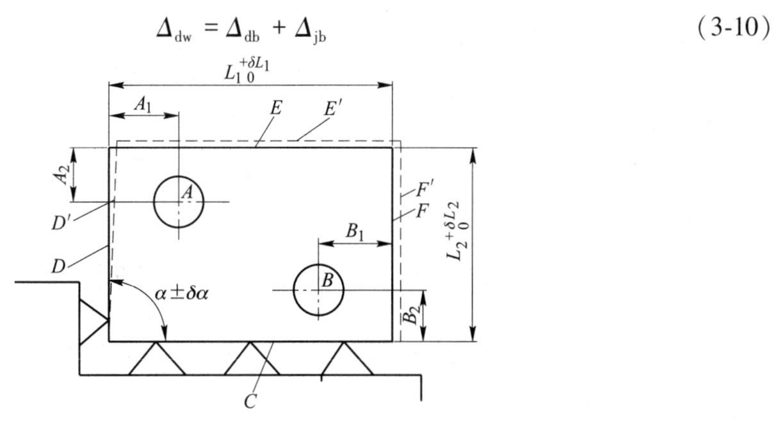

图 3-34 定位时表面的位置变动

3.3.2 常用定位方式的定位误差分析计算

3.3.2.1 工件以平面定位时的定位误差

以平面定位时的基准位置误差 Δ_{db}，是由于工件定位基面的平面度误差、直线度误差

及各种基面间的角度误差而引起。已加工表面做定位基准时，若是用三点定位（即是第一定位基准面），误差Δ_{db}之值甚小，一般均可忽略不计；若是用两点或一点定位（即是第二、或第三定位基准面），如图3-34的D面定位，则需考虑角度误差引起的误差。用毛表面作为定位基准，基准位置误差Δ_{db}虽大，但只用于粗加工，工序尺寸的公差也大，一般不必计算。

为减小基准位置误差Δ_{db}，应提高定位基面的形状精度和相互位置精度。增大三个支承点或两个支承点之间的距离，也能减小表面平面度误差和直线度误差产生的基准位置误差。此外，还可以用浮动的多点自位支承，以提高粗基准定位的精度，因为多点自位支承所代表的是各接触点的平均状况。

工件以平面定位时可能产生的定位误差，主要是由基准不重合引起的。基准不重合误差的计算是根据具体定位方案找出定位尺寸，定位尺寸的公差就是基准不重合误差Δ_{jb}。有时定位尺寸无法直接得到，须用尺寸链原理来解。如图3-35（a）所示的镗孔加工过程，D孔的工序基准为M面，定位基准为N面，所以定位尺寸为MN，其公差即为基准不重合误差，MN可通过图3-35（b）的尺寸链求出。A和B是上工序的工序尺寸，是直接获得的，为组成环。MN是间接获得的，为封闭环，其公差为组成环公差之和，即

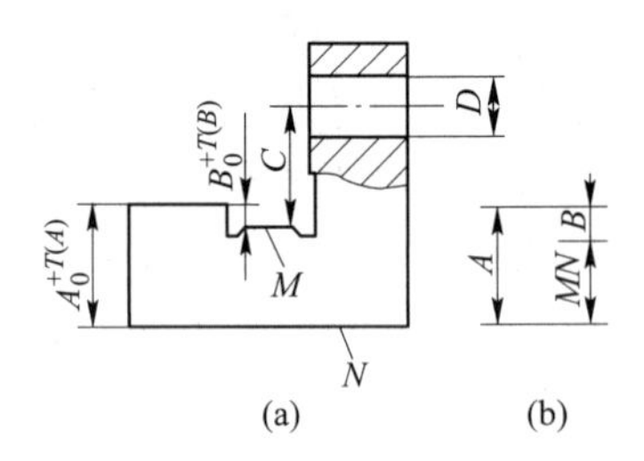

图3-35　基准不重合误差

$$\Delta_{jb} = T(MN) = T(A) + T(B)$$

3.3.2.2　工件以圆孔定位时的定位误差

工件以圆孔作为定位基准时，以孔心的位置代表孔的位置。

（1）当孔与心轴为过盈配合时，孔与心轴的中心重合，没有基准位置误差，即$\Delta_{db}=0$。

（2）当孔与心轴为间隙配合时，孔心与心轴的中心将不重合而产生基准位置误差。

1）定位孔与心轴（或定位销）在不变的单边接触时的基准位移误差。如图3-36所示，心轴轴线为水平位置，工件定位孔因重力与心轴的上母线接触，孔心产生单向位移。以$D_0^{\delta D}$、$d_{-\delta d}^0$分别表示孔、轴直径，x_{min}与x_{max}表示极限配合间隙，Δ_y表示孔心y方向的位移，则有：

$$\Delta_{ymin} = \frac{1}{2}(D_{min} - d_{max}) = \frac{1}{2}x_{min}$$

$$\Delta_{ymax} = \frac{1}{2}(D_{max} - d_{min}) = \frac{1}{2}x_{max} = \frac{1}{2}(\delta D + \delta d + x_{min})$$

孔心位移变动的范围为：

$$\delta_{\Delta y} = \Delta_{ymax} - \Delta_{ymin} = \frac{1}{2}(\delta D + \delta d)$$

基准位移本身并不就是基准位置误差Δ_{db}。Δ_{db}是指由于基准位移而产生的工序尺寸的加工误差。如果以心轴定位车外圆，要求保证内外圆的同轴度，由于车外圆时以心轴中心O为圆心，基准孔中心的任何偏移都将造成同轴度误差，孔心的最大位移就是基准位置误差，即

$$\Delta_{db}=\Delta_{ymax}=\frac{1}{2}x_{max}$$

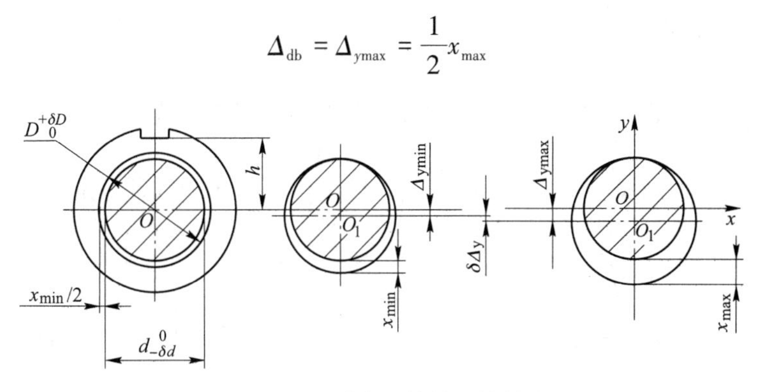

图 3-36 孔与心轴单边接触

但是如果是铣削图 3-36 所示键槽，要求保证尺寸 h，则由于设计时为保证方便安装而留的最小间隙 x_{min} 和心轴尺寸的实际偏差所产生的加工误差均可通过预先将铣刀位置调低 $(x_{min}+\delta d)/2$ 而补偿，只有孔径的公差无法补偿，而产生了孔心的位置变动，故

$$\Delta_{db}=\frac{1}{2}\delta D$$

基准位置误差是在工序尺寸方向的误差，若基准的位移方向与工序尺寸不一致，应取基准位移在工序尺寸方向的分量作为 Δ_{db}。如图 3-37 所示，工件以内孔在水平位置的心轴上定位，铣削两斜面，加工尺寸为 h，在重力及切削力的作用下，定位孔与心轴单边接触，孔心方向与工序尺寸间夹角 α。若预先调整铣刀位置时只考虑了最小间隙的影响（没有实测心轴的实际尺寸），则基准位置误差为：

$$\Delta_{db}=\overline{O_1O_2}\cos\alpha=\frac{1}{2}(\delta D+\delta d)\cos\alpha$$

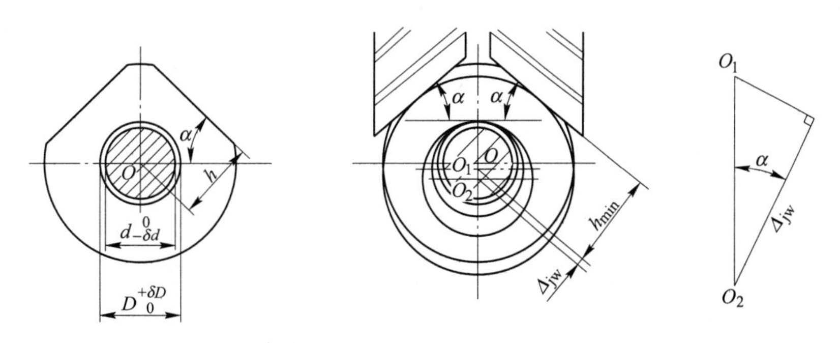

图 3-37 基准位移与工序尺寸方向不一致时的 Δ_{db}

2）定位孔与心轴任意边接触。如心轴为直立的，或心轴虽然平放，但由于夹紧使工件产生了移动，都使工件的定位孔可与心轴的任意一条母线接触，如图 3-38 所示。这时工件定位孔的轴线可以在以心轴中心为圆心、最大间隙 x_{max} 为直径的圆内变动，由于位移可发生在任意方向，也无法对 x_{min} 或 δd 所引起的位移做补偿调整。这样，任意方向的基准位置误差为：

$$\Delta_{db}=x_{max}=\delta D+\delta d+x_{min}$$

以上诸例，工序尺寸的获得都以工序基准（孔的中心线）作为定位基准，没有基准不

重合误差 Δ_{jb}，定位误差 Δ_{dw} 就只有 Δ_{db} 一项，即

$$\Delta_{dw} = \Delta_{db}$$

当工序基准不是定位孔中心线时，就产生基准不重合误差 Δ_{jb}，此时：

$$\Delta_{dw} = \Delta_{db} + \Delta_{jb}$$

而 Δ_{jb} 为工序基准至孔心的公差。如图 3-39（a）所示，尺寸 H_1 的工序基准是外圆的下母线，

$$\Delta_{jb} = \frac{1}{2}\delta D_1$$

故

$$\Delta_{dw \cdot H_1} = \Delta_{db} + \Delta_{jb} = \frac{1}{2}(\delta D + \delta d) + \frac{1}{2}\delta D_1 = \frac{1}{2}(\delta D + \delta d + \delta D_1) \tag{3-11}$$

对于图 3-39（b），工序基准是孔的上母线，

$$\Delta_{jb} = \frac{1}{2}\delta D$$

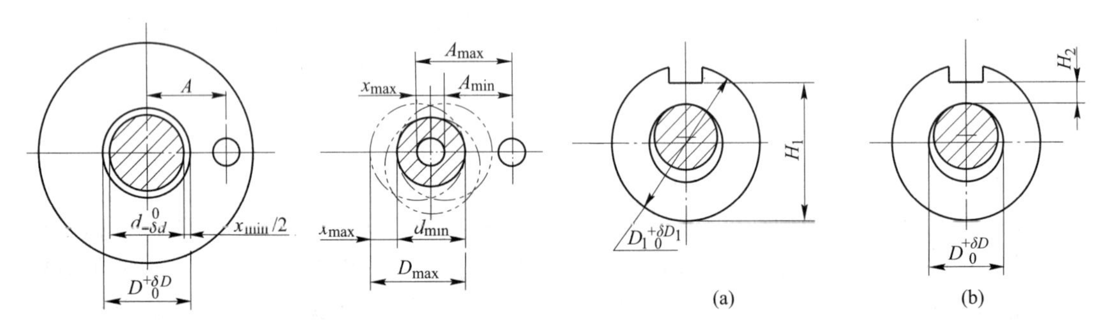

图 3-38　以孔定位钻削小孔　　图 3-39　基准不重合时的定位误差

但是图 3-39（a）中的 Δ_{db} 和 Δ_{jb} 是两个互不相关的独立误差，而在图 3-39（b）中，这两项误差却因都与同一个孔公差有关而相互关联，δD 一方面使孔心下移，另一方面又使孔的上母线至孔心的距离增大，其作用正好相互抵消（即：基准的位置误差与基准不重合误差变动方向相反），故定位误差应取代数和，即对于工序尺寸 H_2 的定位误差：

$$\Delta_{dw \cdot H_2} = \Delta_{db} - \Delta_{jb} = \frac{1}{2}(\delta D + \delta d) - \frac{1}{2}\delta D = \frac{1}{2}\delta d \tag{3-12}$$

3.3.2.3　工件以外圆定位时的定位误差

工件外圆装入夹具孔中时，与孔用心轴定位类似。下面讨论外圆用 V 形块定位时的定位误差。

图 3-40（a）表示外圆在 V 形块上定位时由于外圆的直径公差使定位基准的位置发生变动的情况。理论上把圆心的位置作为定位基准（外圆）的位置。外圆最大时与 V 形块在 K 点接触，圆心为 O；外圆最小时在 K_1 点接触，圆心为 O_1。由图可知，定位基准的直径公差 δD 与基准位移之间的关系为：

$$\overline{OO_1} = \frac{\delta D}{2\sin\frac{\alpha}{2}}$$

式中，α 为 V 形块夹角。

α 可取 60°、90°、120°，α 小时位移量大，α 过大时工件定位不够稳定，常取 $\alpha = 90°$。

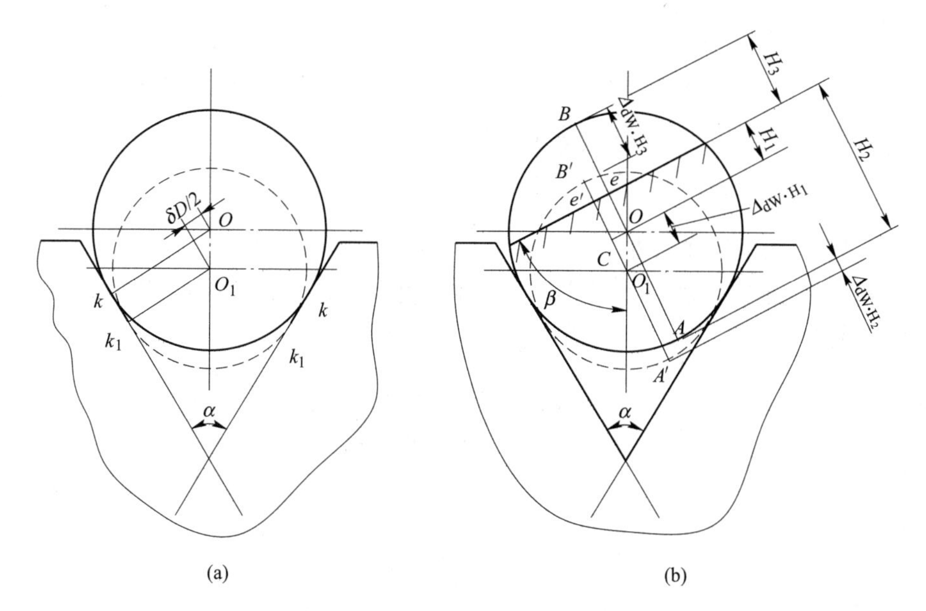

图 3-40 V 形块定位时的定位误差

定位基准位移量在工序尺寸方向的分量即为定位基准位置误差 Δ_{db}。如图 3-40（b）所示，若被加工平面与 V 形块对称平面的夹角为 β，工序尺寸为距圆心的尺寸 H_1，则由于基准位移而使尺寸 H_1 产生加工误差，$H_{1max}=\overline{e'O_1}$，$H_{1min}=\overline{eO}$。基准位置误差为：

$$\Delta_{db}=\overline{CO_1}=\overline{OO_1}\sin\beta=\frac{\delta D\sin\beta}{2\sin\dfrac{\alpha}{2}}$$

由于工序基准也是圆心，没有基准不重合误差 Δ_{jb}，H_1 的定位误差就只有 Δ_{db} 一项，即

$$\Delta_{dW\cdot H_1}=\Delta_{db}=\frac{\delta D\sin\beta}{2\sin\dfrac{\alpha}{2}} \tag{3-13}$$

如果要求保证的工序尺寸是 H_2，则母线 A 为其工序基准，它在 A 至 A'间变动，即定位误差为：

$$\begin{aligned}\Delta_{dW\cdot H_2}&=(\overline{CO_1}+\overline{O_1A'})-\overline{OA}=\overline{CO_1}-(\overline{OA}-\overline{O_1A'})\\&=\frac{\delta D\sin\beta}{2\sin\dfrac{\alpha}{2}}-\frac{\delta D}{2}=\frac{\delta D}{2}\left(\frac{\sin\beta}{\sin\dfrac{\alpha}{2}}-1\right)\end{aligned} \tag{3-14}$$

由此可知，定位误差 $\Delta_{dW\cdot H_2}$由两项组成，第一项为定位基准位置误差 Δ_{db}，第二项为工序基准（母线 A）至定位基准（圆心）的公差 $\dfrac{\delta D}{2}$，即基准不重合误差 Δ_{jb}。由于这两项误差都由直径公差 δD 引起，互相关联，方向相反，故相减。若 $\beta=\alpha/2$，则两项误差大小相等方向相反，完全抵消，$\Delta_{dW\cdot H_2}=0$。

若要求保证的工序尺寸是 H_3，工序基准为母线 B，则定位时工序基准将在 B 与 B'间

变动，定位误差为：

$$\Delta_{dW \cdot H_3} = \overline{BO} - \overline{B'C} = \overline{BO} - (\overline{B'O_1} - \overline{CO_1}) = \overline{CO_1} + (\overline{BO} - \overline{B'O_1})$$
$$= \frac{\delta D \sin\beta}{2\sin\frac{\alpha}{2}} + \frac{\delta D}{2} = \frac{\delta D}{2}\left(\frac{\sin\beta}{\sin\frac{\alpha}{2}} + 1\right) \tag{3-15}$$

$\Delta_{dW \cdot H_3}$由 Δ_{db}与 Δ_{jb}两项相加而成。

当$\beta=90°$，即加工表面与 V 形块对称平面垂直时，如图 3-41（a）所示，工序尺寸与定位基准位移方向一致，$\sin\beta = 1$，得：

$$\Delta_{dW \cdot H_1} = \Delta_{db} = \frac{\delta D}{2\sin\frac{\alpha}{2}} \tag{3-16}$$

$$\Delta_{dW \cdot H_2} = \frac{\delta D}{2}\left(\frac{1}{\sin\frac{\alpha}{2}} - 1\right) \tag{3-17}$$

$$\Delta_{dW \cdot H_3} = \frac{\delta D}{2}\left(\frac{1}{\sin\frac{\alpha}{2}} + 1\right) \tag{3-18}$$

V 形块夹角 $\alpha=90°$时，则：

$$\Delta_{dW \cdot H_1} = 0.707\delta D \tag{3-19}$$
$$\Delta_{dW \cdot H_2} = 0.21\delta D \tag{3-20}$$
$$\Delta_{dW \cdot H_3} = 1.21\delta D \tag{3-21}$$

当$\beta=0°$时，如图 3-41（b）所示，工序尺寸与定位基准位移方向垂直，$\sin\beta = 0$，$\Delta_{db} = 0$，得：

$$\Delta_{dW \cdot H_1} = 0 \tag{3-22}$$

$$\Delta_{dW \cdot H_2} = \frac{\delta D}{2} \tag{3-23}$$

$$\Delta_{dW \cdot H_3} = \frac{\delta D}{2} \tag{3-24}$$

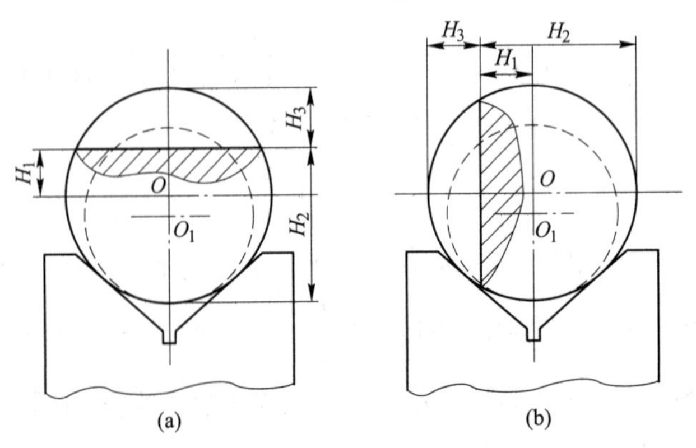

图 3-41　在 V 形块上加工水平面和垂直面

由以上分析可知，为减小在 V 形块上定位的误差，除提高定位基面的制造精度即缩小公差 δD 以外，对于不同的加工尺寸，还可选择定位误差最小的安装方法。

3.3.2.4 工件以一面两孔定位时的定位误差

如图 3-42 所示，为两孔一个用圆销，另一个用菱形销定位，当两销和两孔的间隙配合均为最大时，定位的误差最大。两孔连心线方向的不定度由第一对销、孔配合消除，这个方向的基准位置误差为：

$$\Delta_{db} = \pm \frac{x_{1max}}{2} = \pm \frac{1}{2}(\delta D_1 + \delta d_1 + x_{1min}) \tag{3-25}$$

转角不定度由两销共同消除，转角基准位置误差为：

$$\Delta\theta = \pm \tan^{-1} \frac{x_{1max} + x_{2max}}{2L} = \pm \tan^{-1} \frac{\delta D_1 + \delta d_1 + x_{1min} + \delta D_2 + \delta d_2 + x_{2min}}{2L} \tag{3-26}$$

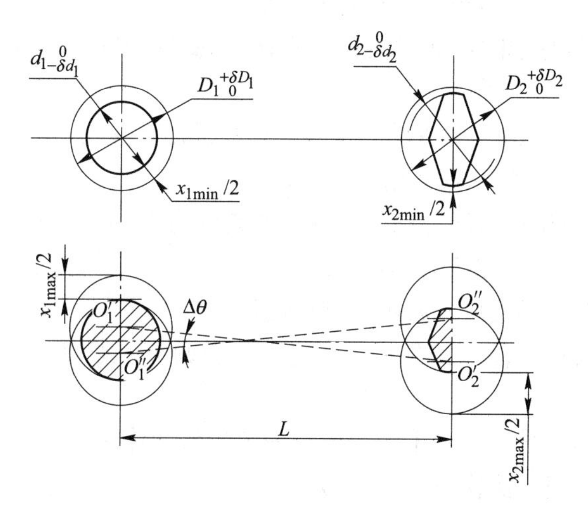

图 3-42 双孔定位的定位误差

3.4 工件在夹具中的夹紧

3.4.1 夹紧装置的组成和基本要求

工件在夹具中定位以后，还必须予以夹紧，以免因切削力、工件重力以及惯性力的作用而发生位移和振动。因此，夹具中一般都必须设置夹紧装置，保证工件在加工过程中的可靠定位。

以图 3-43 为例，夹紧装置一般由三部分组成：

（1）动力源。动力源是产生原始作用力的部分，如气动、液压、汽液联合、电动等动力装置或手动夹紧的手柄等。图 3-43 中的气缸 1，就是动力源装置。

（2）中间传力机构。中间传力机构是力源和夹紧元件之间的一些机构。它们可有下列作用：

1）改变夹紧力的作用方向。

2）改变夹紧力的大小，一般是起增力作用。

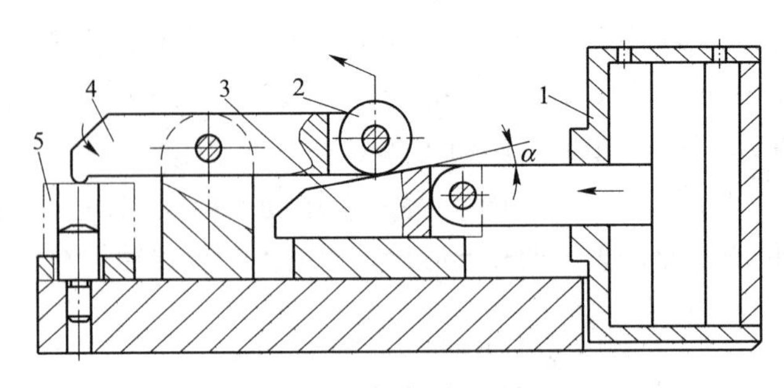

图 3-43 夹紧装置组成示例

1—汽缸；2—滚子；3—斜楔；4—压板；5—工件

3）保证夹紧机构的自锁性能，即在外力撤销后，工件仍处于夹紧状态，不会松开，以保证加工时安全可靠。手动夹紧时尤为重要。

图中的斜楔 3 就是中间传力机构，它兼有以上三种作用，小斜面角 α 既可增力，又可自锁。

（3）夹紧元件。如图 3-43 中的压板 4。夹紧元件直接与工件接触，把工件夹紧在定位元件上，是夹紧机构的最终执行元件。

一般把夹紧元件和中间传力机构统称为夹紧机构。

夹紧装置应满足以下几点基本要求：

1）夹紧力应有助于定位，而不应破坏定位。

2）夹紧力的大小应合适，并能在一定范围内调节，并且不产生不允许的变形和表面损伤。

3）应有足够的夹紧行程，手动时要有一定的自锁作用。

4）夹紧动作迅速，操作方便、省力。

5）结构简单，制造容易、维护方便。其复杂程度应与工件的生产纲领相适应。

3.4.2 设计和选用夹紧装置的基本原则

实现上述要求，必须正确地确定夹紧力的方向、作用点和大小。正确施加夹紧力，是设计和选用夹紧装置的核心问题。

3.4.2.1 夹紧力方向选择的原则

（1）夹紧力应朝向工件的主要定位基准，以保证工件与定位元件可靠的接触。

如图 3-44 所示，在支座上镗孔，要求孔与平面 *A* 垂直，选 *A* 面为主要定位基准，则夹紧力应垂直于 *A* 面，见图 3-44（a）。若仅从夹紧方便考虑，使夹紧力朝着 *B* 面，见图 3-44（b），则由于 *A*、*B* 两面间的垂直度误差而使 *A* 面不能靠住定位元件，破坏了工件的正确定位，镗孔后不能保证孔与 *A* 面的垂直度要求。

（2）夹紧力方向应使工件变形尽可能小。工件不同方向的刚度往往不同。见图 3-45 薄壁套筒，若采用三爪卡盘径向夹紧，要产生较大的变形，宜采用特制螺帽从轴向夹紧。

（3）夹紧力方向应有利于减小夹紧力。减小夹紧力可使操作省力并缩小夹紧装置，还可缩小夹紧变形。夹紧力方向与切削力方向和重力方向都一致时，所需夹紧力最小。图 3-46为工件安装时的切削力 *F*、工件重力 *G* 和夹紧力 *W* 三力之间的关系。其中三力方向一

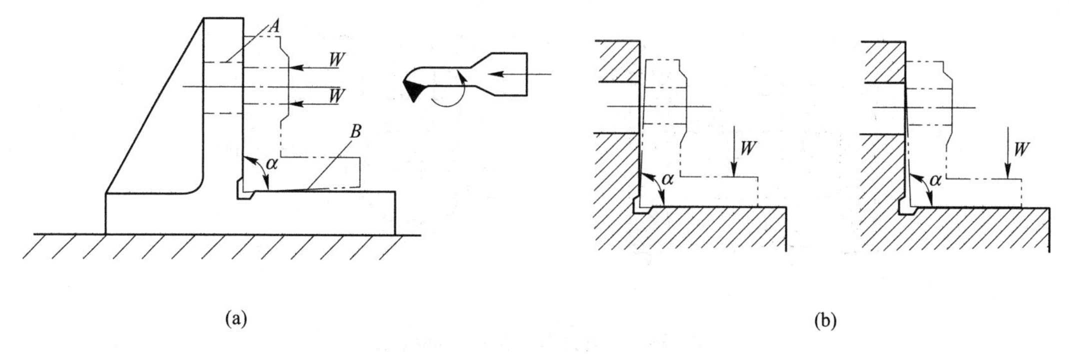

图 3-44　夹紧力应朝向主要定位面
（a）合理；（b）不合理

致时所需夹紧力最小，图 3-46（a）最好。图 3-46（d）所需夹紧力就很大，最差。

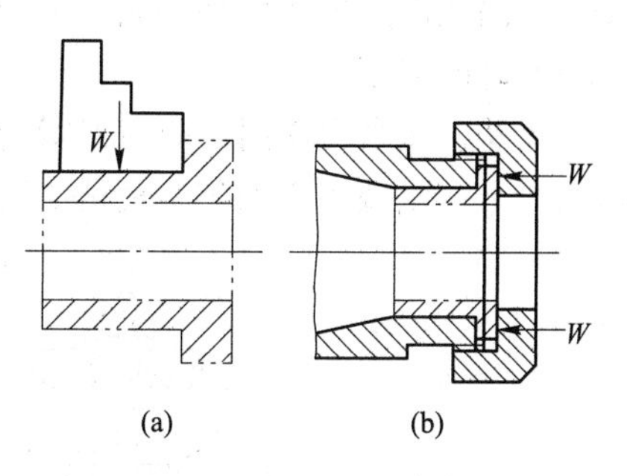

图 3-45　薄壁套筒的夹紧
（a）不合理；（b）合理

3.4.2.2　夹紧力作用点选择的原则

（1）夹紧力的作用点应能保持工件定位稳定，而不致引起工件发生位移或偏转。图 3-47 是两个例子。

（2）夹紧力作用点应使被夹紧工件的夹紧变形尽可能小。图 3-48（a）夹紧元件是一个球头销钉，作用在刚性较弱的壳顶中央，壳顶受压后容易变形。应改用图 3-48（b）的浮动压块，使夹紧力分散在壳顶的圆周上。

（3）夹紧力作用点应靠近加工部位，以减小切削力对夹紧点的力矩，使夹紧可靠，减

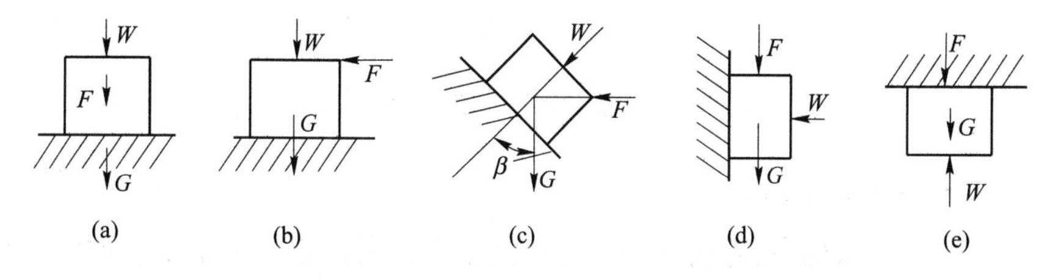

图 3-46　夹紧力方向与夹紧力大小的关系

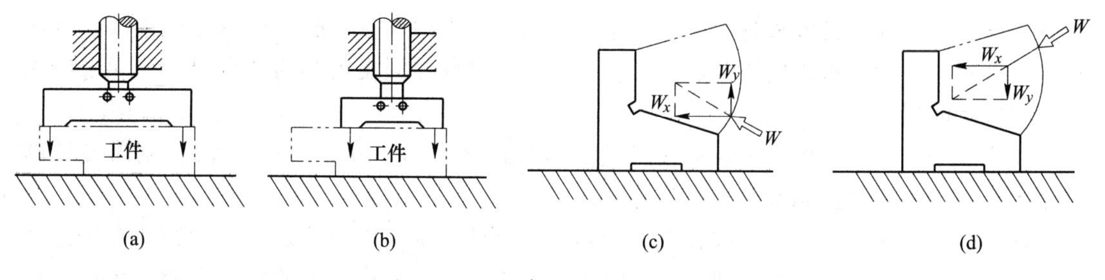

图 3-47　夹紧力应作用在支承面内
（a），（c）不合理；（b），（d）合理

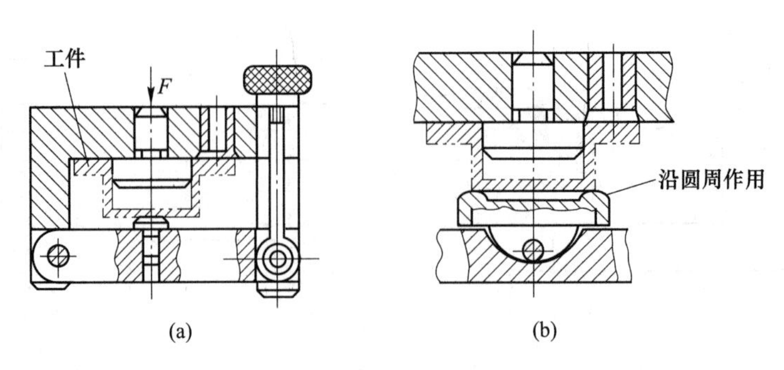

(a) (b)

图 3-48 夹紧力不作用在薄壳上

少工件的振动。如图 3-49（a）滚齿夹具用了大压板，在靠近齿圈处夹紧；图 3-49（b）加工表面远离定位元件和夹紧力 W_1 作用点，用了辅助支承和附加的夹紧力 W_2，以提高工件加工时的刚度。

此外，夹紧力作用点应使夹紧力作用于支承表面的几何中心，使夹紧力均匀分布在接触表面上，以减少不均匀的夹紧变形。如工件尺寸较大、刚性不足，应从多点夹紧。

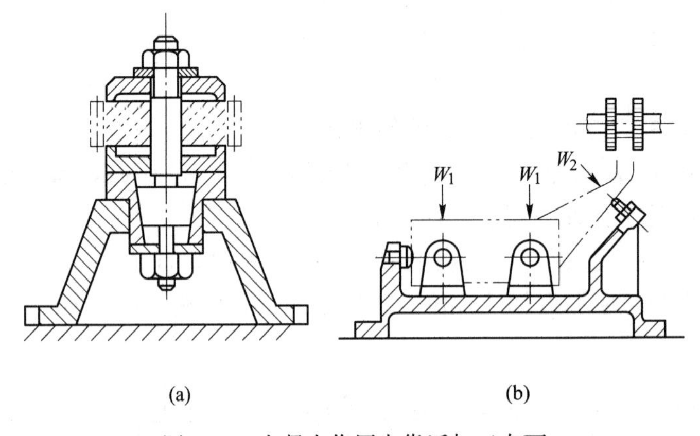

(a) (b)

图 3-49 夹紧力作用点靠近加工表面

3.4.2.3 夹紧力大小的确定

夹紧力过小，加工时会发生松动和振动；夹紧力过大，会使夹紧变形增大，夹紧装置的尺寸也增大。所以，夹紧力的大小应适当。

准确计算所需夹紧力的大小通常比较困难，因为这需要知道切削力的实际大小、分析夹紧力在各支承面上的分布情况、工艺系统的受力变形以及各接触表面的摩擦系数。因此一般对夹紧力不做计算或仅作概略估计，采用类比法参照同类夹具的结构尺寸，确定所采用夹紧机构的尺寸。

对于一些关键性工序的重要夹具以及机动夹具（气动、液压、电动等），则需要计算夹紧力，以保证夹紧可靠及确定力源部件的大小。

计算夹紧力时，通常将工件和夹具看作一个刚性系统，以简化计算。用切削原理的公式算出切削力，根据工件在切削力、夹紧力、重力、惯性力作用下的静力平衡方程式，算出理论夹紧力，再乘以安全系数 K，作为所需的实际夹紧力。K 值在粗加工时取 2.5~3，精加工时取 1.5~2。

【例 3-1】 如图 3-50 所示，工件在 V 形块上定位，进行镗孔。在工件的上母线上施以垂直向下的夹紧力 W，求 W 力的大小。

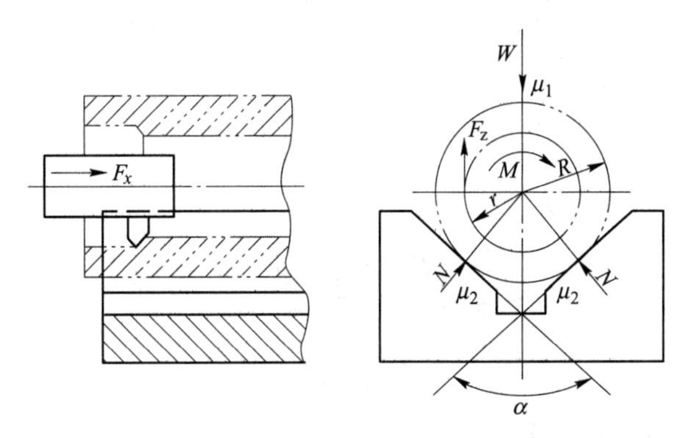

图 3-50 镗孔时 V 形块定位的受力分析

镗孔时，工件受到圆周切削力 F_z 和轴向切削力 F_x 的作用。力 F_z 使工件受到在 V 型块内转动的力矩，而力 F_x 会使工件轴向移动。工件重力相对很小，可忽略不计。

（1）防止工件转动所需夹紧力　圆周切削力产生的切削转矩为 $M = F_z \cdot r$，它由夹紧后夹紧点和定位点产生的摩擦力矩平衡。

设夹紧力为 W，定位表面的支反力为 N，由力的平衡方程：

$$W = F_z + 2N\sin\frac{\alpha}{2}$$

得

$$N = \frac{W - F_z}{2\sin\frac{\alpha}{2}}$$

设夹紧点的摩擦系数为 μ_1，支承点的摩擦系数为 μ_2，由力矩平衡方程：

$$F_z r = W\mu_1 R + 2N\mu_2 R$$

即

$$F_z r = W\mu_1 R + \frac{W\mu_2 R}{\sin\frac{\alpha}{2}} - \frac{F_z\mu_2 R}{\sin\frac{\alpha}{2}}$$

整理得

$$W = \frac{F_z\left(r\sin\frac{\alpha}{2} + R\mu_2\right)}{R\left(\mu_1\sin\frac{\alpha}{2} + \mu_2\right)}$$

考虑安全系数 K，则所需的夹紧力 W_0 为

$$W_0 = K\frac{F_z\left(r\sin\frac{\alpha}{2} + R\mu_2\right)}{R\left(\mu_1\sin\frac{\alpha}{2} + \mu_2\right)}$$

（2）防止工件轴向移动所需的夹紧力

摩擦力与轴向切削力平衡方程：

$$W\mu_1 + 2N\mu_2 = F_x$$

即

$$W\mu_1 + \frac{W - F_z}{\sin\frac{\alpha}{2}}\mu_2 = F_x$$

整理得
$$W = \frac{F_x\sin\frac{\alpha}{2} + F_z\mu_2}{\mu_1\sin\frac{\alpha}{2} + \mu_2}$$

考虑安全系数，则所需夹紧力为

$$W_0 = K\frac{F_x\sin\frac{\alpha}{2} + F_z\mu_2}{\mu_1\sin\frac{\alpha}{2} + \mu_2}$$

比较防转和防移动的上述两个夹紧力，取其较大者作为实际所需的夹紧力。

各接触表面间的摩擦系数μ取决于工件与定位支承面或压板之间的接触情况。当接触表面均为已加工表面时，摩擦系数可按下列数据选取：

支承块表面为光滑面时：μ=0.16~0.25；

支承块表面有与位移方向一致的沟槽时：μ=0.3；

支承块表面有与位移方向垂直的沟槽时：μ=0.4；

支承块表面有交错的网状沟槽时：μ=0.7~0.8。

3.4.3 基本夹紧机构

基本夹紧机构有斜楔、偏心和螺旋等三种夹紧机构。它们都是利用机械摩擦的斜面自锁原理来夹紧工件。下面分别介绍其夹紧原理、结构特点、夹紧力计算和适用范围。

3.4.3.1 斜楔夹紧机构

A 夹紧原理

图 3-51（a）为斜楔夹紧的钻夹具。以外力 Q 将斜楔推入工件和夹具之间后，分力 W 压向工件，分力 N 压向夹具体，而将工件夹紧。因此，斜楔夹紧机构的夹紧原理是利用斜面移动时所产生的压力来夹紧工件，也就是一般所说的楔紧作用。

B 夹紧力计算

斜楔夹紧时的受力情况如图 3-51（b）所示，在外力 Q 的作用下，斜楔受到夹具体对它的反作用力 N 和由此产生的摩擦力 F_2，工件对它的反作用力 W 和由此而产生的摩擦力 F_1。其中 N 和 F_2 的合力为 R_2，并分解为水平分力 R_x 和垂直分力 W；W 和 F_1 的合力为 R_1。由静力平衡条件得：

$$F_1 + R_x = Q$$

而
$$F_1 = W\tan\phi_1,\ R_x = W\tan(\alpha + \phi_2)$$

代入上式后，可得斜楔所产生的夹紧力 W 为：

$$W = \frac{Q}{\tan\phi_1 + \tan(\alpha + \phi_2)} \tag{3-27}$$

式中，α 为斜楔升角；ϕ_1 为斜楔与工件的摩擦角；ϕ_2 为斜楔与夹具体的摩擦角。

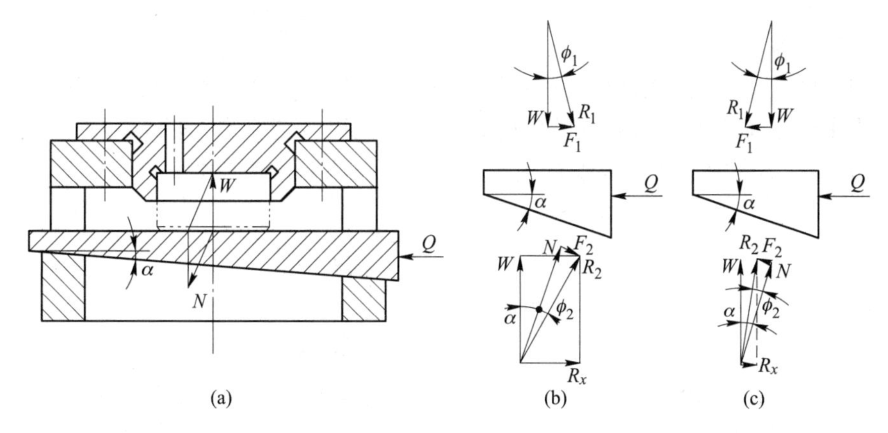

图 3-51　斜楔夹紧及受力分析

C　结构特点

（1）斜楔的自锁条件。如图 3-51（c）所示，斜楔在没有外力 Q 作用时，如果摩擦力 F_1 大于或等于水平分力 R_x，就能阻止斜楔松开而实现自锁，所以自锁条件为：

$$F_1 \geqslant R_x$$

即
$$W\tan\phi_1 \geqslant W\tan(\alpha - \phi_2)$$

故
$$\alpha \leqslant \phi_1 + \phi_2 \tag{3-28}$$

一般钢铁件接触面的摩擦系数 $\mu = \tan\phi = 0.1 \sim 0.15$，即 $\phi_1 = \phi_2 = \phi = 5°43' \sim 8°32'$，则 $\alpha \leqslant 11° \sim 17°$。为了可靠取 $\alpha = 6°$，这时 $\tan 6° \approx 0.1 = \frac{1}{10}$，因此常用 1∶10 的斜楔。

（2）斜楔可改变作用力的方向。由图 3-51（a）可以看出，当外加一作用力 Q 后，斜楔产生与 Q 相垂直的夹紧力 W。

（3）斜楔具有增力作用。夹紧力 W 与外力 Q 之比称为扩力比（或增力倍数）i_p，

$$i_p = \frac{W}{Q} = \frac{1}{\tan\phi_1 + \tan(\alpha + \phi_2)} \tag{3-29}$$

当 $\phi_1 = \phi_2 = \phi = 6°$，$\alpha = 8°$ 时，$i_p = 2.8$，即夹紧力 W 为外加作用力 Q 的 2.8 倍。要增大扩力比，需减小斜楔的升角，但升角还与夹紧行程有关。

（4）斜楔的夹紧行程小。工作行程 S_g 与夹紧行程 S_j 之比称为夹紧行程缩小倍数 i_s，

$$i_s = \frac{S_g}{S_j} = \tan\alpha \tag{3-30}$$

若不计摩擦力，夹紧力的增力倍数和夹紧行程的缩小倍数正好相等，即：

$$i_p = \frac{1}{\tan\alpha} = \frac{S_g}{S_j} = i_s$$

因此，在选择斜楔升角时，必须同时考虑夹紧力增大、行程缩小以及自锁性能三方面的问题。如果要求斜楔有较大的夹紧行程、增力作用和较好的自锁性能，可采用具有双升角的斜楔。其大升角用于增大夹紧行程，使机构迅速趋近工件，小升角用于增力和保证自锁。

D 适用范围

手动的斜楔夹紧机构，结构简单，但夹紧操作费时、费力、不方便，故很少应用。斜楔夹紧机构主要用于机动夹紧装置的中间传力机构，以改变夹紧力的方向和起增力作用，如图 3-52 之例。例中因不依靠斜楔自锁，升角 α 可增大到 15°~30°。

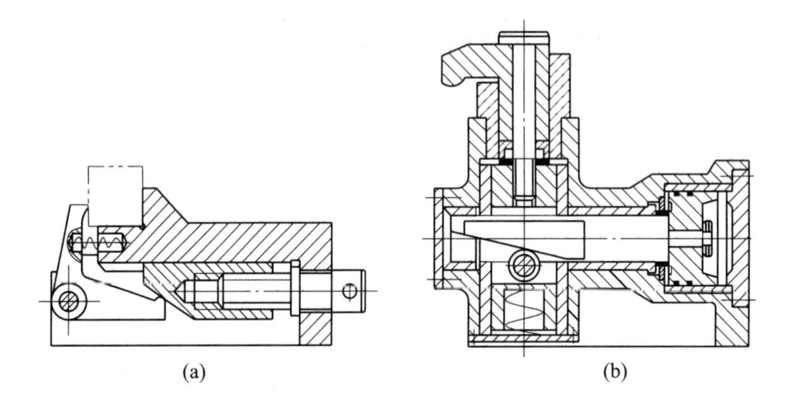

图 3-52 斜楔用作中间传力机构

3.4.3.2 偏心夹紧机构

偏心夹紧机构是利用偏心件直接夹紧工件，或与其他元件组成组合夹紧机构来夹紧工件。偏心件有圆偏心和曲线偏心两种类型。曲线偏心是采用阿基米德螺旋线或对数螺旋线作为轮廓曲线的凸轮，它们有升角变化均匀等优点，但制造困难，因而用的较少。圆偏心则因结构简单、制造容易，因而得到广泛应用。下面只介绍圆偏心夹紧机构。

A 夹紧原理

图 3-53（a）是一种圆偏心夹紧机构。直径为 D 的圆盘装在一个偏置的销轴上，就成了圆偏心。轴心 O 与圆盘几何中心 O_1 之间的距离 e 称为圆偏心的偏心距。向下摆动手柄，即可使圆偏心绕固定的销轴转动，外圆逐渐接近并最终夹紧工件。由图 3-53（a）可知，圆偏心相当于以 O 为圆心的直径 mk 的圆柱上围着的一个弧形斜楔（图中阴影部分）。圆偏心夹紧工件的过程就是这个弧形斜楔楔紧工件的过程。

B 夹紧力计算

由于圆偏心夹紧机构实际上是斜楔夹紧机构的一种转化形式，因此，在计算夹紧力时，可以把它的工作情况看作是楔在销轴和工件之间的一个假想斜楔。因为斜楔升角最大时，所产生的夹紧力最小，因此只需计算在 p 点夹紧时的夹紧力。

如图 3-54 所示，偏心在 p 点夹紧，假想斜楔的升角为 α_p，手柄上作用着原始力矩 $M=$

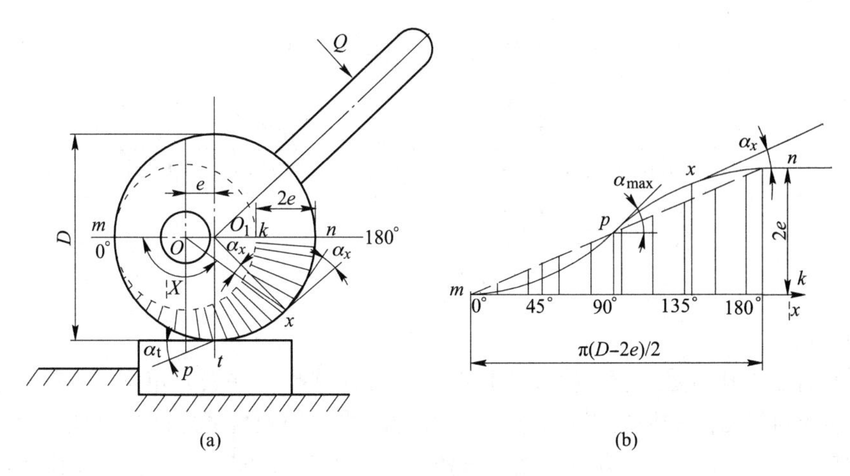

图 3-53　圆偏心的轮廓及作用原理

QL，相当于在斜楔上施加了一个过 p 点的力 Q'，由力矩关系得：

$$Q'\rho = QL$$

$$Q' = \frac{QL}{\rho}$$

ρ 为 p 点的回转半径，由于 p 点为升角最大的点，其回转半径与 OO_1 连心线垂直，故

$$\rho = \frac{D}{2}\cos\alpha_p$$

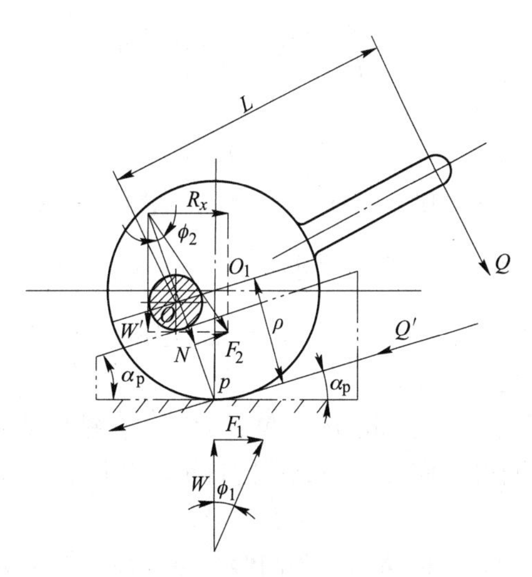

图 3-54　圆偏心的夹紧力

假想斜楔上除 Q'外，还受到来自工件的反力 W 及其摩擦力 F_1（摩擦角为 ϕ_1）、销轴的支反力 N 及其摩擦力 F_2（摩擦角为 ϕ_2）。

由于 α_p很小，忽略 Q'的垂直分力 $Q'\sin\alpha_p$，以简化计算。这样，销轴反力 N 及其摩擦力 F_2的合力的垂直分力 W'与工件支反力 W 相平衡，即 $W' \approx W$，而其合力的水平分力为

$$R_x = W'\tan(\alpha_p + \phi_2) \approx W\tan(\alpha_p + \phi_2)$$

于是，各水平分力的平衡条件为

$$W\tan\phi_1 + W\tan(\alpha_p + \phi_2) = Q'\cos\alpha_p$$

夹紧力为

$$W = \frac{Q'\cos\alpha_p}{\tan\phi_1 + \tan(\alpha_p + \phi_2)} = \frac{QL\cos\alpha_p}{\rho[\tan\phi_1 + \tan(\alpha_p + \phi_2)]}$$

$$= \frac{QL}{\frac{D}{2}[\tan\phi_1 + \tan(\alpha_p + \phi_2)]} \tag{3-31}$$

C　结构特点

（1）圆偏心的升角是变值。夹紧工件时圆偏心外圆与工件表面相切，从接触点至回转中心 O 作连线为接触点的回转半径，回转半径的法线与外圆切线之间的夹角就是该接触点的升角。如图 3-53（a）中任意点 x 处的升角为 α_x。以图 3-53（a）中的弧长 mk 为底边，Ox 方向的楔厚为高作图，就得到图 3-53（b）所示的展开曲线，曲线上各点切线与水平线的夹角即为该点的升角。显然各点的升角不是常数，而是与夹紧点的位置（即夹角 φ）有关的变值。

任意点 x 处的升角可由图 3-53（a）的 ΔxOO_1 求得，由正弦定理：

$$\frac{\sin\alpha_x}{e} = \frac{\sin(\pi - \varphi)}{D/2}$$

式中，φ 为回转半径与 OO_1 中心连线的夹角。

因此

$$\sin\alpha_x = \frac{2e}{D}\sin(\pi - \varphi) = \frac{2e}{D}\sin\varphi \tag{3-32}$$

$$\alpha_x = \arcsin\left(\frac{2e}{D}\sin\varphi\right) \tag{3-33}$$

转角 φ 的变化范围为 0°～180°。$\varphi=0°$时，即 m 点处，$\alpha_m=0$；随着转角 φ 逐渐增大，升角增大，当 $\varphi=90°$时，即 p 点，升角达最大值，$\alpha_p=\alpha_{max}=\arcsin\frac{2e}{D}$；继续转动圆偏心，升角逐渐减小，当转到 n 点时，$\varphi=180°$，$\alpha_n=0$。从图 3-53（b）中还可以看出，p 点附近的曲线接近直线，升角变化较小。

（2）圆偏心的自锁条件。当圆偏心的升角最大时，自锁性能最差。圆偏心的升角在 p 点最大，如果在 p 点能够自锁，则在其他点也能自锁。把偏心看作斜楔，其自锁条件为：

$$\alpha_p \leqslant \phi_1 + \phi_2 \tag{3-34}$$

式中，ϕ_1 为圆偏心与工件间的摩擦角；ϕ_2 为圆偏心与销轴间的摩擦角。

为安全起见，不考虑转轴处的摩擦，则：

$$\alpha_p \leqslant \phi_1$$

$$\tan\alpha_p \leqslant \tan\phi_1$$

由于 α_p为小角度，故可取：

$$\tan\alpha_p \approx \sin\alpha_p = \frac{2e}{D}$$

而

$$\tan\phi_1 = \mu_1$$

故自锁条件为

$$\frac{2e}{D} \leqslant \mu_1 \tag{3-35}$$

式中，μ_1 为圆偏心与工件间的摩擦系数。当 $\mu_1 = 0.1$ 时，$\frac{D}{e} \geqslant 20$；当 $\mu_1 = 0.15$ 时，$\frac{D}{e} \geqslant 14$。

$\frac{D}{e}$ 之值称为圆偏心的特性参数。此值大，自锁性能可靠，但同样的偏心距时其结构尺寸也大。

（3）偏心轮是增力机构，其增力系数

$$i_p = \frac{W}{Q} = \frac{L}{\frac{D}{2}[\tan\phi_1 + \tan(\alpha_p + \phi_2)]} \tag{3-36}$$

圆偏心轮的结构已经标准化，设计时可参考有关的手册和资料。

D　圆偏心的适用范围

（1）由于圆偏心的夹紧力小，自锁性能又不是很好，所以只适用于切削负荷不大、切削振动较小、切削力不大的场合。

（2）为满足自锁条件，其夹紧行程也受到相应限制，仅适用于夹紧行程较小的情况。

（3）一般很少直接用于夹紧工件，大多是与其他夹紧机构联合使用。如图 3-55 所示。

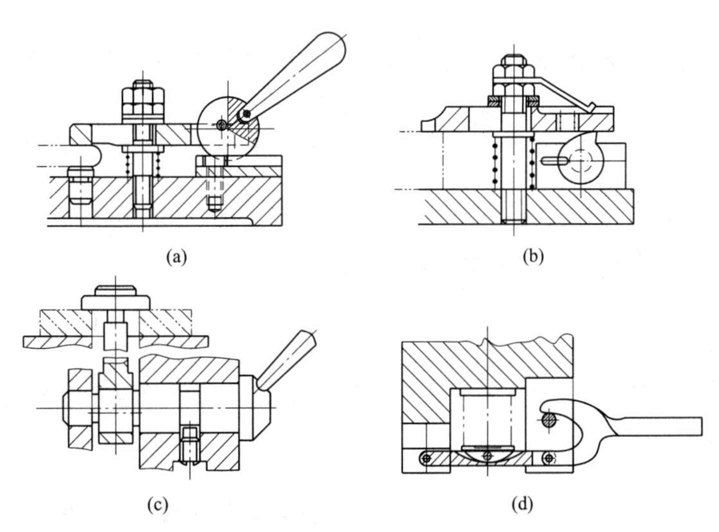

图 3-55　圆偏心组合夹紧机构

3.4.3.3　螺旋夹紧机构

螺旋夹紧机构是利用螺旋（螺钉或螺母）直接夹紧工件，或与其他元件组成组合夹紧机构来夹紧工件。

A　夹紧原理

可以把螺旋看作绕在圆柱体上的斜面，展开后就相当于一个斜楔。因此，其夹紧原理与斜楔一样。通过转动螺旋，使绕在圆柱上的斜面位置变化，而将工件夹紧。

B 结构特点

图 3-56（a）为最简单的螺旋夹紧机构。直接用螺钉头部压紧工件表面。图 3-56（b）是典型的螺旋夹紧结构。下端带有摆动压块 4，以增加与工件的接触面积，又不破坏工件的定位。

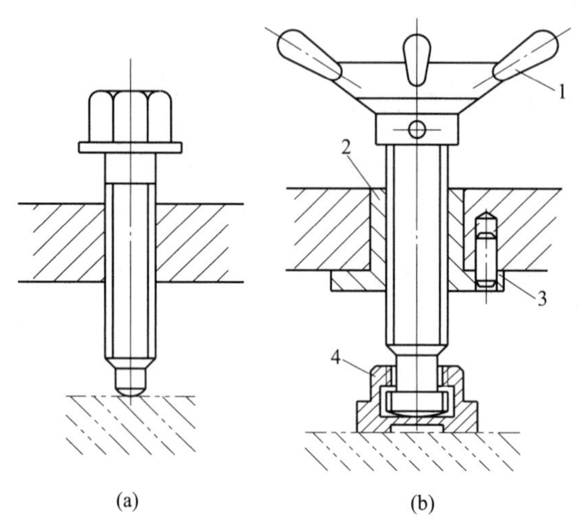

图 3-56 简单的螺旋夹紧机构

1—手柄；2—衬套；3—防转销；4—压块

需要指出，夹具的夹紧螺钉不同于一般机器上的紧固螺钉。因为夹紧螺钉使用频繁，要用 45 号钢制造，热处理硬度 HRC30~35；为防止扳手打滑，图 3-56（a）的螺钉要用加高的六角头，高度 $H = 1.5d$（d 为螺纹直径）。螺旋夹紧机构的元件都已经标准化，设计时可参阅有关夹具设计手册选用。

螺旋夹紧机构中，一般螺旋升角 $\alpha \leqslant 4°$，自锁性能好，能耐振动。夹紧行程只与螺钉长度有关，能在结构紧凑的前提下增大夹紧行程。

C 夹紧力计算

螺旋夹紧时，螺杆的受力情况如图 3-57（a）所示。螺杆上受到的力矩为：施加的外力矩 $M = QL$，工件对螺杆下端部的摩擦阻力矩 M_1，以及螺母对螺杆的摩擦阻力矩 M_2。按力矩平衡关系有：

$$M = M_1 + M_2$$

由于可以把螺旋看作绕在圆柱上的斜楔，因此将螺栓沿螺纹中径展开，就相当于作用在工件与螺母之间的一个斜楔，如图 3-57（b）所示。由图中各水平分力的关系可知：

$$M_1 = F_1 r' = W\tan\phi_1 r'$$

$$M_2 = R_x \frac{d_0}{2} = W\tan(\alpha + \phi_2') \frac{d_0}{2}$$

代入力矩平衡方程 $M = M_1 + M_2$ 并整理得

$$W = \frac{QL}{r'\tan\phi_1 + \frac{d_0}{2}\tan(\alpha + \phi_2')} \tag{3-37}$$

式中，W 为夹紧力；Q 为外作用力；L 为作用力臂；d_0为螺旋中径；α 为螺旋升角 ϕ_1 为螺旋端部与工件（或压块）的摩擦角；ϕ_2' 为螺旋副间的当量摩擦角；r' 为螺杆端部与工件（或压块）的当量摩擦半径。

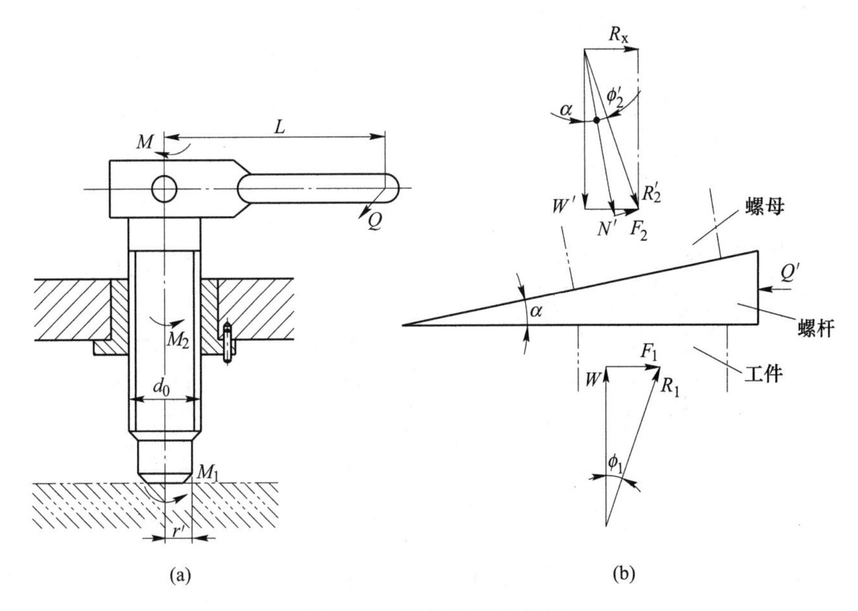

图 3-57 螺旋夹紧力分析

对于方牙螺纹，$\phi_2' = \phi_2$；梯形螺纹，$\phi_2' = \text{arccot}(1.03\tan\phi_2)$；三角螺纹，$\phi_2' = \text{arccot}(1.15\tan\phi_2)$。其中 ϕ_2 为螺旋副间的摩擦角。

当量摩擦半径 r'与端面的接触情况有关，可按表 3-3 选取。

表 3-3 螺杆端部的当量摩擦半径

形式	1	2	3	4
	点接触	平面接触	圆周线接触	圆环面接触
简图		d_0	R β_1	D_0 D
r'	0	$\frac{1}{3}d_0$	$R\cot\frac{\beta_1}{2}$	$\frac{1}{3}\frac{D^3-D_0^3}{D^2-D_0^2}$

D 适用范围

螺旋夹紧机构结构简单、制造容易、夹紧可靠、增力比大、夹紧行程不受限制，所以在手动夹紧装置中得到广泛应用。螺旋夹紧机构的主要缺点是夹紧动作缓慢，为此出现了各种快速动作的螺旋夹紧机构，如图 3-58 所示。

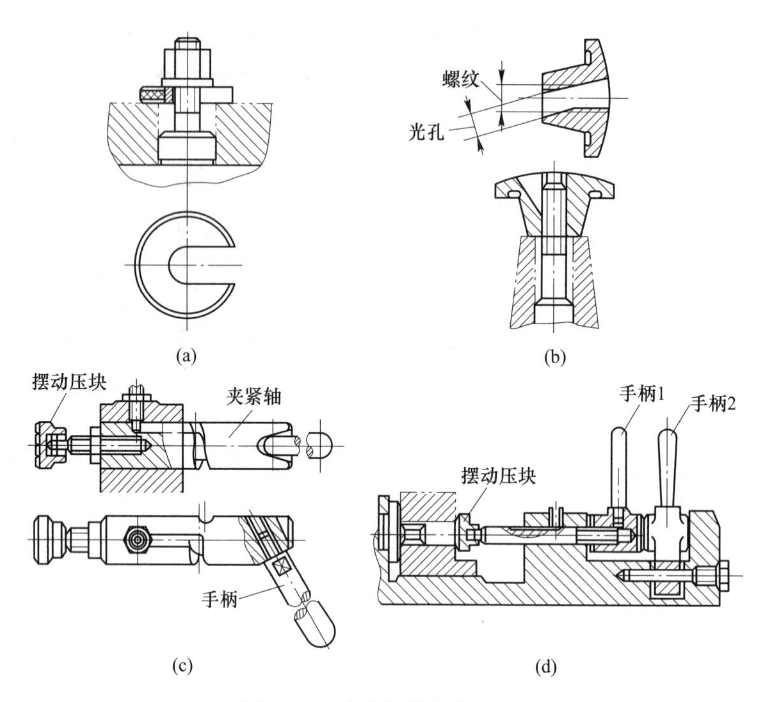

图 3-58 快速螺旋夹紧机构

为使夹紧机构的夹紧点与施力点都有最合适的位置，以及便于装卸工件，常将螺旋与压板组成组合夹紧机构。图 3-59 所示为三种典型的螺旋压板夹紧机构。在同样的螺钉轴向力 Q 时，三种结构所产生的夹紧力 W 不同，其值可按杠杆比例求得。

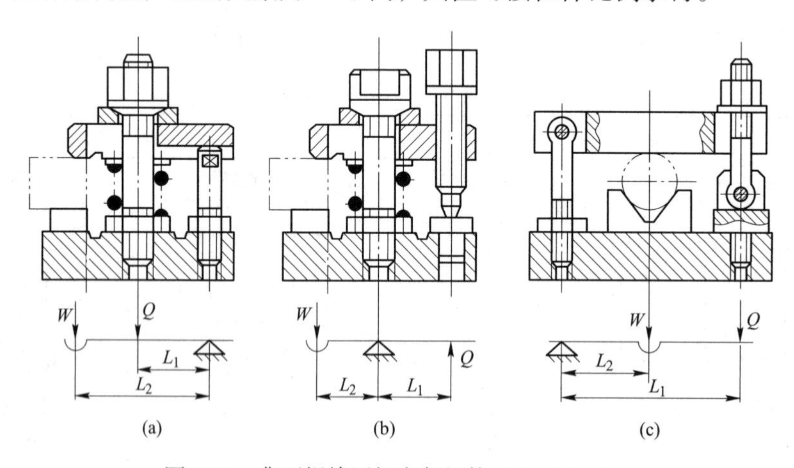

图 3-59 典型螺旋压板夹紧机构（$W=QL_1/L_2$）

（a）当 $L_1=0.5L_2$ 时，$W=0.5Q$；（b）当 $L_1=L_2$ 时，$W=Q$；

（c）当 $L_2=0.5L_1$ 时，$W=2Q$

设计螺旋压板机构时，应注意以下几点：

（1）固定支点的高度应能调整，以适应夹紧表面的高度。

（2）压板的夹紧端及固定支点端部应做成弧面，以保证良好接触；图 3-59（c）中的压板要用摆动压块。

（3）要采用球面垫圈，以保证压板因工件高度差异而倾斜时不会使螺钉弯曲。

（4）采用高螺母，以免扳手打滑。

（5）压板用弹簧托起，并开有长孔，以便装卸时能迅速方便的进入和退出。图 3-59（c）为铰链压板，翻起压板装卸工件，翻开压板后应有翻转过头和自动落下的斜面或相应结构；大型的铰链压板左端应设平衡块，使翻起省力。

要求结构紧促时，还可以用螺旋钩形压板，其机构见《夹具设计手册》。

以上各种螺旋压板夹紧机构均有标准结构可供选用。

3.5　夹具的对定及其他组成部分

3.5.1　夹具在机床上的对定和装置

为了保证加工工件相对刀具及机床切削运动有一个正确的位置，必须使夹具本身在机床上有正确的位置。使夹具的定位面相对于刀具和切削运动在机床上占有正确位置的过程称为夹具的对定。包括三方面内容：夹具的定位，即夹具对切削成型运动的定位；夹具的对刀，指夹具对刀具的对准；分度和转位定位，这方面只有对分度和转位夹具才考虑。

图 3-60 为铣键槽夹具定位简图。为保证工件键槽在垂直平面及水平面内与其轴线平行，就必须使 V 形块中心与进给运动轨迹（铣床工作台的纵向走刀运动）平行。为此，在夹具上必须保证在垂直平面内，V 形块中心对夹具底平面平行；在水平面内还要保证 V 形块中心对两个定位键 1 的侧平面 B 平行。安装夹具时，利用底平面和定位键 1 与机床工作台面和 T 型槽相连接、配合来实现夹具的对定。

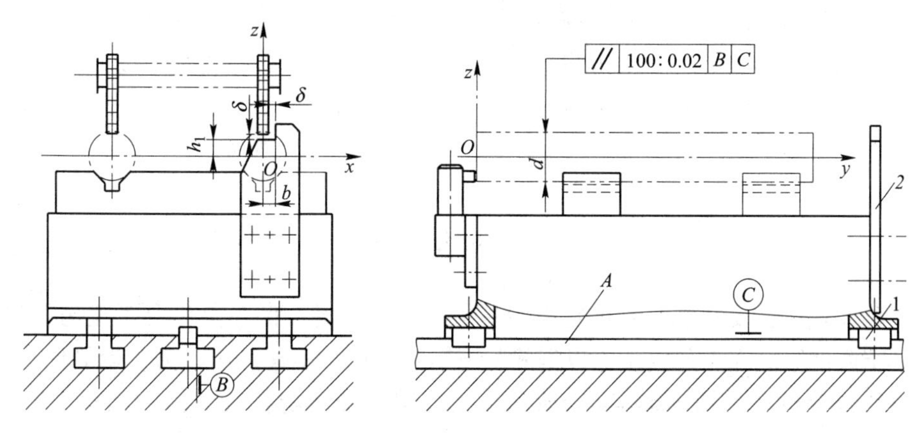

图 3-60　夹具的定位

1—定向键；2—对刀块

根据机床的结构，夹具在机床上最常用的安装方式有两种：（1）夹具安装在铣床、刨床、钻床、镗床、平面磨床等机床的工作台上；（2）夹具安装在车床、内外圆磨床等机床的回转主轴上。

夹具以底平面在机床工作台上安装时，为了使接触情况良好，应采用周边接触（图

3-61（a））、两端接触（图 3-61（b））或四角接触（图 3-61（c））等方式，并须对夹具底面进行磨削或刮研。除底面定位外，某些夹具还以定位键和机床工作台的 T 型槽配合进行定向。每个夹具一般设置两个定位键。定位键有两种结构形式如图 3-62（a）所示，有 A 型和 B 型两种，其上部与夹具体底面上的槽相配合，并用螺钉紧固在夹具体上。一般随夹具一起搬运而不拆下。为了提高定位精度，定位键与 T 形槽应有良好的配合（一般采用 H8/h8 或 H7/h6），必要时可选用 B 型定位键，其与 T 型槽配合的尺寸 B_1 留有 0.5mm 磨量，可按机床工作台 T 型槽实际宽度 b 配作，极限偏差取 h6 或 h8。图 3-62（b）是与定位键相配合零件的尺寸。

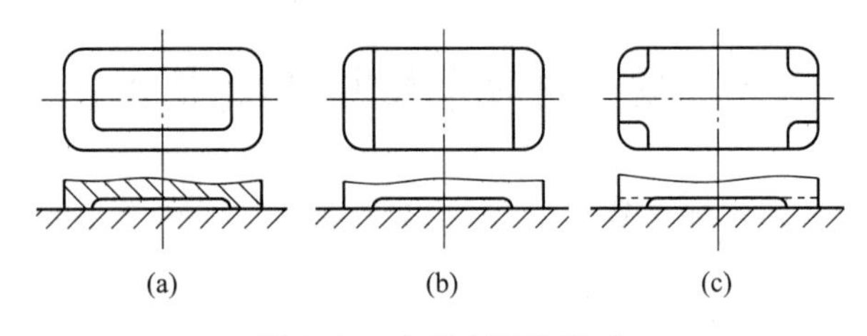

图 3-61　夹具底面的形式

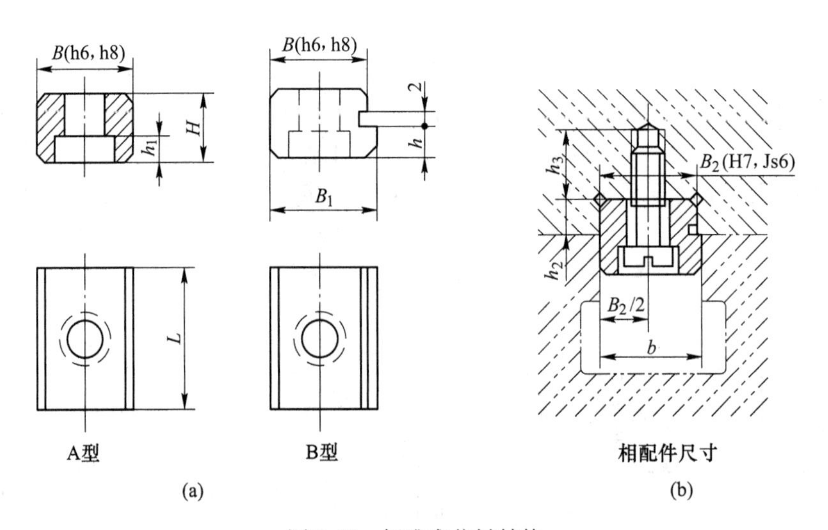

图 3-62　标准定位键结构

另一种方式是在安装夹具时把它推向一边，使定位键一侧和工作台 T 型槽侧面贴紧，并将夹具牢固地紧固在工作台上，以消除间隙影响。在小型夹具中，为制造简便，可用圆柱定位销代替定位键。图 3-63（a）所示为圆柱销直接装配在夹具体的圆孔中（过盈配合）。图 3-63（b）、（c）为阶梯形圆柱销及其连接形式。其螺纹孔是供取出定位销用的。定位键的结构尺寸已标准化。为提高定向精度，在允许的范围内尽量增大夹具上两个定位键间的距离，安装时应装在机床上精度高的 T 型槽内。

夹具在机床主轴上的连接定位方式，取决于主轴端部结构。图 3-64 所示为常见的几种连接定位方式。图 3-64（a）为夹具以长锥柄安装在主轴锥孔内，锥柄一般为莫氏锥度或公制 1∶20 锥度，根据需要可用拉杆从主轴尾部将夹具拉紧。这种对定方法迅速、方便、没有定位间隙，定位精度高，但刚度较低，只适宜用作轻型切削的小型夹具，如车床

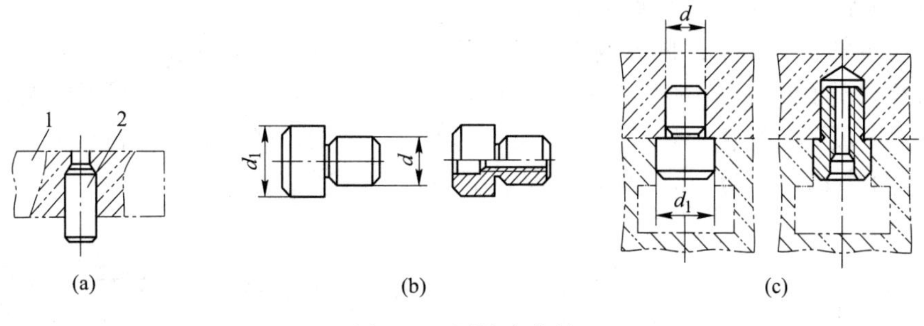

图 3-63 圆柱定位销

可涨芯轴、磨床芯轴。图 3-64（b）中夹具是以端面 B 和圆柱孔 D 在机床主轴的小肩面和圆柱表面上对定，螺纹 M 作紧固用，两只压板 2 将夹具 1 紧固在主轴上起防松保险作用。夹具与主轴的配合通常采用 H7/h7、H7/js6 等配合。图 3-64（c）中夹具是以短圆锥面 K 和端面 B 定位，由于没有间隙，定位精度较高，并且连接刚度也比长锥柄好，但是夹具制造时要保证短圆锥面和大平面同时和主轴的锥面与台肩面紧密接触，难度较高，制造困难。

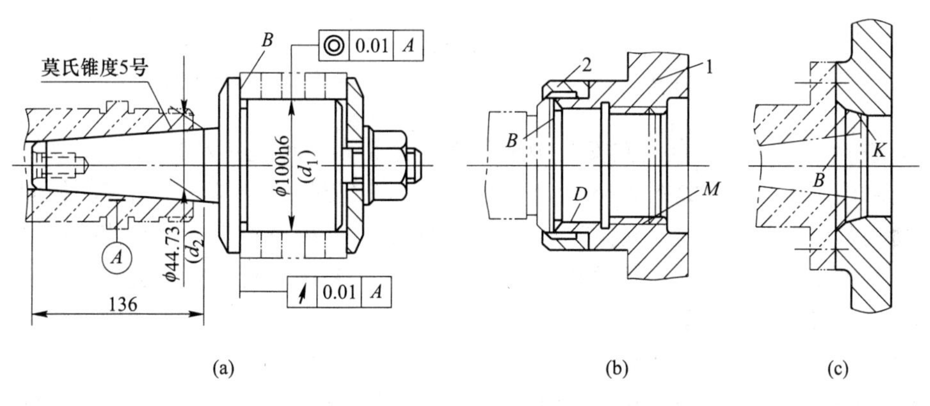

图 3-64 夹具在机床主轴上的连接定位方式

3.5.2 导向和对刀元件

导向和对刀元件是夹具上用来决定刀具加工位置的元件。导向元件有钻、镗床夹具用的钻套和镗套；对刀元件是指铣、刨床夹具上的对刀块。以下分别主要介绍钻套和对刀块。

3.5.2.1 钻套

钻床夹具上用于引导钻头、锪孔钻、铰刀的导套统称为钻套。钻套不仅决定刀具的位置，保证加工孔的位置精度，而且可以减少刀具的振摆和引偏，提高孔本身的加工质量。

按其结构和使用特点，可分为以下四种，可根据使用要求选用。钻套的使用寿命一般为 10000~20000 次。

（1）固定钻套。如果工件孔只需用一把刀具加工，而且工件的生产批量不大，在夹具的使用期限内不需因磨损而更换钻套，则可使用固定钻套（见图 3-65（a）或（b），固定钻套用过盈配合 H7/n6 压入钻模板孔内。

（2）可换钻套。如果工件孔虽用一把刀具加工，但工件生产批量大，在夹具使用期限内需要更换磨损了的钻套，则应使用可换钻套，如图 3-65（c）所示。可换钻套的外面是一个压入钻模板孔的衬套，衬套与钻模板孔的配合仍为 H7/n6，钻套与衬套的配合为较松的过渡配合 H7/m6 或 H7/k6，拧出止动螺钉，即可更换钻套。

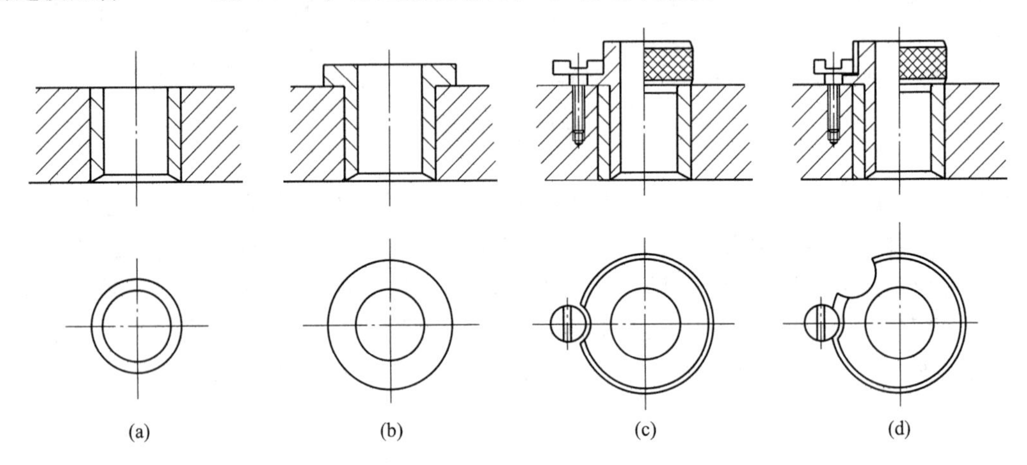

图 3-65　标准钻套的种类

（a）无台肩固定钻套；（b）有台肩固定钻套；（c）可换钻套；（d）快换钻套

（3）快换钻套。如果在一次安装中要依次使用钻头、锪孔钻和铰刀等几把刀具加工孔，则应采用快换钻套，如图 3-65（d）所示。快换钻套的配合与可换钻套的相同，只是快换钻套的台肩上开有缺口，更换时不必拧止动螺钉，只要稍微旋转钻套使缺口对着止动螺钉，即可迅速更换钻套。快换钻套的缺口方向要与刀具的旋转方向相适应，使加工时不会因刀具的旋转而带出钻套。

以上钻套结构均有国家标准。

（4）特殊钻套。对于钻削陷入的孔，斜面上的孔及相距很近的孔，可设计各种特殊结构的钻套，如图 3-66 所示。

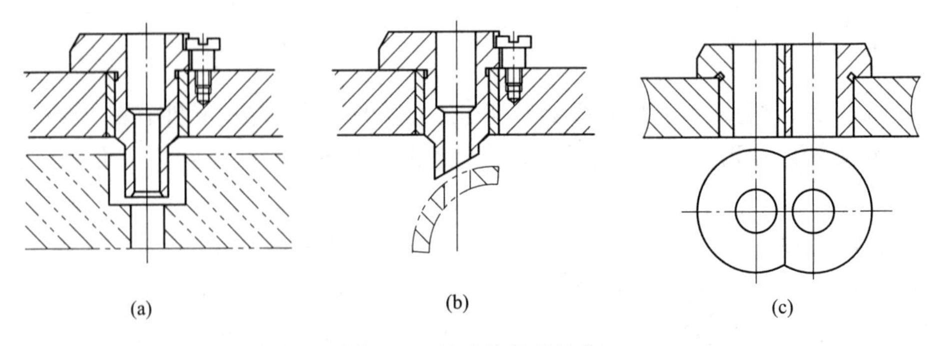

图 3-66　特殊结构的钻套

在选用标准结构的钻套时，需要由设计者决定的只是钻套导引孔的尺寸与公差带，其余结构尺寸和加工要求标准中已作了规定。钻套导引孔的尺寸及公差可按下述原则确定：

钻套孔与刀具之间，应保证有一定的间隙，以防两者卡住或咬死，所以一般应把刀具的最大尺寸（可由刀具标准查得）作为钻套孔的基本尺寸，再从基轴制间隙配合中选取钻套孔的公差带。钻孔和锪孔时用 F7，粗铰时用 G7，精铰时用 G6。当用 GB 1132—1973 或 GB 1133—1973 的标准铰刀铰 H7 或 H9 孔时，直接按孔的基本尺寸，分别选用 F7 或 E7 作为钻套孔的基本尺寸与公差带。

如果钻套导引的不是刀具的切削部分，而是刀具的导柱部分，如图 3-67 所示，应取配合 H7/f6、H7/g6、H6/g5。

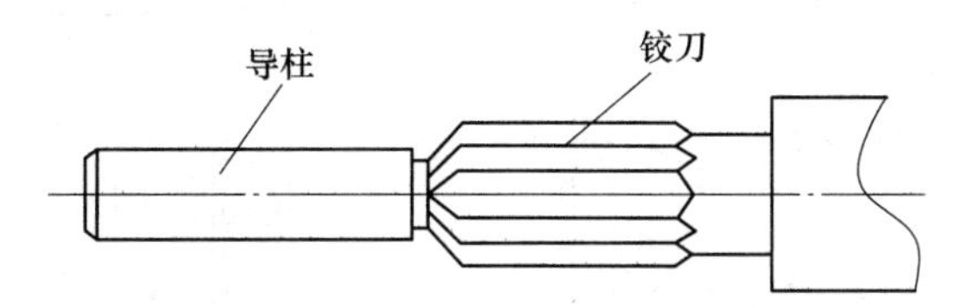

图 3-67　带导柱的孔加工刀具

钻套与加工表面间，应留有一定空隙 h 以便排屑，如图 3-68 所示。

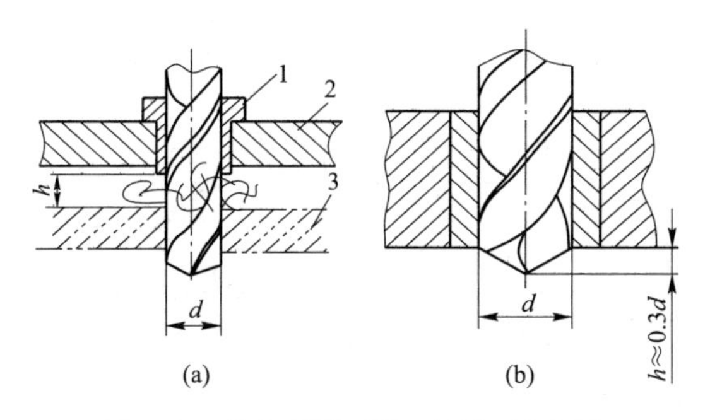

图 3-68　钻套下端面距工件端面的间隙

1—钻套；2—钻模板；3—工件

加工铸铁等脆性材料时，$h=(0.3\sim0.6)d$；

加工钢等韧性材料时，$h=(0.7\sim1.5)d$；

材料硬、加工浅孔以及要求位置精度高时取小值。反之，取大值。

如果孔的位置精度高要求取小的间隙，而与排屑要求发生矛盾时，可取 $h=0$，切屑由钻头螺旋槽排出。但这时钻套磨损严重。

3.5.2.2　对刀块

图 3-69 为铣床夹具对刀块的几种形式。为避免刀刃和对刀块直接接触碰伤刀刃和对刀块工作表面，两者之间留有规定尺寸的空隙，并用该规定尺寸的塞尺或厚薄规检查。根据塞尺插入的松紧程度可以觉察调整是否正确。塞尺厚度由设计决定，对平面塞尺，有1~5mm 五种规格，对圆柱塞尺，直径 d 有 3mm 和 5mm 两种规格。塞尺尺寸应按公差标准 h6 制造。在设计夹具时，须将对刀块工作表面低于工件的待加工表面，并注明塞尺的尺寸。

对刀块及塞尺常用 T7A 钢制造，淬硬 HRC55~60，并经磨削加工。

对刀块和塞尺也有标准可供选用。

用对刀块和塞尺调整刀具位置，迅速方便，可达 IT8 加工精度。如要求加工精度更高，或没有适当位置安放对刀块，可用试切法调整刀具位置。

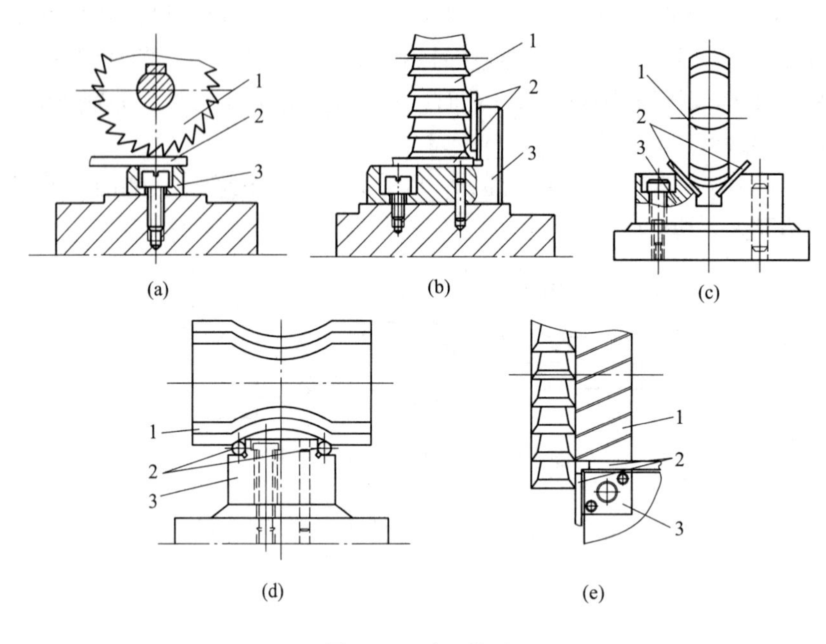

图 3-69 对刀装置

1—刀具；2—塞尺；3—刀块

3.5.3 分度装置

3.5.3.1 分度装置及其组成

一次安装中需要加工不同方向上的几个表面，或加工按一定角度或距离分布的几个表面，需要工件在夹具中占有不同的工位时，可使用分度装置。分度有直线位移分度和转位分度两种，它们的基本原理是相同的。直线分度如在立式钻床上钻削一排孔、铣床铣齿条等；转位分度如钻削分布在同一圆周上的孔，从不同方向钻孔、镗孔、铣削等。

要进行分度可将工件或专用夹具装在通用的标准回转工作台上，也可自行设计专用的分度夹具。

图 3-70 为一专用钻孔分度夹具，用于在扇形工件上加工五个不同方向的孔。该夹具由三部分组成：工件的定位夹紧装置、刀具导向装置和夹具的分度装置。工件以短圆柱凸台和平面在转轴 2 的孔及分度板 3 的平面上定位，以小孔在菱形销 5 上周向定位，由两个压板 8 夹紧。工件的全部定位夹紧元件都装在夹具的转动部分上。

夹具的分度装置包括：转动部分分度板 3 和转轴 2，它在夹具体 1 的衬套中转动；转动部分的锁紧装置手柄 9；对定装置的对定销 6 和分度板 3 上的五个孔座；对定销的拔销机构手柄 7。分度时先松开手柄 9，用手柄 7 拔出对定销，转动分度板，当下一个孔座对准对定销时，弹簧力使销子插入孔座，用手柄 9 锁紧，即完成一次分度。

由此例可知，分度装置一般由回转副、对定装置（分度板与对定销）、拔销机构与锁紧装置四部分组成。切削力小的钻床夹具可以没有锁紧装置，机械化分度装置还有传动机构和动力源。各个部分都可以有各式各样的结构。

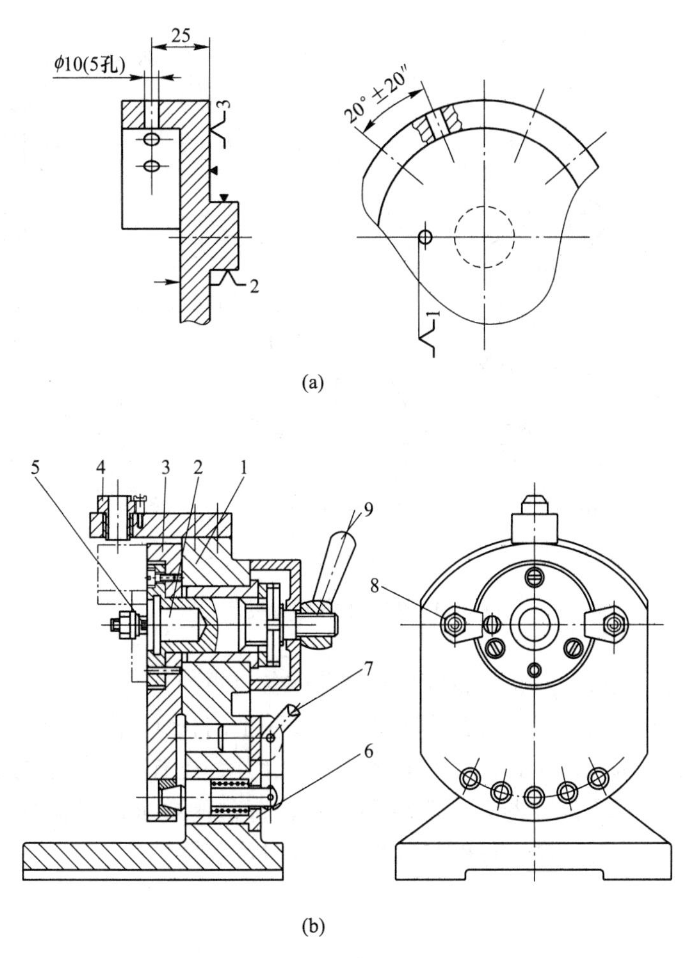

图 3-70 钻孔用分度夹具

1—夹具体；2—转轴；3—分度板；4—钻套；5—菱形销；
6—对定销；7—手柄；8—压板；9—手柄

分度装置的上述四个部分中，直接影响分度精度的是对定装置的机构。

3.5.3.2 分度对定装置

按分度板和对定销的相互位置的配置情况，分度装置可分为轴向分度和径向分度两类，如图 3-71 所示。

轴向分度时，对定是沿着与分度板回转轴线相平行的方向进行的，见图 3-71（a）~（c）。径向分度时，对定是沿着分度板的径向进行的，见图 3-71（d）~（f）。

显然，当分度盘的直径相同时，如果分度板上的分度孔（或分度槽）距回转轴线越远，则由对定副间的配合间隙等所引起的转角误差越小。因此，径向分度比轴向分度的精度高，这是目前常见的高精度分度装置往往采用径向分度方式的一个原因。但是轴向分度装置径向尺寸小，结构紧凑，对定装置被分度板覆盖，不易落入污物，因而也有广泛的应用。

对定副有各种不同的结构，经常使用的有以下几种：

如图 3-71（a）~（f）依次为钢球对定、圆柱销对定、圆锥销对定、双斜面楔定位、单

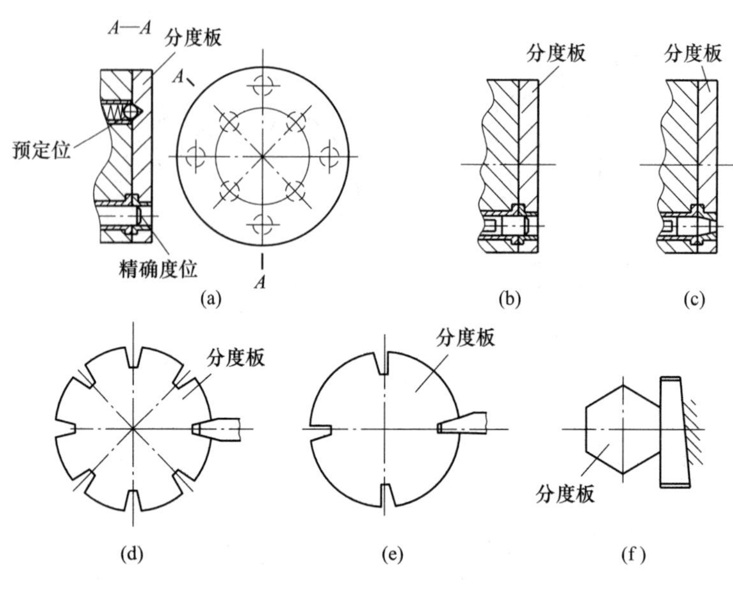

图 3-71 常见的各种分度装置

斜面楔对定、多面体定位。对定的精度和适用范围各自不同。

以上介绍的各种分度装置，其分度精度受分度板上的孔（或槽）距制造精度及对定副间配合间隙的限制，都难以达到很高的分度精度。此外，还有一些精密的分度手段，如光栅分度、电磁分度、感应同步器等，但对环境有较苛刻的要求，不宜在一般生产车间使用。一般可用于生产车间的精密分度装置是端齿盘分度装置。

3.5.4 夹具体

夹具体是整个夹具的基体和骨架。在它上面要安装定位元件、夹紧装置、刀具导引或对刀装置及其他的一切元件和机构，并通过它把夹具安装在机床上。夹具上各个元件的布置方式、夹具所在的机床及在机床上的安装方式，就基本上决定了夹具体的形状和尺寸大小。对夹具体的设计，除考虑各个元件的布置及在机床上如何安装以外，还应考虑以下一些基本要求：

（1）足够的强度和刚度。保证工作时在夹紧力、切削力、重力和惯性力的作用下，不致产生不允许的变形和振动。特别在断续切削（如铣削）和有冲击载荷时更应注意。为了不过分增加壁厚，在刚度不足处可设置一些加强筋。

（2）结构紧凑，形状简单，同时要有足够的空间位置，使其他夹具元件安装方便，易于更换磨损元件，以及装卸工件方便，清除切屑方便，对于加工中使用冷却润滑液，应考虑液体的流向和回收。

（3）在机床上的安装稳定、可靠、安全。夹具的重心和切削力的作用点，最好落在夹具的底平面内，夹具越高，其底平面应越大；夹具底平面的中间部分应挖空，不与机床工作台接触，以保证周边接触良好和稳定，也可减少夹具底平面的加工量。工作时旋转的夹具（如车床夹具），应考虑转动时的平衡问题，最好没有凸出部分或装上安全罩。

（4）在满足强度、刚度要求的前提下，尽量减轻夹具体的重量，不重要的部位要挖空以减轻重量，便于搬运装卸。悬臂安装在车床主轴上的夹具，工作时需要用手移动或翻转的钻床夹具，更应注意减轻重量。

（5）足够的精度和尺寸稳定性。夹具体上影响夹具装配后精度的有三类表面：夹具体在机床上的安装基面，安装定位元件的表面，安装对刀或导向装置的表面。这些表面各自的尺寸和形状精度以及它们相互间的位置精度对工件的加工精度有很大的影响，应根据工件的加工精度分析制订这些表面的加工精度。为保证夹具体这些表面的尺寸稳定性，夹具体的毛坯应进行时效处理（对铸体）或退火处理（对焊接件和锻件），以消除内应力。

（6）良好的结构工艺性。夹具体本身便于制造，夹具上的元件便于装配到夹具体上。

夹具体的形状还受毛坯制造方法的影响，夹具体毛坯可用四种方法制造：铸造、焊接、锻造，以及由钢或铸铁的标准件（板件、角铁等）机械装配而成。图 3-72 是用四种方法制造的同一用途的夹具体，图 3-72（a）~（d）分别为铸件、焊接件、组装件、锻件。夹具体毛坯的制造方法应根据夹具体的大小、结构形状及工厂的生产条件选择。

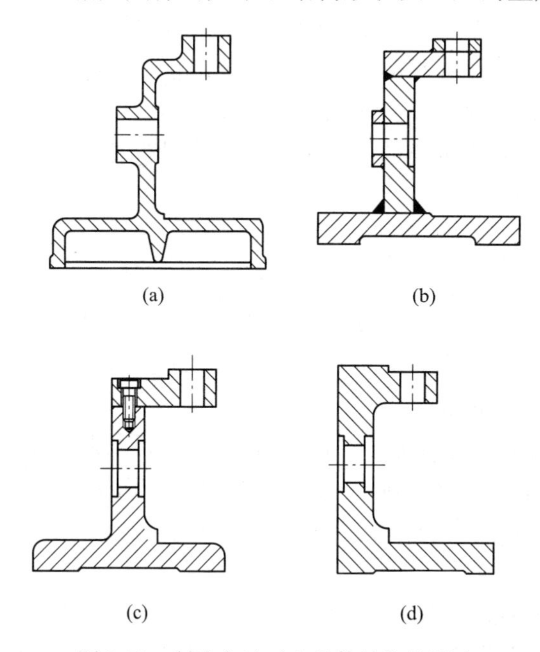

图 3-72 制造方法对夹具体结构的影响

铸造可得到形状复杂、刚性大、重量轻的夹具体。但生产周期长。一般用于精度要求高、结构相对复杂、加工有较大振动的场合；焊接夹具体生产周期短、成本低、重量轻，但焊接质量不易稳定，一般用于新品试制或单件小批生产中的夹具体；锻造夹具体的强度、硬度都比较高，但仅用于形状简单的较小的夹具体，锻造夹具体的加工余量很大。如果工厂的产品经常改变，可预先制好或购备标准件，使用时稍加加工或不加工直接装配成所需的夹具体。

此外，近年来有用环氧树脂制造夹具体。这种塑料的收缩性不大，且易获得型面复杂而精密的制件。制造简单，生产周期大为缩短，而且重量轻和尺寸稳定。但不能承受较大的切削力，价格较贵，使用上受到一定的限制。

3.6 夹具设计的方法和步骤

在生产准备工作中，先由工艺人员编制零件的工艺规程，并提出夹具设计任务书。任务书中规定了加工表面、工序尺寸、定位基准、夹紧方案及有关要求与说明。夹具设计人员根据任务书的要求进行夹具结构设计。所设计的夹具应满足下列基本要求：

(1) 保证设计任务书提出的加工精度要求。

(2) 提高机械加工的劳动生产率。

(3) 操作方便、省力、安全，便于排屑。

(4) 结构的复杂程度应与工件的生产规模相适应，能降低工件的生产成本，取得明显的经济效益。

(5) 良好的结构工艺性，便于夹具本身的加工、装配、检验和维修；尽量选用标准件，降低夹具的制造成本。

夹具设计大体上分为两个阶段。第一阶段，是从调查研究、分析原始资料开始，到完成夹具设计图纸；第二阶段是夹具的制造、装配、调整和试加工，这一阶段，夹具设计人员要参加现场生产服务，解决发现的问题，修改和完善原设计图纸。

夹具设计的第一阶段是很重要的，它是夹具设计制造成败的关键，必须认真对待。第一阶段通常要完成下列工作。

3.6.1 设计前的准备工作

(1) 明确工件的年生产纲领。它是夹具总体方案确定的依据之一，它决定了夹具的复杂程度和自动化程度。如大批量生产时，一般选择机动、多工件、自动化程度高的方案，结构也随着复杂，成本也提高较多。

(2) 熟悉工件零件图和工序图。零件图给出了工件的材料、尺寸、形状和位置、表面粗糙度等精度的总体要求，工序图则给出了夹具所在工序的零件的工序基准、工序尺寸、已加工表面、待加工表面，以及本工序的定位、夹紧原理方案，这是夹具设计的直接依据。

(3) 了解工艺规程中本工序的加工内容，机床、刀具、切削用量、工步安排、工时定额、同时加工零件数。这些是在考虑夹具总体方案、操作、估计夹紧力等方面必不可少的。

3.6.2 夹具结构方案的确定

在调查研究的基础上，最好是拟定几种可能的结构方案，分别绘出方案草图，进行比较，从中选定最合理的方案。

拟定结构方案的主要内容及进行顺序是：

(1) 确定工件的定位方案。根据六点定位原理，确定定位方式，选择定位元件。

(2) 确定刀具的引导方法。设计对刀或导向元件。

(3) 确定夹紧方案。选择适宜的夹紧机构。

(4) 确定其他元件或装置的结构型式（如定向元件、分度机构等）。

(5) 确定夹具体和总体结构。考虑各种装置、元件的联系和布局。

（6）确定尺寸公差和技术条件，并分析所拟定的方案能否保证工件的加工精度。

3.6.3 夹具总图绘制

总装配图应按国家标准尽可能 1∶1 地绘制，这样图样有良好的直观性。主视图应按操作实际位置布置，三视图应能完整清楚地表示出夹具工作原理和结构、各元件之间的相互位置关系和精度要求，以及夹具的外廓尺寸，以供使用和装配夹具时参考。视图可以少于三个，某些部位元件间的连接关系，可用局部视图表示。

绘制总图的步骤是：

（1）把工件视为假想的透明体（即工件轮廓遮不住夹具上的任何线条），用双点划线画出工件轮廓，画出定位基面、夹紧表面和被加工表面，无关表面可以省略；画这些表面的目的是为了据以决定定位元件、夹紧元件和刀具导引元件的位置。被加工表面上的加工余量可用细网纹线或粗红线表示。

（2）画出定位元件和导向元件。

（3）按夹紧状态画出夹紧元件和夹紧机构，必要时可用双点划线画出可动部分处于极限位置时在空间的轮廓。

（4）画出整个夹具结构。围绕工件按顺序逐个地画出定位元件、导向元件、夹紧装置、其他组成部分和夹具体。

（5）标注尺寸、公差配合和技术条件。夹具总图上必须标注的尺寸和公差配合及位置公差有：

1）夹具的总轮廓尺寸，如长、宽、高。当夹具结构中有可动部分时，还应注出可动部分处于极限位置时在空间所占的尺寸。根据这些尺寸，可以校核所设计的夹具是否与机床和刀具发生干涉。

2）夹具与工件、刀具、机床的联系尺寸及公差。①夹具与工件的联系尺寸及公差：常指工件定位基准与定位元件工作表面间的配合尺寸和公差（如定位孔与定位销、心轴等）；②夹具与刀具的联系尺寸及公差：用来确定夹具上对刀、导引元件位置的尺寸。对于铣、刨夹具是指对刀元件与定位元件的位置尺寸和公差，对于钻、镗夹具是指钻（镗）套与定位元件的位置尺寸和公差，钻（镗）套之间的位置尺寸和公差，以及钻（镗）套与刀具导向部分的配合尺寸和公差（或配合代号）；③夹具与机床的联系尺寸及公差：用于确定夹具在机床上正确位置的尺寸及公差。对于车磨床类夹具，主要是指夹具与车磨床类机床主轴端的连接尺寸和公差（或配合代号），对于铣、刨夹具则是指夹具上定向键与机床工作台上的 T 型槽的配合尺寸。标注尺寸时，还常以夹具上的定位元件作为位置尺寸的基准。

3）有关表面间的位置尺寸及公差，包括距离尺寸及公差、平行度及垂直度公差、角度及角度公差，以及影响这些位置精度的有关配合公差。例如，定位面对夹具底平面和定位键的平行度、垂直度；心轴外圆和安装端面对锥柄（装于主轴孔中）或顶尖孔连线同轴度和垂直度；对刀表面或钻套中心到定位元件工作表面的距离尺寸和公差及角度公差，以及影响这些位置精度的钻套与衬套、衬套与钻模板孔的配合等。

上述位置尺寸公差的确定分两种情况处理：一种是夹具上定位元件之间，对刀、导引元件之间的位置或尺寸公差，直接对工件的尺寸发生影响，因而根据工件上相应尺寸的公差决定。一般取工件相应公差的1/2~1/5，最常用的是1/2~1/3，根据工件位置公差的大小及夹具制造的经济性决定。另一种是定位元件与夹具体的配合公差，夹紧装置各组成零件间的配合尺寸公差等，应根据其功用和装配要求，按一般公差与配合原则决定。

夹具的位置公差可按标准标注在总图上，也可写成技术条件。

4）夹具内部的配合尺寸，他们与工件、刀具、机床无关，主要是为了保证夹具装配后能满足规定的使用要求。例如圆偏心与销轴的配合等。

必须指出，当夹具的尺寸公差取工件相应尺寸公差的几分之几时，若工件的尺寸公差是单向非对称分布或双向非对称分布，要先换算成双向对称分布，然后再根据换算后工件的尺寸和公差来确定夹具的尺寸和公差。

（6）编写夹具零件明细表。夹具总图上应标出夹具名称、零件编号，编写零件明细表和标题栏，其余和一般机械装配图相同。

3.6.4 夹具零件图绘制

夹具中的非标准零件都须绘制零件图。在确定这些零件的尺寸、公差或技术条件时，应注意使其满足夹具总图的要求。

对于夹具零件的非配合尺寸，可按以下数据选取：

（1）铸件长度自由尺寸公差一般按IT14标注。

（2）机械加工后的长度自由尺寸公差，一般按IT12标注。

（3）机械加工后的直径自由尺寸公差，一般按IT10标注。

（4）角度自由尺寸公差，一般是5°时取±15′，15°时取±30′，30°时取±45′，45°时取±1°。

（5）铸件夹具体底面通常都是刮研，其表面粗糙度为Ra1.6μm。

（6）夹具元件各平面之间、平面与孔、孔与孔之间的平行度和垂直度偏差通常采用的有0.01/100、0.02/100、0.03/100、0.05/100，通常用的是0.05/100。

（7）夹具零件的表面粗糙度，一般与零件的尺寸精度有关，最常用的是Ra1.6~0.2μm。

3.6.5 夹具设计过程实例

图3-73是连杆铣槽的工序图，该零件是中批生产，现要求设计加工该零件上尺寸为深$3.2^{+0.4}_{0}$mm、宽$10^{+0.2}_{0}$mm的槽口所用的铣床夹具，具体步骤如下。

3.6.5.1 调查研究

分析工件加工过程和本工序的要求：

要求在工件两面共铣出八个深$3.2^{+0.4}_{0}$mm、宽$10^{+0.2}_{0}$mm的槽，表面粗糙度为Ra6.3μm；槽的中心线与两孔中心连线的夹角为45°±30′。生产条件为成批生产。前面工序已加工好的大、小头孔径分别为$\phi 42.6^{+0.1}_{0}$mm和$\phi 15.3^{+0.1}_{0}$mm两孔中心距为57±0.06mm，大、小头的厚度均为$14.3^{0}_{-0.1}$mm。

在上述加工要求中，槽宽$10^{+0.2}_{0}$mm由刀具尺寸保证。要求由夹具保证的是槽深$3.2^{+0.4}_{0}$mm和与中心连线的夹角45°±30′。由图可知，槽的中心线还应通过大孔中心，但没

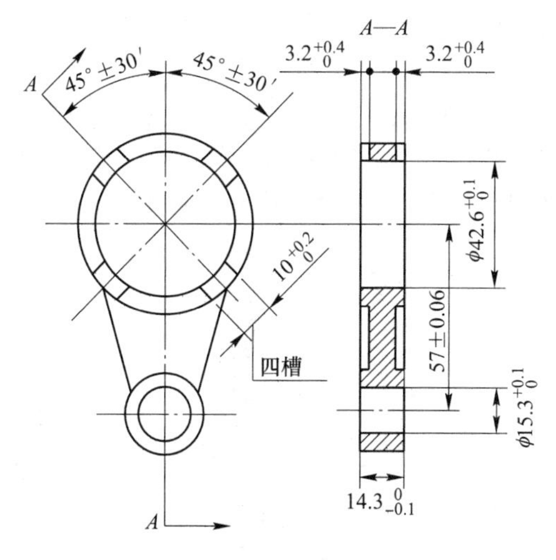

图 3-73 连杆铣槽工序图

有公差要求，说明此项要求精度较低，可以不予讨论。

3.6.5.2 制订夹具结构方案

槽深方向上的工序基准是与槽相连的工件端面。从基准重合的要求，应选此端面为定位基准，但这对定位、夹紧等操作和加工都不方便。因此，选与槽相对的那个端面比较适合。由于两端面距离公差所造成的基准不重合误差仅为 0.1mm，而槽深公差较大（0.4mm），预计这样选定位基准能保证加工要求。

对于夹角 45°±30′，工序基准是两孔中心和连线。槽在大头端面上，槽的中心线应通过大孔中心，所以大孔还是槽对称中心的工序基准。因此，应该用两销定位，选择大孔作为主要定位基准，定位元件选用圆柱销，小孔作次要定位基准，定位元件选用菱形销。因夹具外形尺寸估计不大，为简化结构，平面定位可直接用夹具体。

由于生产批量不大，用螺钉压板夹紧比较合适。可供选择的夹紧部位有两个：压在大端上，为让开加工位置，需要有两个压板；或者压在杆身上，只需用一个压板。前者的缺点是夹紧两次，后者的缺点是夹紧离加工面较远，而且压在杆身中部可能引起工件变形。考虑到铣削力较大，采用第一个方案。但如杆身较厚、加工的槽也不深，后一个方案也是可以采用的。

对于工件上要铣的八个槽，除正反两面分别装卸工件加工以外，同一面上四个槽的铣法可以有两种方案：一是采用分度机构，变换工位的精度较高，但不能在大端面上按上述方案夹紧，整个夹具的结构比较复杂；二是重新装卸工件，夹具上装两个削边销角向定位，夹具结构简单，但受两次安装的定位误差的影响，精度较低。鉴于此例中夹角 45°±30′精度不高，故采用后一种方案。

3.6.5.3 夹具对定方案的确定

夹具设计除了考虑工件在夹具上定位之外，还要考虑夹具在机床上的定位，以及刀具相对于夹具的位置如何确定。

对本例中的铣床夹具，在机床上的定位是以夹具体的底面放在铣床工作台面上，再通过两个定向键与机床工作台的 T 形槽连接来实现的，两定向键之间的距离应尽可能远些。

刀具相对于夹具的位置采用直角对刀块及厚度为3mm的塞尺来确定，以保证加工槽的对称度及深度要求如何确定。

根据拟定的方案，即要绘制夹具草图。先以双点划线画出工件轮廓，然后围绕工件依次画出定位元件（图3-74（a））、夹紧元件（图3-74（b））和对刀块（图3-75），最后用夹具体把各种元件连成一体，并且画出夹具底面的定位键，成为夹具草图（图3-75）。

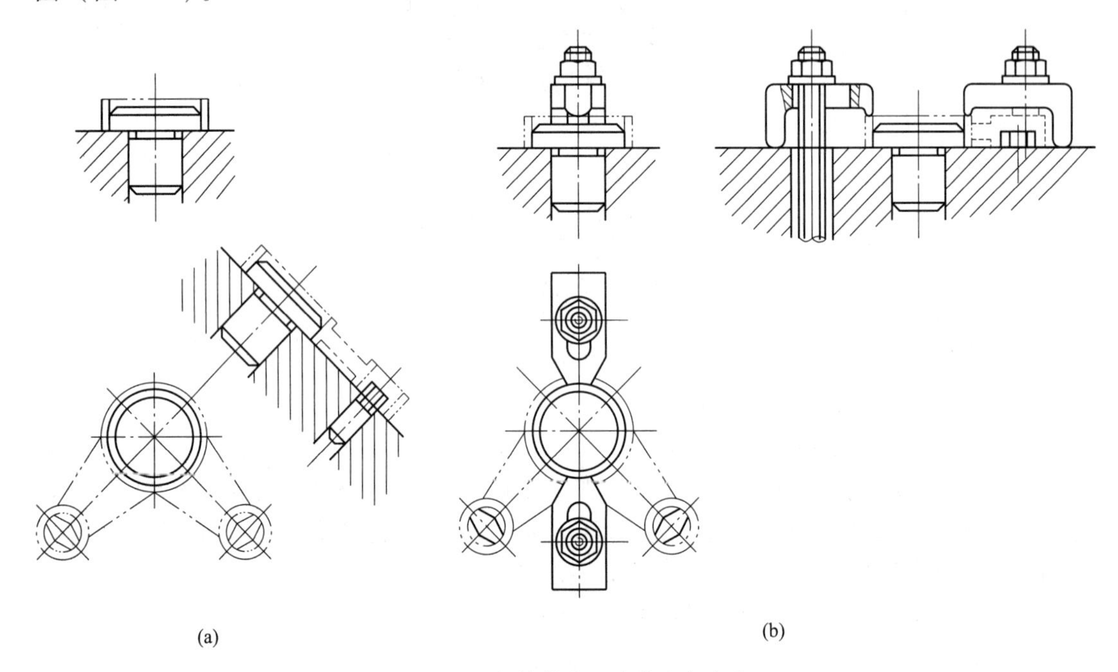

图3-74　连杆铣槽夹具定位夹紧方案

3.6.5.4　夹具精度的验算

结构方案制订后，可按经验类比法标注配合尺寸和主要技术条件，见图3-75。然后用计算法来分析、验算所制订的夹具精度能否保证工件加工要求。

在前面定位误差中已经提到，工件允差 δ_K 应大于或等于与夹具有关的误差 Δ_J 和过程误差 Δ_{GC} 之和，即

$$\delta_K \geqslant \Delta_J + \Delta_{GC}$$

而 Δ_J 又由夹具位置误差 Δ_W、对刀误差 Δ_{DA}、定位误差 Δ_{dW}、夹紧误差 Δ_j 等组成，即

$$\Delta_J = \Delta_W + \Delta_{DA} + \Delta_{dW} + \Delta_j$$

A　影响工序尺寸 $3.2^{+0.4}_{0}$mm 的因素

夹具位置误差 Δ_W：夹具底面与机床工作台平面接触，产生的安装误差和夹紧变形误差很小，可以忽略不计。但定位表面 N（夹具体上平面）与夹具体底面 M 之间平行度误差（规定为0.02/100mm），将造成槽深误差，在大端直径 $\phi50$ 左右的范围内约为0.01mm，即

$$\Delta_W = 0.01\text{mm}$$

对刀误差 Δ_{DA}：即对刀表面到定位面间的尺寸误差，在高度方向的公差为

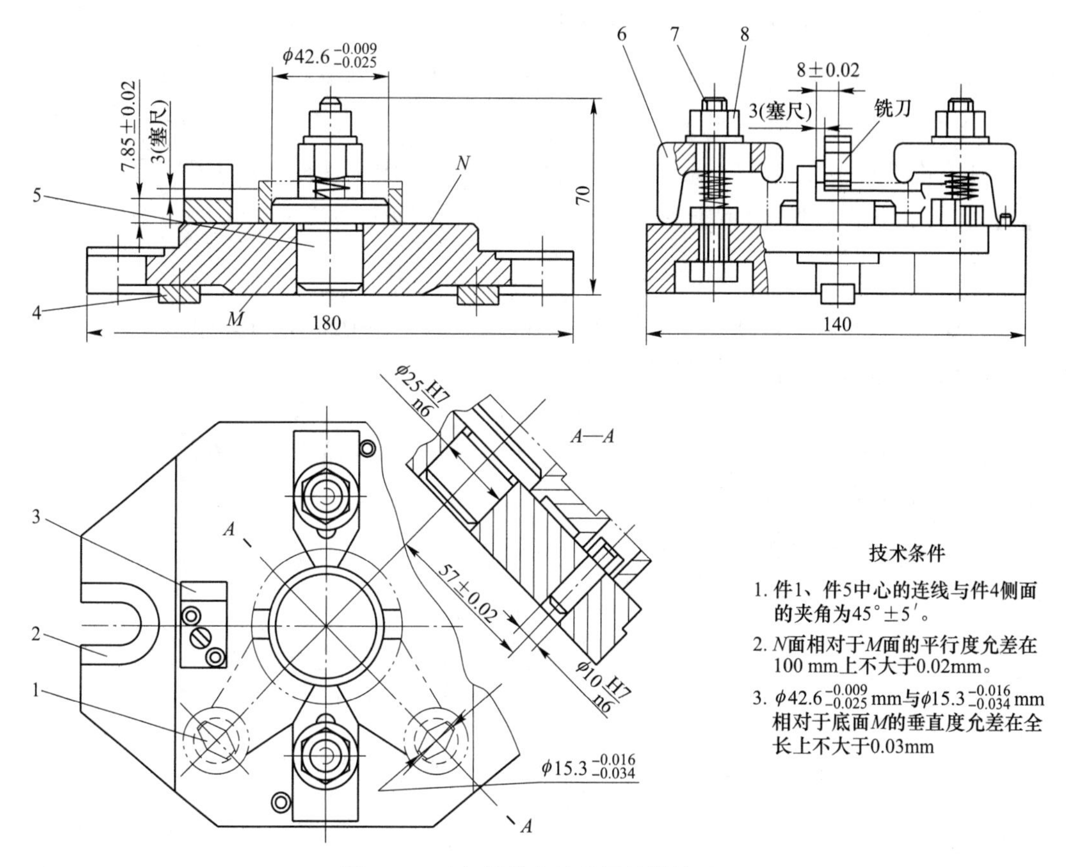

图 3-75 连杆铣槽夹具总图的设计过程

1—菱形销；2—夹具体；3—对刀块；4—定位键；5—圆柱销；6—压板；7—螺钉；8—带肩六角螺母

0.04mm，即

$$\Delta_{DA} = 0.04\text{mm}$$

定位误差 Δ_{dW}：由于平面接触，定位基面安装时的位置不准确误差可忽略不计，$\Delta_{db} = 0$；基准不重合误差 $\Delta_{jb} = 0.1\text{mm}$。即

$$\Delta_{dW} = \Delta_{jb} = 0.1\text{mm}$$

夹紧误差 Δ_j：由于工件与夹具在夹紧力方向的刚度很大，夹紧变形可忽略不计，即

$$\Delta_j = 0$$

则
$$\Delta_J = 0.01 + 0.04 + 0.1 = 0.15\text{mm}$$

过程误差 Δ_{GC}：这是除 Δ_J 以外的工艺过程中的其他因素所产生的加工误差。假设按对刀块调整刀具位置的调整误差为 0.05mm；根据生产经验，由于加工余量、材料硬度不均匀以及铣刀跳动等所产生的加工误差为 0.1mm。

即
$$\Delta_{GC} = 0.05 + 0.1 = 0.15\text{mm}$$

由上可得

$$\Delta_J + \Delta_{GC} = 0.15 + 0.15 = 0.30 < \delta_K = 0.4\text{mm}$$

即加工误差小于允差，符合要求，富余的精度可留作夹具磨损公差。

B 影响夹角 45°±30′的因素

夹具位置误差 Δ_W：两定位元件（圆柱销和削边销）中心连线与定位键 4 侧面的夹角误差为±5′，定位键与机床 T 型槽配合在夹具轴线方向的角度误差实测为±5′，即

$$\Delta_W = (\pm 5') + (\pm 5') = \pm 10'$$

对刀误差 Δ_{DA}：对刀块侧面到定位销中心的尺寸为 8±0.02mm，其误差只影响对大孔中心的对称性，但不影响夹角的变化，即

$$\Delta_{DA} = 0$$

工件定位误差 Δ_{dW}：因基准重合，$\Delta_{jb} = 0$；但因销、孔间有间隙，存在转角基准位移误差 $\Delta\theta$，由前述两孔定位的转角误差公式得

$$\Delta\theta = \pm \arctan \frac{x_{1\max} + x_{2\max}}{2L}$$

$$= \pm \arctan \frac{(0.1 + 0.025) + (0.1 + 0.034)}{2 \times 57}$$

$$= \pm \arctan \frac{0.26}{114} = \pm \arctan 0.00228 = \pm 8'$$

夹紧误差 $\Delta_j = 0$

过程误差 Δ_{GC}：刀具对于对刀块的调整误差只影响槽对大孔的对称性，铣刀跳动只影响槽宽。它们都不影响夹角的误差，故 $\Delta_{GC} = 0$。

由以上可得

$$\Delta_J + \Delta_{GC} = \Delta_W + \Delta_{DA} + \Delta_{dW} + \Delta_j + \Delta_{GC}$$

$$= (\pm 10') + 0 + (\pm 8') + 0 + 0$$

$$= \pm 18' < \delta_K = \pm 30'$$

这说明所规定的夹具精度也能保证工件的夹角允差。

实际生产中，一般只按经验类比法决定夹具的精度，而很少进行详细的精度分析计算。所以上面所例举的分析计算，不能作为夹具设计所必需的步骤，只能作为分析、解决夹具精度问题的一种参考方法，提供一个思考问题的途径。通过分析计算，能清楚地了解夹具精度在保证工件加工精度方面所起的作用。如果工件的总误差超过规定的公差时，必须提高夹具精度或采取其他措施，来减小工件的总误差。如果工件的总误差比规定的允差小得多时，可适当降低夹具精度，使夹具的制造方便。

3.6.5.5 绘制工作图

审查所设计的夹具结构和夹具精度符合要求后，即要正式绘制夹具总图和零件图。

一般夹具的设计过程中，除了少量的富有创造性的工作（例如夹具总体结构的构思等）外，大量的工作都是一些事务性的工作。这些均可在设计者设计思想的指导下，利用

计算机系统辅助来完成，即计算机辅助夹具设计得到广泛运用。

现代机械工业，产品精度越来越高，生产效率越来越高，而且产品的更新换代周期越来越短，这些都要求有与之相适应的机床夹具，因而出现了许多新的夹具结构。但总的说来，机床夹具朝着精密化、高效自动化、标准化、通用化和柔性化五个方向发展。

习题与思考题

3-1　什么是机床夹具？它包括哪几部分？各部分起什么作用？

3-2　什么是定位？简述工件定位的基本原理。

3-3　限制工件不定度与加工要求的关系如何？工件的合理定位是否一定要限制其在夹具中的六个不定度？举例说明工件在夹具中的完全定位、不完全定位、欠定位和过定位。

3-4　使用夹具加工工件时，产生加工误差的因素有哪些？

3-5　何谓定位误差？定位误差是由哪些因素引起的？定位误差的数值一般应控制在零件公差的什么范围内？

3-6　工件在夹具中夹紧的目的是什么？为什么说夹紧不等于定位？

3-7　对夹紧装置的基本要求有哪些？试比较斜楔、螺旋、偏心和定心夹紧机构的优缺点，举例说明它们的使用范围。

3-8　何谓夹具的对定？它是通过夹具上的哪些元件实现的？

3-9　何谓联动夹紧机构？设计联动夹紧机构时应注意哪些问题？试举例说明。

3-10　试述一面两孔组合定位时，需要解决的主要问题，定位元件设计及定位误差的计算。

3-11　根据六点定位原理，分析习图 3-1 中所示各定位方案中各定位元件所消除的不定度。

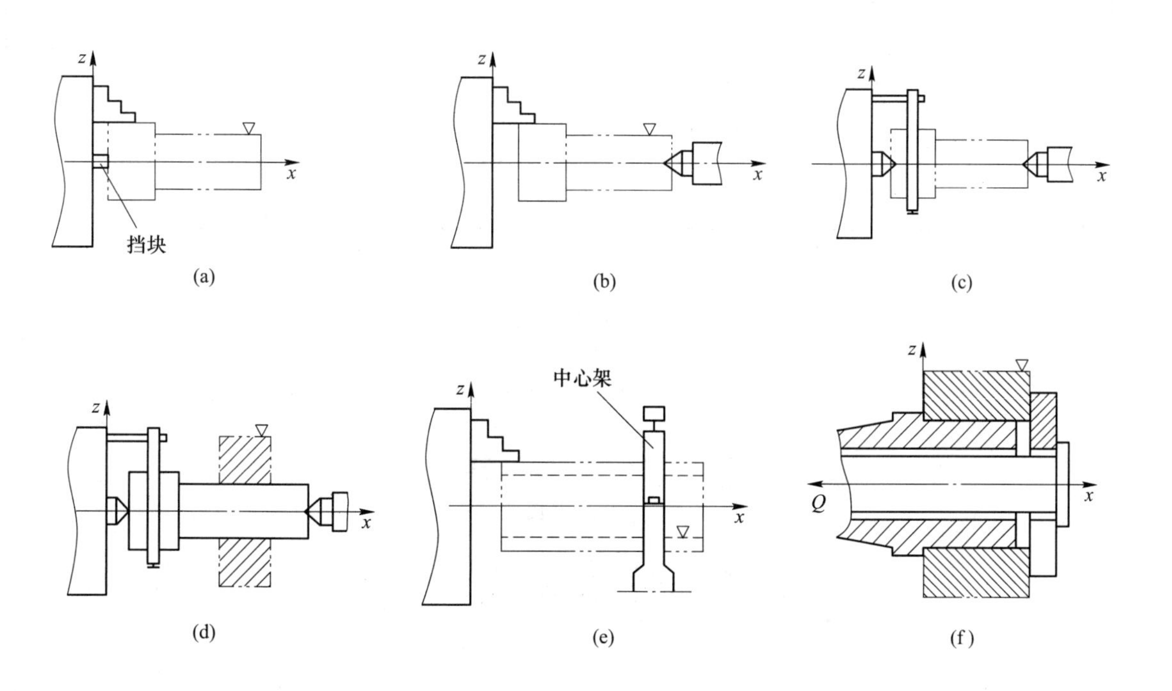

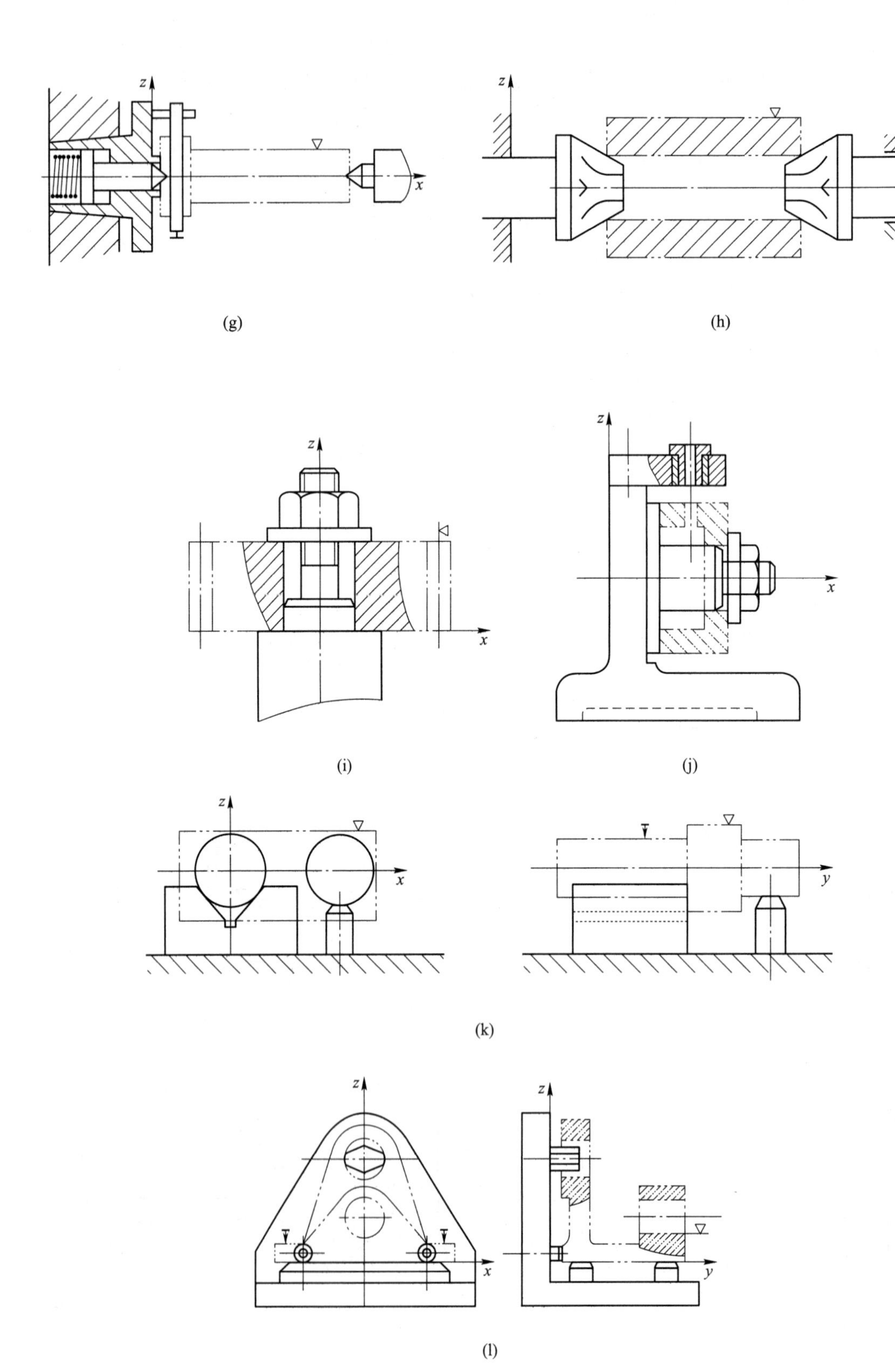

(g)　(h)　(i)　(j)　(k)　(l)

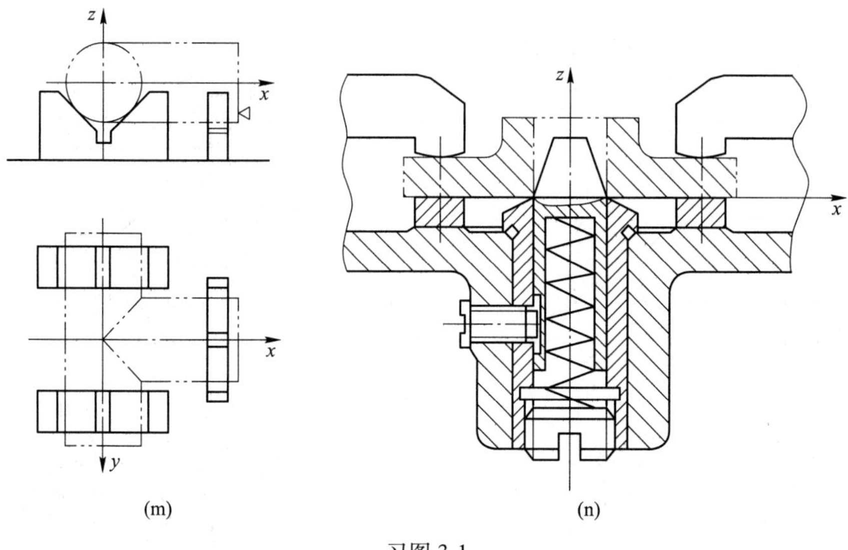

(m) (n)

习图 3-1

3-12 根据习图 3-2 中的要求，分析应如何定位（指出应限制几个不定度）？用什么定位元件？并绘出定位方案草图。

3-13 有一批习图 3-3 所示零件，圆孔和平面均已加工合格，今在铣床上铣削宽度为 $b_{-\delta b}^{\ 0}$ 的槽。要求保证槽底到底面的距离为 $h_{-\delta h}^{\ 0}$；槽侧面到 A 面的距离为 $a_{\ 0}^{+\delta a}$，且与 A 面平行，图示定位方案是否合理？有无改进之处？分析之。

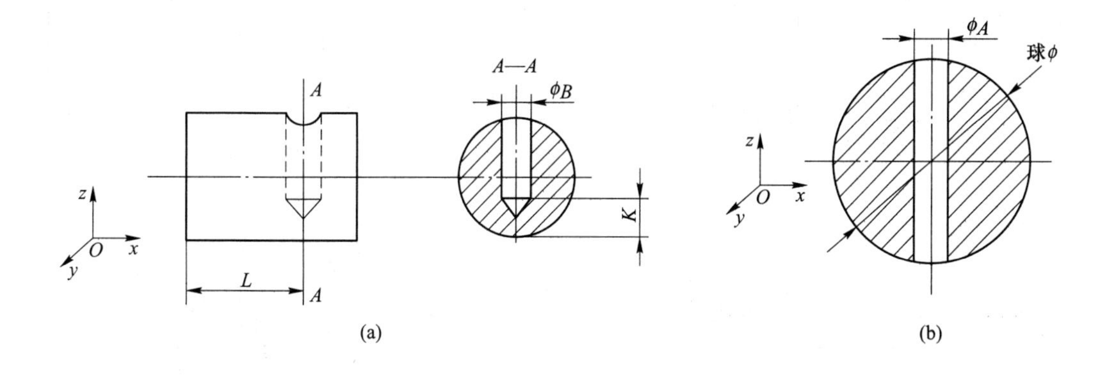

(a) (b)

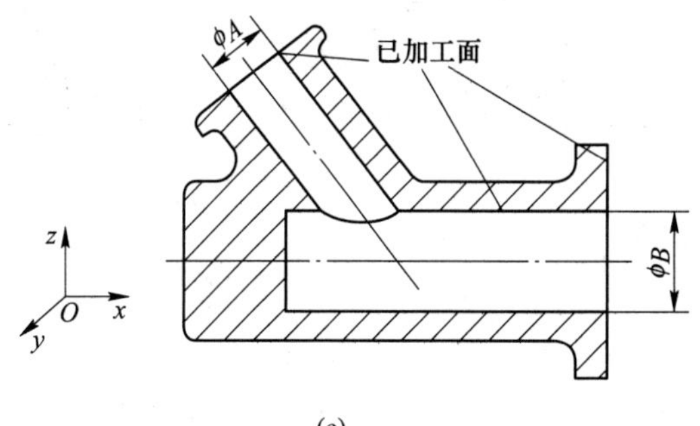

(c)

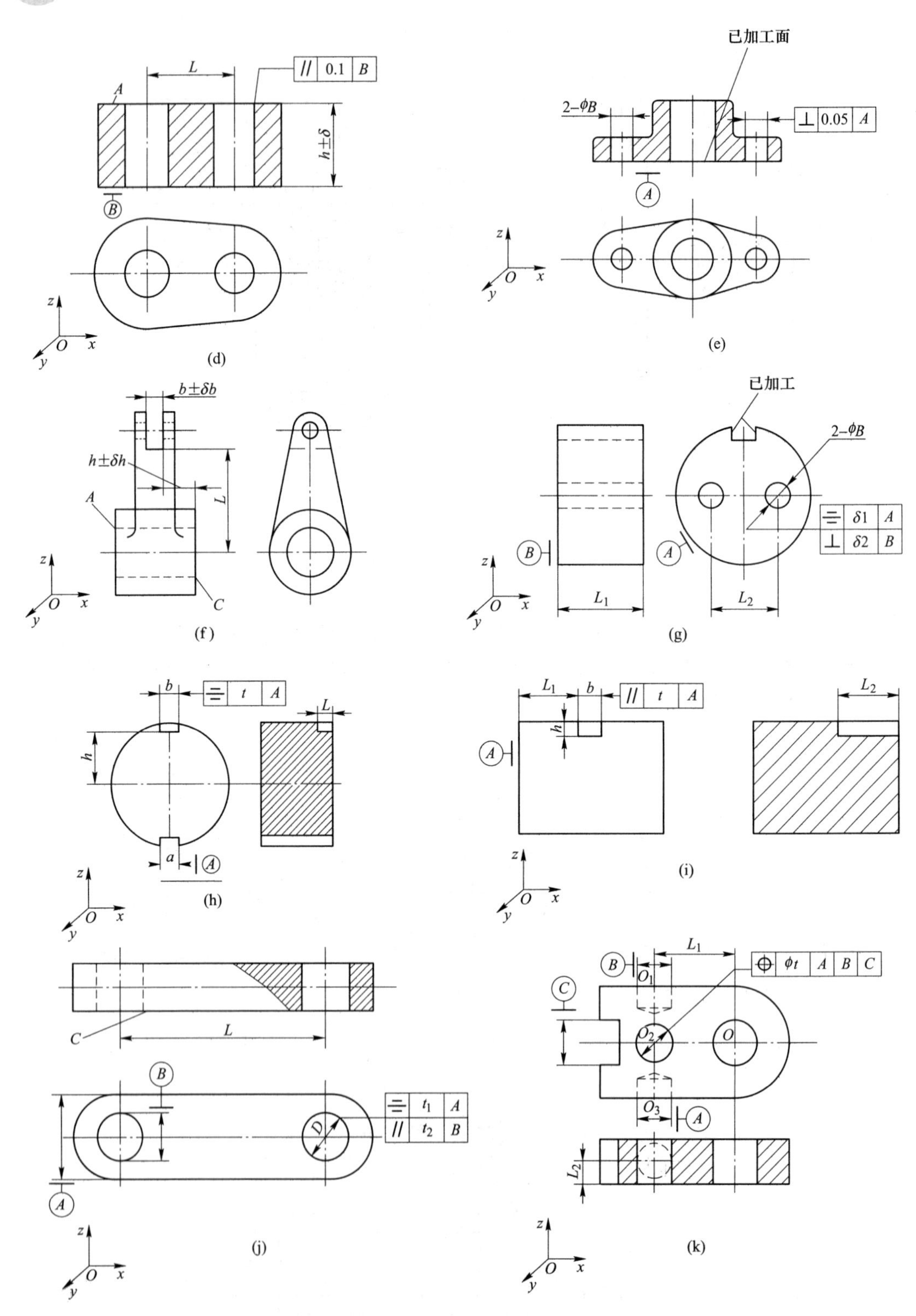

习图 3-2

(a) 钻 ϕB 孔；(b) 钻 ϕA 孔；(c) 镗 ϕA 孔；(d) 刨 A 面；(e) 钻 2-ϕB 孔；(f) 铣槽 $b\pm\delta b$；(g) 钻 2-ϕB 孔；(h)，(i) 铣 $L\times b\times h$ 槽；(j) 钻 ϕD 孔；(k) 组合钻床上一次加工孔 O_1、O_2、O_3

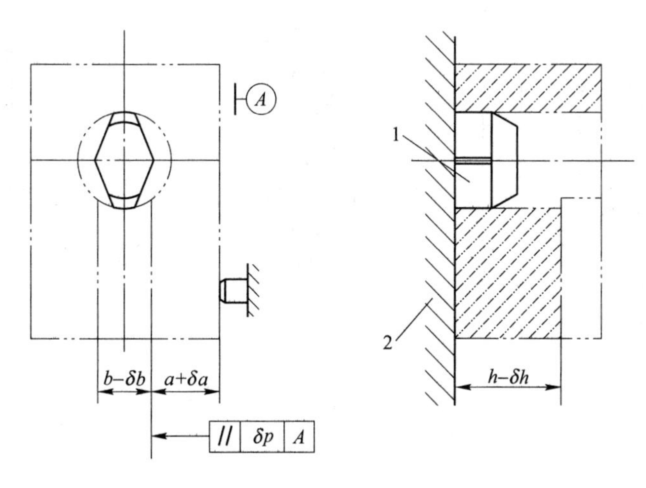

习图 3-3

3-14　一批如习图 3-4 所示工件，采用钻模夹具钻削工件上直径分别为 ϕ5mm 和 ϕ8mm 两孔，除保证图纸尺寸要求外，还须保证两孔的连心线通过 $\phi60_{-0.1}^{\ 0}$mm 的轴线，其偏移量公差为 0.08mm。现可采用习图 3-4（b）~（d）这三种方案，若定位误差不大于加工允差的 1/2，试问这三种定位方案是否可行（$\alpha=90°$）？

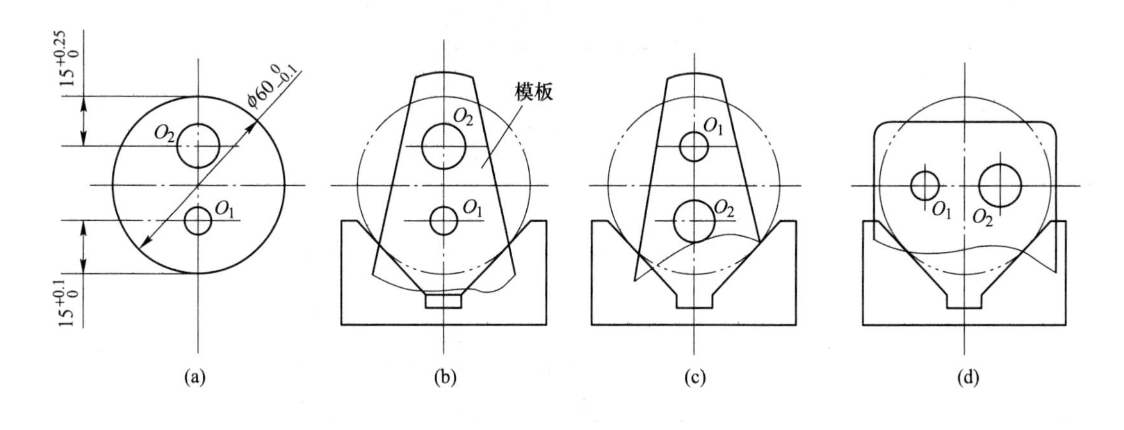

习图 3-4

3-15　有一批套类零件如习图 3-5（a）所示，欲在其上铣一键槽，试分析下述定位方案中，尺寸 H_1、H_2、H_3 的定位误差。

（1）在可涨心轴上定位（习图 3-5（b））；

（2）在处于垂直位置的刚性心轴上具有间隙的定位（习图 3-5（c）），定位心轴直径 $d_{1-\delta d1}^{\ \ 0}$。

3-16　如习图 3-6 所示工件定位方案，加工 A 面要求保持上平面长度尺寸为（100±0.01）mm，试计算其定位误差。

3-17　习图 3-7 所示的阶梯形工件，B 面 C 面已加工合格。今采用习图 3-7（a）和习图 3-7（b）两种定位方案加工 A 面，要求 A 面对 B 面的平行度不大于 20′（用角度误差表示）。已知 $L=100$mm，B 面与 C 面之间的高度 $h=15_{\ 0}^{+0.5}$mm。试分析这两种定位方案的定位误差，并比较他们的优劣。

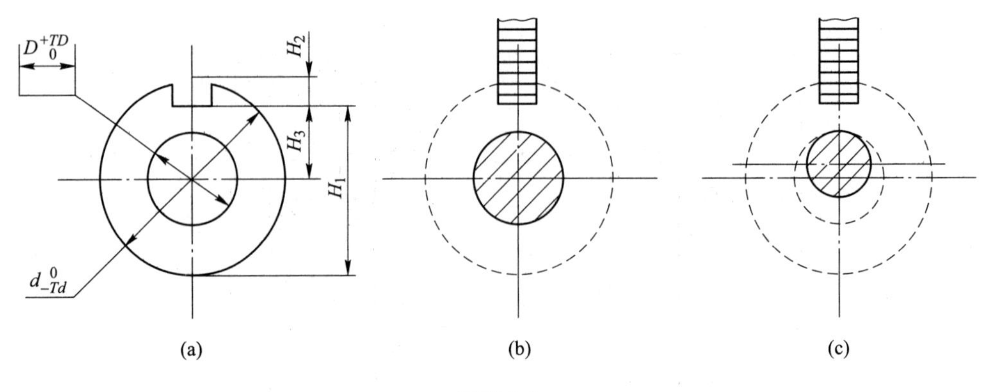

习图 3-5

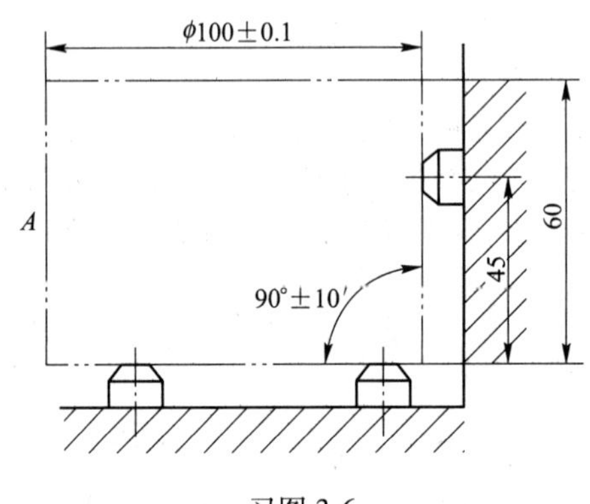

习图 3-6

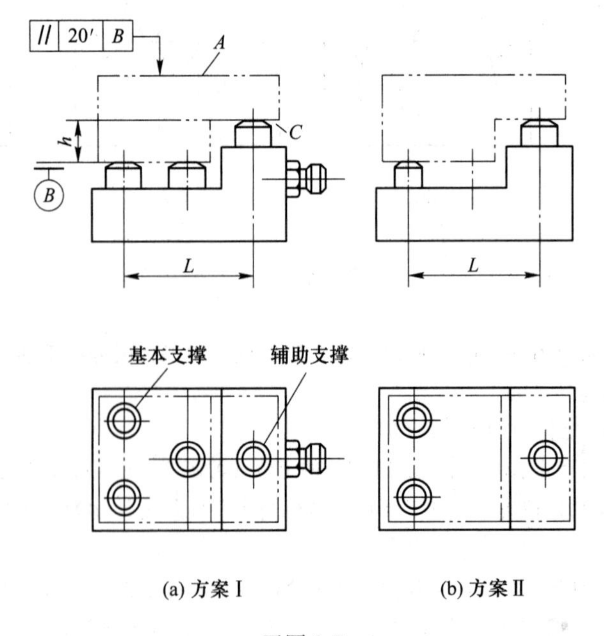

习图 3-7

3-18 夹紧装置如习图 3-8 所示，若切削力 $F=800\text{N}$，液压系统压力 $p=2\times10^6\text{Pa}$（为简化计算，忽略加力杆与孔壁的摩擦，按效率为 $\eta=0.95$ 计算），试求液压缸的直径应为多大，才能将工件压紧？夹紧安全系数 $K=2$；夹紧杆与工件间的摩擦系数 $\mu=0.1$。

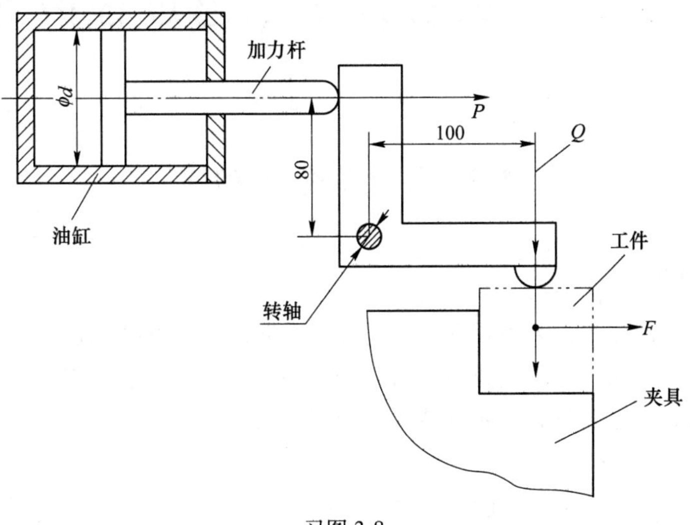

习图 3-8

机械加工工艺过程设计

4.1 工艺路线的拟定

4.1.1 毛坯的选择

在制订零件机械加工工艺规程前，要先确定毛坯，包括选择毛坯类型及制造方法、制造精度等。零件机械加工的工序数量、材料消耗和劳动量等在很大程度上与毛坯的选择有关，因此，正确选择毛坯具有重要的技术和经济意义。

4.1.1.1 毛坯的种类

常用的毛坯种类有：铸件、锻件、型材、焊接件、冲压件等，不同的毛坯有不同适用情况，例如，铸造毛坯适合做形状复杂零件的毛坯，锻造毛坯适合做形状简单零件的毛坯，型材适合作轴、平板类零件的毛坯，焊接毛坯适合做板料、框架类零件的毛坯等。同时，相同种类的毛坯又可能有不同的制造方法。如铸件有砂型铸造、离心铸造、压力铸造和精密铸造等，锻件有自由锻、模锻、精密锻造等。但在具体毛坯选择时需要考虑的因素很多，例如，选择毛坯的种类及制造方法时，总希望毛坯的形状和尺寸尽量与成品零件接近，从而减小加工余量，提高材料利用率，减少机械加工劳动量和降低机械加工费用，可这样往往使毛坯制造困难，需要采用昂贵的毛坯制造设备，增加了毛坯的制造成本，结果可能导致零件生产总成本的增加；反之，若适当降低毛坯的精度要求，虽增加了机械加工的成本，但可能使零件生产的总成本降低。因此，选择毛坯时应从机械加工和毛坯制造两方面出发，综合考虑以求最佳效果。

4.1.1.2 选择毛坯的原则

（1）选择毛坯应该考虑生产规模的大小。选择毛坯在很大程度上应根据某种毛坯制造方法的经济性来决定：如生产规模较大，便可采用高精度和高生产率的毛坯制造方法，这样，虽然一次投资较高，但均分到每个毛坯上的成本较少。而且，由于精度较高的毛坯制造方法生产率一般也较高，既节约原材料又可明显减少机械加工劳动量。再者，毛坯精度高还可简化工艺和工艺装备，降低产品的总成本。

（2）选择毛坯应考虑工件结构形状和尺寸大小。一般用途的钢制阶梯轴，若各台阶直径相差不大时可用棒料；若各台阶直径相差很大时宜用锻件，可节省材料。尺寸大的零件，因受设备限制一般用自由锻；中小型零件可用模锻。形状复杂的毛坯，一般采用铸造方法；形状复杂和薄壁的毛坯，一般不能采用金属型铸造。另外，某些外形较特殊的小零件，由于机械加工很困难，则往往采用较精密的毛坯制造方法，如压铸、熔模铸造等，以最大限度地减少机械加工量。

（3）选择毛坯应考虑零件材料的力学性能要求。相同的材料采用不同的毛坯制造方法，其力学性能往往不同。例如，金属型浇铸的毛坯，其强度高于用砂型浇铸的毛坯，离心浇铸和压力浇铸的毛坯，其强度又高于金属型浇铸的毛坯。强度要求高的零件多采用锻件，有时也可采用铸件。此外，还要考虑零件材料的工艺特性（如可铸性、可塑性等）和力学性能。譬如，具有良好铸造性能的材料，如铸铁、青铜应采用铸件毛坯；对力学性能要求较高的钢件，其毛坯采用锻件而不用型材。

（4）选择毛坯应考虑企业的现有设备和技术条件。这是从毛坯生产的可能性和经济性上来考虑的。例如，我国生产的第一台12000t水压机的大立柱，整锻困难，就采用焊接结构；72000kW水轮机的大轴，采用了铸焊结构，中间轴筒用钢板滚压焊成，大法兰用铸钢件，然后将它们焊成一体。

（5）选择毛坯应考虑利用新技术、新工艺和新材料。为提高生产效率和降低生产成本，尽可能地利用成熟的新技术、新工艺和新材料。如选用精铸、精锻、冷轧、冷挤压、粉末冶金等。应用这些毛坯制造方法可以大大减少机械加工工时，有时甚至可不再进行机械加工，其经济效果非常显著。

4.1.2 定位基准的选择

制定机械加工工艺规程时，正确选择定位基准对保证零件表面间的位置要求（位置尺寸和位置精度）和安排加工顺序都有很大的影响。机械产品从设计、制造到出厂经常要遇到基准问题。因此，定位基准的选择是一个很重要的工艺问题。

4.1.2.1 基准的概念

基准是用来确定其他点、线、面位置时所依据的那些点、线、面。

4.1.2.2 基准的分类

根据基准功能的不同，可分为设计基准和工艺基准两大类。

A 设计基准

设计基准是零件图上用来确定其他点、线、面位置的基准。设计基准可以是点，也可以是线或面。如图4-1（a）所示的钻套轴线 *O—O* 是各外圆表面和内孔表面的设计基准，端面 *A* 是端面 *B* 和端面 *C* 的设计基准；内孔表面 *D* 的轴心线是 ϕ40h6 表面的径向圆跳动和端面 *B* 的端面跳动的设计基准。同样，图4-1（b）中的 *F* 面是 *C* 面和 *E* 面的设计基准，也是两孔垂直度和C面平行度的设计基准；*A* 面为 *B* 面的位置尺寸和平行度的设计基准。

B 工艺基准

工艺基准是机器制造过程中所采用的基准，又称制造基准。可分为：工序基准、定位基准、测量基准和装配基准。

（1）工序基准。它是在工序图上，用来确定被加工表面位置的基准。它与被加工表面有尺寸、位置要求。其中，用来确定被加工表面位置的尺寸称为工序尺寸，它也是本工序的目标尺寸，它的基准就是工序基准。

（2）定位基准。它是加工过程中，使工件相对机床或刀具占据正确位置所使用的基准。它是零件上与夹具定位元件直接接触的点、线或面。

（3）测量基准。它是用来测量已加工表面位置和尺寸而使用的基准，主要用于零件的检验。

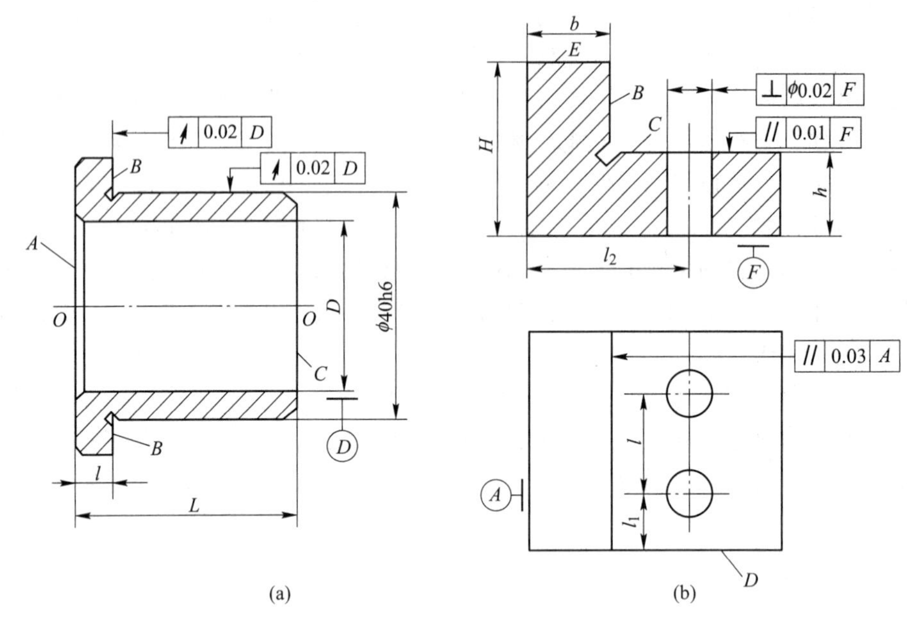

图 4-1　设计基准

(4) 装配基准。它是装配过程中用来确定零部件在机器中正确位置的基准。

上述各种基准应尽可能使之重合。在设计机器零件时，应尽量选用装配基准作为设计基准，在编制零件的加工工艺规程时，应尽量选用设计基准作为工序基准，在加工及测量工作时，应尽量选用工序基准作为定位基准及测量基准，从而消除由于基准不重合引起的误差。

4.1.2.3　定位基准的选择

正确地选择定位基准是设计工艺过程的一项重要内容。定位基准包括粗基准和精基准，用未加工过的毛坯表面做基准，这种基准称为粗基准；用已加工过的表面做基准，这种基准称为精基准。在选择定位基准时一般都是先根据零件的加工要求选择精基准，然后再考虑用哪一组表面作粗基准才能把精基准加工出来。精基准选择在前使用在后，粗基准选择在后使用在前。

A　精基准的选择原则

选择精基准时，应能保证加工精度和装夹可靠方便，选择精基准一般应遵循以下几项原则：

(1) 基准重合原则。主要考虑减少由于基准不重合而引起的定位误差，即选用工序基准作为定位基准。如图 4-2 的键槽加工，如以中心孔定位，并按尺寸 L 调整铣刀位置，工序尺寸为 $t=R+L$，由于定位基准与工序基准不重合，因此 R 和 L 两尺寸的误差都将影响键槽的深度尺寸精度，如采用图 4-3 的定位方式，工件以外圆下母线为定位基准，则定位基准与工序基准重合，就容易保证尺寸 t 的加工精度。

(2) 基准统一原则。在大多数工序中，都使用同一定位基准作为精基准。基准统一容易保证各加工表面的相互位置精度，避免基准变换所产生的误差；同时，可以简化相关夹具的设计及制造。例如，加工轴类零件时，一般都采用两个中心孔作为统一精基准来加工

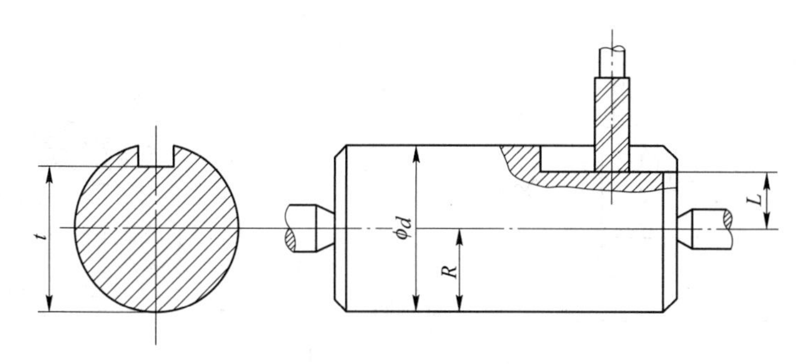

图 4-2　定位基准与工序基准不重合

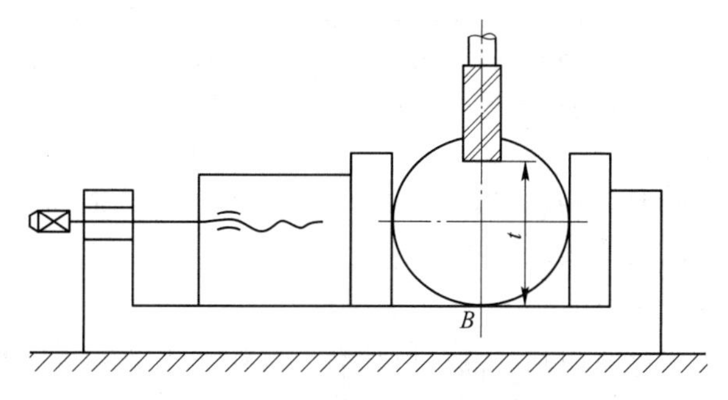

图 4-3　定位基准与工序基准重合

轴类零件上的所有外圆表面和端面，这样可以保证各外圆表面间的同轴度和端面对轴心线的垂直度。

（3）互为基准原则。加工表面和定位表面互相转换的原则，目的是为了获得小而均匀的加工余量和较高的位置精度。例如：主轴的前后支承轴颈与前后锥孔间有严格的位置度要求（见图 4-4），为达到这一要求，常先以主轴锥孔为基准磨主轴前、后支承轴颈表面，然后再以前、后支承轴颈表面为基准磨主轴锥孔，最后达到图纸上规定的同轴度要求。

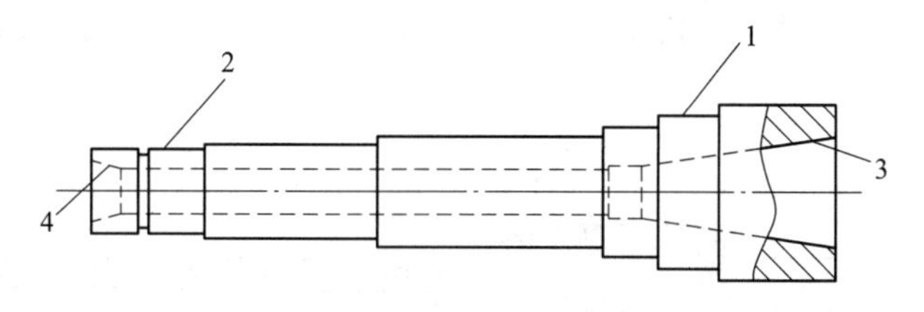

图 4-4　主轴前后轴颈和前后锥孔互为基准

1，2—前后轴颈；3，4—前后锥孔

（4）自为基准原则。以加工表面自身作为定位基准的原则。如浮动镗孔、拉孔，只能提高加工表面的尺寸精度和表面质量，不能提高表面间的相互位置精度。还有一些表面的精加工工序，要求加工余量小而均匀，常以加工表面自身为基准，例如：图 4-5 为在导轨磨床上磨床身导轨表面，被加工床身 1 通过楔铁 2 支承在工作台上，纵向移动工作台时，轻压在被加工导轨面上的百分表指针便给出了被加工导轨面相对于机床导轨的不平行度读数，根据此读数操作工人调整工件 1 底部的 4 个楔铁，直至工作台带动工件纵向移动时百分表指针基本不动为止，然后将工件 1 夹紧在工作台上进行磨削。

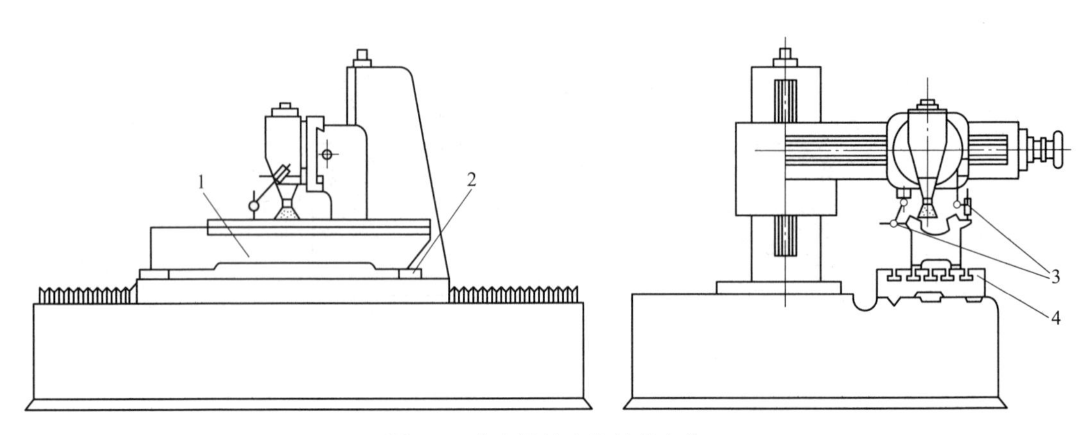

图 4-5 车身导轨自为基准定位
1—工件（床身）；2—楔铁；3—百分表；4—机床工作台

（5）精基准的选择应使定位准确，夹紧可靠。为此精基准的面积与被加工表面相比，应有较大的长度和宽度以提高其位置精度。

B 粗基准的选择原则

工件加工的第一道工序所用基准都是粗基准，粗基准选择正确与否，不但与第一道工序的加工有关，而且还将对该工件加工的全过程产生重大影响。选择粗基准，主要是保证各加工表面有足够的余量，使不加工表面的尺寸、位置符合要求。一般应遵循以下几项原则：

（1）如果零件必须首先保证某重要表面的加工余量均匀，则应该选该表面为粗基准。例如床身加工（如图 4-6 所示），由于导轨面是最重要的表面，它不仅精度要求高，而且要求导轨面具有均匀的金相组织和较高的耐磨性。而在铸造床身时，导轨面是倒扣在砂箱的最底部浇铸成型的，导轨面材料质地致密，砂眼、气孔相对较少，因此要求在加工床身时，导轨面的实际切除量要尽可能地小而均匀。故应选导轨面作粗基准加工床身底面，然后再以加工过的床身底面作精基准加工导轨面，这样做可以保证从导轨面上切除的加工余量少而均匀。

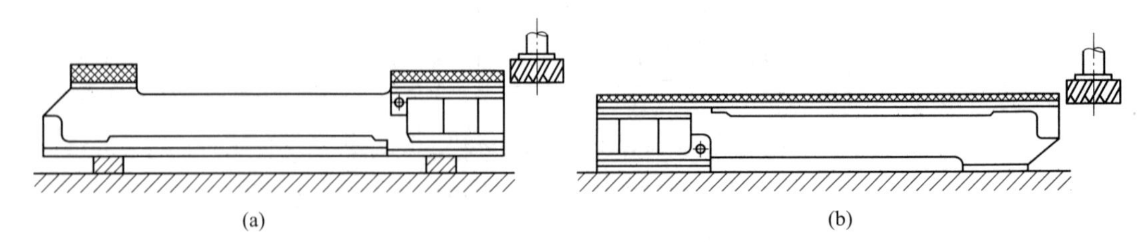

图 4-6 床身加工粗基准选择

（2）如果零件上没有重要表面要求加工余量均匀，而且所有的表面都需要机械加工，则应以加工余量最小的表面作粗基准，以保证加工余量最小的表面有足够的加工余量。

（3）如果零件上没有重要表面要求加工余量均匀，而且也并非所有表面均需加工，则应以不加工表面中与加工表面的位置精度要求较高的表面为粗基准，以达到壁厚均匀，外形对称等要求。例如图 4-7 所示零件。

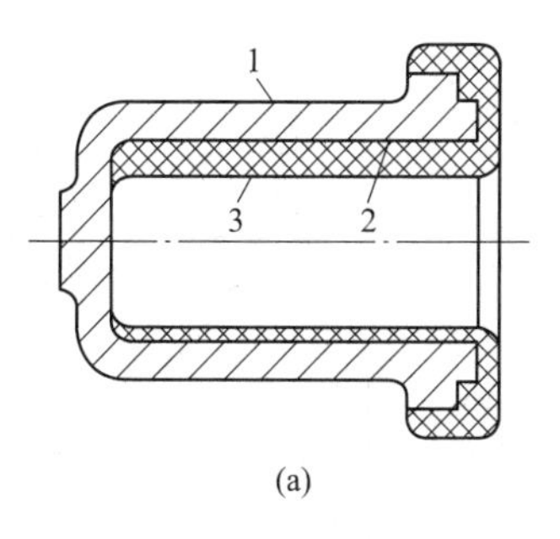

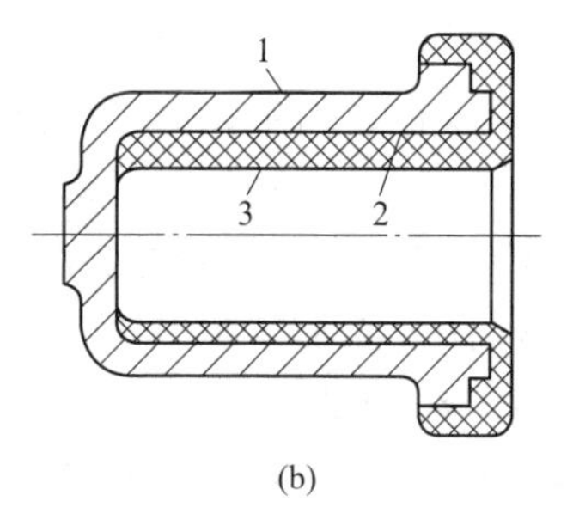

图 4-7 两种粗基准比较

（a）以外圆 1 为粗基准，孔的加工余量不均，但加工后壁厚均匀；

（b）以内孔 2 为粗基准，孔的加工余量均匀，但加工后壁厚不均

1—外圆面；2—加工面；3—孔

（4）便于装夹的原则。为使工件定位稳定，夹紧可靠，要求所选用的粗基准尽可能平整光洁，不允许有锻造飞边、铸造浇冒口切痕或其他缺陷，并有足够的支承面积。

（5）粗基准一般不得重复使用的原则。这是因为粗基准一般都很粗糙，重复使用同一粗基准所加工的两组表面之间的位置误差会相当大，所以粗基准通常只允许使用一次。

上述五项选择粗基准的原则，有时不能同时兼顾，只能根据主次抉择。

C　辅助基准

此外，在精加工过程中，如定位基准面过小，或者基准面和被加工面位置错开了一个距离，定位不可靠时，常常采取辅助基准。辅助基准是指为了满足工艺需要在工件上专门设计的定位面。辅助基准在零件的工作中并无用处，仅仅为零件的加工需要而设置，如轴加工用的中心孔、箱体工件的两工艺孔等。辅助基准在加工时不仅起增加零件刚性的作用，更重要的是起定位作用，方便零件加工。此面亦称工艺面、工艺凸台等。

4.1.3 加工方法的选择

4.1.3.1 经济加工精度

不同的加工方法如车、磨、刨、铣、钻、镗等，所能达到的精度和表面粗糙度大不一样，其用途也各不相同。即使是同一种加工方法，在不同的加工条件下所得到的精度和表面粗糙度也大不一样，这是因为在加工过程中，将有各种因素对精度和粗糙度产生影响，如工人的技术水平、切削用量、刀具的刃磨质量、机床的调整质量等。

确定零件表面的加工方法时，在保证零件质量和技术要求的前提下，要兼顾生产率和经济性。因此，加工方法的选择是以经济加工精度和经济表面粗糙度为依据的。所谓经济加工精度是指在正常加工条件下，即采用符合质量标准的设备、工艺装备和标准技术等级的操作者，不延长加工时间所能保证的加工精度。相应的表面粗糙度称为经济表面粗糙度。

如果加工精度用加工误差来体现，则加工误差越小，加工精度越高。统计资料表明，各种加工方法的加工误差和加工成本成反比关系。如图 4-8 中的曲线所示，图中横坐标是加工误差 δ，纵坐标是加工成本 S。由曲线可知，同一种加工方法，加工精度越高，加工成本越高。当加工成本超过 A 点后，即使再增加成本，加工精度也提高很小；同理，当加

工成本低过 B 点后，即使加工精度再下降，加工成本也降低很少。所以曲线中的 AB 段加工精度和加工成本是互相适应的，属于经济精度的范围。

各种加工方法都有一个经济加工精度和经济表面粗糙度范围。选择表面加工方法时，应使工件的加工要求与之相适应，各种加工方法的经济加工精度和经济表面粗糙度可查阅有关工艺手册。

还须指出，经济加工精度的数值不是一成不变的，随着科学技术的发展、工艺的改进和设备及工艺装备的更新，经济加工精度会逐步提高。

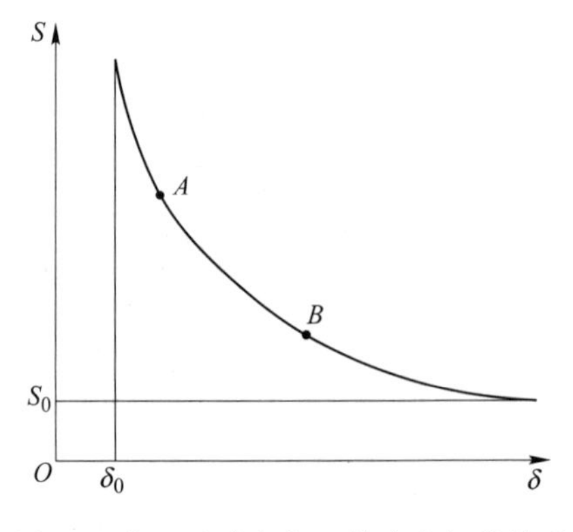

图 4-8　加工成本与加工精度之间的关系

4.1.3.2　加工方法和加工方案的选择

零件表面的加工方法，首先取决于加工表面的技术要求。但应注意，这些技术要求不一定就是零件图所规定的要求，有时还可能由于工艺上的原因而在某些方面高于零件图上的要求。如由于基准不重合而提高对某些表面的加工要求，或由于被作为精基准而可能对其提出更高的加工要求。

当明确了各加工表面的技术要求后，即可据此选择能保证该要求的最终加工方法，并确定需几个工序和各工序的加工方法。所选择的加工方法，在保证零件达到图纸要求方面应当是稳定而可靠的，并在生产率和加工成本方面是最经济合理的。选择加工方法和加工方案时常常根据经验或查表来确定，再根据实际情况或通过工艺试验进行修改。

由表 4-1～表 4-4 中的数据可知，满足同样精度要求的加工方法有若干种，所以选择时还应该考虑下列因素：

（1）要考虑被加工材料和热处理要求。例如，淬火钢用磨削的方法加工；而有色金属则磨削困难，一般采用金刚镗或高速精密车削的方法进行精加工。

表 4-1　外圆表面加工方案及其经济精度

加 工 方 案	加工经济精度	表面粗糙度/μm	适 用 范 围
粗车 └→半精车 └→精车 └→滚压(或抛光)	IT11～13 IT8～9 IT7～8 IT6～7	50～100 3.2～6.3 0.8～1.6 0.08～2.0	适用于除淬火钢以外的金属材料
粗车→半精车→磨削 └→粗磨→精磨 └→超精磨	IT6～7 IT5～7 IT5	0.40～0.80 0.10～0.40 0.012～0.10	除不宜用于有色金属外，主要适用于淬火钢件加工
粗车→半精车→精车→金刚石车	IT5～6	0.025～0.40	主要适用于有色金属
粗车→半精车→粗磨→精磨→镜面磨 └→精车→精磨→研磨 └→粗研→抛光	IT5 以上 IT5 以上 IT5 以上	0.025～0.20 0.05～0.10 0.025～0.40	主要适用于高精度要求的钢件加工

表 4-2 内孔表面加工方案及其经济精度

加工方案	加工经济精度	表面粗糙度/μm	适用范围
钻	IT11~13	≥50	加工未淬火钢及其铸铁的实心毛坯，也可用于加工有色金属（所得表面粗糙度 *Ra* 值稍大）
钻→扩	IT10~11	25~50	
钻→扩→铰	IT8~9	1.60~3.20	
钻→扩→粗铰→精铰	IT7~8	0.80~1.60	
钻→铰	IT8~9	1.60~3.20	
钻→粗铰→精铰	IT7~8	0.80~1.60	
钻→(扩)→拉	IT7~8	0.80~1.60	大批、大量生产（精度可由拉刀精度而定），如校正拉削后，则 *Ra* 可降低到 0.20~0.40
粗镗(或扩)	IT11~13	25~50	除淬火钢外的各种钢材，毛坯上已有铸出或锻出的孔
粗镗(或扩)→半精镗(或精扩)	IT8~9	1.60~3.20	
粗镗(或扩)→半精镗(或精扩)→精镗(或铰)	IT7~8	0.80~1.60	
粗镗(或扩)→半精镗(或精扩)→精镗(或铰)→浮动镗	IT6~7	0.20~0.40	
粗镗(扩)→半精镗→磨	IT7~8	0.20~0.80	主要适用于淬火钢，不宜用于有色金属
粗镗(扩)→半精镗→粗磨→精磨	IT6~7	0.10~0.20	
粗磨→半精磨→精磨→金刚镗	IT6~7	0.05~0.20	主要适用于精度高的有色金属
钻→(扩)→粗铰→精铰→珩磨	IT6~7	0.025~0.20	精度要求很高的孔，若以研磨代替珩磨，精度可达 IT6 以上，*Ra* 可降低到 0.1~0.01
钻→(扩)→拉→珩磨	IT6~7	0.025~0.20	
粗镗→半精镗→精镗→珩磨	IT6~7	0.025~0.20	

表 4-3 平面加工方案及其经济精度

加工方案	加工经济精度	表面粗糙度/μm	适用范围
粗车	IT11~13	≥50	适用于工件的端面加工
粗车→半精车	IT8~9	3.20~6.30	
粗车→半精车→精车	IT7~8	0.80~1.60	
粗车→半精车→磨	IT5~7	0.20~0.80	
粗刨(或粗铣)	IT11~13	≥50	适用于不淬硬的平面（用端铣加工，可得较低的粗糙度值）
粗刨(或粗铣)→精刨(或精铣)	IT7~9	1.60~3.20	
粗刨(或粗铣)→精刨(或精铣)→刮研	IT5~6	0.10~0.80	
粗刨(或粗铣)→精刨(或精铣)→宽刃精刨	IT6~7	0.20~0.80	批量较大，宽刃精刨效率高
粗刨(或粗铣)→精刨(或精铣)→磨	IT6~7	0.20~0.80	适用于要求较高的平面加工
粗刨(或粗铣)→精刨(或精铣)→粗磨→精磨	IT5~6	0.025~0.40	
粗铣→拉	IT6~9	0.20~0.80	适用于大量生产中加工较小的不淬火平面
粗铣→精铣→磨→研磨	IT5~6	0.025~0.20	适用于高精度平面的加工
粗铣→精铣→磨→抛光	IT5 以上	0.025~0.10	

表 4-4 各种机床加工时的形位精度（表中括号内的数字是新机床的精度标准）

机床类型			圆度/mm	圆柱度/mm·mm^{-1}	直线度/mm·mm^{-1}
普通车床	最大加工直径/mm	≤400	0.02(0.01)	0.015(0.01)/100	0.03(0.015)/200 0.04(0.02)/300 0.05(0.025)/400 0.06(0.03)/500 0.08(0.04)/600 0.12(0.06)/800 0.16(0.08)/1000
		≤800	0.03(0.015)	0.05(0.03)/300	
		≤1600	0.04(0.02)	0.06(0.04)/300	
提高精度车床			0.01(0.005)	0.02(0.01)/150	0.02(0.01)/200
外圆磨床	最大磨削直径/mm	≤200	0.006(0.004)	0.011(0.007)/500	
		≤400	0.008(0.005)	0.02(0.01)/1000	
		≤800	0.012(0.007)	0.025(0.015)/全长	

机床类型	钻孔的偏斜度/mm·mm^{-1}	
	划线法	钻模法
立式钻床	0.3/100	0.1/100
摇臂钻床	0.3/100	0.1/100

机床类型			圆度/mm	圆柱度/mm·mm^{-1}	直线度（凹入）/mm·mm^{-1}	孔轴心线的平行度/mm·mm^{-1}	孔与端面的垂直度/mm·mm^{-1}
卧式镗床	镗杆直径/mm	≤100	外圆 0.05(0.025) 孔 0.04(0.02)	0.04 (0.02)/200	0.04 (0.02)/300	0.05 (0.03)/300	0.05 (0.03)/300
		≤160	外圆 0.05(0.03) 孔 0.05(0.025)	0.05 (0.03)/300	0.05 (0.03)/500		
		>160	外圆 0.05(0.03) 孔 0.05(0.025)	0.06 (0.04)/400			
内圆磨床	最大直径/mm	≤50	0.008(0.005)①	0.008(0.005)/200	0.009(0.005)①		0.015(0.008)①
		≤200	0.015(0.008)①	0.015(0.008)/200	0.013(0.008)①		0.018 (0.01)①
立式金刚镗床			0.008(0.005)	0.02(0.01)/300			0.03 (0.02)/300

机床类型			直线度/mm·mm^{-1}	平行度（加工面对基准面）/mm·mm^{-1}	垂直度	
					加工面对基准面/mm·mm^{-1}	加工面相互间/mm·mm^{-1}
卧式铣床			0.06(0.04)/300	0.06(0.04)/300	0.04(0.02)/150	0.05(0.03)/300
立式铣床			0.06(0.04)/300	0.06(0.04)/300	0.04(0.02)/150	0.05(0.03)/300
龙门铣床	最大加工宽度/mm	≤2000	0.05(0.03)/1000	0.05(0.03)/2000 0.07(0.05)/4000 0.10(0.06)/6000 0.13(0.08)/8000		0.06(0.04)/300
		> 2000				0.10(0.06)/500
插床	最大插削长度/mm	≤200	0.05(0.025)/300		0.05(0.025)/300	0.05(0.025)/300
		≤500	0.05(0.03)/300		0.05(0.03)/300	0.05(0.03)/300
		≤800	0.06(0.04)/500		0.06(0.04)/500	0.06(0.04)/500
		≤1250	0.07(0.05)/500		0.07(0.05)/500	0.07(0.05)/500

续表 4-4

机床类型		直线度 /mm·mm^{-1}	平行度（加工面对基准面）/mm·mm^{-1}	垂直度	
				加工面对基准面 /mm·mm^{-1}	加工面相互间 /mm·mm^{-1}
平面磨床	立轴矩台，卧轴矩台		0.02(0.015)/1000		
	卧轴矩台（提高精度）		0.009(0.005)/500		0.01(0.005)/100
	卧轴圆台		0.02(0.01)/工作台直径		
	立轴圆台		0.03(0.02)/1000		

①工件长度大于 1/2 机床最大磨削长度，但小于 200mm。

（2）要考虑工件的结构形状和尺寸大小。例如，回转零件上的孔可以采用车削或磨削等方法加工，而箱体上 IT7 级公差的孔，一般就不宜采用车削或磨削，通常采用镗削或铰削加工。孔径小的宜用铰孔，孔径大或长度较短的孔则宜用镗孔。

（3）要考虑生产纲领，即考虑生产率和经济性问题。例如：大批大量生产时，应采用高效率的先进工艺，如平面和孔的加工采用拉削代替普通的刨、铣、镗等加工方法；单件小批生产时，尽量采用通用设备，避免采用非标准的专用刀具加工，如平面加工一般采用铣削或刨削。甚至可以从根本上改变毛坯的制造方法，如用粉末冶金来制造油泵齿轮，用石蜡熔模铸造柴油机上的小零件等，均可大大减少机械加工的劳动量。

（4）应考虑本厂的现有设备和生产条件。在选择加工方法时，首先根据零件主要表面的技术要求和工厂具体条件，先选定它的最终工序方法，然后再逐一选定该表面各有关前道工序的加工方法。此外，还应考虑设备载荷的平衡。

（5）充分考虑利用新工艺、新技术的可能性，提高工艺水平。

（6）特殊要求，如表面纹路方向的要求，铰削和镗削孔的纹路方向与拉削的纹路方向不同，应根据设计的特殊要求选择相应的加工方法。

4.1.4 加工阶段的划分

当零件精度要求较高或结构较为复杂，为保证零件的加工质量和合理地使用设备、人力，零件往往不可能在一个工序内完成全部工作，而必须将工件的机械加工划分为若干阶段。一般零件的加工都要经过粗加工、半精加工和精加工等三个阶段；如果零件的加工精度要求特别高、表面粗糙度要求特别小时，还要经过精整和光整加工阶段。各个加工阶段的主要任务是：

（1）粗加工阶段：高效地切除各加工表面或主要加工面的大部分加工余量，使毛坯在形状和尺寸上接近成品零件，同时要加工出精基准。本阶段以提高生产率为主。

（2）半精加工阶段：切除粗加工后留下的误差和可能产生的缺陷，使被加工工件达到一定精度，为主要表面的精加工作准备，并完成一些次要表面的加工，例如钻孔、攻螺纹、铣键槽等。

（3）精加工阶段：保证各主要表面达到零件图所规定的技术要求。

（4）精整和光整加工阶段：对于精度要求很高（IT5 以上）、表面粗糙度值要求很小（$Ra<0.2\mu m$）的表面，尚需安排精整和光整加工阶段，其主要任务是减小表面粗糙度和

进一步提高尺寸精度和形状精度，但一般没有提高表面间位置精度的作用。

将零件的加工过程划分加工阶段的主要目的是：

（1）保证零件加工质量。粗加工阶段要切除加工表面上的大部分余量，切削力和切削热量都比较大，装夹工件所需夹紧力亦较大，被加工工件会产生较大的受力变形和受热变形；此外，粗加工阶段从工件上切除大部分余量后，残存在工件中的内应力要重新分布，也会使工件产生变形。如果加工过程不划分阶段，把各个表面的粗、精加工工序混在一起交错进行，那么安排在工艺过程前期通过精加工工序获得的加工精度势必会被后续的粗加工工序所破坏，这是不合理的。加工过程划分为几个阶段以后，粗加工阶段产生的加工误差，可以通过半精加工和精加工阶段逐步予以修正，从而使零件的加工质量容易得到保证。

（2）便于安排热处理工序。使冷、热加工工序配合得更好。例如，粗加工后零件残余应力大，可安排时效处理，消除残余应力，而热处理引起的变形又可在精加工中消除等。

（3）有利于及早发现毛坯缺陷并得到及时处理。粗加工各表面后，由于切除了各加工表面的大部分加工余量，可及早发现毛坯的缺陷（气孔、砂眼、裂纹和加工余量不够），以便及时报废或修补，不会浪费后续精加工工序的制造费用。

（4）有利于合理利用机床设备。粗加工工序需选用功率大、精度不高的机床加工，精加工工序则应选用高精度机床加工。在高精度机床上安排做粗加工工作，机床精度会迅速下降，所以将某一表面的粗、精加工工作安排在同一机床上加工是不合理的。

应当指出，将工艺过程划分为几个阶段进行是对整个加工过程而言的，不能拘泥于某一表面的加工，例如，工件的定位基准，在半精加工阶段（有时甚至在粗加工阶段）中就需要加工得很精确；而在精加工阶段中安排某些钻、攻螺纹孔之类的粗加工工序也是常见的。

当然，划分加工阶段并不是绝对的。在高刚度高精度机床设备上加工刚性好、加工精度要求不特别高或加工余量不太大的工件就可以不必划分加工阶段。有些精度要求不太高的重型零件，由于运送和装夹工件费时费工，一般也不划分加工阶段，而是在一个工序中完成全部粗加工和精加工工作。在上述加工中，为减少夹紧变形对工件加工精度的影响，一般都在粗加工后松开夹紧装置，然后用较小的夹紧力重新夹紧工件，继续进行精加工，这对提高工件加工精度有利。

4.1.5 工序的集中与分散

确定加工方法之后，就要按零件加工的生产类型和工厂（车间）具体条件确定工艺过程的工序数。确定零件加工过程工序数有两种截然不同的原则，一种是工序集中原则，另一种是工序分散原则。所谓工序集中，就是使每个工序所包括的加工内容尽量多些，组成一个集中工序，因而使总的工序数目减少，夹具的数目和工件的安装次数也相应地减少；最大限度的工序集中就是在一个工序内完成工件所有表面的加工。所谓工序分散，就是使每个工序所包括的加工内容尽量少些，因此每道工序的工步少，工艺路线长；最大限度的工序分散就是使每个工序只包括一个简单工步。

工序集中的特点是：

（1）有利于采用自动化程度较高的高效率机床和工艺装备，生产效率高。

（2）工序数少、缩短了工艺过程，简化了生产计划和生产组织调度工作。

（3）减少了设备数量，相应地减少了操作工人人数和生产面积。

（4）减少了工件装夹次数，不仅缩短了辅助时间，而且由于在一次装夹中加工了许多表面，有利于保证各加工表面之间的相互位置精度要求。

（5）机床设备、工艺装备的投资大，调整和维修费事，生产准备工作量大。

工序分散的特点是：

（1）所用机床和工艺装备简单，易于调整，生产准备工作量少，又易于平衡工序时间，容易适应产品的变换。

（2）工序数多、设备数多、操作工人多，占用生产面积大。

（3）对操作工人的技术水平要求不高。

工序集中和工序分散各有特点，生产上都有应用。实际生产中，应当根据生产规模、零件的结构特点和技术要求、机床设备等具体生产条件综合分析，以便决定采用哪一种原则来安排工序。传统的以专用机床、组合机床为主体组建的流水生产线、自动生产线基本是按工序分散原则组织工艺过程的，这种组织方式可以实现高生产率生产，但对产品改型的适应性较差，转产比较困难。采用数控机床和加工中心加工零件大都是按工序集中原则组织工艺过程，虽然设备的一次性投资较高，但由于可重组生产的能力较强，生产适应性好，转产相对容易，仍然受到愈来愈多的重视。

4.1.6 加工顺序的安排

复杂工件的机械加工工艺路线主要经过切削加工、热处理和辅助工序。因此，在拟定工序路线时，工艺人员要全面地把切削加工、热处理和辅助工序三者一起加以考虑。

4.1.6.1 机械加工工序的安排原则

机械加工工序先后顺序的安排，一般应遵循以下几个原则：

（1）基准先行。即先加工定位基面，再加工其他表面。这条原则有两个含义：1）工艺路线开始安排加工的面应该是选作定位基准的精基准面，然后再以精基准定位加工其他表面；2）为保证一定的定位精度，当加工面的精度很高时，精加工前一般应先精修一下精基准。例如，在轴加工时，同轴度要求较高的几个台阶圆柱面的加工，从粗车、精车一直到精磨，全是用顶尖孔做基准来定位的。为了减少几次转换装夹带来的定位误差，应使顶尖孔有足够高的精度，为此常把顶尖孔提高到 IT6 级精度和 $Ra0.01 \sim 0.02\mu m$ 的表面粗糙度，并在热处理之后精加工之前安排修研顶尖孔工序。

（2）先主后次。即先加工主要表面，后加工次要表面。这里所说的主要表面是指：设计基准面、主要工作面；而次要表面是指键槽、螺孔等其他表面。次要表面和主要表面之间往往有相互位置要求，所以，要先安排主要表面加工，使其具有一定精度后，再安排次要表面加工。例如，机床主轴箱体加工时，主轴孔端面上的轴承盖螺钉孔对主轴孔有位置要求，就应排在主轴孔半精加工之后加工，因为加工这些次要表面时，切削力、夹紧力小，一般不影响主要表面的精度。

（3）先粗后精。即先安排粗加工工序，后安排精加工工序。对于精度和表面质量要求较高的零件，其粗精加工应该分开。基准加工好以后，应对精度要求较高的各主要表面进行粗加工、半精加工和精加工。精度要求特别高的表面还需要进行光整加工。主要表面的精加工和光整加工一般放在最后阶段进行，以免受其他工序的影响。

（4）先面后孔。即先加工平面，后加工孔。对于箱体、支架和连杆等工件，应先加工平面后加工孔。这是因为平面的轮廓平整，安放和定位比较可靠，若先加工好平面，就能以平面定位加工孔，保证平面和孔的位置精度。此外，先加工好平面后，给平面上的孔加工也带来方便，使刀具的初始切削条件得到改善。

此外，为了保证零件某些表面的加工质量，常常将最后精加工安排在部件装配之后或总装过程中加工。例如柴油机连杆大头孔，是在连杆体和连杆盖装配好后再进行精镗和珩磨的；车床主轴上连接三爪自定心卡盘的端盖，它的止口及平面需待端盖安装在车床主轴上后再进行最后加工等。

4.1.6.2 热处理工序及表面处理工序的安排

热处理和表面处理工序的安排有以下四种情况：

（1）预备热处理。预备热处理的目的是消除毛坯制造过程中所产生的内应力，改善金属材料的切削加工性能，为最终热处理作准备。属于预备热处理的有退火、正火等，一般安排在粗加工前后。安排在粗加工前，可改善材料的切削加工性能；安排在粗加工后，有利于消除残余内应力。

（2）最终热处理。最终热处理的目的是提高金属材料的力学性能，如提高零件的硬度和耐磨性等。属于最终热处理的有淬火—回火工序、渗碳淬火—回火、渗氮等，对于仅仅要求改善力学性能的工件，有时正火、调质等也作为最终热处理。最终热处理一般应安排在粗加工、半精加工之后，精加工的前后。变形较大的热处理，如渗碳淬火、调质等，应安排在精加工前进行，以便精加工时纠正热处理的变形；变形较小的热处理，如渗氮等，则可安排在精加工之后进行。

（3）时效处理。时效处理的目的是消除内应力，减小工件变形。时效处理分自然时效、人工时效和冰冷处理 3 大类。所谓自然时效就是将工件在露天放置几个月到几年时间，让工件在自然界经受日晒雨淋的“锤炼”，使材料组织内部应力松弛并逐渐趋于稳定；人工时效，就是将工件以 50~100℃/h 的速度加热到 500~550℃，保温 3~5h，然后以 20~50℃/h 的速度随炉冷却；冰冷处理是指将零件置于 0~-80℃之间的某种气体中停留 1~2h。

时效处理一般安排在粗加工之后、精加工之前；对于精度要求较高的零件可在半精加工之后再安排一次时效处理；冰冷处理一般安排在回火处理之后、精加工之后或工艺过程的最后。为了减少机械加工车间与热处理车间之间的运输工作量，对于加工精度要求不高的工件也可安排在粗加工之前进行。对于机床床身、立柱等结构较为复杂的铸件，在粗加工前后均须安排时效处理工序（人工时效或自然时效），使材料组织稳定，日后不再有较大的变形产生。

（4）表面处理。为了提高工件表面耐磨性、耐蚀性或表面装饰，有时需要对表面进行涂镀或发蓝发黑等处理。这种表面处理通常安排在工艺过程的最后，或精加工前。

4.1.6.3 其他工序的安排

为保证零件制造质量，防止产生废品，需在下列场合安排检验工序：（1）粗加工全部结束之后；（2）送往外车间加工的前后；（3）工时较长工序和重要工序的前后；（4）最终加工之后，除了安排几何尺寸检验工序之外，有的零件还要安排探伤、密封、称重、平衡等检验工序。

零件表层或内腔的毛刺对机器装配质量影响甚大，切削加工之后，应安排去毛刺工序。由于工件内孔、箱体内腔易存留切屑，零件在进入装配之前，一般都应安排清洗工序；研磨、珩磨等光整加工工序之后，微小磨粒易附着在工件表面上，要注意清洗；对于重要的受力零件，在最后要安排探伤工序；在用磁力夹紧的工序之后，要安排去磁工序，不让带有剩磁的工件进入装配线。

4.2　工序内容的确定

工艺路线拟定之后要进行工序设计，确定各工序的具体内容。本节先介绍有关加工余量的概念，然后分析工序余量及工序尺寸的确定方法。另外机床及工艺装备的确定、切削用量和时间定额的确定也将在本节一一叙述。

4.2.1　工序余量及工序尺寸的确定

4.2.1.1　加工余量

在机械加工过程中，为了使零件表面达到精度和表面质量的要求，一般对毛坯表面进行一次或若干次加工。每次加工须有适当的材料被切除，以修正加工表面上原有的各种误差和表面缺陷。毛坯上留作加工用的材料层称为加工余量，其中，留给每道工序切除的材料的厚度，称为工序余量 Z_i；留给该表面切除的总的材料层厚度，称为该表面的加工总余量 Z_0。

4.2.1.2　工序余量

工序余量 Z_i 为某表面加工相邻两工序尺寸之差。总余量 Z_0 与工序余量 Z_i 的关系可用下式表示：

$$Z_0 = \sum_{1}^{n} Z_i \tag{4-1}$$

式中，n 为某一表面所经历的工序数。

（1）根据零件结构的不同，工序余量有单边余量和双边余量之分（见图 4-9）。

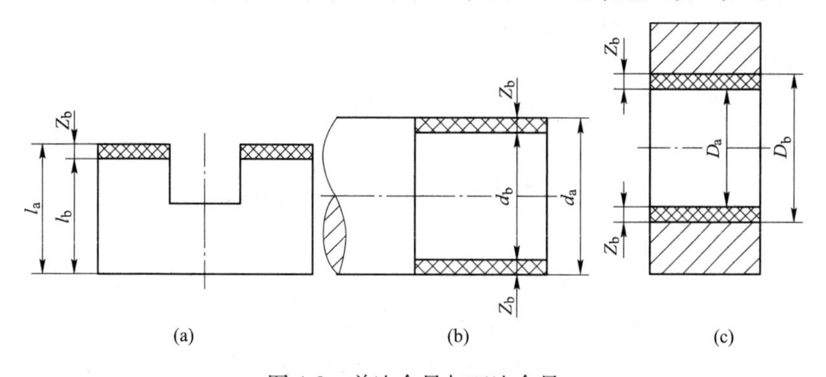

图 4-9　单边余量与双边余量

1）单边余量：非对称结构的非对称表面的加工余量，称为单边余量，用 Z_b 表示。

$$Z_b = l_a - l_b \tag{4-2}$$

式中，Z_b 为本工序的工序余量；l_b 为本工序的基本尺寸；l_a 为上工序的基本尺寸。

2）双边余量：对称结构的对称表面的加工余量，称为双边余量。对于外圆与内孔这样的对称表面，其加工余量用双边余量 $2Z_b$ 表示。

对于外圆表面有：

$$2Z_b = d_a - d_b \tag{4-3}$$

对于内孔表面有：

$$2Z_b = D_b - D_a \tag{4-4}$$

（2）由于工序尺寸有偏差，故各工序实际切除的余量值是变化的，因此，工序余量又有公称余量 Z_0（简称余量）、最大余量 Z_{max}、最小余量 Z_{min}之分（见图 4-10）。

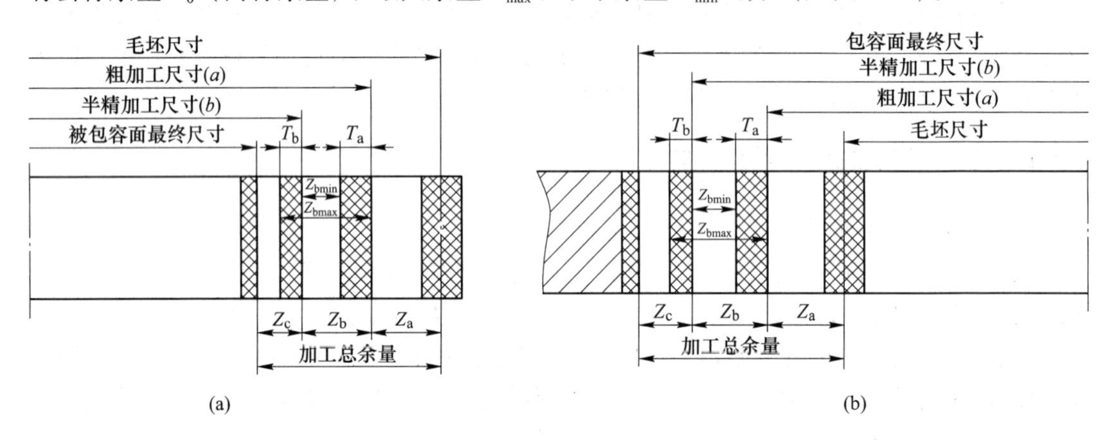

图 4-10　加工总余量、工序余量与工序尺寸的关系

（a）被包容面；（b）包容面

1）最小余量：最小余量就是保证该工序加工表面精度和表面质量所需切除材料层的最小厚度。加工外表面时，最小余量是上工序最小工序尺寸和本工序最大工序尺寸之差。

2）最大余量：加工外表面时，最大余量是上工序最大工序尺寸和本工序最小工序尺寸之差。

3）公称余量 Z：公称余量是相邻两工序基本尺寸之差。

对于被包容面：

$$Z = \text{上道工序基本尺寸}(a) - \text{本道工序基本尺寸}(b) \tag{4-5}$$

对于包容面：

$$Z = \text{本道工序基本尺寸}(b) - \text{上道工序基本尺寸}(a) \tag{4-6}$$

公称余量的变动范围：

$$T_Z = Z_{max} - Z_{min} = T_b + T_a \tag{4-7}$$

式中，T_b 为本工序尺寸公差；T_a 为上工序尺寸公差。

工序尺寸偏差一般按“入体原则”标注。对被包容尺寸（例如轴径），上偏差为 0，其最大尺寸就是基本尺寸；对包容尺寸（例如孔径、槽宽），下偏差为 0，其最小尺寸就是基本尺寸。

正确规定加工余量的数值是十分重要的，加工余量规定得过大，不仅浪费材料而且耗费机时、刀具和电力；但加工余量也不能规定得过小，如果加工余量留得过小，则本工序加工就不能完全切除上工序留在加工表面上的缺陷层，因而也就没有达到设置这道工序的目的。

4.2.1.3 影响加工余量的因素

为了合理确定加工余量，必须深入了解影响加工余量的各项因素。影响加工余量的因素有以下四个方面：

（1）上工序留下的表面粗糙度值 R_z（表面轮廓的最大高度）和表面缺陷层深度 H_a。本工序必须把上工序留下的表面粗糙度和表面缺陷层全部切去，如果连上一道工序残留在加工表面上的表面粗糙度和表面缺陷层都清除不干净，那就失去了设置本工序的意义了，由此可知，本工序加工余量必须包括 R_z 和 H_a 这两项因素。

（2）上工序的尺寸公差 T_a。由于上工序加工表面存在尺寸误差，为了使本工序能全部切除上工序留下的表面粗糙度 R_z 和表面缺陷层 H_a，本工序加工余量必须包括 T_a 项。

（3）T_a 值没有包括的上工序留下的空间位置误差 e_a。工件上有一些形状误差和位置误差是没有包括在加工表面的上工序尺寸公差范围之内的（例如图 4-11 中轴类零件的轴心线弯曲误差 e_a 就没有包括在轴径公差 T_a 内），在确定加工余量时，必须考虑它们的影响，否则本工序加工将无法全部切除上工序留在加工表面上的表面粗糙度和缺陷层。

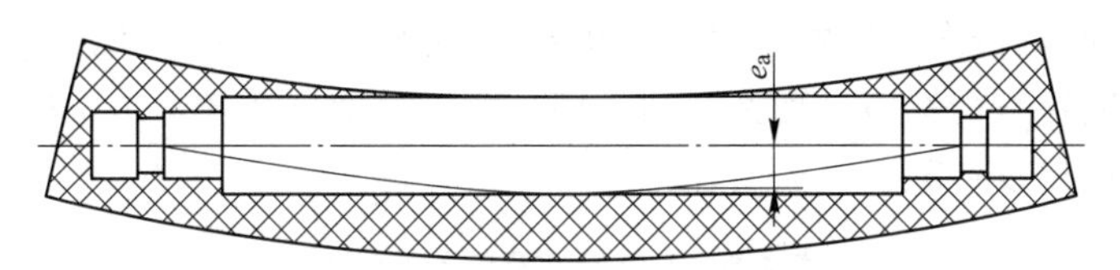

图 4-11 轴线弯曲误差对加工余量的影响

（4）本工序的装夹误差 ε_b。如果本工序存在装夹误差 ε_b（包括定位误差、夹紧误差），则在确定本工序加工余量时还应考虑 ε_b 的影响。

为保证本工序能切除上工序留在加工表面上的表面粗糙度和缺陷层，本工序应设置的工序余量值 Z_b 为：

对于单边余量：
$$Z_b \geqslant T_a + R_z + H_a + |e_a + \varepsilon_b| \tag{4-8}$$

对于双边余量：
$$2Z_b \geqslant T_a + 2(R_z + H_a) + 2|e_a + \varepsilon_b| \tag{4-9}$$

4.2.1.4 加工余量的确定方法

通常，加工余量确定方法有计算法、查表法和经验估计法三种。

（1）计算法。在掌握上述各影响因素具体数据的条件下，用计算法确定加工余量是比较科学的；可惜的是，目前所积累的统计资料尚不多，计算有困难，此法目前应用较少。

（2）经验估计法。这种方法是由具有丰富经验的工程技术人员和工人估计确定工件表面的总余量和工序间余量，估计时可参考类似工件表面的余量大小。由于主观上有怕出废品的思想，故所估计的加工余量一般都偏大，此法只用于单件小批生产。

（3）查表法。此法以工厂生产实践和实验研究积累的数据为基础制定的各种表格为依据，再结合实际加工情况加以修正。用查表法确定加工余量，方法简便，比较接近实际，生产上广泛应用。

4.2.1.5 工序尺寸的确定

零件图上所标注的尺寸公差是零件加工最终所要求达到的尺寸要求，工艺过程中许多中间工序的尺寸公差，必须在设计工艺规程中予以确定。在确定工序尺寸及其公差时，有工艺基准与设计基准重合和不重合两种情况，在两种情况下工序尺寸及其公差的计算是不同的。

A 定位基准与工序基准重合时工序尺寸的确定

在加工过程中，多数情况属于基准重合。此时，可按如下方法确定各工序尺寸和公差：

（1）确定该加工表面的总余量，再根据加工工艺路线确定各工序的加工余量，并核对第一道工序的加工余量是否合理。

（2）从最终加工工序开始，即从设计尺寸开始，逐次加上（对于被包容面）或减去（对于包容面）每道工序的加工余量，可分别得到各工序的基本尺寸。

（3）除最终加工工序取设计尺寸公差外，其余各工序按各自采用的加工方法所对应的加工经济精度确定工序尺寸公差和粗糙度。

（4）除最终加工工序按图纸标注公差外，其余各工序按“入体原则”标注工序尺寸公差。

现以查表法确定余量以及各加工方法的经济精度和相应公差值。例如某零件孔的设计要求为 $\phi100^{+0.035}_{0}$mm，表面粗糙度值 $Ra=0.08\mu m$，毛坯材料为 HT200，其加工工艺路线为毛坯→粗镗→半精镗→精镗→浮动镗。则毛坯总加工余量与其公差、工序余量以及工序的经济精度和公差值见表 4-5。

表 4-5 工序尺寸及公差的计算

工序名称	工序加工余量	基本工序尺寸	工序加工精度等级及工序尺寸公差	工序尺寸及公差
浮动镗	0.1	100	H7（$^{+0.035}_{0}$）	$\phi100^{+0.035}_{0}$
精镗	0.5	100−0.1=99.9	H8（$^{+0.054}_{0}$）	$\phi99.9^{+0.054}_{0}$
半精镗	2.4	99.9−0.5=99.4	H10（$^{+0.14}_{0}$）	$\phi99.4^{+0.14}_{0}$
粗镗	5	99.4−2.4=97	H13（$^{+0.54}_{0}$）	$\phi97^{+0.54}_{0}$
毛坯	加工总余量=8	97−5=92	±1.2	$\phi92\pm1.2$
数据确定方法	查表确定	第一项为图样规定尺寸，其余计算得到	第一项图样规定，毛坯公差查表，其余按经济加工精度及入体原则确定	

B 定位基准与工序基准不重合时工序尺寸的确定

当定位基准和工序基准不重合时，工序尺寸及其公差一般需要通过解算工艺尺寸链确定，见本章 4.3 节工序尺寸及公差的确定。

4.2.2 机床及工艺装备的确定

正确选择机床设备是一件很重要的工作，它不但直接影响工件的加工质量，而且还影响工件的加工效率和制造成本。所以应从以下几点考虑：

（1）机床设备的尺寸规格应与工件的形体尺寸相适应。

（2）机床设备的精度等级应与本工序加工要求相适应。

（3）机床设备的自动化程度和生产效率应与工件生产类型相适应。

（4）电动机功率应与本工序加工所需功率相适应。

（5）确定机床设备应立足于国内，必须进口的机床设备，须经充分论证，严格履行审批手续。

如果工件尺寸太大（或太小）或工件的加工精度要求过高，没有现成的机床设备可供选择时，可以考虑采用自制专用机床，可根据工序加工要求提出专用机床设计任务书，机床设计任务书应附有与该工序加工有关的一切必要的数据资料，包括工序尺寸、公差及技术条件，工件的装夹方式，该工序加工所用切削用量、工时定额、切削力、切削功率以及机床的总体布置形式等。

工艺装备的确定将直接影响工件的加工精度、生产效率和制造成本，应根据不同情况适当选择。在中小批生产条件下，应首先考虑选用通用工艺装备（包括夹具、刀具、量具和辅具）；在大批大量生产中，可根据加工要求设计制造专用工艺装备。使用数控机床加工时费用高，为充分发挥数控机床的作用，宜选用机械夹固不重磨刀具和耐磨性特别好的刀具，例如，硬质合金涂层刀具、立方氮化硼刀具和人造金刚石刀具等，以减少更换刀具和预调刀具的时间，数控加工所用刀具寿命至少应保证能将一个工件加工完。

此外，机床设备和工艺装备的确定不仅要考虑设备投资的当前效益，还要考虑产品改型及转产的可能性，应使其具有更大的柔性。

4.2.3 切削用量的确定

切削用量包括主轴转速、背吃刀量及进给速度等。对于不同的加工方法，需要选用不同的切削用量。切削用量的选择原则是：保证零件加工精度和表面粗糙度，充分发挥刀具切削性能，保证合理的刀具寿命；并充分发挥机床的性能，最大限度提高生产率，降低成本。

4.2.3.1 主轴转速的确定

主轴转速应根据允许的切削速度和工件（或刀具）直径来选择。其计算公式为：

$$n = 1000v/\pi D \tag{4-10}$$

式中，v 为切削速度，m/min，由刀具的寿命决定；n 为主轴转速，r/min；D 为工件直径或刀具直径，mm。

计算的主轴转速 n 最后要根据机床说明书选取机床有的或较接近的转速。

4.2.3.2 进给速度的确定

进给速度是切削用量中的重要参数，主要根据零件的加工精度和表面粗糙度要求以及刀具、工件的材料性质选取。最大进给速度受机床刚度和进给系统的性能限制。

确定进给速度的原则：

（1）当工件的质量要求能够得到保证时，为提高生产效率，可选择较高的进给速度，一般在 100~200mm/min 范围内选取。

（2）在切断、加工深孔或用高速钢刀具加工时，宜选择较低的进给速度，一般在 20~50mm/min 范围内选取。

（3）当加工精度，表面粗糙度要求高时，进给速度应选小些，一般在 20~50mm/min 范围内选取。

4.2.3.3 背吃刀量的确定

背吃刀量根据机床、工件和刀具的刚度来决定，在刚度允许的条件下，应尽可能使背吃刀量等于工序的加工余量，这样可以减少走刀次数，提高生产效率。为了保证加工表面质量，可留少量精加工余量，一般为 0.2~0.5mm。

总之，切削用量的具体数值应根据机床性能、相关的手册并结合实际经验用类比方法确定。同时，使主轴转速、进给速度及背吃刀量三者能相互适应，以形成最佳切削用量。

4.2.4 时间定额的确定

所谓时间定额是指在一定生产条件下规定生产一件产品或完成一道工序所消耗的时间。时间定额是安排作业计划、进行成本核算的重要依据，也是设计或扩建工厂（或车间）时计算设备和工人数量的依据。

时间定额一般是由技术人员通过计算或类比的方法或者通过对实际操作时间的测定和分析的方法来确定的。合理制定时间定额能促进工人的积极性和创造性，对保证产品质量、提高劳动生产率、降低生产成本具有重要意义。

时间定额由基本时间（T_j）、辅助时间（T_f）、布置工作地时间（T_w）、休息和生理需要时间（T_x）和准备与终结时间（T_z）组成。

（1）基本时间 T_j。直接改变生产对象的尺寸、形状、性能和相对位置关系所消耗的时间称为基本时间。对切削加工、磨削加工而言，基本时间就是去除加工余量所花费的时间。基本时间可以根据切削用量和行程长度来计算。

（2）辅助时间 T_f。为实现基本工艺工作所作的各种辅助动作所消耗的时间，称为辅助时间；例如，装卸工件、开停机床、改变切削用量、测量加工尺寸、引进或退回刀具等动作所花费的时间。

确定辅助时间的方法与零件生产类型有关。在大批大量生产中，为使辅助时间规定的合理，须将辅助动作进行分解，然后通过实测或查表求得各分解动作时间，再累积相加；在中小批生产中，一般用基本时间的百分比进行估算。

（3）布置工作地时间 T_w。为使加工正常进行，工人为照管工作地（例如更换刀具、润滑机床、清理切屑、收拾工具等）所消耗的时间，称为布置工作地时间，又称工作地服务时间。一般按作业时间的 2%~7%估算。

（4）休息和生理需要时间 T_x。工人在工作班内为恢复体力和满足生理需要所消耗的时间，称为休息和生理需要时间，一般按作业时间的 2%~4%估算。

以上 4 部分时间的总和称为单件时间定额 T_d，即：

$$T_d = T_j + T_f + T_w + T_x \tag{4-11}$$

（5）准备与终结时间 T_z。为生产一批零件，进行准备和结束工作所消耗的时间，称为准备与终结时间。主要指的是熟悉工艺文件、领取毛坯、安装夹具、调整机床、拆卸夹具等所消耗的时间。它的计算方法根据经验进行估算。准备与终结时间对一批工件（n 件）来说只消耗 1 次，故分摊到每个零件上的时间为 T_z/n。

批量生产时单件时间定额 T_h 为上述时间之和，即：

$$T_h = T_j + T_f + T_w + T_x + T_z/n \tag{4-12}$$

4.3　工序尺寸及公差的确定

机械加工过程的一个主要任务是确保零件的各个设计尺寸，另外为了保证每个工步都能够切除一定量的材料，各加工余量也必须确保，而这些设计尺寸和余量是通过机械加工过程中工序尺寸保证的，另外，粗加工余量、零件的加工面与不加工面之间的设计尺寸还与毛坯尺寸有关。因此，为了确保设计尺寸和加工余量，必须找到它们与工序尺寸以及毛坯尺寸之间的关系，即：

$$A_{设余}=f(A_{工毛}) \tag{4-13}$$

式中，$A_{设余}$为设计尺寸及余量；$A_{工毛}$为工序尺寸及毛坯尺寸。

4.3.1　尺寸链的概念

尺寸链是揭示零件加工和装配过程中尺寸间内在联系的重要手段。

图 4-12（a）为一定位套，A_0 与 A_1为零件图上标注的尺寸，当按零件图进行加工时，尺寸 A_0 不便直接测量，但可以通过易于测量的尺寸 A_2进行加工，以间接保证 A_0 的要求。为了确保 A_0 及其公差，就必须分析 A_1、A_2和 A_0 之间的内在关系。

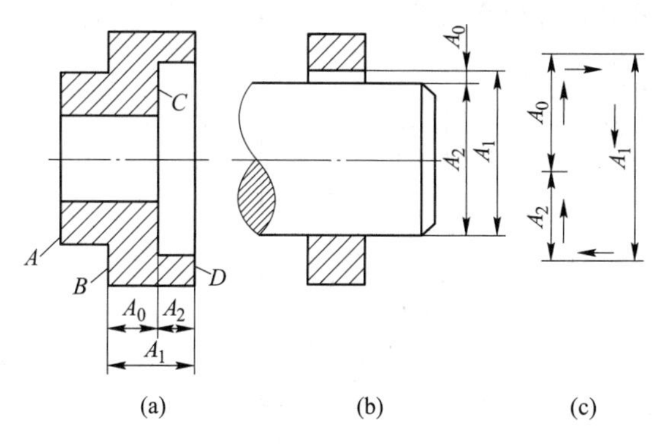

图 4-12　尺寸链示例

图 4-12（b）是一轴装入孔中，其间隙（装配精度）A_0 是装配后间接形成的，必须通过控制轴 A_2和孔 A_1尺寸来间接保证，这也需要分析 A_1、A_2和 A_0 之间的内在关系。

上述内在关系可以用尺寸链理论来揭示。尺寸链是指机器装配、零件加工的过程中，互相联系且按一定顺序排列的封闭尺寸组合，见图 4-12（c），称为尺寸链图。习惯上将尺寸链中的各个尺寸称为环，一个尺寸链由几个尺寸组成就称为几环尺寸链。

4.3.2　尺寸链的基本术语及分类

4.3.2.1　尺寸链的基本术语

（1）封闭环：封闭环是尺寸链中在机器装配或零件加工过程中没有直接获得的尺寸，它的大小是由组成环间接保证的，封闭环一般用 A_0 表示。如图 4-12 中的 A_0。

（2）组成环：组成环是尺寸链中对封闭环有影响的其他各环。组成环又可以分为增环和减环。

1）增环：该组成环的变动将引起封闭环的同向变动，同向变动是指该环增大时封闭环也增大，该环减小时封闭环也减小，用 $\vec{A}_i$ 表示。

2）减环：该组成环的变动将引起封闭环的反向变动，反向变动是指该环增大时封闭环减小，该环减小时封闭环增大，用 $\overleftarrow{A}_i$ 表示。

4.3.2.2　尺寸链的分类

（1）按尺寸链的功能要求分为：

1）工艺尺寸链。加工过程中的各有关工艺尺寸所组成的尺寸链，见图 4-12（a）。

2）装配尺寸链。装配图中各有关零件尺寸所组成的尺寸链，见图 4-12（b）。

（2）按环的几何特征分为：

1）长度尺寸链。指全部环为长度尺寸的尺寸链（图 4-12）。

2）角度尺寸链。指全部环为角度尺寸的尺寸链（图 4-13（b））。

（3）按环的空间位置分为：

1）直线尺寸链。指全部组成环平行于封闭环的尺寸链（图 4-12）。

2）平面尺寸链。指全部组成环位于一个（或几个平行）平面内，但某些组成环不平行于封闭环的尺寸链（图 4-14）。

3）空间尺寸链。指组成环位于几个不平行平面内的尺寸链。

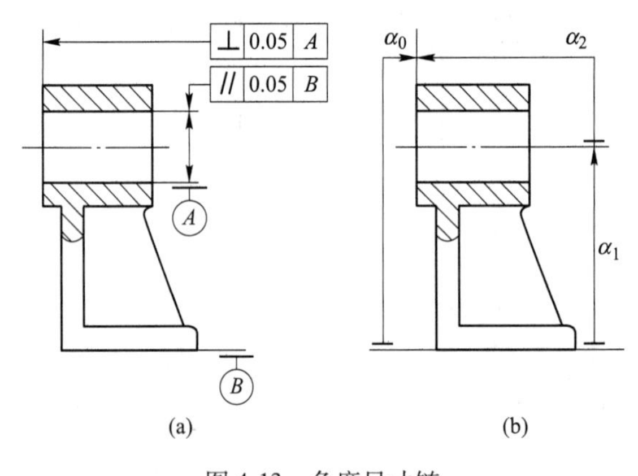

图 4-13　角度尺寸链

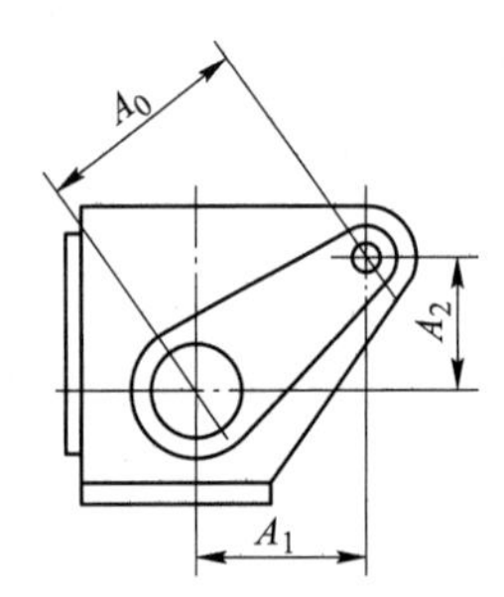

图 4-14　平面尺寸链

4.3.3　尺寸链计算公式

尺寸链有极值法和概率法两种计算方法。无论采用哪种方法计算，必须先把尺寸链图画出来，而尺寸链图是依据零件的制造工艺过程得到的，这里欲给出一个一般计算式，就需要一个一般尺寸链图，他可以代替任意尺寸链。因为任意尺寸链中有且仅有一个封闭环，若干个增环及若干个减环，故可以设尺寸链中有 m 个增环、n 个减环，即一个 $m+n+1$ 环尺寸链，其尺寸用 A 加角标表示。

4.3.3.1　极值法计算公式

考虑到各组成环的尺寸同时处于极限尺寸时，封闭环的尺寸及公差仍能够保证，该计算方法称极值法。

（1）极限尺寸计算：

$$A_{0\max} = \sum_{i=1}^{m} \overrightarrow{A}_{i\max} - \sum_{i=1}^{n} \overleftarrow{A}_{i\min} \tag{4-14}$$

$$A_{0\min} = \sum_{i=1}^{m} \overrightarrow{A}_{i\min} - \sum_{i=1}^{n} \overleftarrow{A}_{i\max} \tag{4-15}$$

式中，$A_{0\max}$、$A_{0\min}$为封闭环的最大、最小值；$\overrightarrow{A}_{i\max}$、$\overrightarrow{A}_{i\min}$为增环的最大、最小值；$\overleftarrow{A}_{i\max}$、$\overleftarrow{A}_{i\min}$为减环的最大、最小值。

式（4-14）和式（4-15）为极值法计算的一套公式，能够对尺寸链中的极限尺寸进行计算。

（2）基本尺寸及上、下偏差的计算：

$$A_0 = \sum_{i=1}^{m} \overrightarrow{A}_i - \sum_{i=1}^{n} \overleftarrow{A}_i \tag{4-16}$$

式中，m 为增环个数；n 为减环个数；A_0、$\overrightarrow{A}_i$、$\overleftarrow{A}_i$ 分别为封闭环、增环、减环的基本尺寸。

$$ES(A_0) = \sum_{i=1}^{m} ES(\overrightarrow{A}_i) - \sum_{i=1}^{n} EI(\overleftarrow{A}_i) \tag{4-17}$$

$$EI(A_0) = \sum_{i=1}^{m} EI(\overrightarrow{A}_i) - \sum_{i=1}^{n} ES(\overleftarrow{A}_i) \tag{4-18}$$

式中，$ES(A_0)$、$EI(A_0)$ 为封闭环的上、下偏差；$ES(\overrightarrow{A}_i)$、$EI(\overrightarrow{A}_i)$ 为增环的上、下偏差；$ES(\overleftarrow{A}_i)$、$EI(\overleftarrow{A}_i)$ 为减环的上、下偏差。

式（4-16）~式（4-18）为极值法计算的另外一套公式，能够分别计算基本尺寸和上、下偏差，把它们统一到表 4-6，可使计算更为直观也便于记忆，计算时把各已知数据（基本尺寸、上、下偏差）按照表中左端要求写入表中。特别要注意表的结构：最后一行为封闭环的数据，其值为上面对应各列的数据之和。

表 4-6　竖式法计算尺寸链

要　　求	基本尺寸	上偏差	下偏差
增环：各项数据照抄	$\sum_{i=1}^{m} \overrightarrow{A}_i$	$\sum_{i=1}^{m} ES(\overrightarrow{A}_i)$	$\sum_{i=1}^{m} EI(\overrightarrow{A}_i)$
减环：上、下偏差对调，各项数据均加负号	$-\sum_{i=1}^{n} \overleftarrow{A}_i$	$-\sum_{i=1}^{n} EI(\overleftarrow{A}_i)$	$-\sum_{i=1}^{n} ES(\overleftarrow{A}_i)$
封闭环：各项数据照抄	A_0	$ES(A_0)$	$EI(A_0)$

以上两套计算公式是完全独立的，可以根据具体情况选择其中之一使用，由于竖式法计算比较方便，后面的计算示例都按竖式法计算。

一个尺寸链只能计算出一个未知的尺寸及其偏差，即当全部组成环尺寸和偏差已知时，可以求出封闭环的尺寸和偏差；当封闭环和其他组成环尺寸和偏差已知时，可以求出一个未知组成环的尺寸和偏差。

（3）公差计算：式（4-17）减去式（4-18）得：

$$T_0 = \sum_{i=1}^{m+n} T_i \tag{4-19}$$

式中，T_0 为封闭环公差；T_i为组成环公差。

式（4-19）蕴涵一个非常重要的概念，即封闭环的公差等于所有组成环公差之和，因此为了提高封闭环的精度，应该尽量减少组成环的数量。

根据封闭环的公差给各个组成环分配公差时，常常用到式（4-19），组成环平均公差 T_M：

$$T_M = \frac{T_0}{m+n} \tag{4-20}$$

极值法计算考虑了组成环可能出现的最不利情况，所以计算结果是绝对可靠的，而且计算方法简单，因此应用十分广泛。但是在成批或大量生产中，各环出现极限尺寸的可能性并不大，当尺寸链中组成环的个数较多时，所有各环均出现极限尺寸的可能性更小，因此用极值法计算显得过于保守，尤其当封闭环公差较小时，常使各组成环公差太小而使制造困难，此时可根据各环尺寸的分布状态，采用概率法计算。

4.3.3.2 概率法计算公式

考虑了各组成环的尺寸分布情况，封闭环的尺寸及公差绝大多数（99.73%）能够保证，该计算方法称概率法。

根据概率论原理，尺寸链概率法公差计算公式为：

$$T_0 = \frac{1}{k_0}\sqrt{\sum_{i=1}^{m+n}\xi_i^2 k_i^2 T_i^2} \tag{4-21}$$

式中，k_0 为封闭环的相对分布系数；k_i 为第 i 个组成环的相对分布系数，当组成环尺寸成正态分布时，$k_i=1$；ξ_i 为第 i 个组成环的传递系数，对于直线尺寸链，$|\xi_i|=1$。

因此，对于直线尺寸链，当各组成环在其公差内呈正态分布时，封闭环也呈正态分布，此时 $K_0=1$，则封闭环公差为：

$$T_0 = \sqrt{\sum_{i=1}^{m+n} T_i^2} \tag{4-22}$$

各组成环的平均公差 T_M 为：

$$T_M = \frac{T_0}{\sqrt{m+n}} \tag{4-23}$$

与式（4-20）比较，可见概率法计算的各组成环平均公差放大了 $\sqrt{m+n}$ 倍，这样，加工变得容易了，加工成本也随之下降。

为了确保封闭环的精度，在搞不清楚各个组成环尺寸分布的情况下，可按照下式计算公差：

$$T_0 = \frac{1}{k}\sqrt{\sum_{i=1}^{m+n} T_i^2} \tag{4-24}$$

式中，k 为组成环的平均分布系数，通常 $k=1\sim1.5$，取值越大，各个组成环公差越小，计算结果越可靠，但制造成本增加。

各环的平均尺寸计算公式为：

$$A_{0M} = \sum_{i=1}^{m} \overrightarrow{A}_{iM} - \sum_{i=1}^{n} \overleftarrow{A}_{iM} \tag{4-25}$$

式中，A_{0M}、$\vec{A}_{iM}$、$\overleftarrow{A}_{iM}$ 分别为封闭环、增环、减环的平均尺寸。

在清楚各个组成环的实际尺寸分布的情况下，式（4-21）可以准确地计算公差，式（4-22）为尺寸分布最理想状态的公差计算公式，而式（4-24）为概率法最常用的公差计算公式。

值得注意的是，概率法计算尺寸链时，一定要把各环尺寸换算成平均尺寸，公差换算成双向对称公差，如 $100^{+0.1}_{0}=100.05\pm0.05$。

4.3.4 工艺尺寸链确定工序尺寸及公差

4.3.4.1 工艺尺寸链的建立和增环、减环的判断

A 工艺尺寸链的建立

（1）尺寸链的分析：工艺尺寸链指的是零件加工时，由一个零件上的相关尺寸形成的封闭尺寸组合。可以由零件的加工工艺规程，确定尺寸形成的先后顺序，结合相关问题，在同一张图上画出相关尺寸，便可以形成封闭尺寸组合，即为相应尺寸链。

（2）封闭环的确定：按照封闭环的定义，根据尺寸链中各个尺寸形成的先后顺序，查明最后得到的是哪一个尺寸，即为封闭环。

（3）画出尺寸链图：把表示零件的图线隐去，只把封闭的尺寸组合留下，单独画出一个图，并确定了谁是封闭环，即为尺寸链图，见图 4-12（c）。

B 增环和减环的判别

用增环和减环的定义可判别组成环的增减性质。但是复杂的尺寸链就不易判别了，可按照下面方法来判别是增环还是减环。

在尺寸链简图上，先给封闭环任意定一方向并画出箭头，然后沿此方向环绕尺寸链一周，顺次给每一组成环画出箭头，凡箭头方向与封闭环相反的为增环；与封闭环方向相同的则为减环。见图 4-12（c），A_1为增环、A_2为减环。

工序尺寸及其公差的确定与工序加工余量的大小、工序尺寸的标注以及定位基准的选择和变换有很密切的关系，下面依次讨论几种常见情况下用工艺尺寸链来确定工序尺寸及公差的方法。

4.3.4.2 基准不重合时相关尺寸及其公差的确定

A 测量基准和工序基准不重合的尺寸换算

当零件加工完成后，需要进行检验，由于一些零件的结构特点，使某些尺寸无法或不易直接测量，而该尺寸又是一个重要尺寸，这时就需要测量另外一个尺寸以间接判断，这时必须求解被测尺寸，所涉及的尺寸链就是测量尺寸链。这时的尺寸链图往往比较清楚，如图 4-15（a）所示零件已经加工完成，因为其中 A 面到 C 面间的距离即尺寸 A_1 是一关键尺寸，需要检验，而该尺寸很难直接测量，于是借用深度尺测量 B 面到 A 面的尺寸 A_3，然后间接判断尺寸 A_1 是否合格，这时就需要求解 A_3，其尺寸链图如图 4-15（b）所示。因为 A_1、A_2 是零件设计尺寸，是已知的，A_1 是被判断的对象，是封闭环。所以，由该尺寸链可以很方便地求出 A_3，然后以此来判断 A_1 是否合格即可。假设图 4-15 中 $A_1=30^{+0.1}_{0}$，$A_2=5^{0}_{-0.04}$，由表 4-7 得到 $A_3=35^{+0.06}_{0}$。

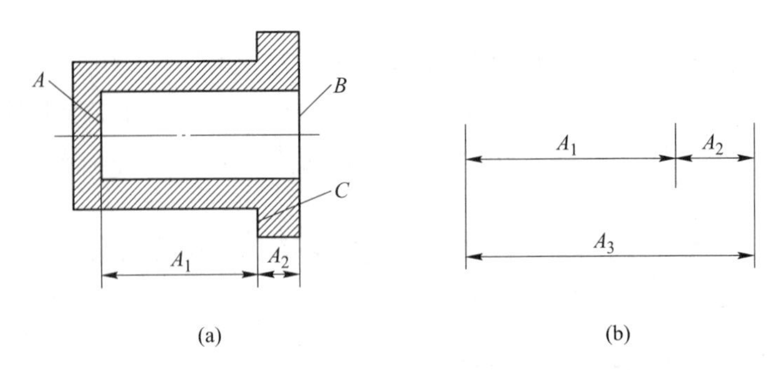

图 4-15 测量基准与工序基准不重合的尺寸换算

表 4-7 竖式法计算 A_3

代　号	基本尺寸	上偏差	下偏差
A_3	35	+0.06	0
A_2	−5	+0.04	0
A_1 封闭环	30	+0.1	0

如果测量得到的 A_3 尺寸在此范围内，则零件合格。现在的问题是，如果测得的 A_3 超差，如比计算出的最大尺寸还大，假设是 $A_3 = 35 + 0.06 + 0.02$，A_2 是合格尺寸，A_1 一定不合格吗?

因为假设 A_2 合格，针对具体测量的零件，A_2 本质上是一个具体的、在其合格尺寸范围内的某一值。这时如果 $A_2 = 5 - 0.02$，那么，

$$A_1 = A_3 - A_2 = 35 + 0.06 + 0.02 - (5 - 0.02) = 30 + 0.1 \tag{4-26}$$

可见 A_1 是合格的。而事实上，这时只要 A_2 在 $5_{-0.02}^{0}$ 范围内，A_1 都合格。比如 $A_2 = 5 - 0.01$，那么，

$$A_1 = A_3 - A_2 = 35 + 0.06 + 0.02 - (5 - 0.01) = 30 + 0.09 \tag{4-27}$$

可见 A_1 依然是合格的。但如果 A_2 在 $5_{-0.04}^{-0.03}$ 范围内，则 A_1 不合格。比如 $A_2 = 5 - 0.03$，那么，

$$A_1 = A_3 - A_2 = 35 + 0.06 + 0.02 - (5 - 0.03) = 30 + 0.11 \tag{4-28}$$

可见 A_1 不合格。

这就说明前面计算的 A_3 是保证 A_1 的充分条件，非必要条件。为了避免把合格品当作废品处理掉，需要在检测时，把 A_3 的必要条件找到。

由前面的分析计算可知，如果 A_3 尺寸大于 35 + 0.06 + 0.04，即大于其计算出的最大尺寸加上另外一个尺寸的公差值时，A_1 尺寸一定不合格。也就是说，当 A_3 尺寸在 {35+0.06，35+0.1} 范围时，必须测量 A_2，计算 A_1，看其是否合格。

同理，当如果测得的 A_3 超差，如比计算出的最小尺寸还小，但 A_3 尺寸在 {35，35−0.04} 范围，即不超出另外一个尺寸的公差值，必须测量 A_2，计算 A_1，看其是否合格。

推而广之，如果测量尺寸链不是 3 环尺寸，而是多于 3 环的尺寸链，则更复杂，即当测得的尺寸超差，而超差的量没有超出另外几个尺寸的公差值之和时，都要对相关尺寸进行测量，计算目标尺寸是否合格。

最后得到的测量尺寸链求解结果是：

当 $A_3=35^{+0.06}_{0}$，A_1 合格；当 $A_3\in(35+0.06, 35+0.06+0.04)$ 或 $A_3\in(35, 35-0.04)$，需要对 A_2 进行测量，然后计算 A_1，看其是否合格；否则，A_1 一定不合格。

B　定位基准和工序基准不重合的尺寸换算

零件加工时，加工表面的定位基准与工序基准不重合时，也需要进行尺寸换算。

如图 4-16（a）所示零件，镗孔前，表面 A、B、C 已加工好。镗孔时，为使工件装夹方便，选择表面 A 为定位基准来加工孔，保证尺寸 A_3，这样工序尺寸 $A_0=120\pm0.15$ 在加工过程中没有直接获得，它为封闭环，图 4-16（b）是工艺尺寸链简图，$A_0=A_3+A_2-A_1$。

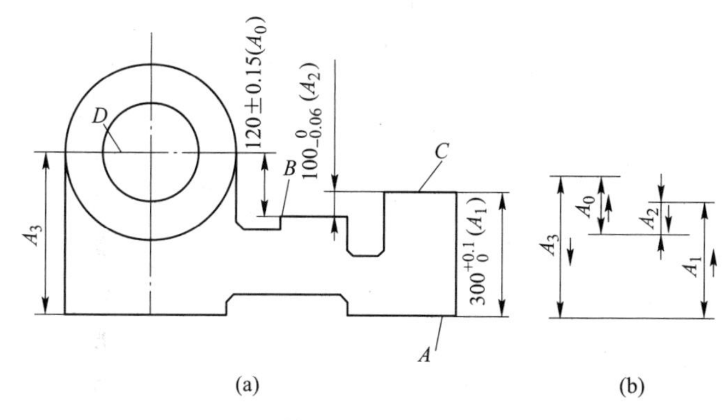

图 4-16　定位基准与工序基准不重合的尺寸换算

把 $A_0=120\pm0.15$；$A_1=300^{+0.1}_{0}$（减环）；$A_2=100^{0}_{-0.06}$ 代入尺寸链计算公式，或按照竖式法计算（表 4-8）可以解出未知尺寸 $A_3=320^{+0.15}_{+0.01}$mm，公差为 0.14。此尺寸称为对刀尺寸。

表 4-8　竖式法计算 A_3

基　本　尺　寸		上偏差	下偏差
$-A_1$	−300	0	−0.1
A_2	100	0	−0.06
A_3	320	0.15	+0.01
A_0	120	0.15	−0.15

这里要指出的是，若用设计基准 B 定位加工孔时，基准重合，对刀尺寸变为 A_0，其公差就不是 0.14mm，而是 0.3mm；但若用 B 面定位加工孔，装夹不方便，设计出的夹具也要复杂得多，所以虽压缩了公差，但装夹方便多了，而且 0.14mm 的公差，对镗床加工孔而言，仍是经济可行的。

4.3.4.3　中间工序尺寸的计算

零件在加工过程中，其他工序尺寸及偏差均确定（已知），求某工序的尺寸及其偏差，称中间工序尺寸计算。

图 4-17 为一齿轮内孔的简图，键槽高度方向有两个设计尺寸：内孔为 $\phi40^{+0.05}_{0}$mm，键槽尺寸深度为$46^{+0.3}_{0}$mm。内孔及键槽的加工顺序如下：

工序 5：精镗孔至 $\phi39.6^{+0.1}_{0}$mm，半径 $19.8^{+0.05}_{0}$mm；

工序 10：插键槽至尺寸 A；

工序 15：热处理；

工序 20：磨内孔保证设计尺寸 $\phi40^{+0.05}_{0}$mm，半径 $20^{+0.025}_{0}$。

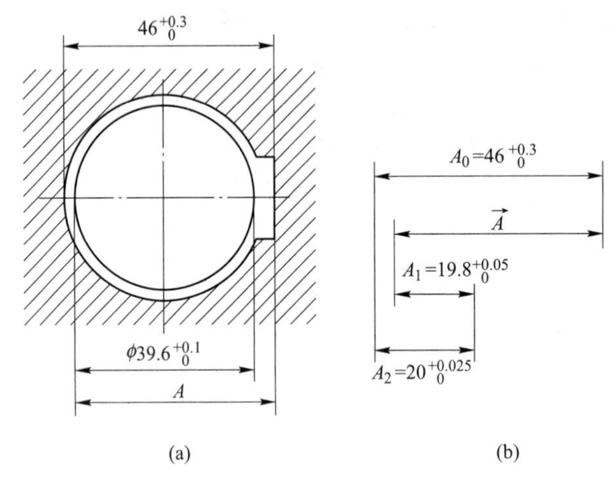

图 4-17　齿轮内孔简图

另外一个设计尺寸 $A_0=46^{+0.3}_{0}$mm 没有直接获得，它为封闭环。工艺尺寸链见图 4-17（b），组成环为：磨孔后的半径尺寸 $A_2=20^{+0.025}_{0}$mm 是增环；镗孔后的半径尺寸 $A_1=19.8^{+0.05}_{0}$mm 是减环；插键槽尺寸 A 是增环，它是一个未知尺寸：

用竖式法计算（表 4-9）求得：$A=45.8^{+0.275}_{+0.05}$mm，即 $A=45.85^{+0.27}_{0}$mm。

表 4-9　竖式法计算 A

基本尺寸		上偏差	下偏差
$-A_1$	−19.8	0	−0.05
A_2	20	0.025	0
A	45.8	0.275	+0.05
A_0	46	0.3	0

4.3.4.4　表面处理及镀层工艺尺寸链

表面处理一般分两类：一类是渗入类，如渗碳、渗氮、液体碳氮共渗等；另一类是镀层类，如镀铬、镀锌、镀铜等。该情况下，零件的两个设计尺寸必须保证，一个为表面处理层的厚度，一个为表面层的外形尺寸。

图 4-18 所示的偏心轴零件，表面 C 的表层要求渗碳处理，设计要求渗碳层厚度为 0.5~0.8mm，由于渗碳后要变形而且表面粗糙度也达不到要求，所以渗碳后必须有精磨工序，具体工艺安排如下：

工序 5：精车 C 面，保证尺寸 $\phi38.4^{0}_{-0.1}$mm（其半径 A_1 为 $19.2^{0}_{-0.05}$mm）；

工序 10：渗碳处理，控制渗碳层深度 A_2；

工序 15：精磨 C 面，保证外形尺寸 $\phi38^{0}_{-0.016}$ 即半径 $A_3=19^{0}_{-0.008}$mm 直接获得。

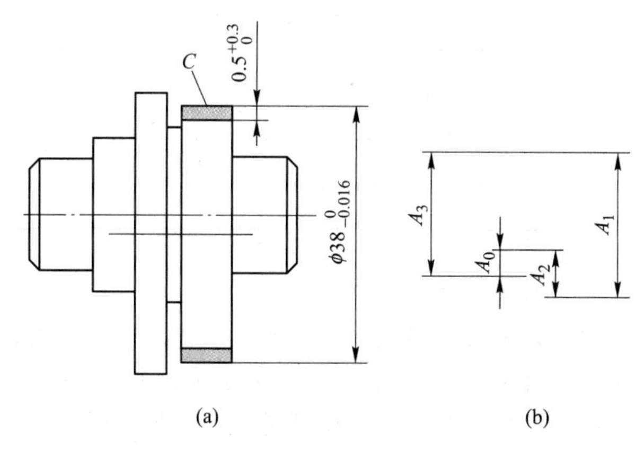

图 4-18　偏心渗碳磨削工艺尺寸链

另外一个设计尺寸渗碳层厚没有直接获得，它为封闭环 $A_0 = 0.5^{+0.3}_{0}$。工艺尺寸链图见图 4-18（b）。各组成环尺寸为：$A_1 = 19.2^{0}_{-0.05}$mm（减环）；$A_3 = 19^{0}_{-0.008}$mm（增环），A_2为待求尺寸（增环），用竖式法（表 4-10）可求出 $A_2 = 0.7^{+0.25}_{+0.008}$mm，这就是渗碳处理时必须控制的尺寸。

表 4-10　竖式法计算 A_2

基 本 尺 寸		上偏差	下偏差
$-A_1$	−19.2	0.05	0
A_2	0.7	0.25	+0.008
A_3	19	0	−0.008
A_0	0.5	0.3	0

对镀层类表面处理工序的工艺尺寸链计算与渗入类不同。因为通常工件表面镀层后不再加工，镀层厚度是通过控制电镀工艺条件来直接获得的，但工件电镀后的零件外形尺寸没有直接获得，它为封闭环。

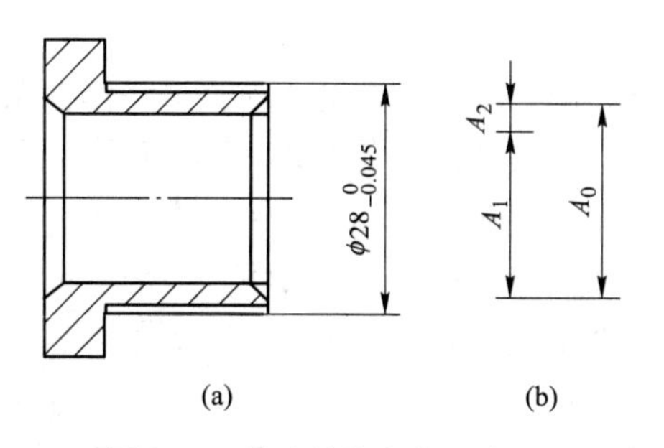

图 4-19　轴套镀铬工艺尺寸链

图 4-19 所示轴套类零件的外表面要求镀铬，镀层厚度规定为 0.025～0.04mm，它通过控制电镀时间来保证，镀后不再加工，并且外径的尺寸为 $\phi 28^{0}_{-0.045}$mm。其工艺尺寸链如图 4-19（b）所示，轴套半径 $A_0 = 14^{0}_{-0.0225}$是封闭环。

镀前磨削工序的磨削半径 A_1是待求的尺寸；镀层厚度为 $A_2 = 0.025^{+0.015}_{0}$mm。显然，A_1和 A_2都是增环。求解尺寸链（表 4-11）得 $A_1 = 13.975^{-0.015}_{-0.0225}$mm，即镀前磨削工序的工序尺寸应标注成：$\phi 27.95^{-0.03}_{-0.045}$mm。

表 4-11　竖式法计算 A_1

基　本　尺　寸		上偏差	下偏差
A_1	13.975	-0.015	-0.0225
A_2	0.025	0.015	0
A_0	14	0	-0.0225

4.3.4.5　有关加工余量计算的工艺尺寸链

在机械加工工艺过程中，加工余量过大会影响生产率，浪费材料，并且还会影响精加工工序的加工质量。加工余量过小则会造成工件局部表面加工不到，从而产生废品。因此，校核加工余量，对加工余量进行必要的调整是制定工艺规程时不可缺少的工艺工作。

图 4-20（a）标注了某小轴的轴向尺寸，轴向各面的加工是这样安排的：

工序 5：车端面 B，保证端面 C 和 B 之间的尺寸为 $49.5^{+0.30}_{0}$mm；

工序 10：车端面 A，保证总长 $80^{0}_{-0.20}$mm；

工序 15：钻中心孔；

工序 20：热处理；

工序 25：磨端面 B，保证尺寸 $30^{0}_{-0.14}$mm。

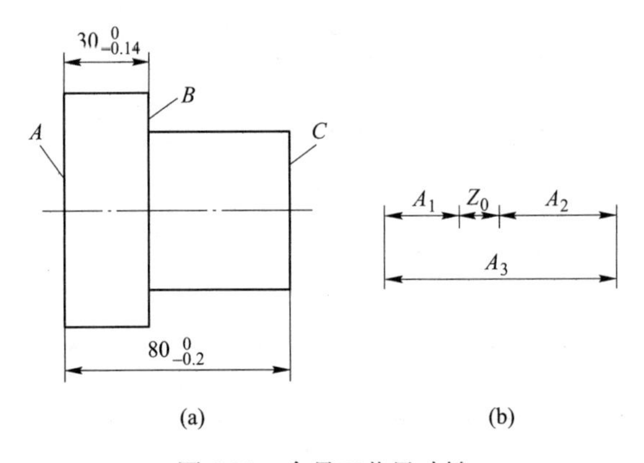

图 4-20　余量工艺尺寸链

两个轴向设计尺寸均直接获得，端面 B 的磨削余量没有直接保证，需要校核。

画尺寸链如图 4-20（b）所示。因为 B 面余量 Z_0 是间接获得的，所以 Z_0 是封闭环，已知 $A_1=30^{0}_{-0.14}$mm，$A_2=49.5^{+0.30}_{0}$mm，$A_3=80^{0}_{-0.20}$mm，求 B 的磨削余量。

显然，A_1、A_2是减环，A_3是增环。按竖式法计算（表 4-12）得：$Z_0=0.5^{+0.14}_{-0.5}$mm，即最大余量为 0.64mm，最小余量为 0。

表 4-12　竖式法计算 Z_0

基　本　尺　寸		上偏差	下偏差
$-A_1$	-30	0.14	0
$-A_2$	-49.5	0	-0.3
A_3	80	0	-0.2
Z_0	0.5	0.14	-0.5

可见，磨端面 B 时，有可能磨不着，为此必须加大 $Z_{0\min}$，表中看出 A_2 的公差较大，将其缩小为 0.2mm 即 $A_2=49.5_{0}^{+0.20}$mm 时，余量 $Z_0=0.5_{-0.4}^{+0.14}$mm，最小余量变为 0.1mm。

4.3.4.6 孔系坐标尺寸换算的工艺尺寸链

在机械设计、加工和检验中，会经常遇到孔系类零件的孔心距与坐标尺寸之间的换算问题。它们共同的特点是孔心距精度要求较高，两坐标尺寸之间的夹角 90°是一个定值，在加工时常采用坐标法加工，在设计其钻模板或镗模板时需要标注出坐标尺寸。这种孔系坐标的尺寸换算一般是将坐标尺寸投影到孔心距的方位上进行的。

这里必须注意，有关的直线尺寸和角度尺寸均为平均值，否则应先进行换算，再进行尺寸链的计算。

图 4-21（a）所示的箱体零件镗孔工序图，孔 1 与孔 2 的中心距 $M=(100\pm0.1)$mm，与水平面夹角为 30°。在加工中心上采用坐标法镗孔，先镗出孔 1，然后以孔 1 为基准，按照坐标尺寸 M_X、M_Y 镗孔 2，以间接保证孔心距尺寸 M，这时需要确定坐标尺寸 M_X、M_Y 及其偏差。

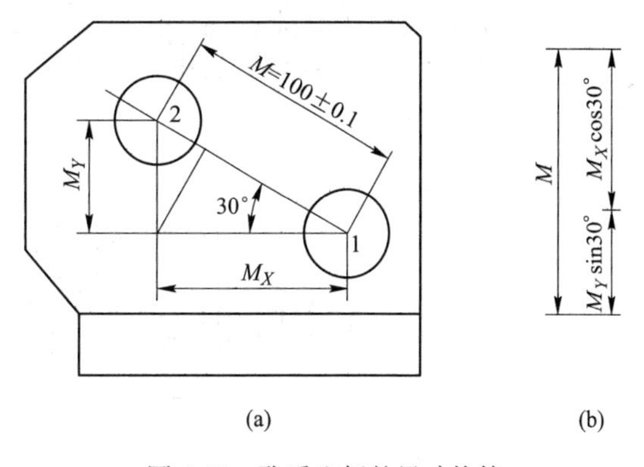

图 4-21 孔系坐标的尺寸换算

尺寸链图见图 4-21（b），由 M、M_X、M_Y 构成直角三角形，属于平面尺寸链，现将坐标尺寸 M_X 与 M_Y 向孔心距尺寸 M 方位上投影，可将此平面尺寸链转化成由 $M_X\cos30°$、$M_Y\sin30°$ 和 M 组成的直线尺寸链，其中 M 为间接保证的尺寸，为封闭环，$M_X\cos30°$、$M_Y\sin30°$ 为增环。所以：

$$M=M_X\cos30°+M_Y\sin30°$$

$$T(M)=T(M_X)\cos30°+T(M_Y)\sin30°$$

$$M_X=100\cos30°=86.6\text{mm}$$

$$M_Y=100\sin30°=50\text{mm}$$

考虑到镗孔时各坐标尺寸加工误差产生的情况相似，它们的公差应相等，即：

$$T(M_X)=T(M_Y)=\frac{T(M)}{\cos30°+\sin30°}=0.146$$

公差带的位置按双向对称标注，即 ±0.073mm，所以工序图上的镗孔坐标尺寸为：

$$M_X=(86.6\pm0.073)\text{mm}$$

$$M_Y=(50\pm0.073)\text{mm}$$

4.4 机械加工工艺过程设计举例

4.4.1 轴类零件

4.4.1.1 轴类零件加工的综合分析

轴类零件为回转体零件，其长度远大于直径，其主要表面是同轴线的若干外圆柱面、圆锥面、孔和螺纹等。轴类零件的功能多种多样，有的用来传递运动、扭矩，如传动轴；有的用来装配件，如心轴。

根据结构形状的不同，轴类零件可分为光滑轴、阶梯轴、空心轴和异形轴（如曲轴）等四大类。图 4-22 为常见轴类零件举例。

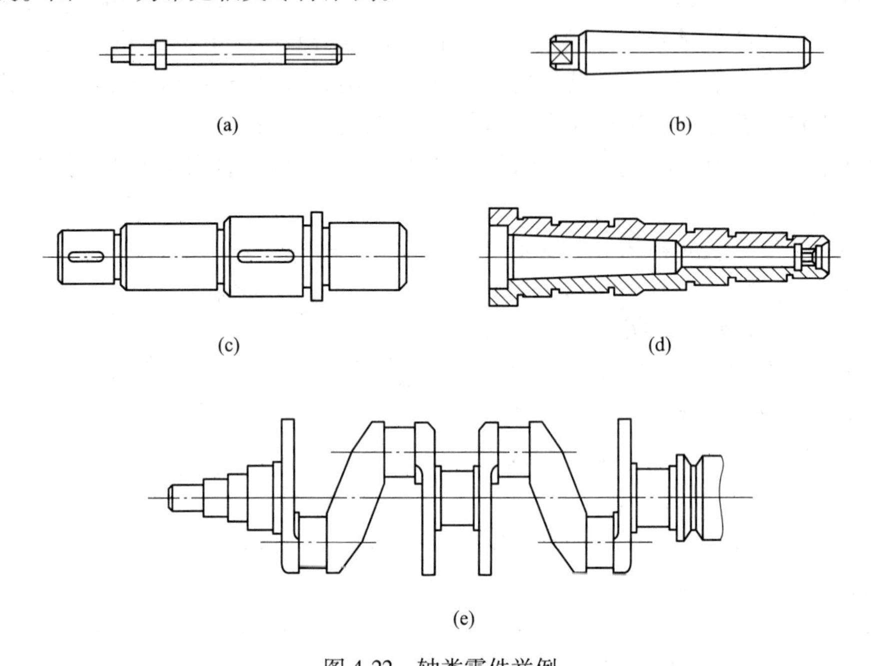

图 4-22　轴类零件举例

（a）立铣头拉杆；（b）锥度心轴；（c）传动轴；（d）立铣头主轴；（e）曲轴

光滑轴的毛坯一般用热轧圆钢；阶梯轴毛坯，根据各阶梯的直径差，可选用热轧、冷轧圆钢或锻件；对某些大型、结构复杂的轴，可采用铸件（球墨铸铁）；当要求毛坯具有较高的力学性能时，应采用锻件。

4.4.1.2　轴类零件机械加工工艺特点

A　定位基准的选择

采用两端中心孔定位，装夹方便，符合基准统一和基准重合原则，易于保证较高的位置精度，因而应用较为广泛。但由于热处理工序后，产生氧化皮或其他的损伤，会使定位精度下降。故热处理后转入其他工序之前要对中心孔进行修整。

采用外圆面定位时，一般要用卡盘来装夹工件。这种定位方法因为基准面的加工和工件的装夹都比较方便，故应用也较为普遍。但是应该注意，车削细长轴和空心轴时，常将轴的一端装夹在卡盘中，另一端用后顶尖顶住或用中心架托住。这样，工件的刚度比两端中心孔定位时高，但由于卡盘定位精度低，工件调头车削时，两端外圆表面会产生同轴度误差。

B　工艺过程分析

轴类零件工艺过程一般为：

（1）预备加工。校直、切断、车端面和钻中心孔。

（2）粗车工序。逐步车出各外圆面和端面。

（3）精车工序。精车外圆和端面，然后进行车槽、倒角、车螺纹等。

（4）其他工序。铣键槽等。

（5）热处理工序。按需要安排各种热处理工序。

（6）磨削工序。如果外圆面要求精度高、表面粗糙度值低，需进行磨削加工。淬火之后由于工件硬度上升，再加工也需用磨削。

C　机械加工工艺过程举例

现以图 4-23 所示单件小批生产条件下的传动轴为例，进行机械加工工艺过程分析。

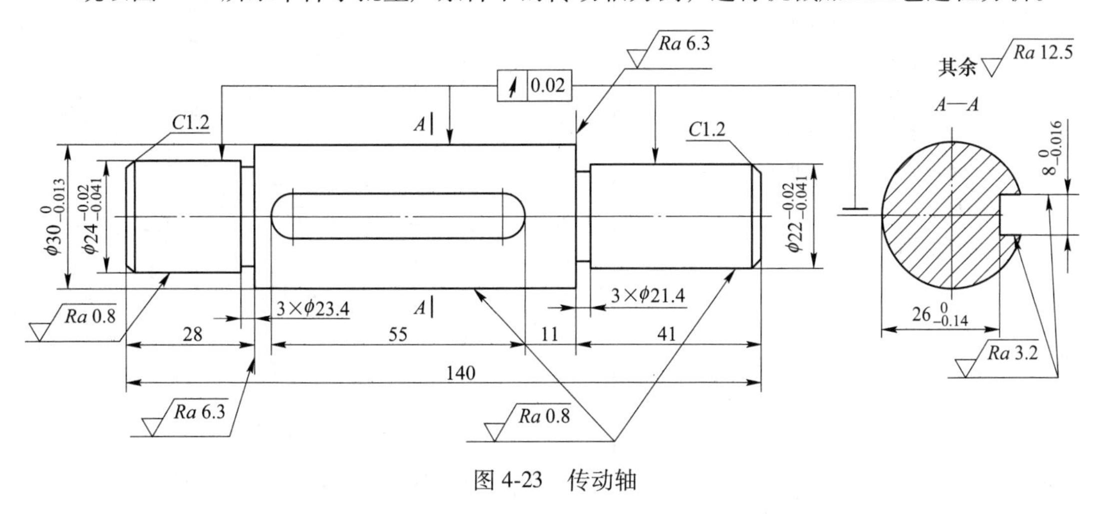

图 4-23　传动轴

（1）技术要求：左右端轴段和键槽轴段对轴心线的径向圆跳动公差为 0.02mm。各轴肩的表面粗糙度全部为 *Ra*0.8。键槽轴段端面的表面粗糙度为 *Ra*6.3。工件材料为 45 钢，淬火硬度为 HRC40～45。

（2）定位基准：为保证各配合表面的位置精度，选用轴两端的中心孔作为统一的粗、精定位基准。这样既符合基准统一和基准重合原则，又有利于生产率的提高。在热处理工序后，应修研两端中心孔。

（3）加工路线：主要加工表面（各外圆柱面）的要求较高，同时又有对轴心线的径向圆跳动要求，因而车削后还要磨削，其加工路线可初步分为粗车、半精车和磨削三个阶段。各退刀槽和倒角在半精车时加工，键槽在磨削之前用键槽铣刀在立式铣床上铣出。定位基准面中心孔在粗加工之前加工。粗、精加工分段进行，以便插入热处理工序。磨削之前对中心孔进行一次去氧化皮和热变形的修研操作。

（4）机械加工工艺过程：单件小批生产传动轴的工艺过程见表 4-13。毛坯选用 ϕ35 的圆钢。

表 4-13　传动轴机械加工工艺过程

工序号	工 序 内 容	加 工 简 图	设备
1	（1）车一端面、钻中心孔； （2）切断长 142； （3）车另一端面至长 140、钻中心孔	φ35 140	卧式车床

续表 4-13

工序号	工 序 内 容	加 工 简 图	设备
2	（1）粗车一端外圆分别至 $\phi32\times104$，$\phi26\times27$； （2）半精车该端面外圆分别至 $\phi30.4^{+0.1}_{0}\times105$，$\phi24.4^{+0.1}_{0}\times28$； （3）车槽 $3\times\phi23.4$； （4）倒角 $C1.2$； （5）粗车另一端外圆至 $\phi24\times40$； （6）半精车该端面外圆至 $\phi22.4^{+0.1}_{0}\times41$； （7）车槽 $3\times\phi21.4$，倒角 $C1.2$	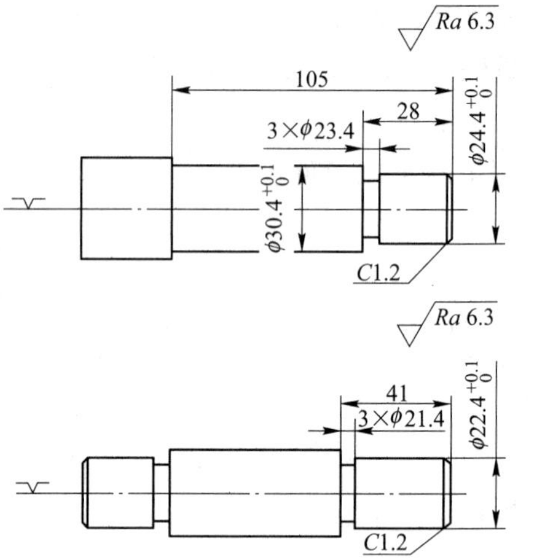	卧式车床
3	粗、精铣键槽至 $8^{0}_{-0.016}\times26.2^{0}_{-0.014}\times55$	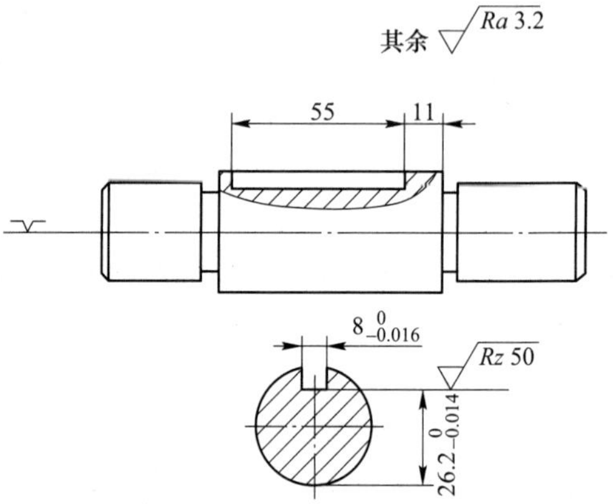	立式铣床
4	淬火回火，HRC40~45		
5	修研中心孔		车床
6	（1）粗磨一端外圆分别至 $\phi30^{+0.1}_{0}$，$\phi24^{+0.1}_{0}$； （2）精磨该端外圆分别至 $\phi30^{0}_{-0.013}$，$\phi24^{-0.02}_{-0.041}$； （3）粗磨另一端外圆至 $\phi22^{+0.1}_{0}$； （4）精磨该端外圆至 $\phi22^{-0.02}_{-0.041}$	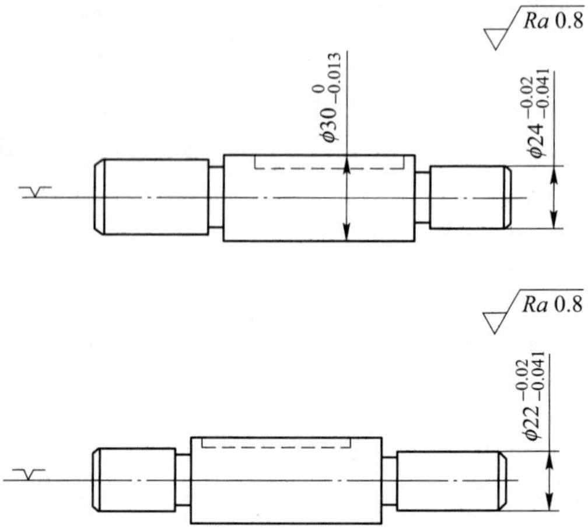	外圆磨床
7	按图样要求检验		

4.4.2　盘套类零件

4.4.2.1　盘套类零件加工的综合分析

盘套类零件在机械中用得最多。例如轴系部件中，除了轴本身和键、螺钉等连接件外，其余几乎都是盘套类零件。齿轮、带轮、轴承盖和套筒等均属此类零件。盘套类零件的主要功能是起传递运动和动力、支承、定位及导向等作用，在工作中承受扭矩、轴向力或径向力。

盘套类零件的结构一般由内孔、外圆、端面和沟槽等组成。直径尺寸大于长度尺寸时为盘，长度尺寸大于或等于直径尺寸时多称为套，见图 4-24。

盘套类零件的位置精度一般有外圆对内孔轴线的径向圆跳动（或同轴度）要求，端面对内孔轴线的端面圆跳动（或垂直度）要求。

盘套类零件按用途大致又可分为传动轮、轴承盖、轴承套和套筒等。下面主要以套筒为例，介绍盘套类零件的工艺过程。

4.4.2.2　机械加工工艺特点

套类零件一般精度要求较高。从图 4-24 中可以看出，这类零件刚性较差，容易变形（壁较薄）。

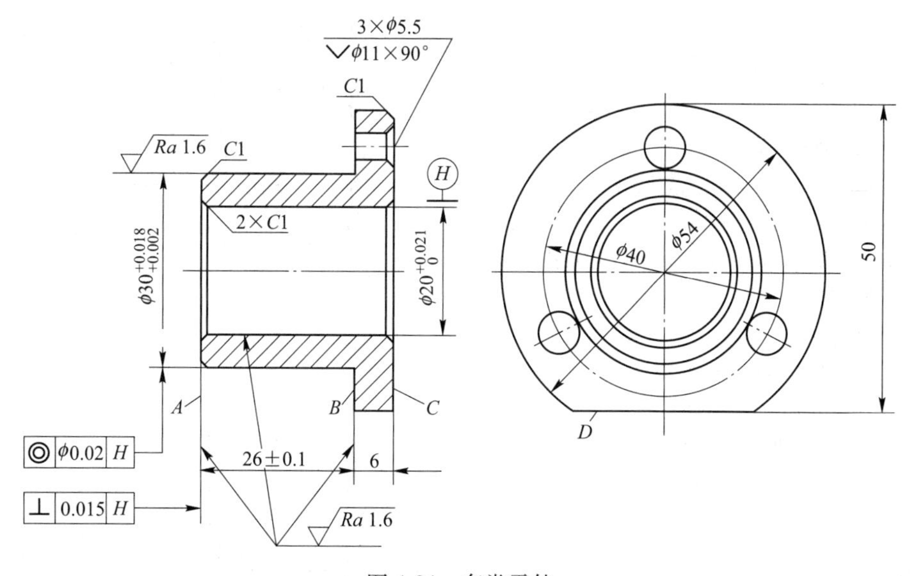

图 4-24　套类零件

（1）定位基准。套类零件的定位基准一般选择外圆柱面和内孔。粗基准选外圆柱面，先粗加工其他外圆柱面并精加工孔，再以精加工后的孔为精基准加工外圆柱面。精加工时以内、外圆互为基准，反复加工，逐步提高其精度，降低表面粗糙度值。由于精加工后的孔精度较高，且以孔为精基准的夹具结构简单，精度也较高，故这种方法可以获得较高的位置精度。

（2）变形的防止。套筒类零件在工作中一般由于结构上的要求或主要承受轴向力设计的壁厚较薄，在加工中容易变形，因此应采取适当工艺措施加以防止。例如，可以调整夹紧力作用的部位，令其分散在较大的面积上；调整刀具的主偏角，减小径向力的作用；使用切削液，减小热变形的影响；在零件上设计辅助的凸边，以增加工件的刚性。

（3）工艺过程分析。现以图 4-24 所示的套筒为例，说明在单件小批生产条件件下套筒的机械加工工艺过程。

1）主要技术要求：$\phi 30^{+0.018}_{+0.002}$外圆柱面对$\phi 20^{+0.021}_{0}$孔的轴心线 H 的同轴度公差为$\phi 0.02$。内外圆柱面表面粗糙度为 $Ra1.6$。A、B 两端面对$\phi 20^{+0.021}_{0}$孔的轴心线 H 的垂直度公差为 0.015，其表面粗糙度为 $Ra1.6$。零件的材料为 HT200，采用铸造毛坯，表面要求光洁平整。

2）定位基准选择：该套筒的结构和毛坯形状都较规则，故采用$\phi 54$外圆作为粗基准，在一次装夹中完成 A 端面、$\phi 30^{+0.018}_{+0.002}$外圆柱面、$B$ 端面和$\phi 20^{+0.021}_{0}$孔的粗精加工。这样可以保证图中两个位置精度要求。

3）机械加工工艺过程：表 4-14 为单件小批生产套筒的机械加工工艺过程。

表 4-14　套筒机械加工工艺过程

工序号	工 序 内 容	加 工 简 图	设备
1	（1）粗精车端面 A； （2）粗、精车 $\phi 30^{+0.018}_{+0.002}$外圆柱面及 B 端面，以保证长度 26±0.1； （3）钻孔 $\phi 18$，扩孔至 $\phi 19.8$，粗铰孔至 $\phi 19.94$；精铰孔至 $\phi 20^{+0.021}_{0}$； （4）内、外圆倒角 $C1$； （5）车 C 端面，保证长度 6； （6）车 $\phi 54$ 外圆柱面； （7）内、外圆倒角 $C1$	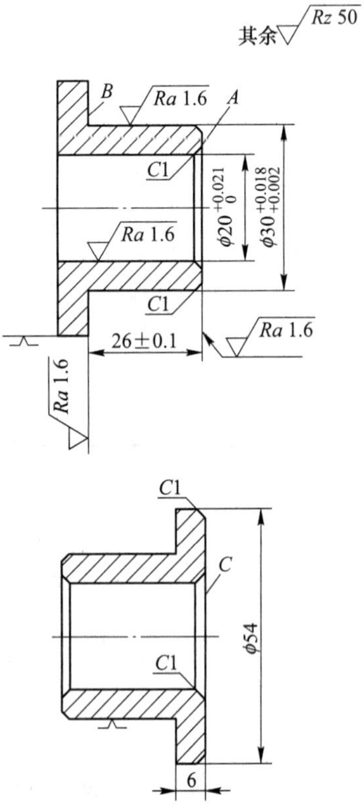 其余 Rz 50；B；Ra 1.6；A；$C1$；$\phi 20^{+0.021}_{0}$；$\phi 30^{+0.018}_{+0.002}$；$Ra$ 1.6；$C1$；26±0.1；Ra 1.6；Ra 1.6 $C1$；C；$\phi 54$；$C1$；6	卧式车床
2	（1）钻 3×$\phi 5.5$ 螺孔； （2）锪 3×$\phi 11$×90°沉孔	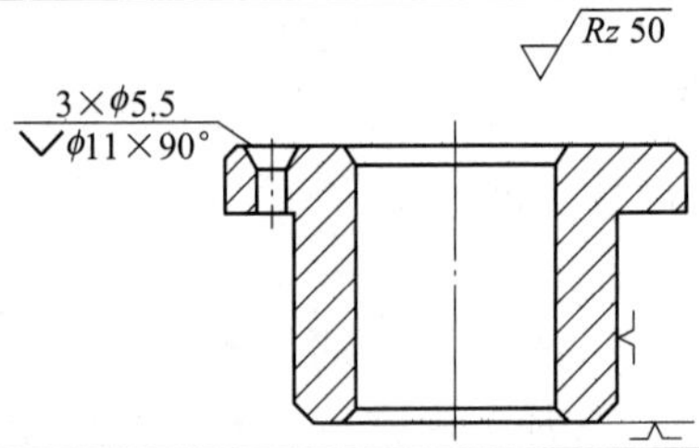 Rz 50；3×$\phi 5.5$；$\phi 11$×90°	台式或立式钻床

续表 4-14

工序号	工 序 内 容	加 工 简 图	设备
3	刨 *D* 面，保证尺寸 50		牛头刨床
4	去毛刺锐边		
5	按图样要求检验		

习题与思考题

4-1 习图 4-1 所示零件，毛坯为锻件，其机械加工工艺过程为：在车床上粗精车端面 *C*；粗精镗 ϕ60H9 内孔；倒角；粗精车 ϕ200mm 外圆；调头粗精车端面 *A*；车 ϕ96mm 外圆；车端面 *B*；倒角；插键槽；划线；钻 6-ϕ20 孔；去毛刺。试详细划分其工艺过程的组成。

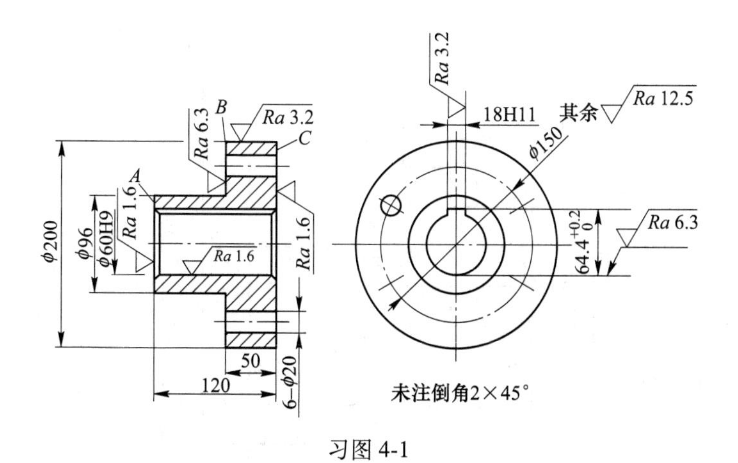

习图 4-1

4-2 试分析习图 4-2 所示零件的工艺过程的组成（内容包括工序、安装、工步、工位等），各零件均采用 45 钢，成批生产。（a）图零件采用锻件毛坯，（b）图零件采用无缝钢管作为毛坯。

4-3 毛坯选择的原则有哪些？

4-4 何谓基准？基准分哪几类？试述各类基准的含义及其相互间的关系。

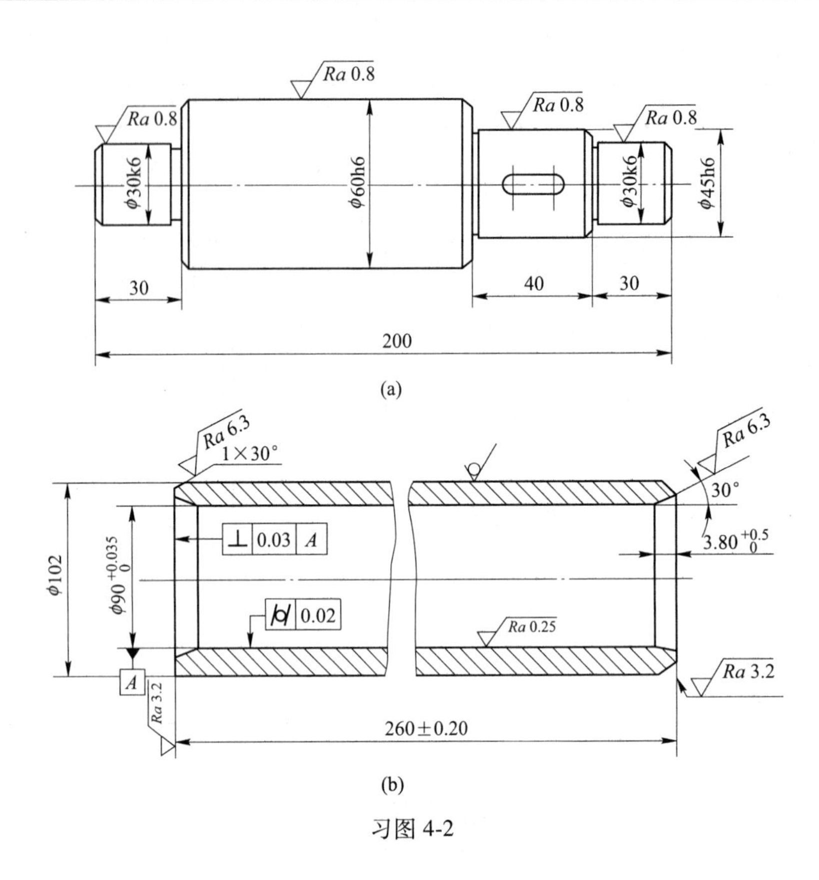

习图 4-2

4-5　精基准、粗基准的选择原则有哪些？如何处理在选择时出现的矛盾？

4-6　习图 4-3 所示为铸铁飞轮零件，试选择加工时的粗基准。

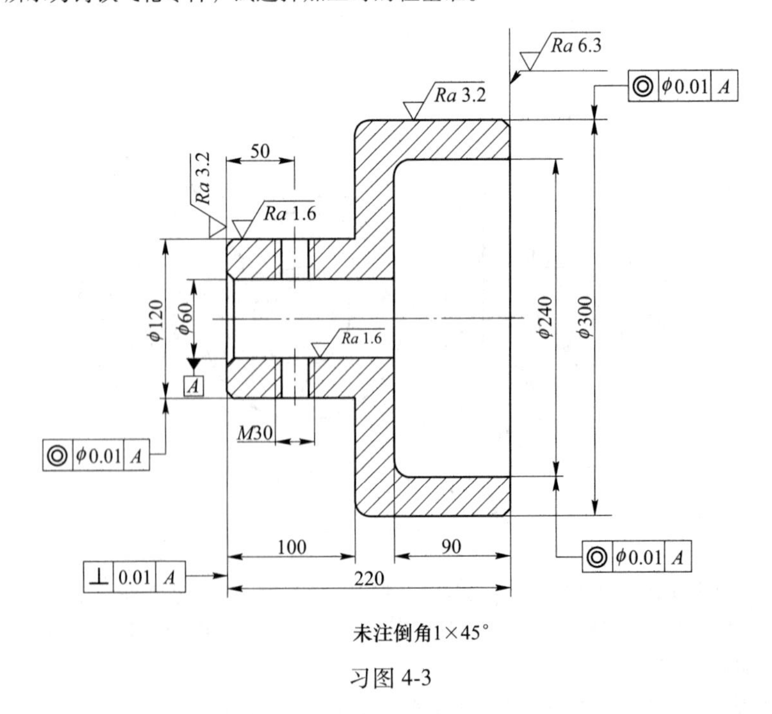

习图 4-3

4-7　如何选择下列加工过程中的定位基准：

(1) 浮动铰刀铰孔；(2) 拉齿坯内孔；(3) 无心磨削销轴外圆；(4) 磨削床身导轨面；(5) 箱体零件攻螺纹；(6) 珩磨连杆大头孔。

4-8　试述在零件加工过程中，划分加工阶段的目的和原则。

4-9　什么是工序集中、工序分散？它们的特点是什么？

4-10　试叙述零件在机械加工工艺过程中，安排热处理工序的目的、常用的热处理方法及其在工艺过程中安排的位置。

4-11　习图 4-4 为一连杆形零件简图，材料为铸铁，大头毛坯孔直径为 ϕ30mm，试分析大批量生产时其机械加工工艺路线。

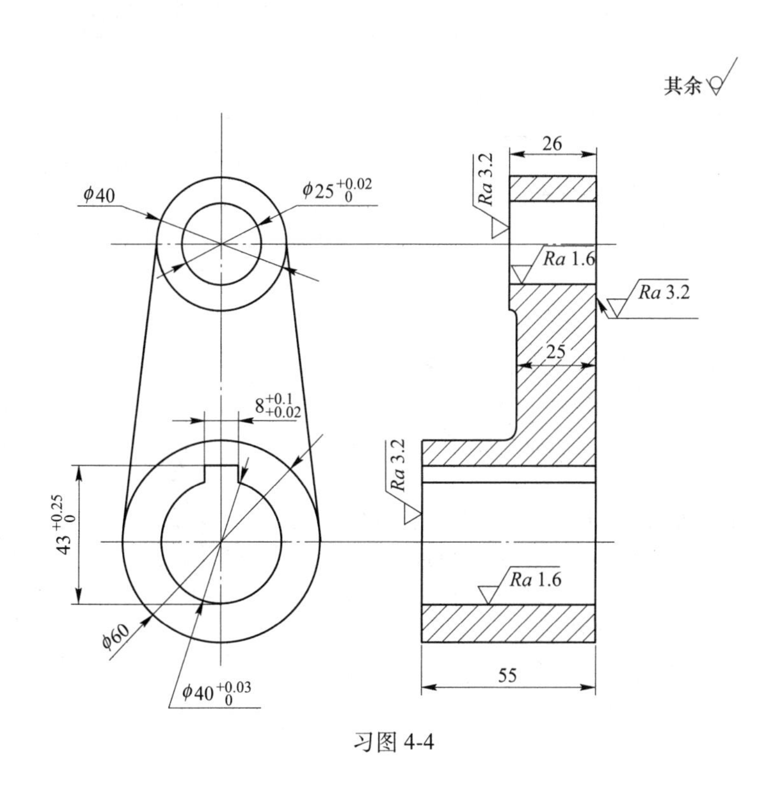

习图 4-4

4-12　何谓毛坯余量？何谓工序余量？影响工序余量的因素有哪些？

4-13　一小轴，毛坯为热轧棒料，大量生产的工艺路线为粗车—精车—淬火—粗磨—精磨，外圆设计尺寸为 $\phi 30^{\ 0}_{-0.013}$mm，已知各工序的加工余量和经济精度，试确定各序尺寸及其偏差、毛坯尺寸及粗车余量，并填入下表：

工序名称	工序余量	经济精度	工序尺寸及偏差	工序名称	工序余量	经济精度	工序尺寸及偏差
精磨	0.1	0.013（IT6）		粗车	6	0.21（IT12）	
粗磨	0.4	0.033（IT8）		毛坯尺寸		±1.2	
精车	1.5	0.084（IT10）					

4-14　什么是时间定额？何谓单件时间？如何计算单件时间？

4-15　在镗床上加工一套筒，零件见习图 4-5。在镗大孔时要保证 $15_{-0.25}^{0}$mm，但该尺寸不易测量，问测量尺寸 B 及其偏差为多大才能保证？

4-16　习图 4-6 中零件，最后一道工序是用端面 B 定位加工端面 A，对刀尺寸 L，问 L 及其偏差为何值时，才能保证尺寸 $10_{0}^{+0.2}$mm。

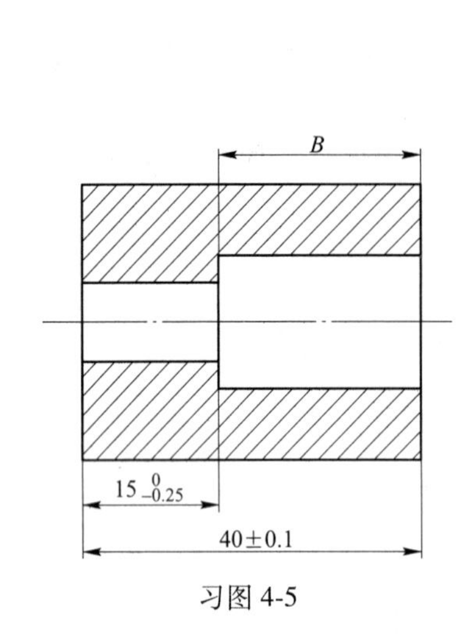

习图 4-5

L
B
A
10 +0.2 0
30 +0.05 0
C
60±0.05

习图 4-6

4-17　加工习图 4-7 所示工件，工序为：车外圆 $\phi70.5_{-0.1}^{0}$mm，铣键槽尺寸达到 A，磨外圆尺寸达到 $70_{-0.03}^{0}$mm，如车外圆与磨外圆轴线的同轴度为 $\phi0.1$mm，试求铣键槽的工序尺寸 A 及其公差。

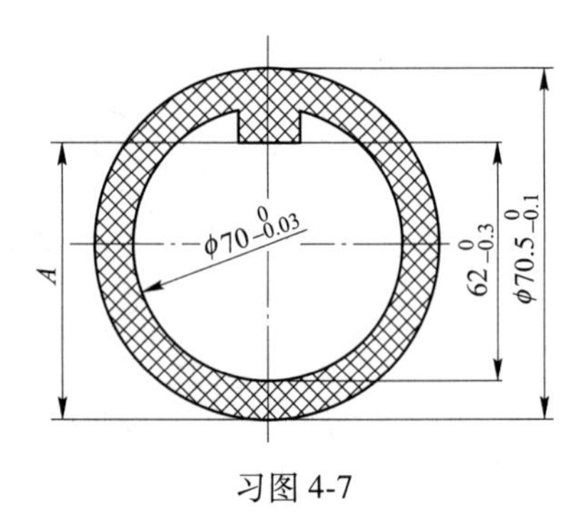

习图 4-7

4-18　习图 4-8 为某零件的加工路线图。工序Ⅰ：粗车小端外圆、肩面及端面；工序Ⅱ：车大外圆及端面；工序Ⅲ：精车小端外圆、肩面及端面。试校核工序Ⅲ精车端面的余量是否合适？若余量不够应如何改进？

4-19　在习图 4-9 中，左端为零件简图，右端为加工左端零件的部分工序草图。

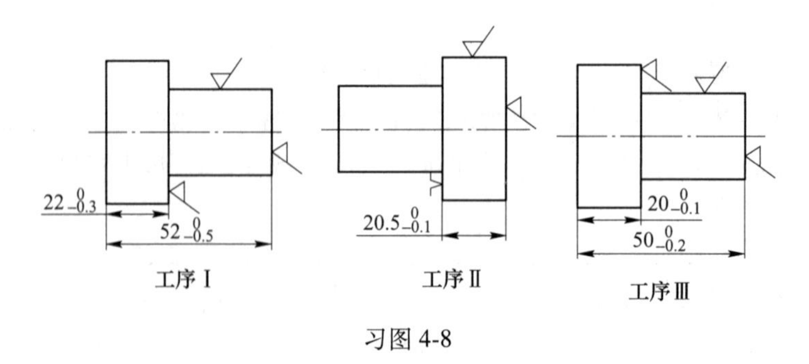

习图 4-8

工序Ⅲ：精车小端外圆、端面及肩面（B 面留磨量 0.15mm，按经济精度查表 $T_1=0.15$）。

工序Ⅳ：精镗内孔、端面及肩面。

工序Ⅴ：精磨大端面。

求各个工序尺寸及其公差。

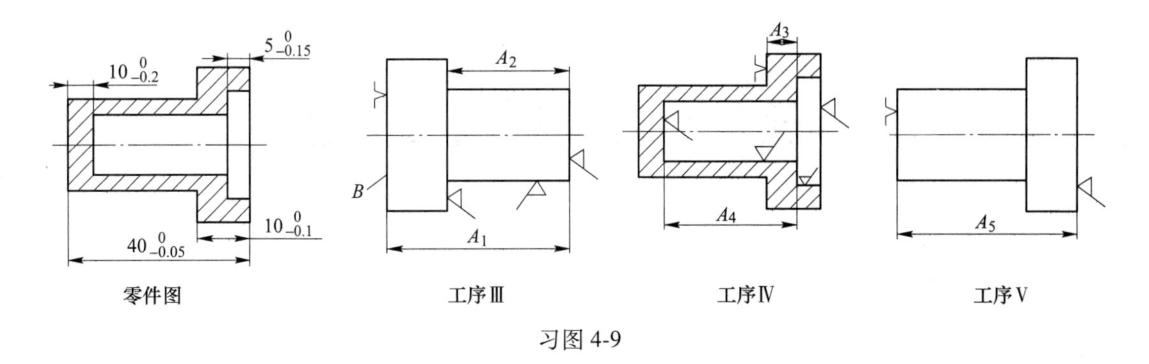

习图 4-9

4-20 习图 4-10 所示的阶梯轴零件简图。其端面 A、B 是靠火花磨削，现场工艺靠磨量及公差为 (0.1 ± 0.02)mm。试求车削时，(50 ± 0.1)mm，(240 ± 0.25)mm 及 (40 ± 0.08)mm 应保证的工序尺寸和偏差。

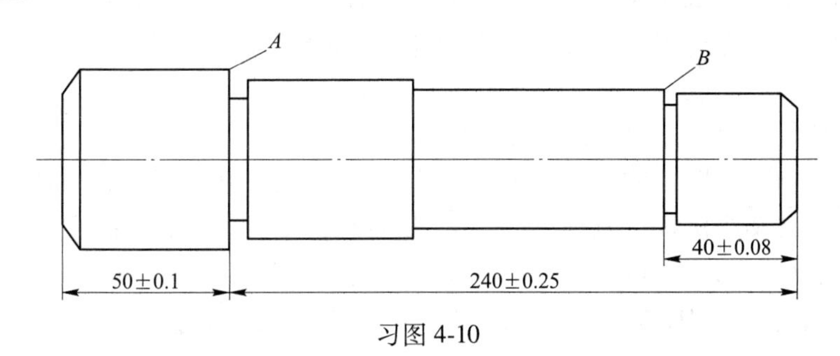

习图 4-10

4-21 某零件，材料为 2Cr13，内孔直径为 $\phi32_{+0.010}^{+0.035}$mm，内孔表面要求氰化，氰化层深度为 0.1～0.3mm。其内孔的加工过程为：车、氰化、磨。车内孔后尺寸为 $\phi31.8_{0}^{+0.14}$mm. 试求氰化工序要保证的氰化层深度。

4-22 成批生产的小轴，工艺过程为：车→粗磨→精磨→镀铬。镀铬后尺寸要求为 $\phi52_{-0.23}^{0}$mm，镀层厚度为 0.008～0.012mm。试求镀前精磨工序的工序尺寸及偏差。

5　机械结构工艺性

5.1　机械结构工艺性概述

5.1.1　机械结构工艺性概念

任何零件、部件或整个产品的结构设计都是根据其用途和使用要求来设计的，但是结构方面是否完善合理，很大程度上还是看这种结构能否满足工艺方面的要求。如果所设计产品（包括零件）的结构没有考虑到工艺方面的要求，就会在生产过程中降低生产率、延长生产周期、提高产品成本，使产品在市场上失去竞争能力。因此，产品的结构工艺性的问题在机械结构设计中是一个十分重要的问题。

所谓机械结构工艺性就是指所设计产品零部件的结构在满足其使用性能的前提下，制造和维修的可行性和经济性。机械结构工艺性问题涉及产品零部件制造和维修的各个阶段：毛坯生产、切削加工、热处理、机器装配、机器使用、维修保养，甚至报废、回收、再利用等。在结构设计中，产生矛盾时，应统筹安排，综合考虑，找出主要问题，妥善解决。

5.1.2　影响机械结构工艺性的因素

零部件的结构工艺性，随客观条件的不同和科学技术的发展而变化。

产品的产量或生产类型不同，是影响结构工艺性的首要因素。不同生产类型采用的生产工艺不同，要求产品或零件的结构工艺性也不同。

在单件小批生产时，内燃机用的锻造曲轴采用自由锻，轴曲拐的形状必须便于加工（图 5-1（a））；在中批生产时，曲轴可采用全纤维锻造，其曲拐可不加工，形状为椭圆（图 5-1（b））；而大批量生产时，不大的曲轴则用模锻制造毛坯，曲拐也可不加工，其形状有较大的选择自由，但必须有模锻斜度。

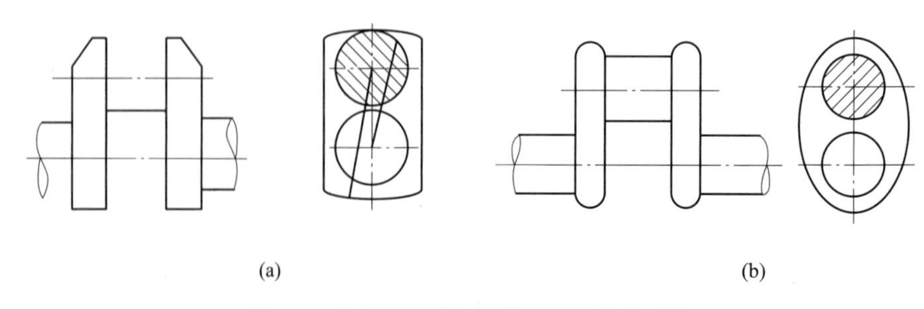

图 5-1　自由锻曲拐与模锻曲拐的结构对比
（a）自由锻造；（b）弯曲镦锻

图 5-2（a）所示的工作台 T 形槽，在单件小批生产时，其结构工艺性应是良好的。但大批大量生产时，将其设计为图 5-2（b）所示的结构，便于在龙门刨床或龙门铣床上进行多件加工，提高生产率。

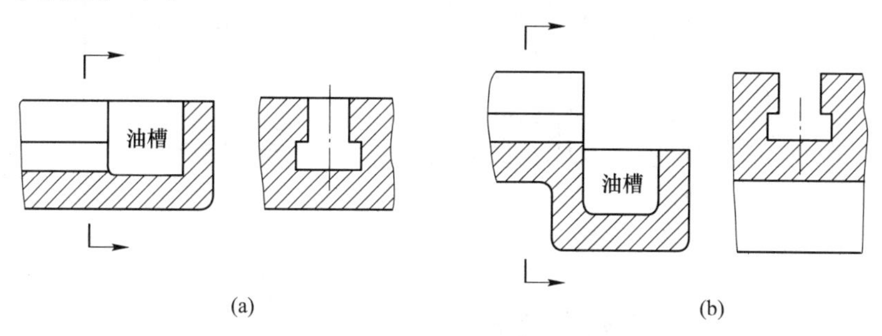

图 5-2　具有 T 形槽工作台的结构
（a）单件小批生产；（b）大批量生产

科学技术的发展和新的加工设备、工艺方法的不断涌现，是促进产品零部件结构变化的又一重要因素。

图 5-3（a）所示的双联齿轮，传统加工方法是图 5-3（b）齿轮组整体加工法，这种结构固然能够保证齿轮的整体强度和质量，因齿间的轴向距离小，小齿圈只能用插齿加工，且插斜齿又需专用螺旋导套，加工难度大，制造成本高。采用图 5-3（c）所示激光焊接结构后，可改为两部分分别加工，然后再将它们焊成一体，用这种工艺方法不仅提高了加工生产率，也缩短了齿轮的轴向尺寸，因而其结构工艺性更好。

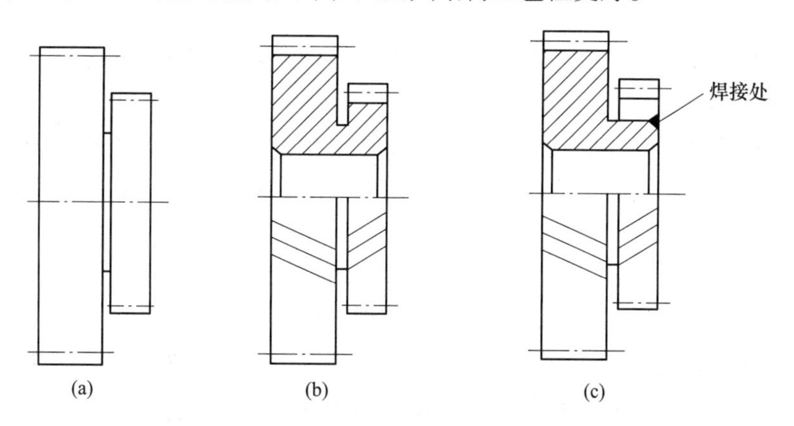

图 5-3　双联斜齿轮的结构工艺性比较
（a）双联齿轮；（b）整体结构；（c）焊接结构

现有的生产条件和技术水平，也是影响产品零部件结构的因素。

如图 5-4（a）左图所示的阀套，其上有四个精密方孔需加工；如图 5-4（a）右图所示的冲模，其上的窄槽与尖角需加工，这些用一般的切削加工方法很难加工出来，人们将其分解成几个零件（左图分为 5 个零件，右图分为 4 个零件），分别进行加工后连接起来，再进行研磨。但如果用电火花加工设备，可以设计为整体结构的零件，见图 5-4（b），提高了零件的刚性，加工时只要将电极制成被加工部分的形状，一次就可加工出来，易于保证质量，且减少了零件设计和制造的时间和费用。

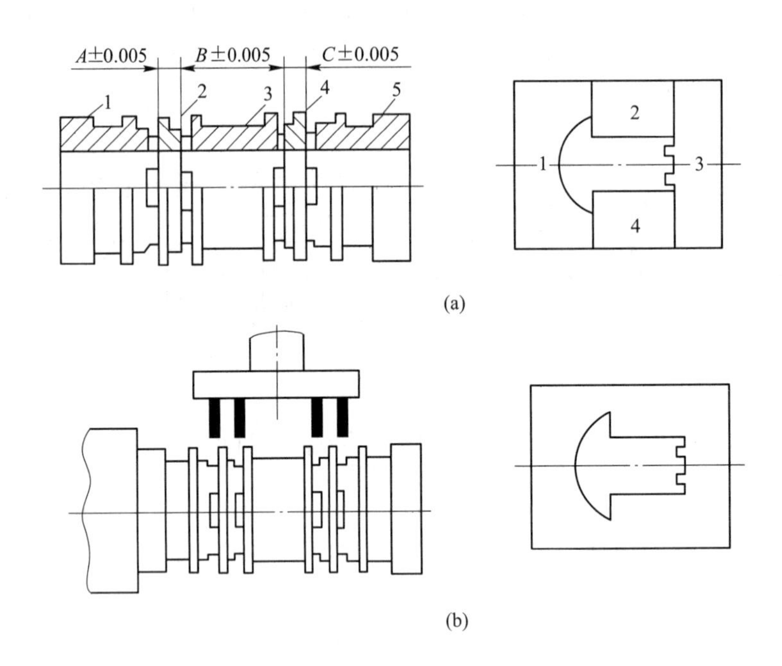

图 5-4　阀套和冲模的结构
（a）镶拼结构；（b）整体结构

5.1.3　机械结构工艺性的基本要求

（1）机器的零部件是为整机服务的，零部件结构工艺性应服从整机的工艺性。

（2）在满足工作性能的前提下，零件应采用简单的圆柱面、平面、共轭曲面等构成零件的轮廓等简单造型；应尽量减少零件的加工表面数量和加工面积；应尽量采用标准件、通用件和外购件；增加相同形状和相同元素（如直径、圆角半径、配合、螺纹、键、齿轮模数等）的数量。

（3）在保证使用功能的前提下，应考虑加工的可能性、方便性、经济性。

（4）尽量减少零件的机械加工量，力求实现少或无切屑加工。

（5）在保证零件力学性能要求的前提下，合理选择成本较低的零件材料。

（6）采用便于产品、零件组的重新使用的结构设计。

5.1.4　机械产品结构工艺性审查

在产品设计阶段，对产品及其零部件工艺性进行全面审查并提出意见或建议的过程，称为工艺性审查。工艺性分为生产工艺性、使用工艺性两类。生产工艺性是指产品制造的可行性、难易程度与经济性。使用工艺性是指产品结构的易操作性及其在使用过程中维修和保养的可行性、难易程度与经济性。

工艺性审查的对象：一是所有新设计的产品和改进设计的产品，在设计过程中均应进行工艺性审查；二是外来产品图样，在试生产前须进行工艺性审查。

工艺性审查的目的：使产品在满足质量和用户要求的前提下符合工艺性要求，在现有生产条件下能用比较经济、合理的方法将其制造出来，并降低制造过程中对环境的负面影响，提高资源利用率，改善劳动条件，减少对操作者的危害，且便于使用和维修。

5.2 零件热加工结构工艺性

机械制造中零件热加工主要包括毛坯制造和热处理，常用的毛坯有铸件，锻件、焊接件、冲压件、各种型材以及粉末冶金件、塑料压制件等。毛坯的结构工艺性与其本身材料、结构形状、尺寸大小、工艺类型和具体的生产方法等诸多因素有密切的关系。本节主要从结构工艺性审查的角度举例说明铸件、锻件、焊接件、冲压件和热处理的工艺性基本要求。

5.2.1 铸造的结构工艺性

铸件结构工艺性不仅与铸件形状、结构、尺寸及材质等因素密切相关，还应考虑铸造工艺过程的规律、铸造方法的特点、具体的生产特点等。铸件结构要素主要有：外部形状、内腔形状、壁厚、加强筋的形状及尺寸、壁的过渡与连接、铸造圆角、凸台、铸孔（槽）、铸造斜度等。零件结构的铸造工艺性有如下基本要求：

（1）铸件的壁厚应合适、均匀，不得有突然变化。合理的铸件壁厚，能保证铸件的力学性能和防止产生浇不足、冷隔等缺陷。

铸件壁厚均匀有利于铸件凝固，避免缩孔或缩松，防止引起铸件变形或产生较大的内应力导致铸件产生裂纹。壁厚变化不要发生突然的改变。原因就是防止铸件在冷却过程中产生过大的热应力，以避免产生裂纹。

铸件壁的临界或转角部分容易产生内应力、缩孔和缩松，应防止壁厚突变及铸造尖角。

从铸造缺陷规避的角度，回避需大面积加工的平面。

（2）铸件圆角要合理，并不得有尖角。铸件壁的连接或转角部分容易产生内应力、缩孔和缩松，应防止壁厚突变及铸造尖角，对热节点（转角、交叉点）处要特别注意。

（3）铸件的结构要尽量简化，并要有合理的拔模斜度，以减少分型面、芯子，便于起模。铸件的结构简化，内外表面的局部凸起要尽量设置在分型面上，避免曲面分型；外表和内腔以分型面为基准，逐步减少投影面积，以便于拔模，规避设置活块。

（4）加强筋的厚度和分布要合理，以避免冷却时铸件变形或产生裂纹。加强筋可以增加工件的刚度和强度，防止铸件变形；可以减小铸件壁厚，防止铸件产生缩孔与变形。但加强筋厚度要适当，不宜过大，一般为被加强壁厚的 0.6～0.8 倍；布置要合理，防止变形、缩孔和裂纹等缺陷。

（5）铸件的内腔结构应使型心数量少，并有利于型心的固定和排气。

（6）铸件的选材要合理，应有较好的可铸性。不同的合金有不同的铸造工艺性能，对铸造工艺过程、质量及结构设计都有显著影响。

铸件结构工艺分析举例见表 5-1。

表 5-1 铸件结构工艺分析举例

序号	改进前	改进后	说明
1	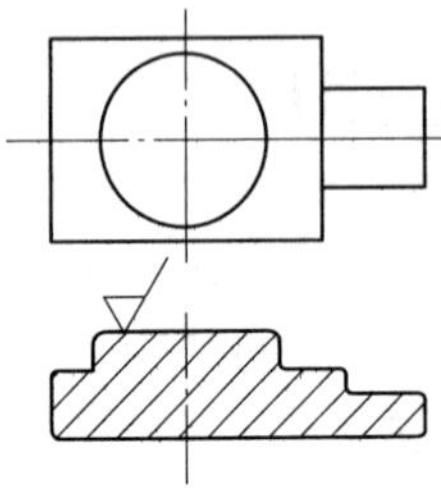	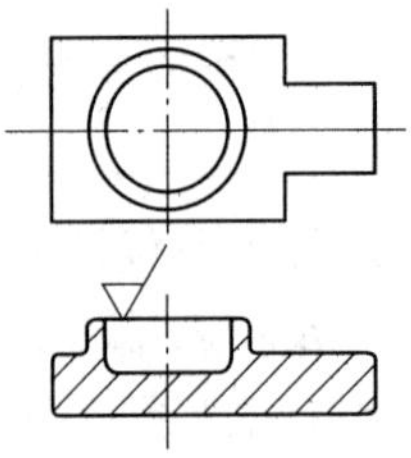	结构设计中应避免厚大截面，采用中空结构或设计加强筋来取代大截面，壁厚均匀
2	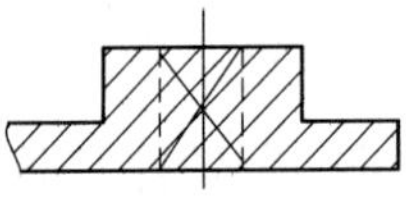 (孔不铸出)	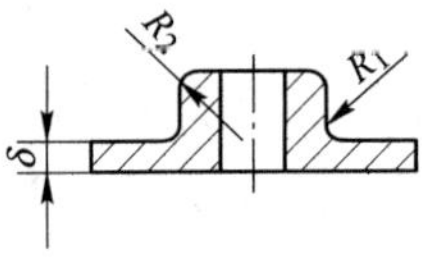 $R_1=R_2=(1\sim2)\delta$	凸台应有圆角，孔尽可能铸出，以减少热节
	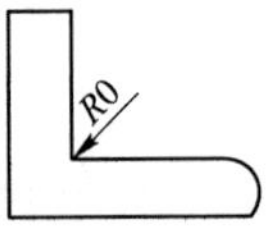 R0	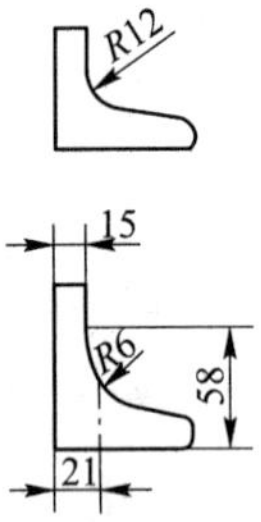 R12; 15; R6; 58; 21	L 形连接处应有圆角，T 形连接处除圆角外，外壁厚应用过渡
	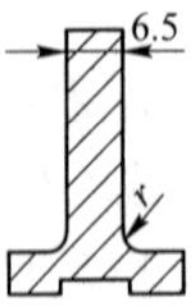 6.5; r	 6.5; r	
	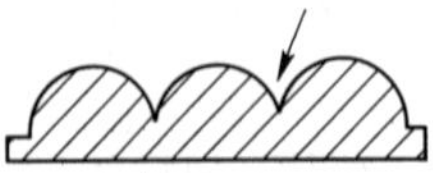		消除尖角
3	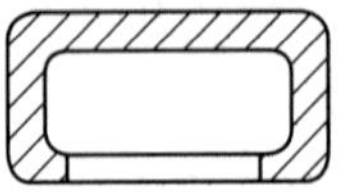	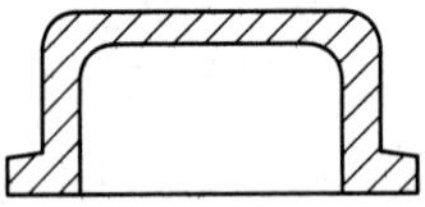	尽可能把内腔结构设计成开式，可以不用型芯

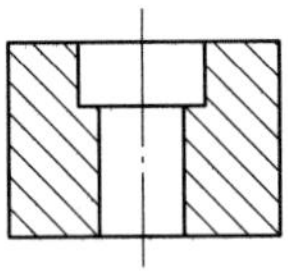

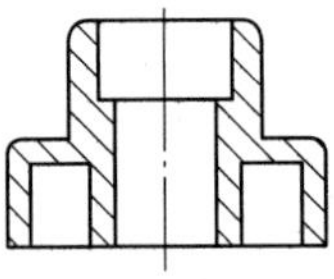

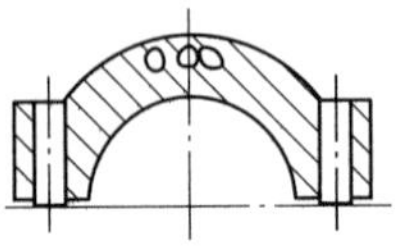

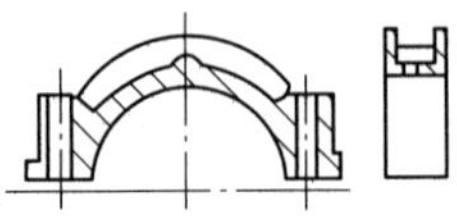

续表 5-1

序号	改 进 前	改 进 后	说 明
3	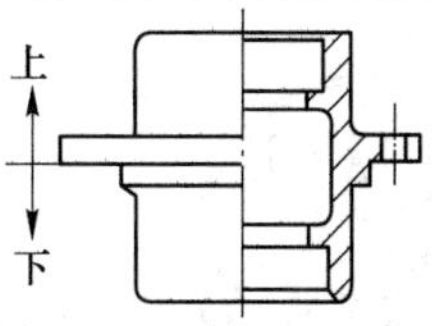 上 下	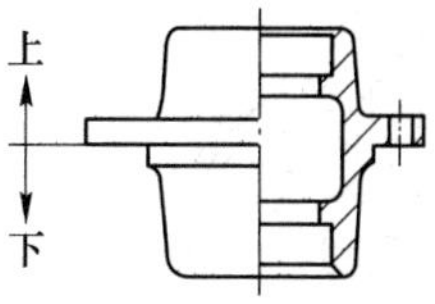 上 下	在起模方向留有结构斜度
	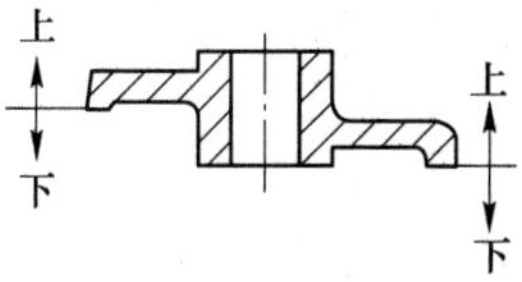 上 下 上 下	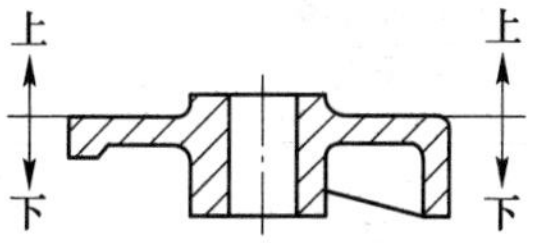 上 下 上 下	分型面应尽量设计在同一平面内，以使分型面的形状简单
	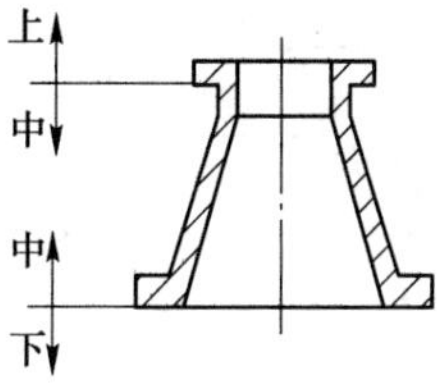 上 中 中 下	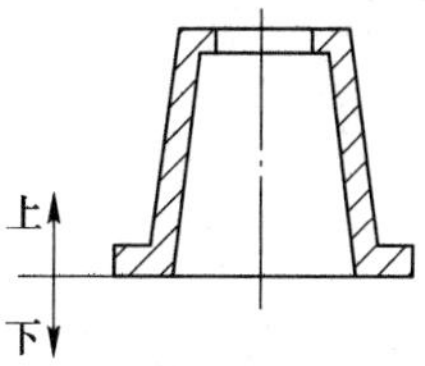 上 下	分型面应尽量少，改进后，三箱造型变为两箱造型
4	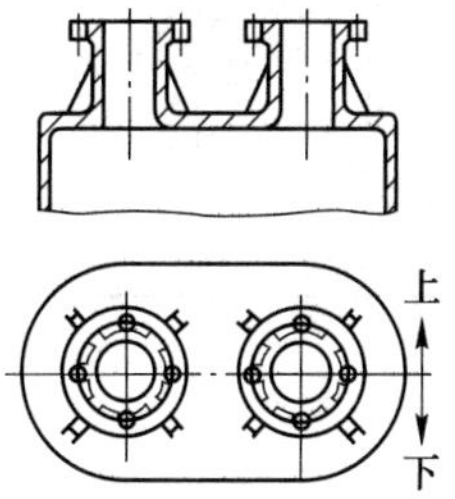 上 下	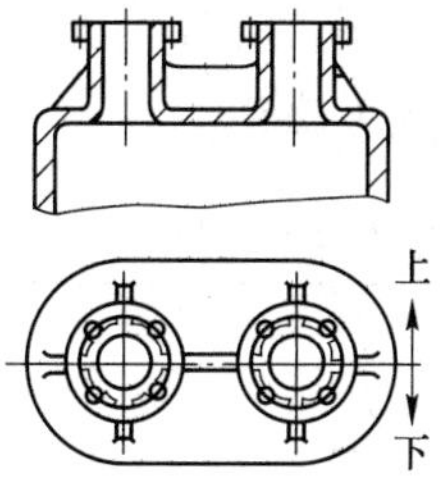 上 下	加强筋应合理布置，便于直接起模
	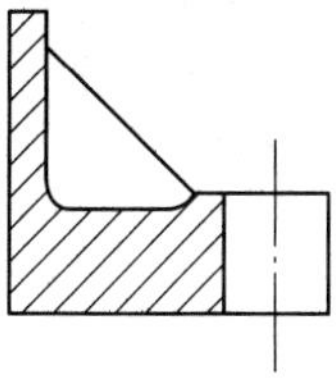	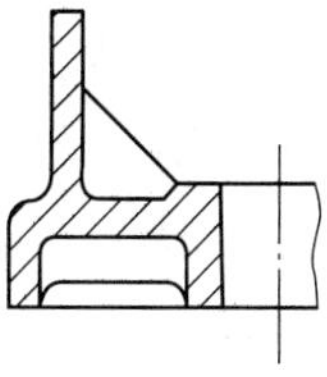	厚壁处减薄加强筋
	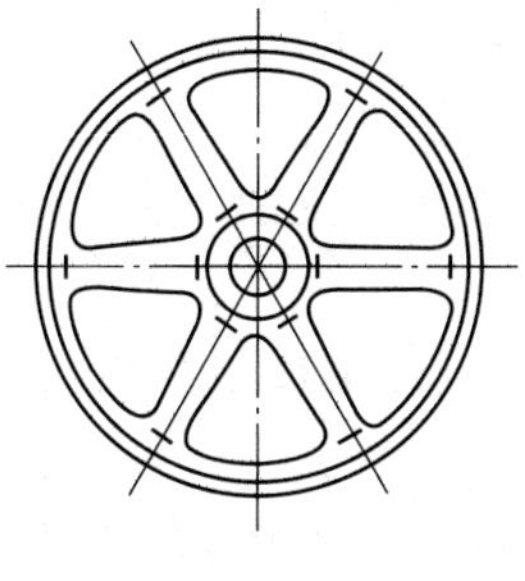		铸件应避免阻碍收缩的结构，较大的皮带轮、飞轮的轮辐可成弯曲状，借助于它的微量变形减少铸造应力，防止开裂

续表 5-1

序号	改 进 前	改 进 后	说 明
4		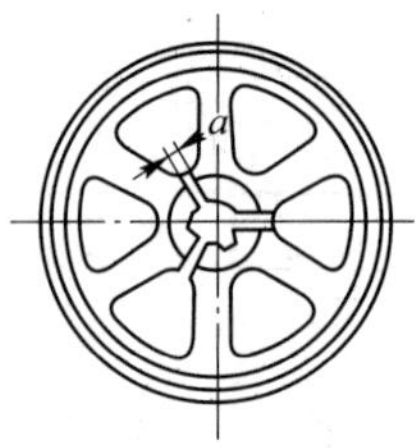 a	大型轮类铸件，可在轮毂处作出缝隙 $a\approx30$mm，以防止裂纹
5	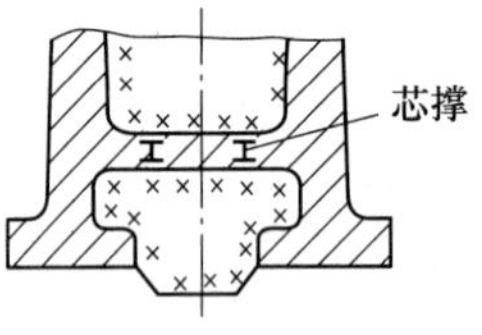 芯撑	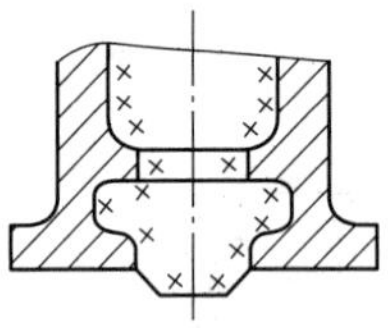	改进后的结构减少芯型，不用芯撑
	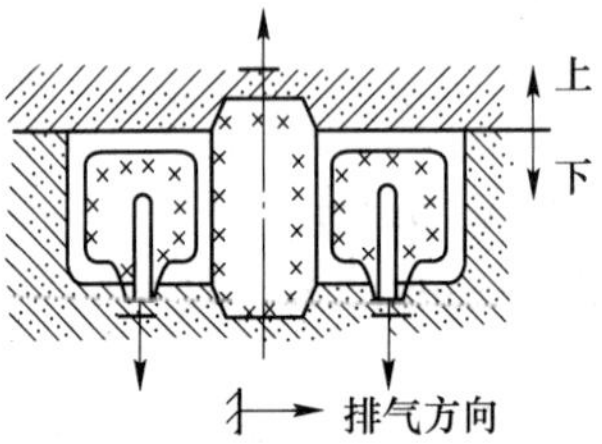 上 下 排气方向	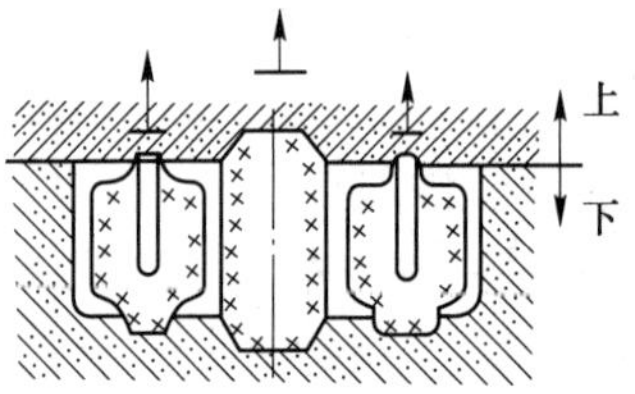 上 下	铸件的上部增设工艺孔，利于型芯固定和排气

5.2.2 锻造的结构工艺性

在进行锻造件结构设计时，要考虑锻造材料、锻造设备与工装、生产批量，零件的使用要求，零件的形状和尺寸特征等。不同的锻造方法其结构工艺性不同，设计锻件时其结构应该满足相应的锻造方法要求。锻件的结构要素主要有：余块、台阶、凹档、孔、槽、形状、尺寸、筋、分模面的选择、斜度、过渡圆角等。

零件结构的锻造工艺性有如下基本要求：

(1) 锻件结构应力求简单、对称自由锻件结构应力求简单对称，横截面尺寸不应有突然变化，弯曲处的截面应适当增大。

自由锻不易锻出锥形和楔形，设计时应尽量采用平直结构。圆锥体结构和锻件上的斜面也不易锻出，为减少专用工具，简化工艺过程，操作方便，提高生产率，尽量用圆柱面代替圆锥面，平行平面代替倾斜平面。

自由锻无法锻出几何形体（圆柱、立方体等）表面相贯的复杂形状，如圆柱体与甲板相连接的形状比较复杂，采用自由锻制造困难。

自由锻件不应有加强肋、工字形截面等复杂形状。应避免加强筋板与表面凸台等结构，小孔和凹槽等结构可采用切削加工方法加工。

自由锻件的内部凸台是无法锻出的，应予以简化结构。如叉形零件内部不应有凸台。

当锻件具有复杂的形状或细长柄时，应设法改用几个较简单的部分组合或焊接，锻件形状应尽量简单。

（2）模锻件应有合理的锻造斜度和圆角半径。模锻件形状应便于脱模，内外表面都应有足够的拔模斜度，孔不宜太深。分模面尽量安排在中间。模锻件垂直于分型面的拔模斜度：对于外表面斜度一般取 1∶10～1∶7，对于内表面一般取 1∶7～1∶5，对高精度模锻件，拔模斜度可适当小些。

锻件应具有适当的圆角半径，圆角半径过小模具易发生裂纹、寿命低，圆角半径过大机械加工余量过大。

对称形状的零件便于分模，应将模锻件尽量设计成对称的外形。

（3）材料应具有可锻性。碳钢随含碳量的增加可锻性下降。低碳钢可锻性最好，锻后一般不需热处理；中碳钢次之，高碳钢则较差，锻后需热处理，当含碳量达 2.2%时，就很难锻造了。

低合金钢的可锻性近似于中碳钢。合金钢中随某些降低金属塑性等因素的合金元素的增加可锻性下降，高合金钢锻造比碳钢困难。

各种有色金属合金的可锻性都较好，类似于低碳钢。

锻件结构工艺分析举例见表 5-2。

表 5-2　锻件结构工艺分析举例

序号	改 进 前	改 进 后	说　明
1	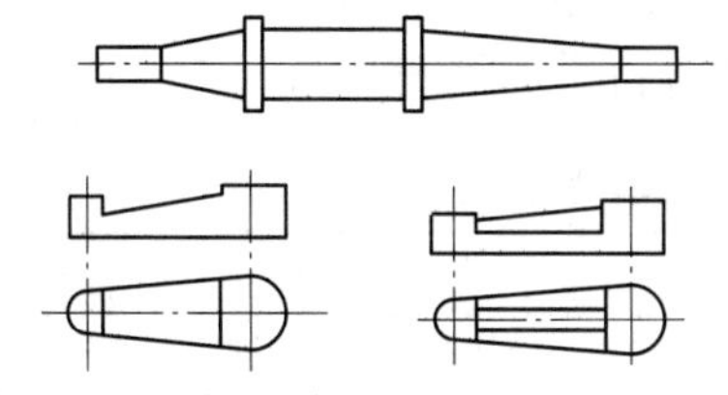	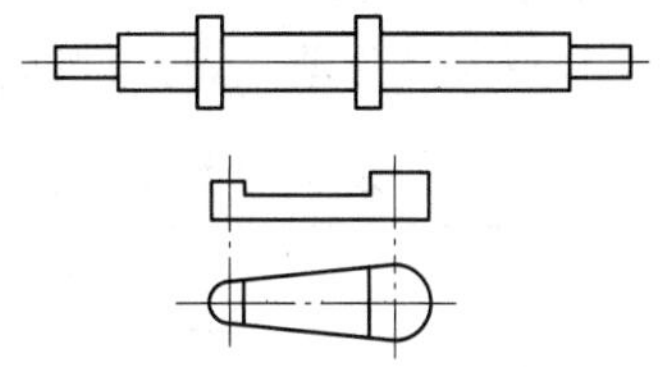	自由锻不易锻出锥形和楔形，设计时应尽量采用平直，结构避免有肋、工字型截面等复杂形状
	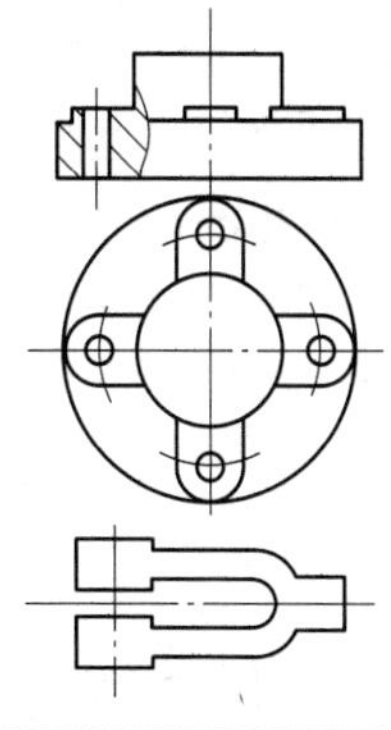	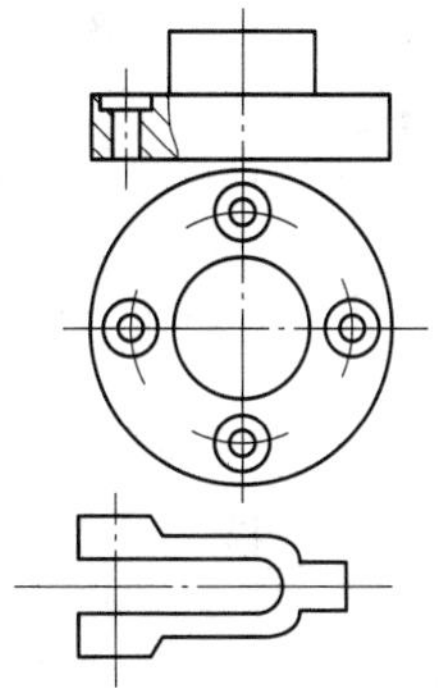	避免形状复杂的凸台及叉形件内凸台
2	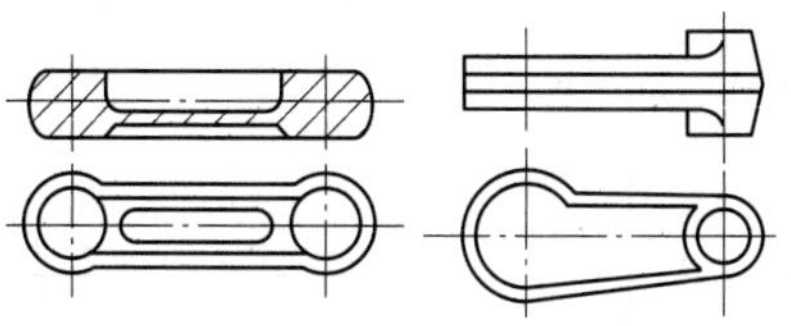	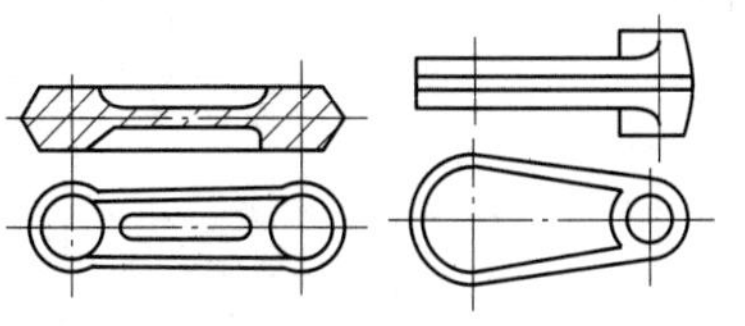	零件应尽量设计成对称结构
	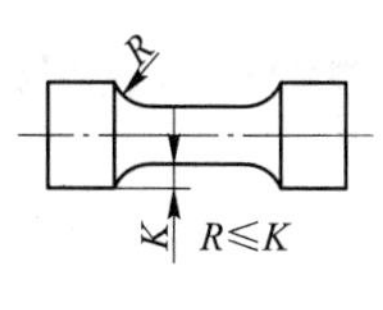 $R \leq K$	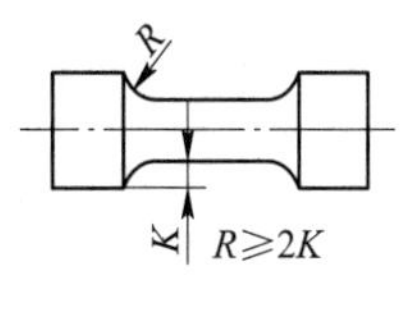 $R \geq 2K$	适当的圆角半径

5.2.3　焊接的结构工艺性

在焊接结构设计时，除考虑使用性能之外，还应考虑制造时焊接工艺的特点及要求，才能保证在较高的生产率和较低的成本下，获得符合设计要求的产品质量。焊接件的结构工艺性应考虑到各条焊缝的可焊到性、焊缝质量的保证，焊接工作量、焊接变形的控制、材料的合理应用、焊后热处理等因素，具体主要表现在焊缝的布置、焊接接头和坡口形式等几个方面。

（1）焊接件所用的材料应具有可焊性。材料的焊接性是决定结构能否焊接的先决条件，设计时必须考虑材料的焊接问题。

（2）焊缝的布置应有利于减少焊接应力及变形。焊缝布置尽量分散，尽可能对称，避开最大应力处和应力集中处，焊缝布置应便于操作，避开机械加工表面。

焊缝位置必须具有足够的操作空间以满足焊枪焊接时运条的需要。焊枪焊接时，焊条须能伸到待焊部位；点焊与缝焊时，要求电极能伸到待焊部位；埋弧焊时，则要求施焊时接头处应便于存放焊剂。

（3）焊接接头的形式、位置和尺寸应能满足焊接质量的要求。焊接接头形式应尽量简单、结构连续，减少力流的转折；焊接接头位置应尽量方便操作。

（4）焊接件的技术要求要合理。焊接件结构工艺分析举例见表5-3。

表5-3　焊接件结构工艺分析举例

序号	改进前	改进后	说　　明
1	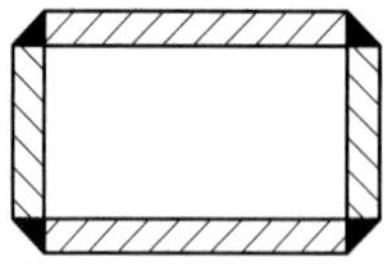	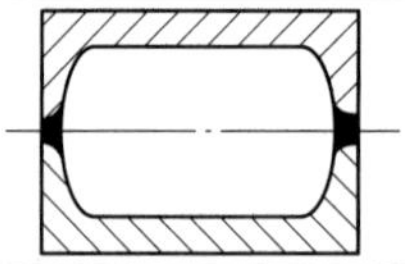	应尽量选用尺寸规格较大的板材、型材和管材，形状复杂的可采用冲压件和铸钢件，以减少焊缝数量，简化焊接工艺和提高结构的强度和刚度
2	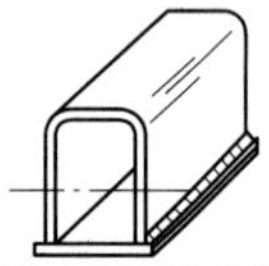	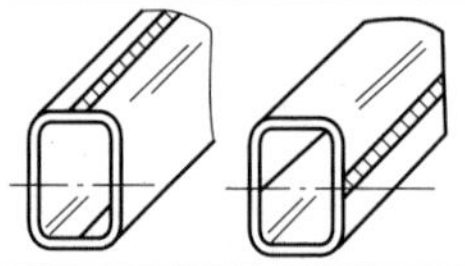	两条焊缝对称于剖面中性轴，有可能使焊缝所产生的弯曲变形互相抵消，焊后无明显弯曲变形
3	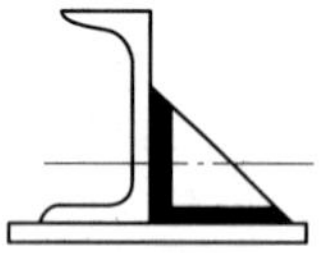	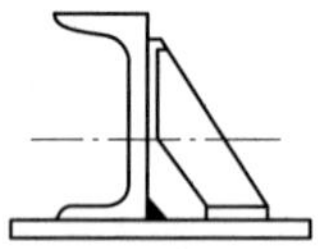	焊缝密集及交叉会使接头处严重过热，组织恶化，承载能力降低，严重时会引起裂纹
4	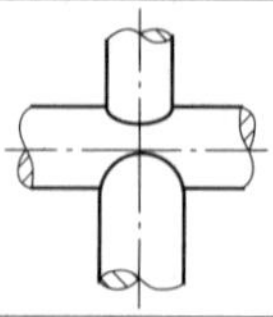 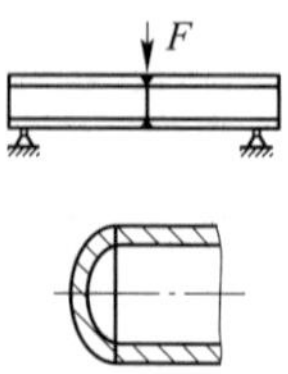 F	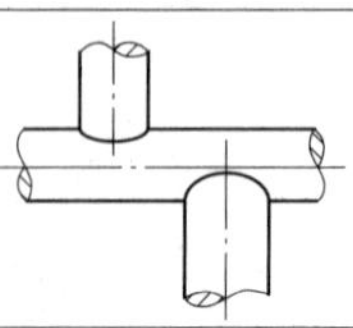 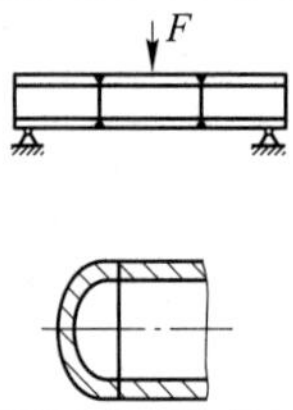 F	焊缝应尽量避开集中载荷或应力集中处

续表 5-3

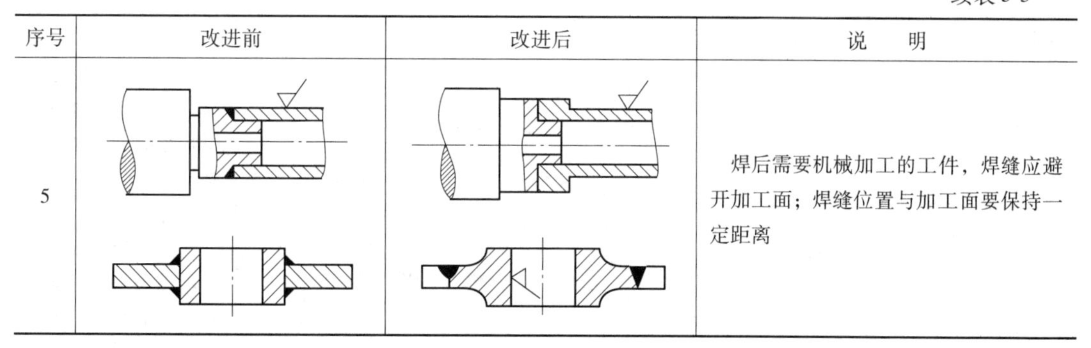

序号	改进前	改进后	说　明
5			焊后需要机械加工的工件，焊缝应避开加工面；焊缝位置与加工面要保持一定距离

5.2.4 热处理的结构工艺性

零件的热处理工艺性既涉及零件的结构、材料本身所具有的特性，又与热处理工艺过程各环节密切相关。

（1）对热处理的技术要求要合理。对于不同材料可以通过不同的热处理工艺达到相同或不同的机械性能以及耐磨、耐蚀等性能。在满足零件使用性能及其他工艺性要求的前提下，提出合理的热处理要求，选择较容易达到预定性能要求且成本低、生产周期短的热处理。热处理要求应在零件工作图上按要求标明。

（2）热处理件应尽量避免尖角、锐边、盲孔。为避免零件热处理时发生过量变形，开裂或硬度不足及软点等，零件的几何形状往往是关键。零件断面突面处（如裂纹、油孔、键槽、退刀槽等）也容易造成应力集中，零件显微组织不均匀会使热处理时的应力分布不均匀，从而导致变形和开裂。

（3）截面要尽量均匀、对称。尽量使零件截面均匀、对称，必要时可加开工艺孔或工艺性槽。

（4）零件材料应与所要求的物理、力学性能相适应。零件材料选择时，应考虑材料的力学性能、工艺性能和经济性，同时也应考虑材料的热处理性能，并要求相适应。

热处理结构工艺性分析举例见表 5-4。

表 5-4　热处理结构工艺性分析举例

序号	改 进 前	改 进 后	说　明
1			工件材料 45 钢、HRC40 ~ 45 圆柱零件。由于淬火后槽变形大，其中 ϕ10 孔超差。经分析硬度要求不合理，改为调质处理 HBS260

续表 5-4

序号	改 进 前	改 进 后	说　明
2	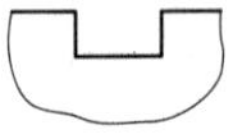 C48	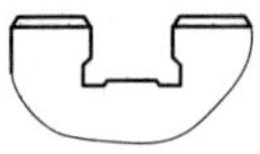 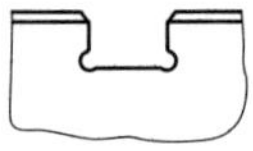 C48　　C48	零件的尖角、棱角部分是淬火应力最集中的地方，往往成为淬火裂纹的起点，应予倒钝
		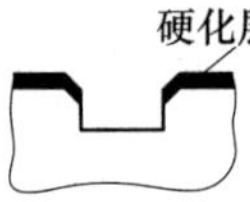 硬化层 C48	平面高频淬火时，硬化层达不到槽底，槽底虽有尖角，但不至于开裂
	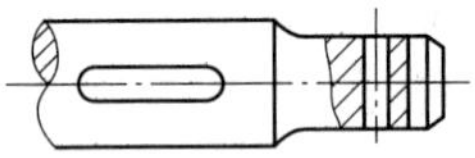	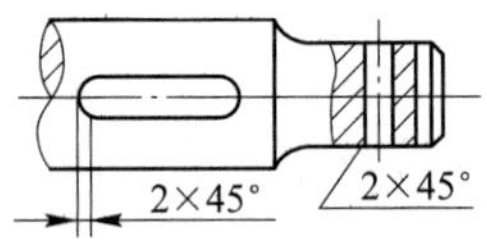 2×45°　2×45°	为避免锐边尖角融化或过热，在槽或孔的边上应有 2 ~ 3mm 的倒角
	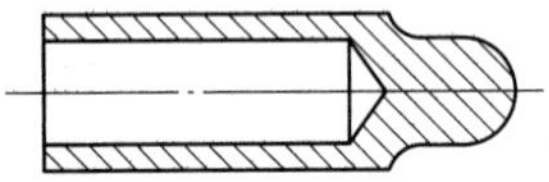	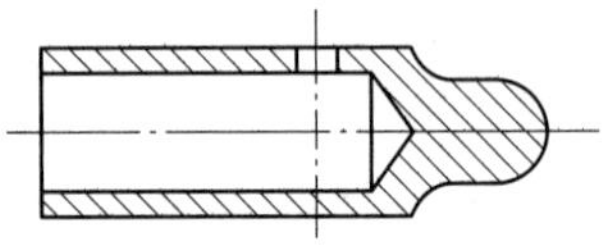	不通孔和死角使淬火时气泡不易逸出，造成硬度不均。允许时，应开工艺排气孔
3	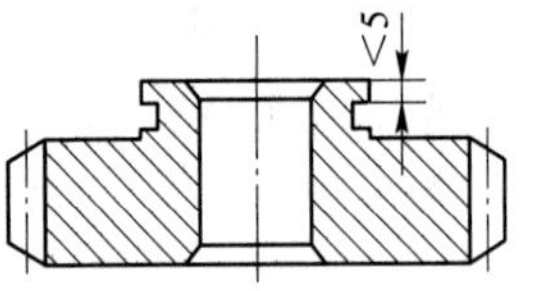 <5 齿部槽部C42	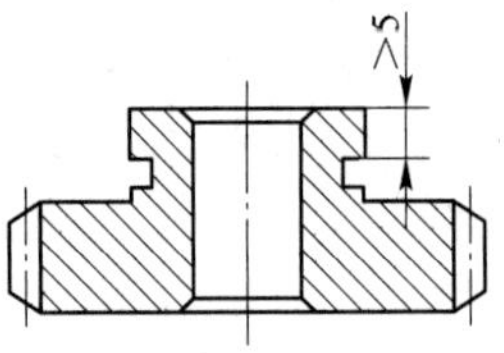 >5 齿部槽部C42	为避免结构尺寸厚薄相差悬殊，拨叉槽部一侧厚度不得小于 5mm
4	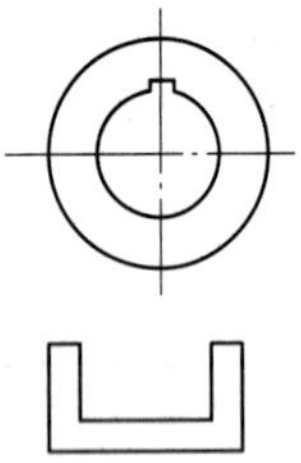	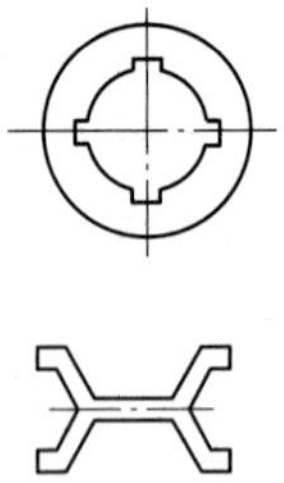	几何形状力求对称，使得变形减小或有规律
5	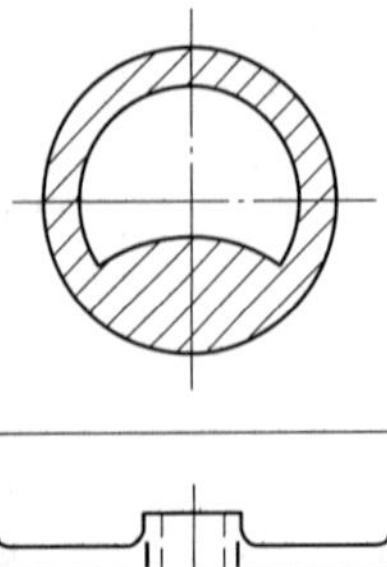	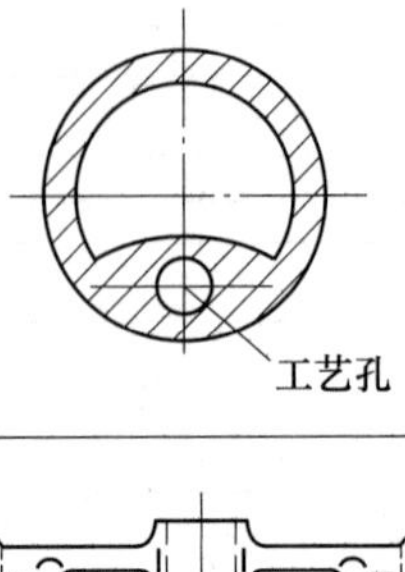 工艺孔	零件壁厚不均匀，在热处理时容易产生变形。增设一个工艺孔，以使零件壁厚均匀
6	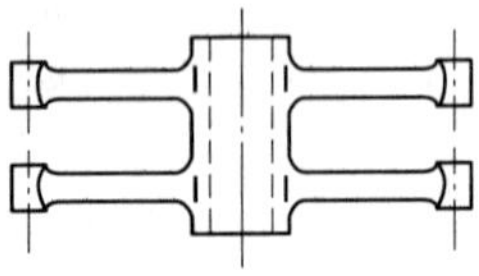	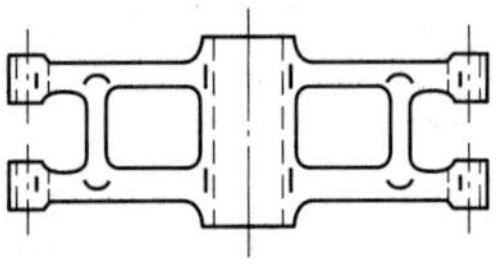	提高零件结构的刚性，必要时可附加加强筋

5.3 零件切削加工的结构工艺性

切削加工零件的结构工艺性与零件热加工结构工艺性一样，也是设计时必须考虑的问题。在零件加工制造的整个过程中，切削加工所耗费的工时和费用一般最多，因此设计的零件结构应满足切削加工工艺性要求。

影响切削加工结构工艺性的因素涉及生产批量、工艺路线、加工精度与方法、现有工艺装备、现有技术水平等多方面。为此，确定制造毛坯的方法后，在满足零件使用要求的前提下，设计零件应满足：结构应便于加工、结构应有利于提高加工效率、结构应有较少的切削加工量达到加工精度。本节主要从结构工艺性审查的角度举例说明切削加工结构工艺性基本要求。

5.3.1 零件工作图的尺寸标注

零件工作图中的尺寸标注是零件图的主要内容之一，是零件加工制造的主要依据，应符合切削加工工艺性。标注尺寸必须满足正确、齐全、清晰的要求，还需满足较为合理的要求。所谓尺寸标注合理，是指所注的尺寸既要满足设计要求，又要满足便于加工、测量和检验等制造工艺要求。

零件工作图尺寸标注分析举例见表 5-5。

表 5-5 零件工作图尺寸标注分析举例

序号	改 进 前	改 进 后	说 明
1	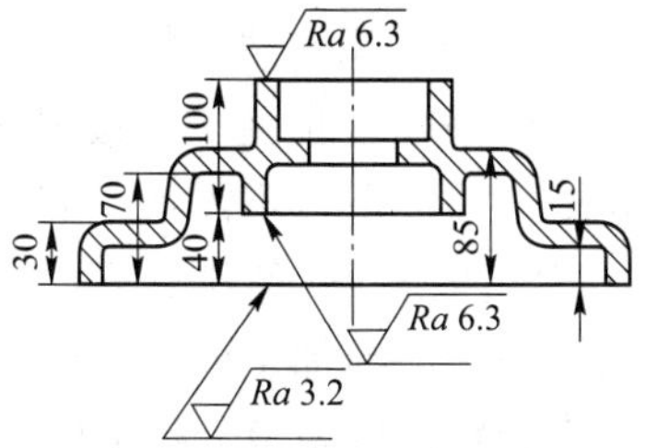 Ra 6.3 100 70 30 40 85 15 Ra 6.3 Ra 3.2	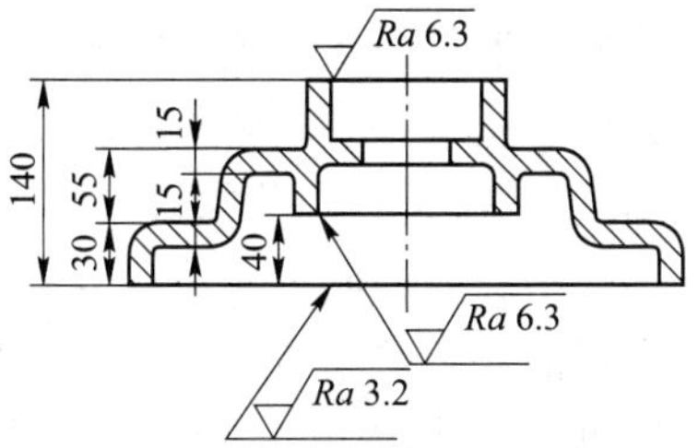 Ra 6.3 140 55 30 15 15 40 Ra 6.3 Ra 3.2	加工面与毛坯面的关联尺寸原则上在同一方向只能标注一个尺寸，否则难以满足所有的标注尺寸
2	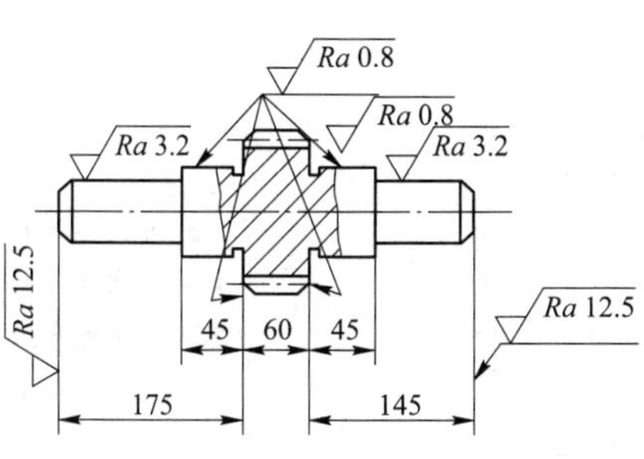 Ra 0.8 Ra 0.8 Ra 3.2 Ra 3.2 Ra 12.5 45 60 45 Ra 12.5 175 145	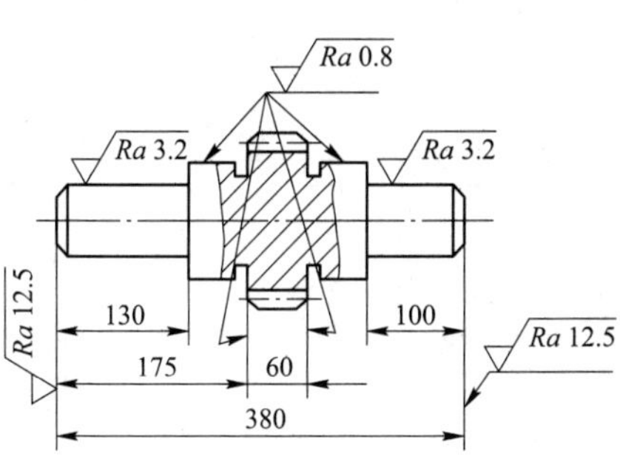 Ra 0.8 Ra 3.2 Ra 3.2 Ra 12.5 130 100 Ra 12.5 175 60 380	尺寸标注应考虑加工顺序。齿轮端面精磨是在最后进行的，没有特殊要求应按车削端面起标注为好

续表 5-5

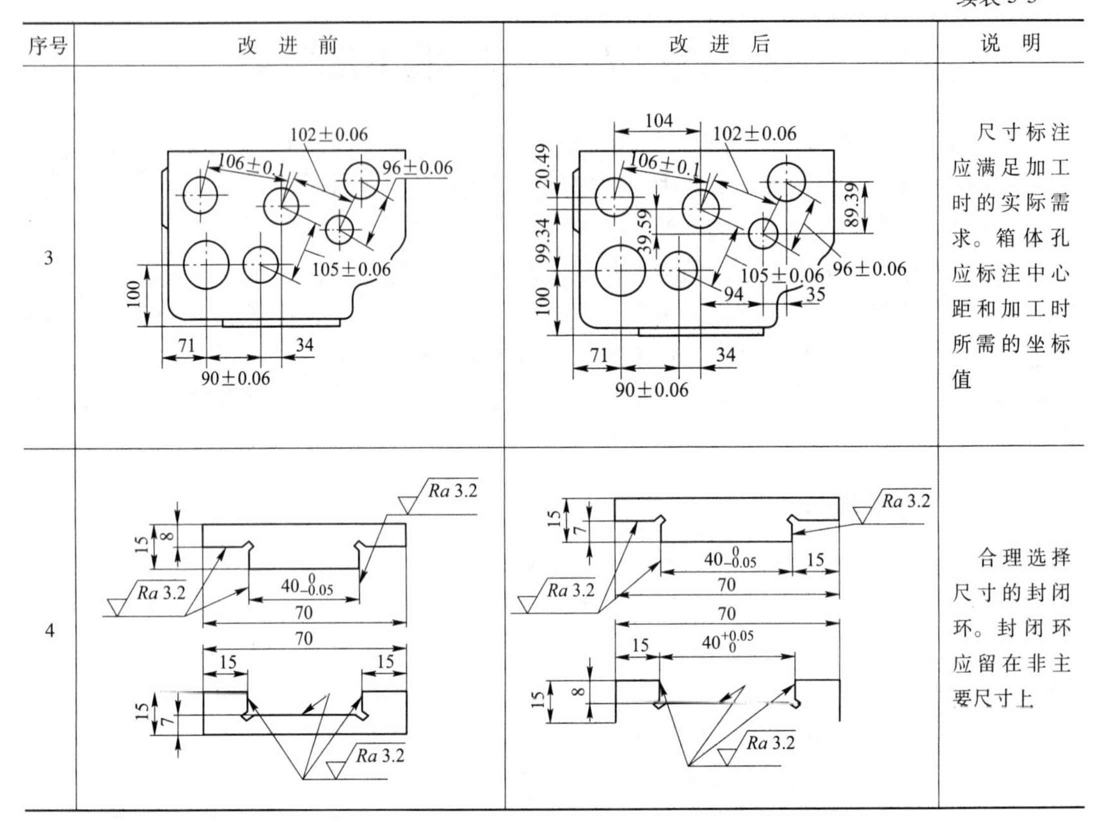

序号	改进前	改进后	说明
3			尺寸标注应满足加工时的实际需求。箱体孔应标注中心距和加工时所需的坐标值
4			合理选择尺寸的封闭环。封闭环应留在非主要尺寸上

5.3.2 尺寸、形位公差及表面质量的要求

零件的尺寸公差、形位公差和表面粗糙度标注应符合《产品几何技术规范（GPS）几何公差 形状、方向、位置和跳动公差标注》（GB/T 1182—2008）的要求，按国家标准选取，以便使用通用量具进行检验。同时，在满足使用要求的前提下，不需加工的表面不要设计为加工面，要求不高的表面不应设计为高精度和表面粗糙度 *Ra* 值小的表面，以及是否需要热处理，否则消耗和费用增加。不加工面或精度不高的面与加工面或精度高的面不宜同时加工，不然也会使费用增加。零件工作图公差和表面粗糙度要求分析举例见表 5-6。

表 5-6 零件工作图公差和表面粗糙度要求分析举例

序号	改进前	改进后	说明
1	$\phi30.5^{+0.015}_{0}$ *Ra* 0.8 数量200件	$\phi30^{+0.013}_{0}$ *Ra* 0.8 数量200件	尺寸公差采用标准化值，便于采用标准铰刀、标准塞规测量

续表 5-6

序号	改 进 前	改 进 后	说 明
1	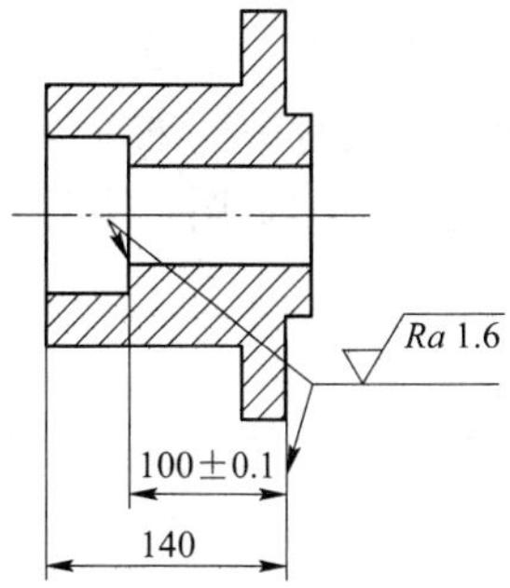 *Ra* 1.6 100±0.1 140	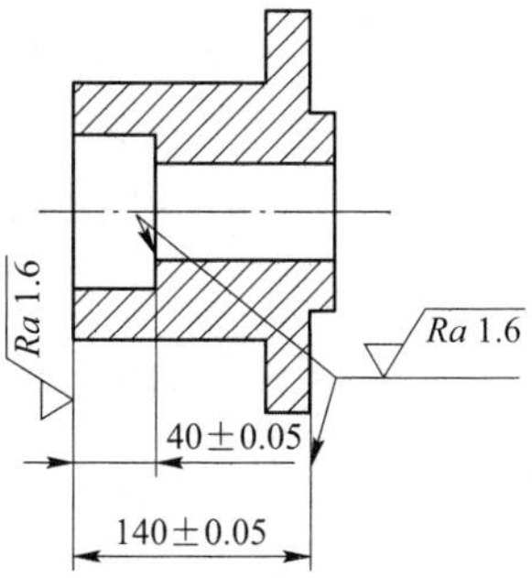 *Ra* 1.6 *Ra* 1.6 40±0.05 140±0.05	零件的尺寸标注要便于加工和度量。标注尺寸 140±0.05 和 40±0.05 来保证 100±0.1，便于加工和测量
2	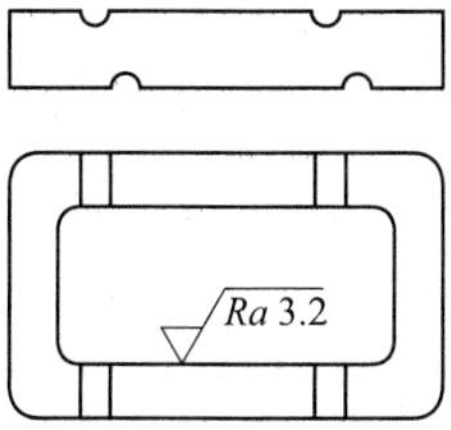 *Ra* 3.2	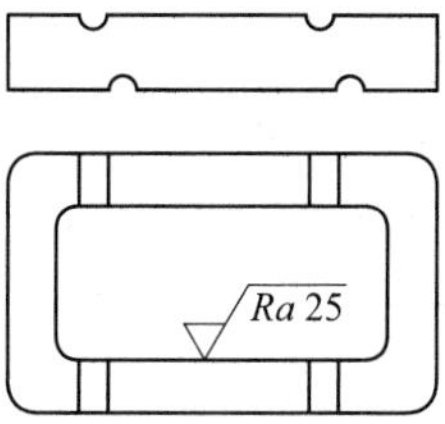 *Ra* 25	矫直机减速器中间箱体内部可以采用数控下料切割，而不用切削加工
3	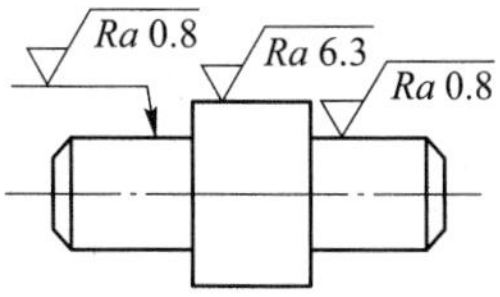 *Ra* 0.8 *Ra* 6.3 *Ra* 0.8	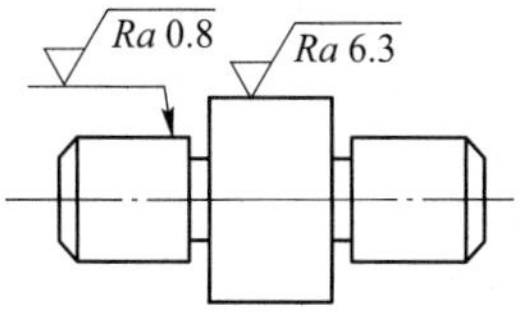 *Ra* 0.8 *Ra* 6.3	圆柱面和端面不可同时磨削。零件结构设计时应考虑适应刀具尺寸
	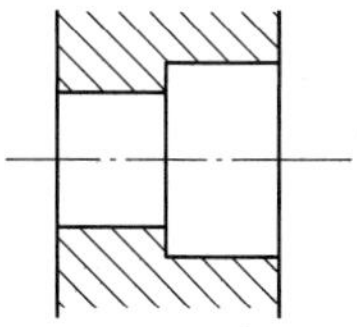	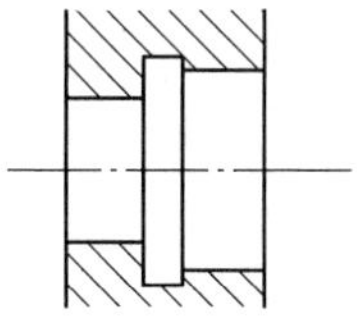	
4	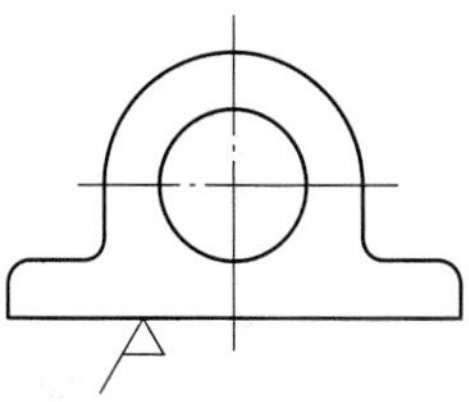	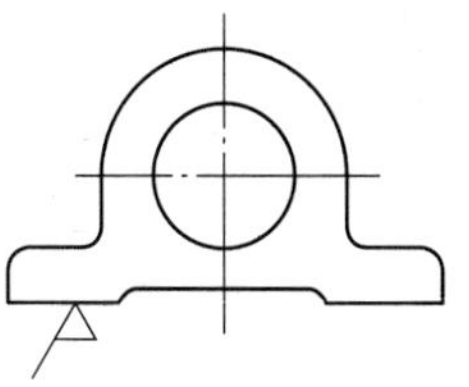	支座底面设计为中凹，减少了加工面积，且不会影响稳定性
	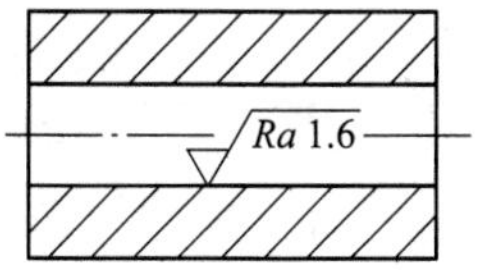 *Ra* 1.6	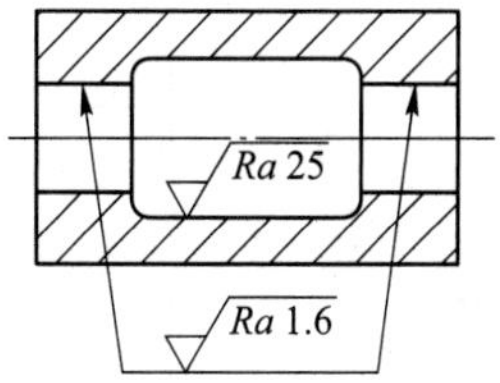 *Ra* 25 *Ra* 1.6	将中间部位多粗车一些，以减少精车的长度

5.3.3 零件上的结构要素

零件上的结构要素应尽量统一，例如在确定零件的孔径、锥度、螺纹孔径和螺距、齿轮模数和压力角、圆弧半径、沟槽等参数时，应尽量圆整并选用有关标准推荐的数值。这样可使用标准的刀、夹、量具，减少专用工装的设计、制造周期和费用。零件结构要素统一分析举例见表5-7。

表5-7 零件结构要素统一分析举例

序号	改进前	改进后	说明
1	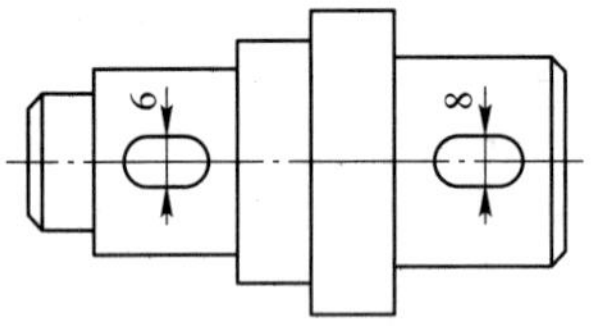	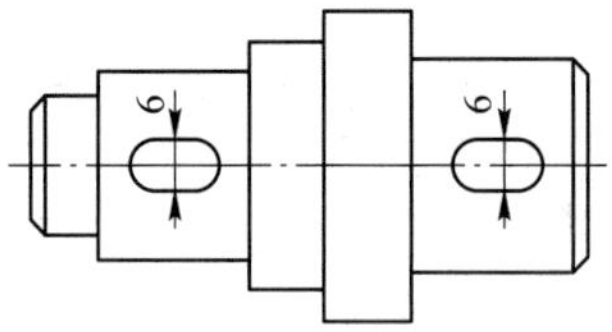	当尺寸差别不大时，零件的结构要素如沟、槽、孔、窝等，应尽可能一致，从而减少了刀具种类和换刀次数等辅助时间
	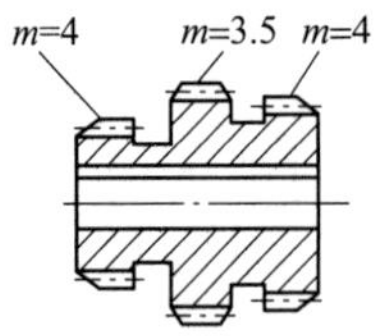	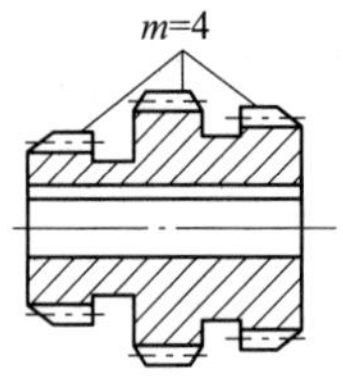	多联齿轮模数应尽可能一致
2	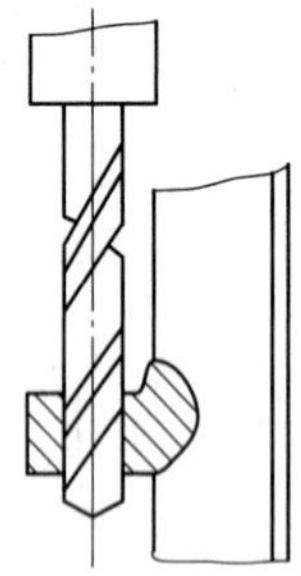	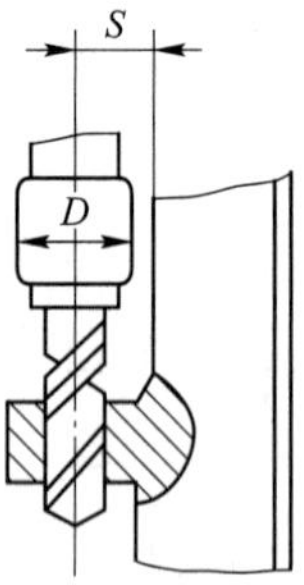	左图中孔的位置距离外壁太近，不易加工或采用非标准刀具加工；右图可采用标准刀具加工
3	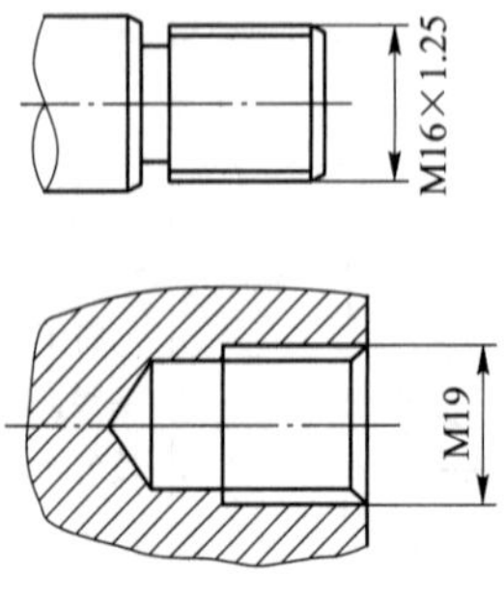	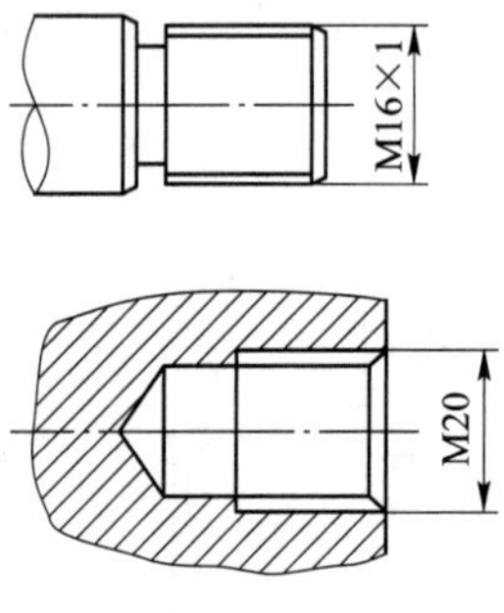	螺纹的工程直径和螺距要取标准值，才能使用标准的丝锥和板牙加工，也能利用标准螺纹量规进行检验

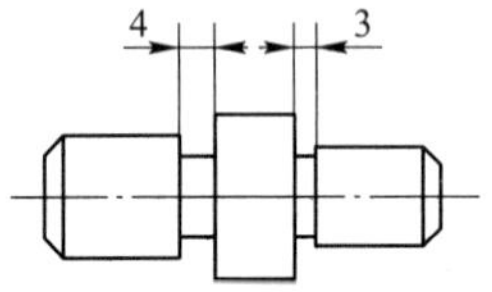

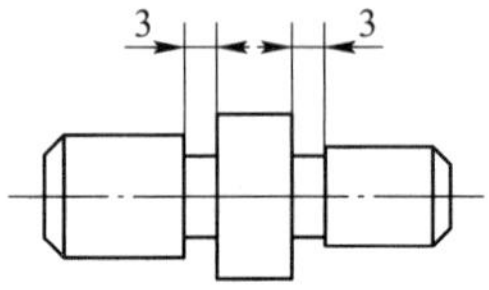

续表 5-7

序号	改进前	改进后	说明
4	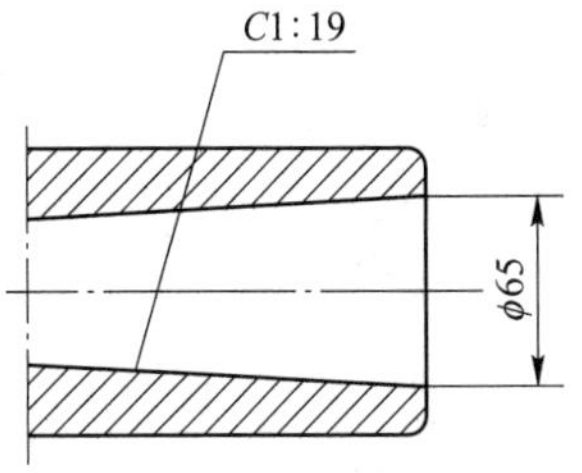 C1:19 φ65	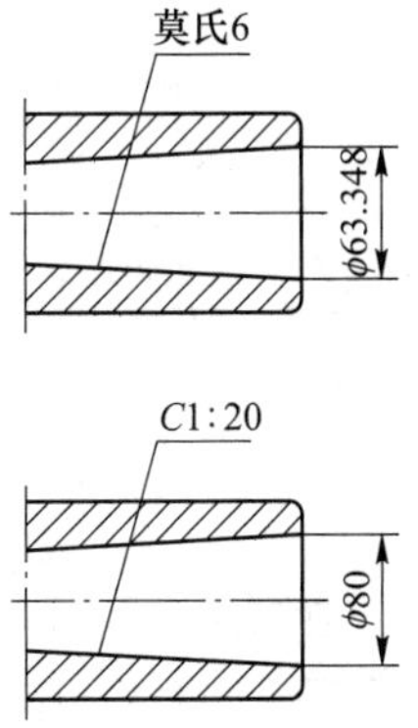 莫氏6 φ63.348 C1:20 φ80	锥度的大端直径和锥度要取标准值，才能使用标准的刀具加工和量具检验

5.3.4 零件的结构设计

零件的结构设计应降低加工难度，便于获得较高生产率、保证加工精度和降低成本。

(1) 具有相同功能的零件，其结构不同，工艺方法不同，加工效率和成本会有较大差别。

(2) 孔的轴线应与钻入、钻出表面垂直，应避免深孔加工。孔的轴线与钻入、钻出表面垂直可以避免引偏钻头，保证钻孔质量，也防止钻头因受力不平衡而折断；深孔加工排屑冷却困难，且生产率低，应尽量避免。

(3) 尽量避免内凹表面的加工。尽量避免加工内凹表面或加工面中间设凸台，否则只能采用低效率的加工方法，将内凹面加工改为外凸表面的加工，便于采用高效率加工方法。

(4) 尽量避免内表面的加工。加工内表面时装刀、对刀、观察以及测量都不方便，有时采用组合件形式，变内表面为外表面加工，使加工方便，提高生产率。

零件的结构设计分析举例见表 5-8。

表 5-8 零件的结构设计分析举例

序号	改进前	改进后	说明
1	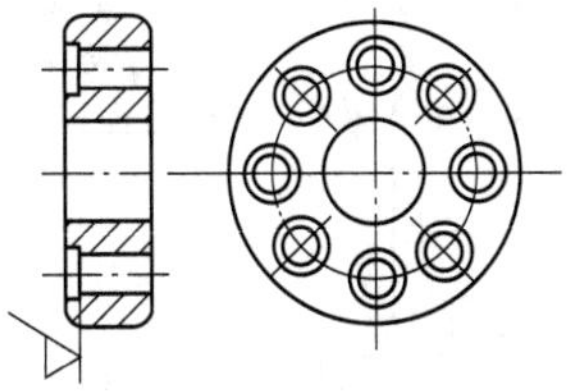	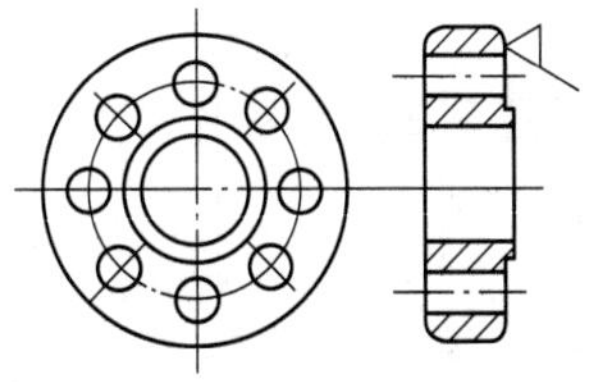	设计零件结构的结构时应减少切削加工表面数
2	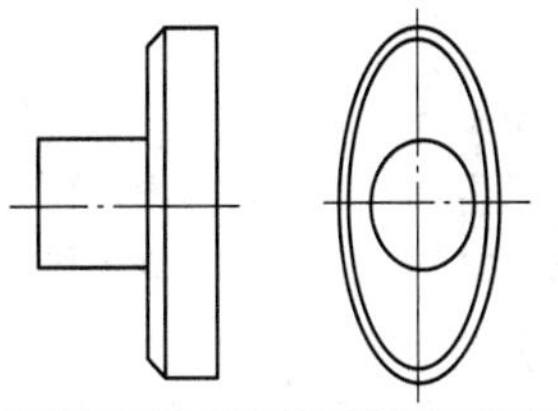	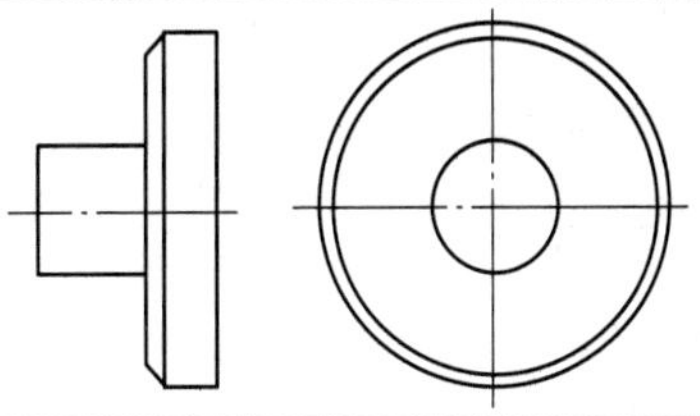	椭圆形等复杂形状的零件，不用通用加工设备倒角，手工方法倒角效率低、难以保证加工质量

续表 5-8

序号	改 进 前	改 进 后	说　明
3	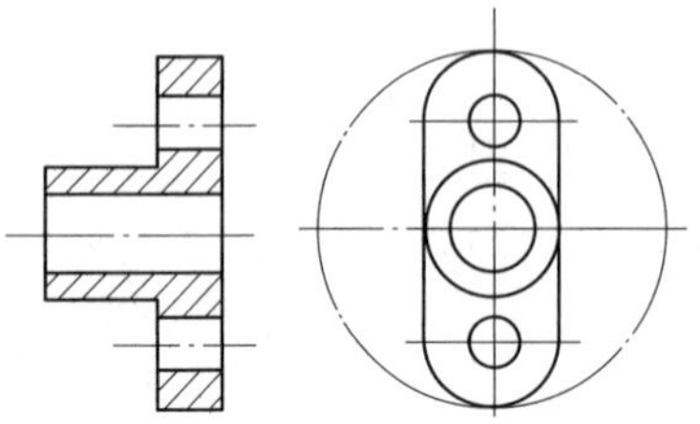	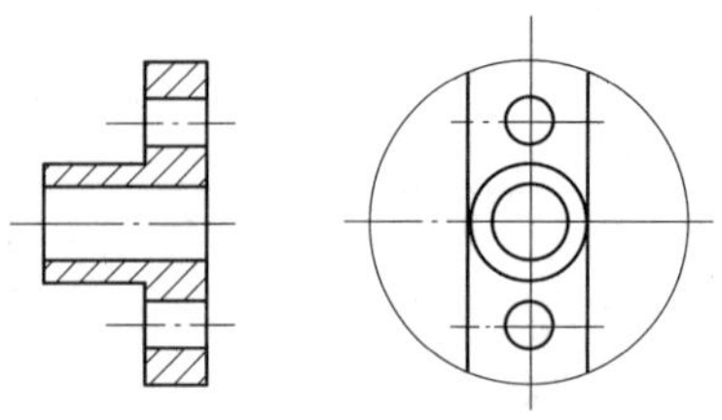	不进行两端圆弧的补充加工，简化了工艺过程
4	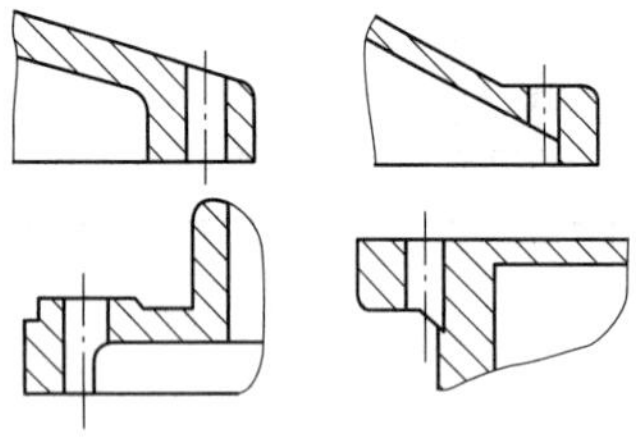	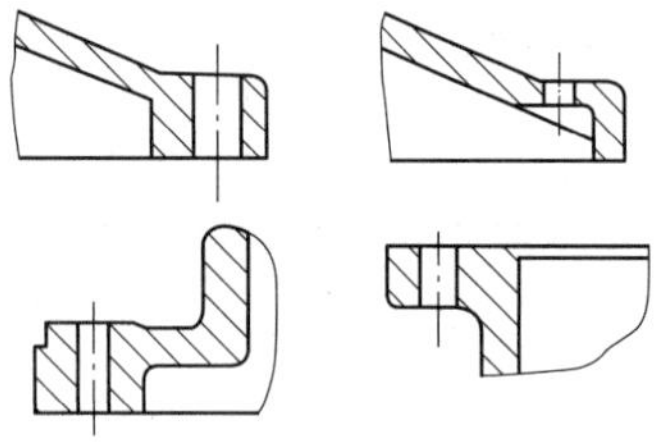	应避免斜孔的加工和出口台阶，从而保证钻孔质量，防止钻头引偏、折断，并提供切削用量
5	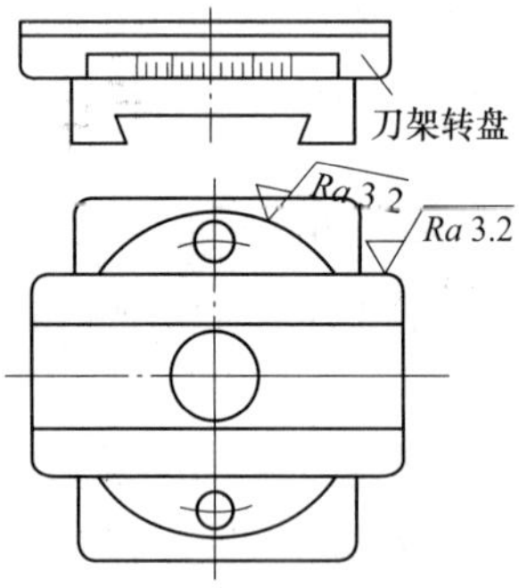 刀架转盘 Ra 3.2 Ra 3.2	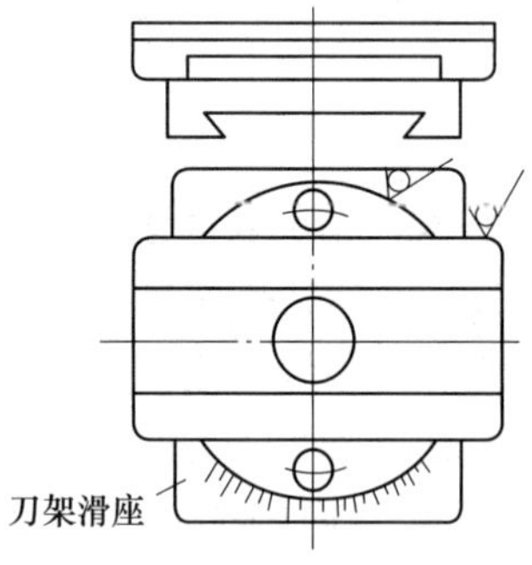 刀架滑座	在刀架转盘圆柱面上进行精密刻线，其四周要进行复杂加工，改为在滑座水平面上刻线后，改善了工艺性
6	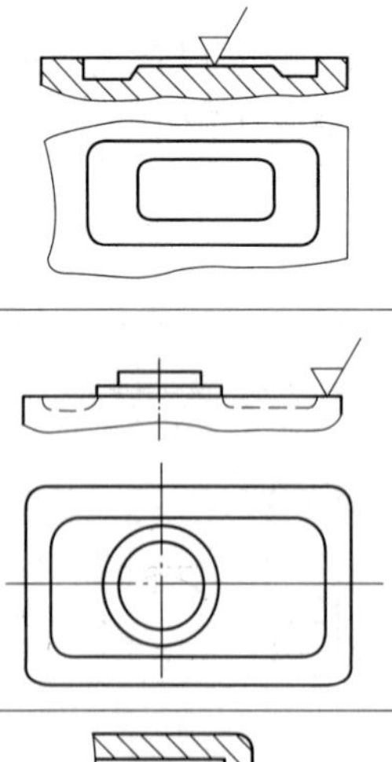	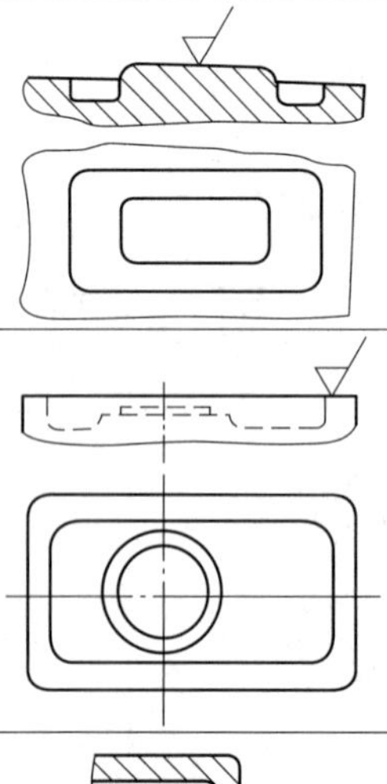	避免把加工平面布置在低凹处，也要避免在加工平面中间设置凸台，改进后可采用高效率加工方法（结构有特殊要求者除外）
7	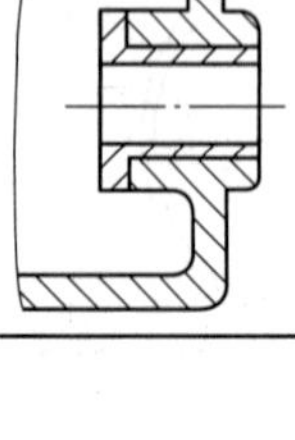	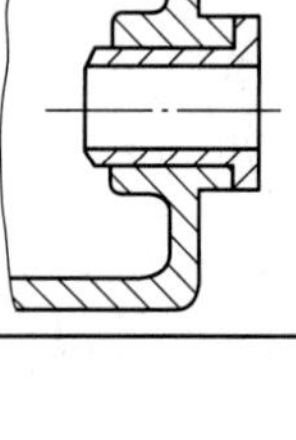	在左图，壳体件内端面不便加工，改为外端面加工，不仅加工方便，且易于保证质量

续表 5-8

序号	改 进 前	改 进 后	说　明
8	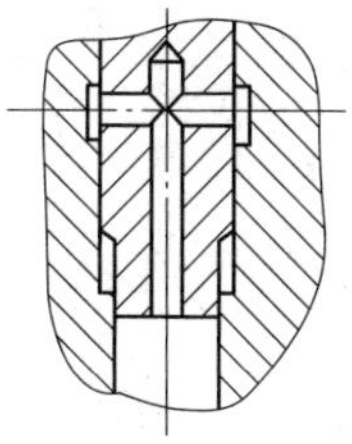	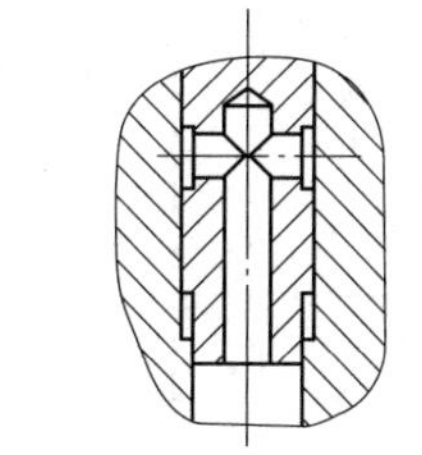	左图中孔内环槽加工难度大，改为右图中轴上环槽方便加工
9	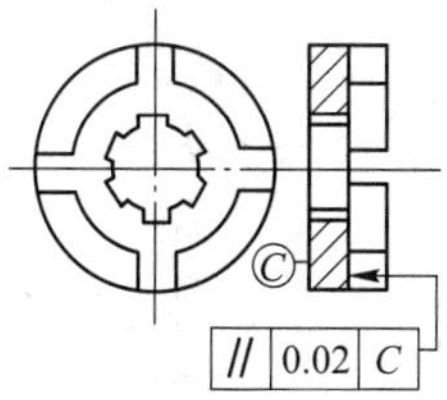 ⓒ // 0.02 C	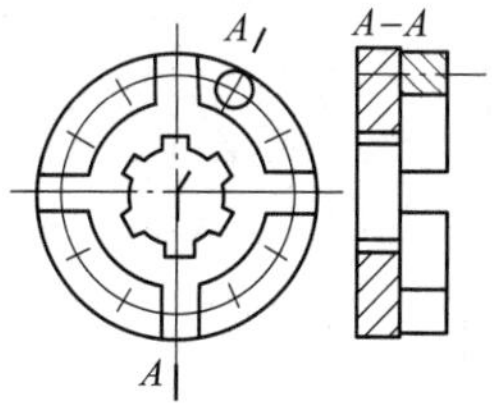 A A A–A	进行合适的组合，改进后易于保证加工精度

5.3.5　加工表面的形状、尺寸、位置

零件结构应考虑减少安装次数，尽量能在一次装夹后，加工出全部待加工面，可以减少安装辅助时间，提高生产率，保证加工精度，也使加工安全。

为保证零件的位置精度，最好使零件能在一次安装中加工出所有相关表面，这样就能依靠机床本身的精度来达到所要求的位置精度，不仅减少工件安装次数、安装辅助时间、提高生产率，而且避免工件多次安装产生的误差，保证表面间的位置精度。

减少装夹和走刀次数分析举例见表 5-9。

表 5-9　减少装夹和走刀次数分析举例

序号	改 进 前	改 进 后	说　明
1	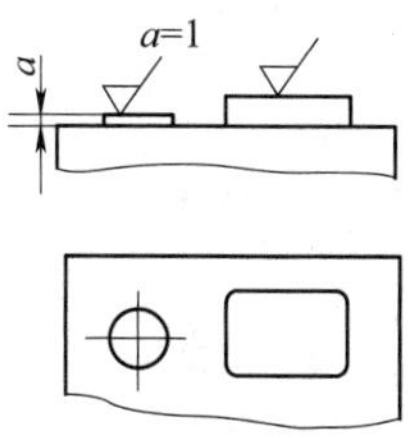 a　a=1	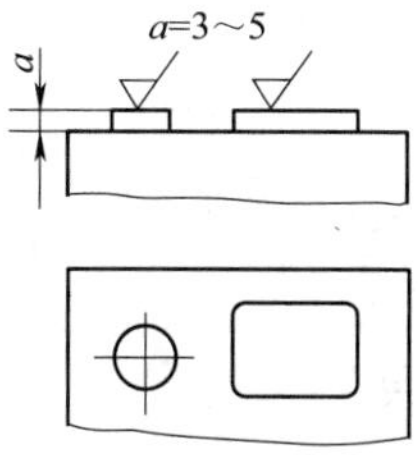 a　a=3～5	加工表面和不加工表面区分开，且凸台高度相同，可在一次安装中加工出
	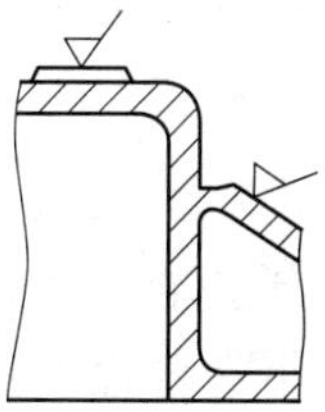	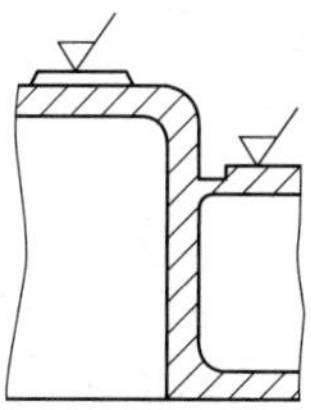	避免在倾斜的加工面和孔，可减少安装次数并利于加工

续表 5-9

序号	改进前	改进后	说明
2	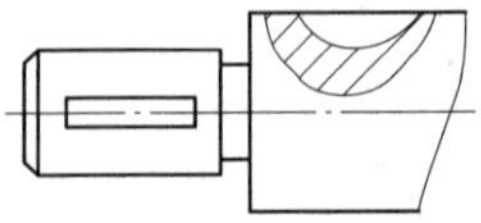	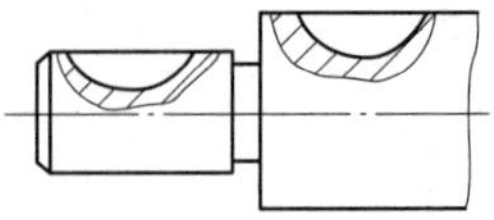	两个键槽方向应一致，便于一次装夹中加工出
3	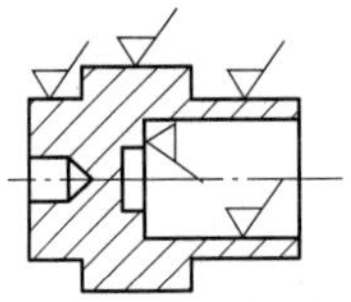	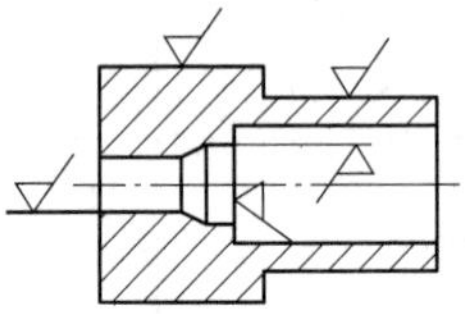	改为通孔可减少装夹次数
4	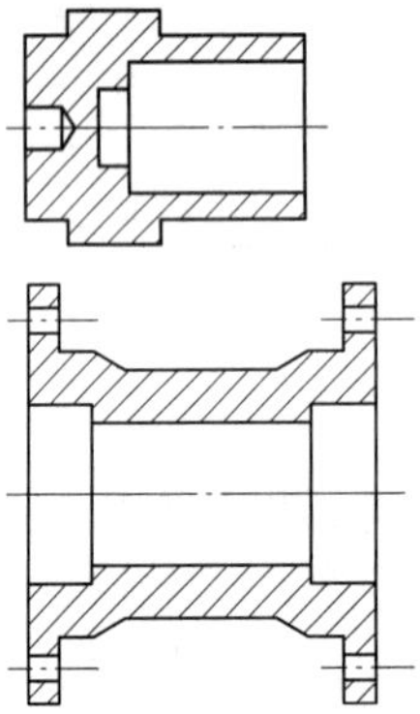	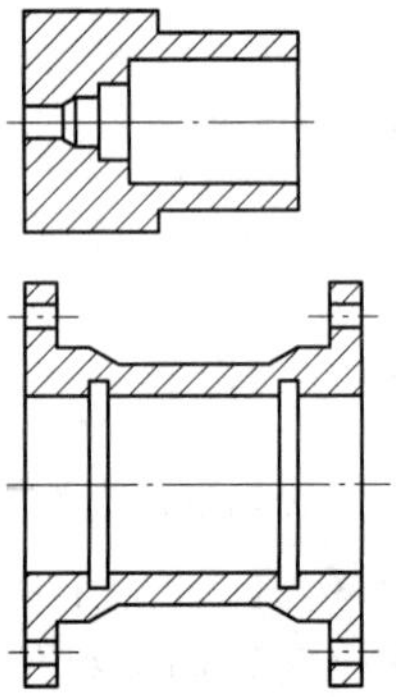	原设计从两端加工，改进后的结构可减少装夹次数或避免调头加工
5	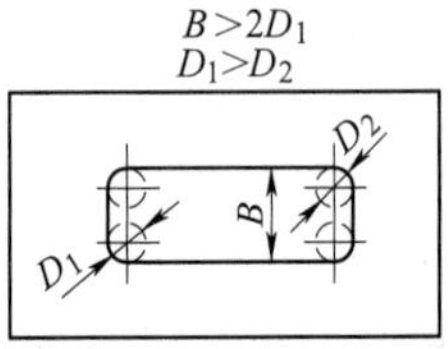 $B>2D_1$ $D_1>D_2$ D_1 D_2 B	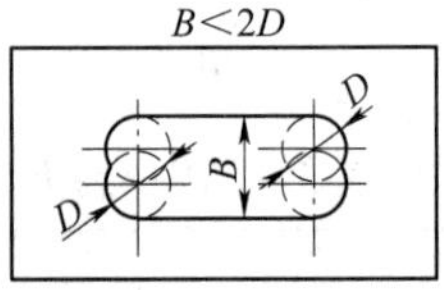 $B<2D$ D B	为了减少走刀次数，凹槽的过渡圆弧半径应合理选择
6	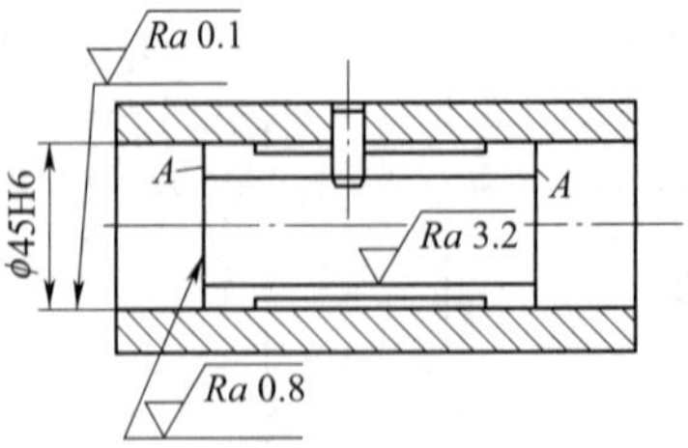 Ra 0.1 ϕ45H6 A Ra 3.2 Ra 0.8	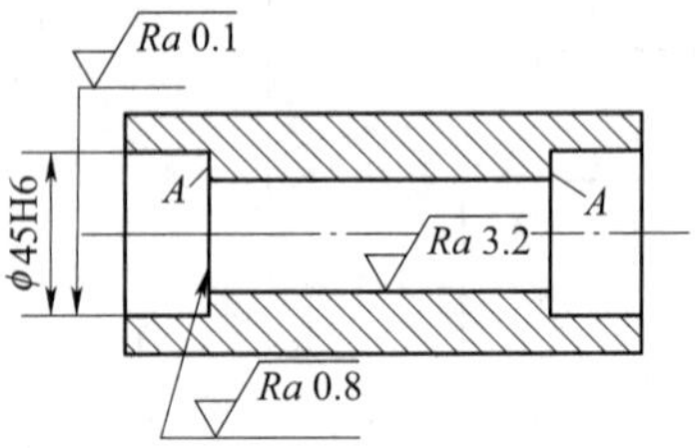 Ra 0.1 ϕ45H6 A Ra 3.2 Ra 0.8	两端轴承孔与端面位置精度要求很高，改进后一次装夹加工，便于研磨

5.3.6 零件的工艺基准

为了便于零件加工和装配，零件设计时应考虑有合理的工艺基准，并尽量与设计基准重合，便于加工和装配；也要克服过定位，使加工难度加大。零件合理工艺基准分析举例见表 5-10。

表 5-10 合理工艺基准分析举例

序号	改进前	改进后	说明
1	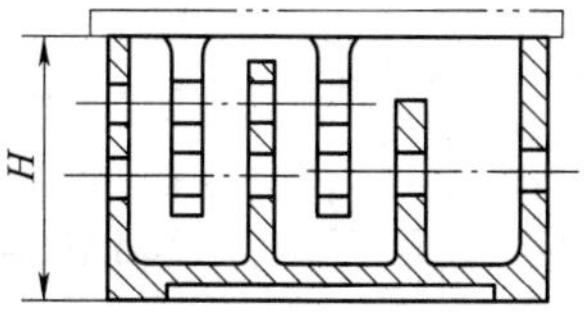 H	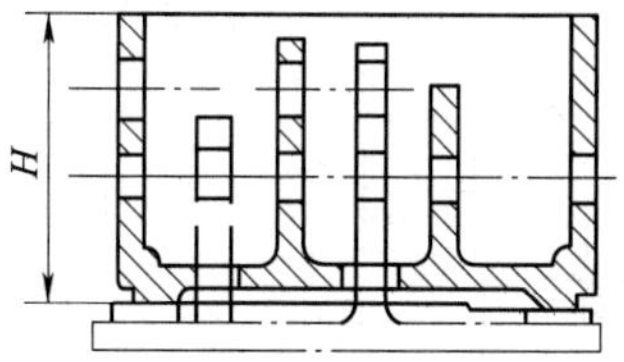 H	设计基面与工艺基面尽可能一致，可降低 H 尺寸加工要求
2	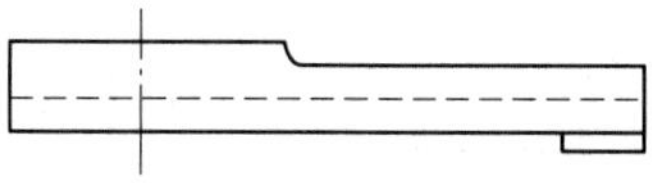 Ra 6.3 Ra 3.2 Ra 6.3	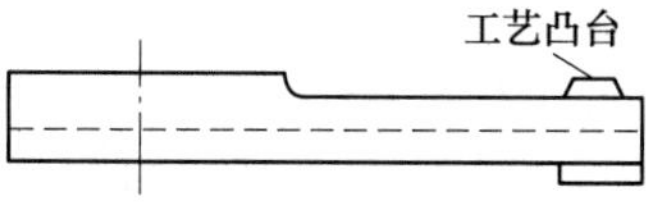 工艺凸台 Ra 6.3 Ra 3.2 Ra 6.3	不规则外形应设置工艺凸台，方便加工
3	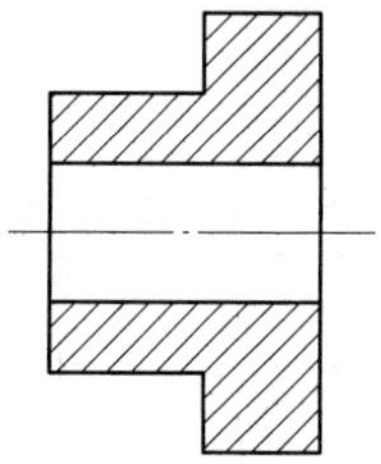	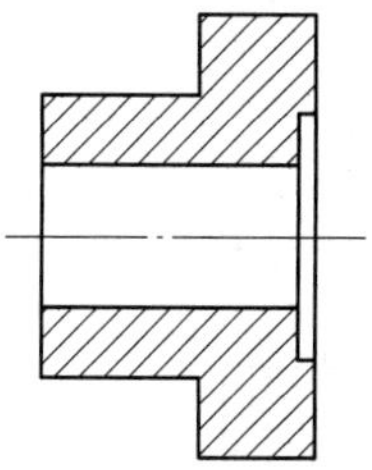	半联轴器增加止口，方便安装定位
4	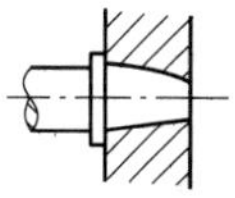	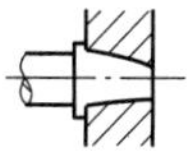	过定位使零件的加工难度加大，过渡圆弧也不应有配合要求

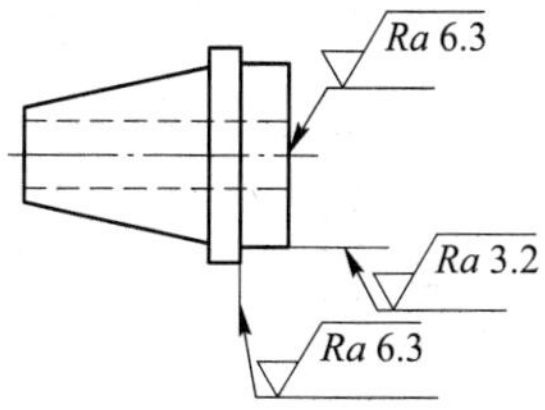

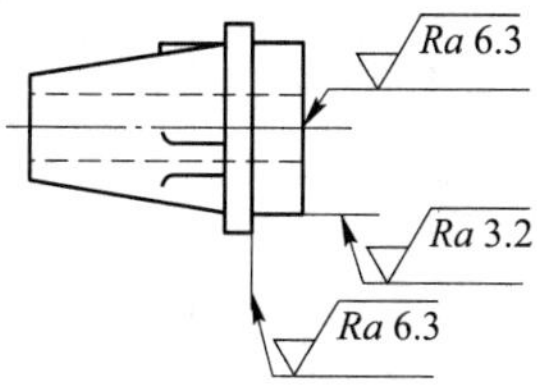

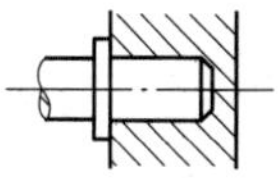

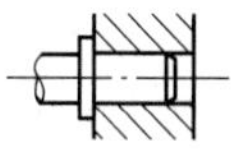

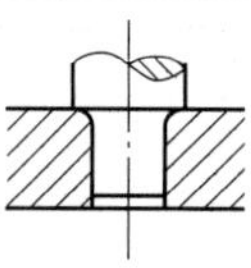

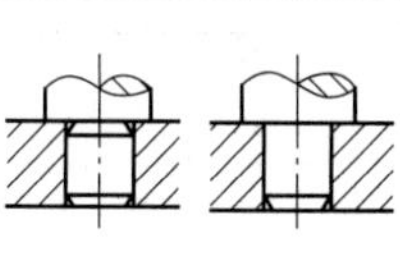

5.3.7 零件结构的加工性

零件的结构，应考虑有利于缩短辅助工时的多刀、多件同时加工，提高生产率。零件结构便于多刀、多件同时加工分析举例见表 5-11。

表 5-11 便于多刀、多件同时加工分析举例

序号	改进前	改进后	说明
1	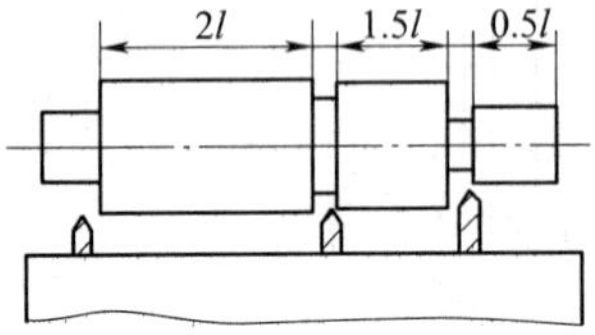 2l 1.5l 0.5l	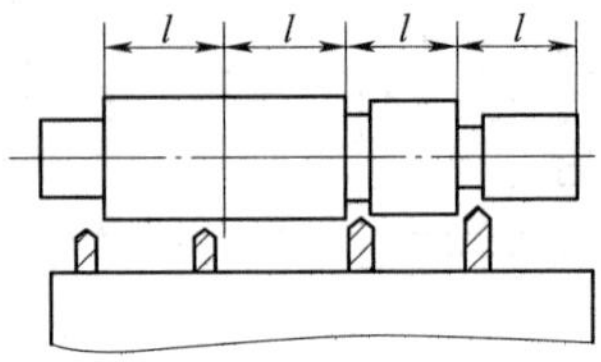 l l l l	为适应多刀加工，阶梯轴各段长度应相似或成整数倍；直径尺寸应沿同一方向递增或递减，以便调整刀具
2	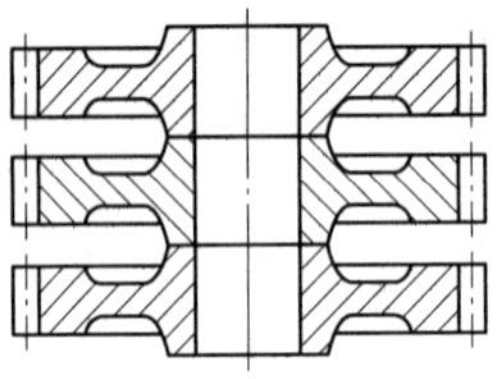	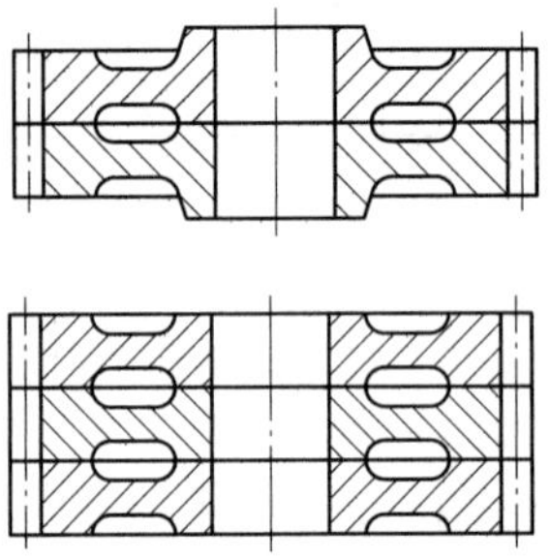	改进后的结构可提高加工时的刚度，便于多件加工
3	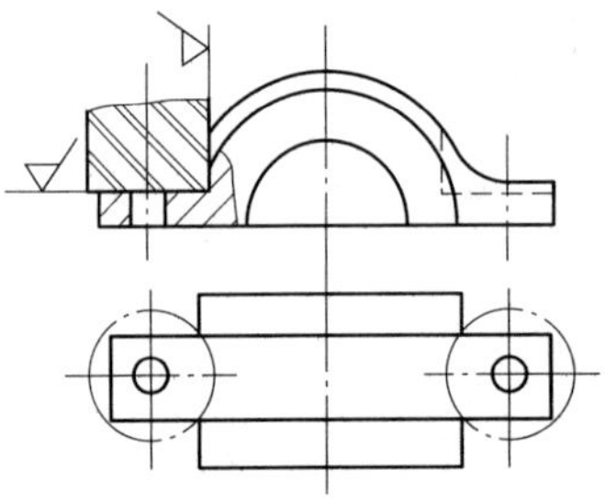	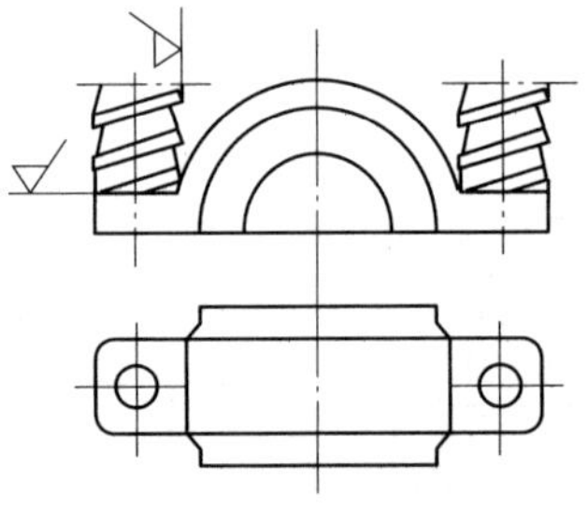	改进后的结构可将毛坯排列成行便于多件连续加工
4	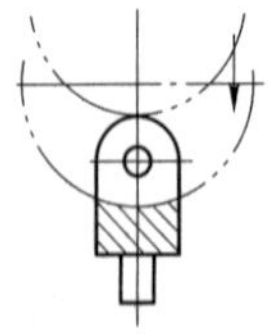	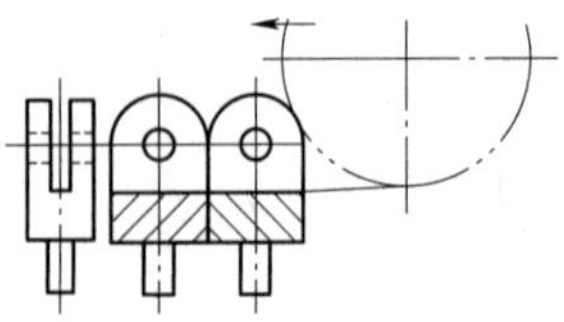	将叉类零件的圆弧底部应该改为平面底部，可多件同时加工

5.3.8 零件结构的刚性

加工时，工件要承受切削力和夹紧力的作用，工件刚性不足易发生变形，影响加工精度；产生的振动不仅干扰正常的加工过程，影响被加工工件的表面质量，还会缩短机床及刀具的使用寿命，有时为了减少振动，不得不减少加工时的进给量从而降低了生产效率。便于采用高速和多刀切削，零件要有足够的刚性。保证零件加工时必要的刚性分析举例见表 5-12。

表 5-12 保证零件加工时必要的刚性分析举例

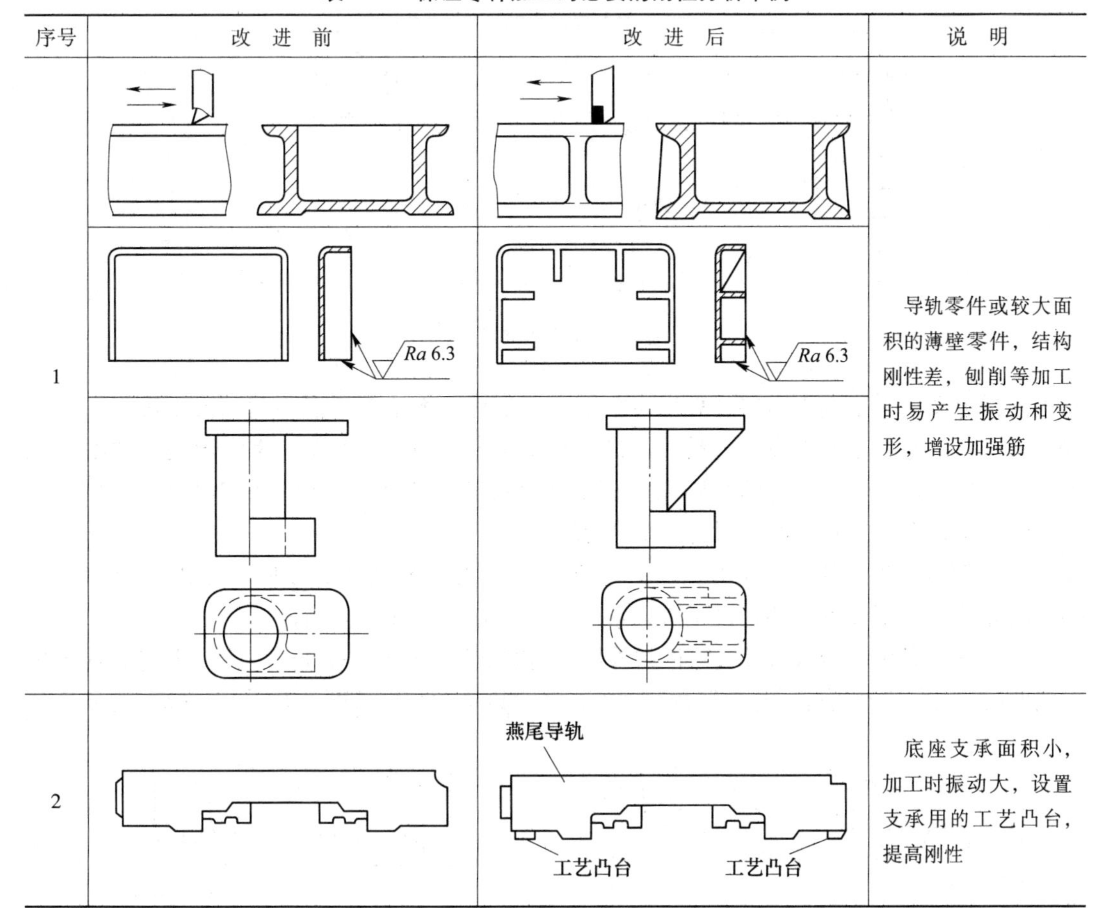

序号	改 进 前	改 进 后	说 明
1	*Ra* 6.3	*Ra* 6.3	导轨零件或较大面积的薄壁零件，结构刚性差，刨削等加工时易产生振动和变形，增设加强筋
2		燕尾导轨 工艺凸台　工艺凸台	底座支承面积小，加工时振动大，设置支承用的工艺凸台，提高刚性

5.3.9 数控加工对零件结构的要求

（1）零件上的孔径和螺纹规格不宜过多，尽量减少刀具的更换次数。

（2）沉割槽的形状及其宽度的规格，不宜过多；最好限制在一种或两种之内。

（3）零件不允许有清角时，只须在图样上标明倒角，或倒圆即可，而不要标注具体尺寸，因为通常在数控机上，装有自动倒角装置。

（4）应尽量使加工表面处于同一平面上，以简化编制程序工作。

（5）减少原材料的品种规格，以节省储存空间，简化材料控制手续，减少更换夹头次数。

被加工零件的数控加工工艺性问题涉及面很广，下面结合编程的可能性和方便性提出一些必须分析和审查的主要内容。

（1）尺寸标注应符合数控加工的特点。在数控编程中，所有点、线、面的尺寸和位置都是以编程原点为基准的。因此零件图上最好直接给出坐标尺寸，或尽量以同一基准引注尺寸（见图 5-5）。

（2）几何要素的条件应完整、准确。在程序编制中，编程人员必须充分掌握构成零件轮廓的几何要素参数及各几何要素间的关系。因为在自动编程时要对零件轮廓的所有几何

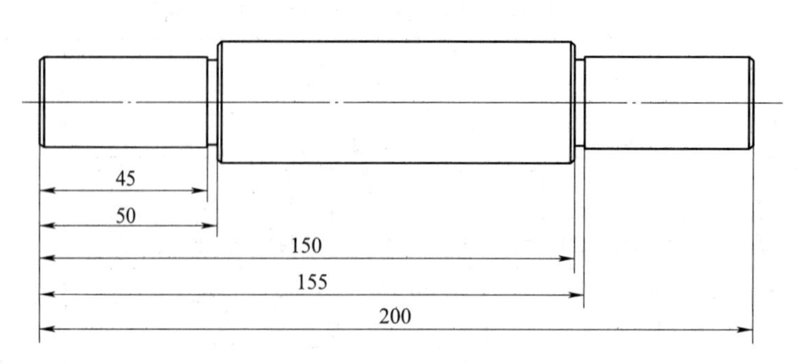

图 5-5　数控尺寸标注

元素进行定义，手工编程时要计算出每个节点的坐标，无论哪一点不明确或不确定，编程都无法进行。但由于零件设计人员在设计过程中考虑不周或被忽略，常常出现参数不全或不清楚，如圆弧与直线、圆弧与圆弧是相切还是相交或相离。所以在审查与分析图纸时，一定要仔细，发现问题及时与设计人员联系。

（3）定位基准可靠。在数控加工中，加工工序往往较集中，以同一基准定位十分重要。因此往往需要设置一些辅助基准，或在毛坯上增加一些工艺凸台。

（4）统一几何类型或尺寸。零件的外形、内腔最好采用统一的几何类型或尺寸，这样可以减少换刀次数，还可能应用控制程序或专用程序以缩短程序长度。如图 5-6（a）所示，由

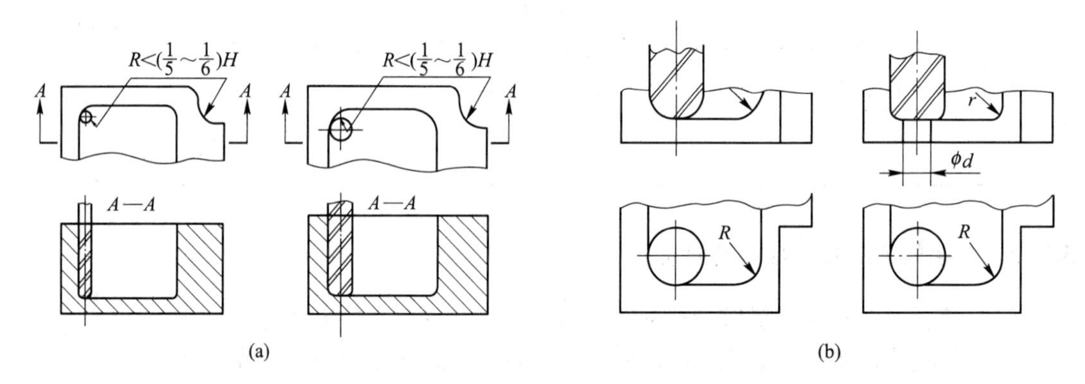

图 5-6　数控工艺性优劣对比

于圆角大小决定着刀具直径大小，所以内槽圆角半径不应太小，通常 $R<0.2H$ 时，可以判定零件该部位的工艺性不好。所以应对一些主要的数控加工零件推荐规范化设计结构及尺寸。图 5-6（b）表明应尽量避免用球头刀加工（此时 $R=r$），一般考虑为 $d=2(R-r)$。

有的数控机床有对称加工的功能，编程时对于一些对称性零件，如图 5-7 所示的零件，只需编其半边的程序，这样可以节省许多编程时间。

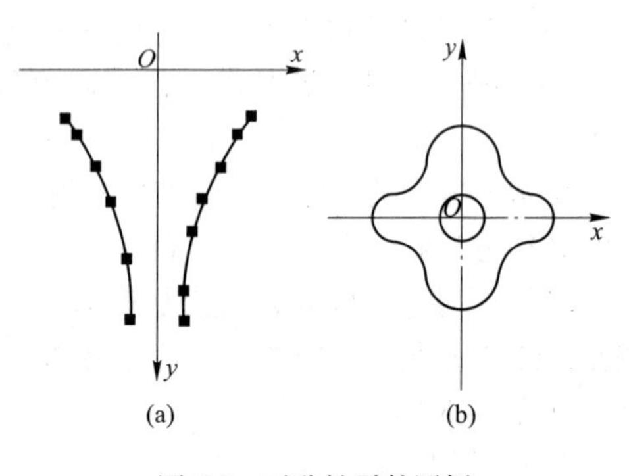

图 5-7　对称性零件图例

5.4 机器装配的结构工艺性

机器结构的装配工艺性和零件结构工艺性一样，对机器的使用性能和整个生产过程以及维修等有较大影响。机器结构的装配工艺性在一定程度上决定了装配过程的周期长短，耗费劳动量的大小，成本的高低以及机器使用质量优劣等。

机器结构的装配工艺性是指机器结构能保证装配过程中使相互连接的零部件不用或少用修配和机械加工，用较少的劳动量，花费较少的时间按产品的设计要求顺利地装配起来。

机器在装配时是否容易完成，是否容易达到预期的精度与机器结构的装配工艺性密切相关。结构的装配工艺性好，则不仅容易装配、容易保证精度，且便于使用和拆卸维修。反之，则机器不容易装配，即使装上也难以保证装配精度，对其使用和维修更是埋下隐患。本节主要从结构工艺性审查的角度举例说装配结构工艺性基本要求。

5.4.1 机器的装配单元

一般可以将机器的装配单元分为五级即零件、合件、组件、部件和产品；首先按组件或部件分别进行装配，然后再进行总装配。其优点是：

（1）可以组织平行的装配作业，各单元装配互不妨碍，缩短装配周期，或便于组织多厂协作生产。

（2）机器的有关部件可以预先进行调整和试车，各部件以较完善的状态进入总装，这样既可保证总机的装配质量，又可以减少总装配的工作量。

（3）机器局部结构改进后，整个机器只是局部变动，使机器改装起来方便，有利于产品的改进和更新换代。

（4）有利于机器的维护检修，给重型机器的包装，运输带来很大方便。

（5）另外，有些精密零部件，不能在使用现场进行装配，而只能在特殊（如高度洁净、恒温等）环境里进行装配及调整，然后以部件的形式进入总装配。

任何机器都由若干个装配单元组成的，如汽车可以分为前后桥、发动机、变速箱、车身等部件。再如早期设计的卧式、立式铣床，将主轴变速部分和床身设计为一体，给装配带来许多不便，同时也使孔系加工难度增加。若把主轴变速部分设计为一个独立的变速箱单元，就可以单独组织装配、调整、试验，可以和其他独立单元一起组织平行装配，提高装配效率。所以采用模块化结构已成为现代机器设计的大趋势，但对于某些特殊情况，还需要特殊对待，如对于一些多刀机床，有时为了加强机床刚度，还是将主轴箱和床身铸成一体。

5.4.2 机器的装配基准

为了使零件能正确的定位，必须有正确合理的装配基准，零件在装配时同样应符合六点定位原则，不允许出现欠定位现象。

当两个有同轴度要求的零件联结时，由于螺纹之间有间隙，靠螺纹定位不能保证定位精度，要有正确的装配基准面。如图 5-8（a）需通过调整来保证同轴度，则装配困难，改成图 5-8（b）的结构，则靠止口定位，保证同轴度，不需要调整。

5.4.3 机器装配时的加工

多数机器在装配过程中，难免要对某些零部件进行修配，在机器结构设计时，应尽量减少装配时的修配工作量。

为了在装配时尽量减少修配工作量，首先要尽量减少不必要的配合面。因为配合面过大、过多，零件机械加工的难度大，装配时修刮量也必然增加。

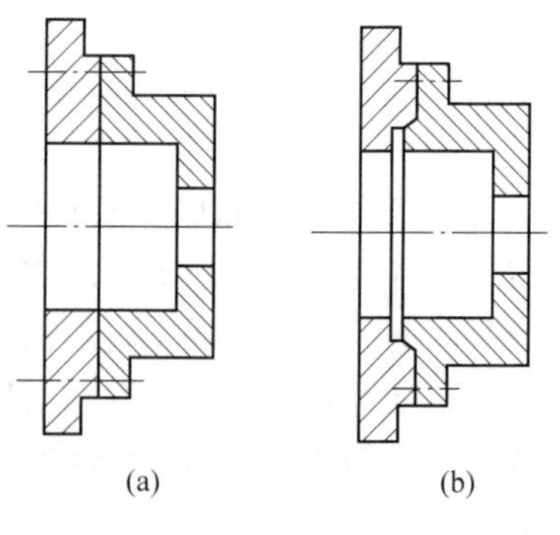

图 5-8 要有必要的装配基准

图 5-9 所示为两轴套的对接结构，如采用图 5-9（a）所示两端面要同时接触，难以保证长度方向配合精度，装配时要修刮；现采用图 5-9（b）所示一个端面接触，另一端留有适当的间隙可使制造的精度降低，而配合精度在装配时易于得到保证。

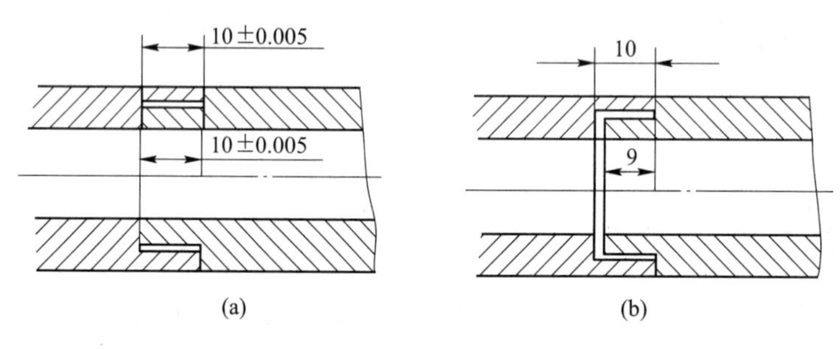

图 5-9 两个轴套的对接

在机器的装配工作中，常常要通过对某些零件的修配来达到装配精度，应该尽量减少修配面积。图 5-10 所示是采用修配装配法来保证锥齿轮的啮合间隙，图 5-10（a）修配件为阶梯轴的端面；图 5-10（b）修配件为削去一半的圆柱销。显然，当需要修配时，图 5-10（b）的修刮面积比图 5-10（a）的小很多，则图 5-10（b）的结构较优。

在机器结构设计上，采用调整法代替修配法，可以从根本上减少修配工作量。图 5-11 所示车床溜板和床身导轨后压板局部装配，图 5-11（b）的结构就是以调整法代替了修配法，来保证溜板压板与床身导轨间有合理的间隙。图 5-12 所示为径向向心轴承的调整，

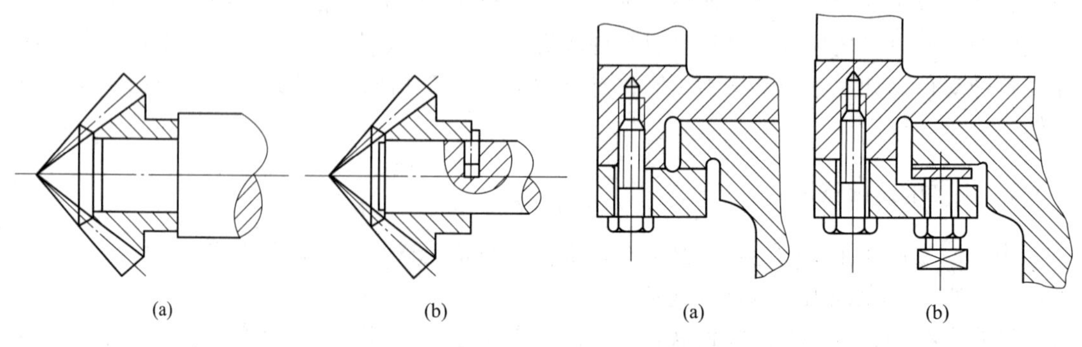

图 5-10 减小修配面积

图 5-11 车床溜板后压板的两种结构

在图 5-12（a）是利用轴承盖上的垫片调整，图 5-12（b）是利用轴承端的垫圈调整，这两种方法调整起来都不方便，而图 5-12（c）是利用一轴承压盖及螺钉调整轴承间隙，只要旋转螺钉便可移动轴承压盖，改变轴承间隙，非常方便。

机器装配时要尽量减少机械加工，否则不仅影响装配工作的连续性，如有切屑残留在装配的机器中，极易增加机器的磨损。如图 5-13（a）所示为一轴套装结构，轴套装配后还需钻孔、攻螺纹；图 5-13（b）的结构为改进后的结构，避免了装配时的切削加工。

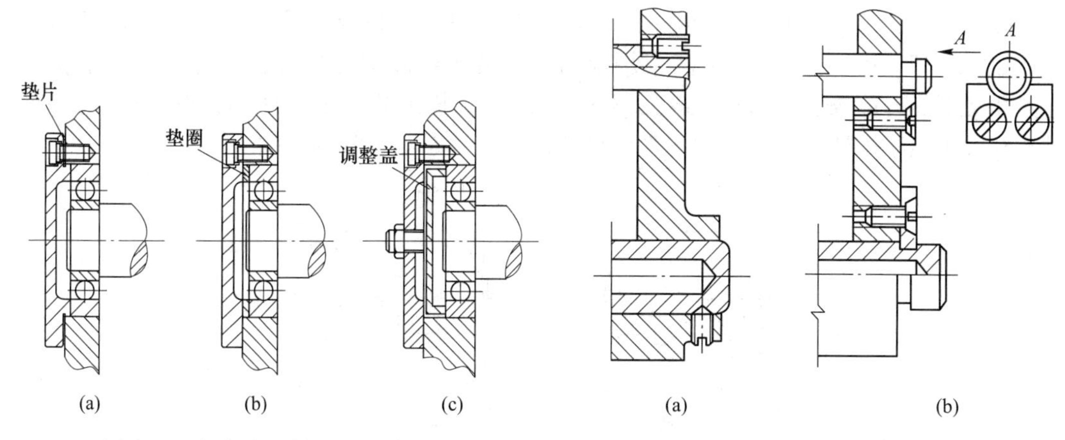

图 5-12　径向向心轴承的间隙调整

图 5-13　轴端固定的两种结构比较

5.4.4　机器的装配性

为了使机器的装配易于实现，首先应将零件顺利地装成合件（需装配后再加工的零件组合体）、组件（由一个或几个合件及零件组成的相对独立的组合体）、部件（由若干零件、合件、组件组成的，在产品中能完成一定完整功能的独立单元），再进行总装，然后才能进行调整、检验、试车。如果发现问题，如精度不够、运转性能不好、可动零部件的配合性质不符合要求等，就可能需要拆卸，对有关零件进行修配，或更换后再装配。因此，易于装配在结构工艺性中很重要，具体要求有：

（1）易于装配顺利实现。保证零件能顺利地组合到一起，成为一台机器。例如，图 5-14 所示为一装配精度要求较高的定位销，图 5-14（a）中，安装孔为盲孔，定位销压入时，孔内空气无法排出，因而销也压不下去；在 5-14（b）图中，安装孔是通孔则定位销可以顺利压入。当基体太厚或不能打成通孔时，可打排气孔或适当加深孔。

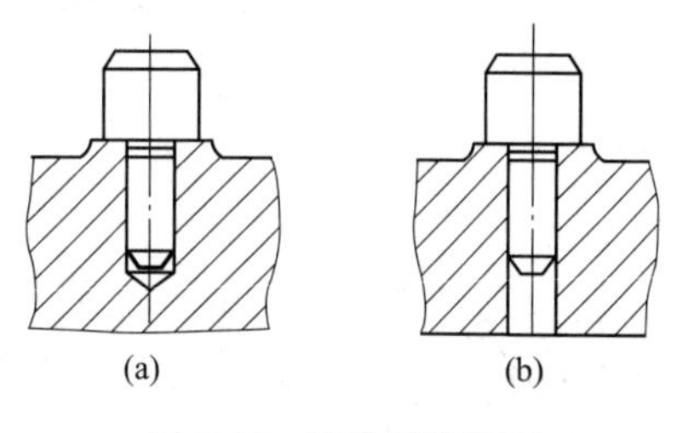

图 5-14　定位销的装配

（2）便于找正和定位。如图 5-15（a）所示，装配时油孔不易找到装配位置，改为图 5-15（b）所示结构，在零件上加工一个止口，则容易找正和保证精度。又如图 5-16（a）所示，装配时油孔不易找到装配位置，改为图 5-16（b）所示结构，在零件上开一个环形槽，可方便油孔找正和定位。

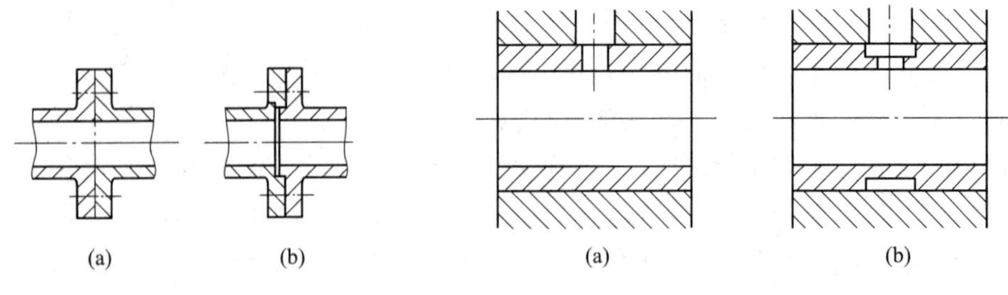

图 5-15　两零件的同轴度　　　　图 5-16　便于找正油孔位置

（3）当一组零件有几个配合处时，其结构应设计为能依次装入，切不可设计为同时装入。如图 5-17（a）所示，轴上两个轴承需同时装入箱体轴承配合孔中，既不便于观察，导向性又不好，造成装配困难；改为图 5-17（b）结构形式，配合件都应按倒角、安装孔尺寸按大小顺序排列、组件上的各零件尺寸设计应考虑对装配的影响。

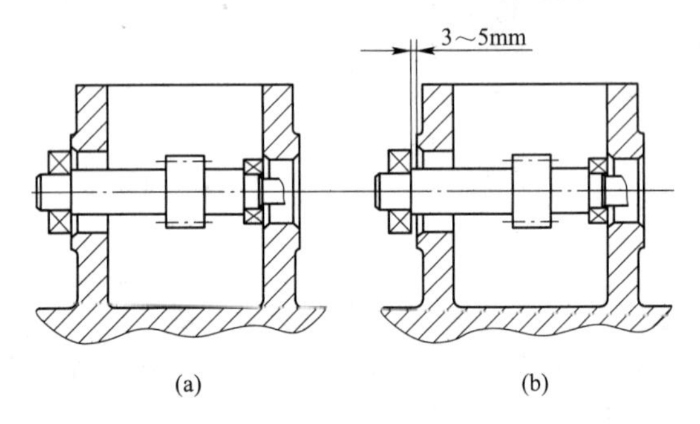

图 5-17　零件装配相互位置、尺寸对装配的影响

（4）有配合要求的零件端部应有倒角，以便装配，还能使外露部分比较美观，如图 5-18（b）所示。

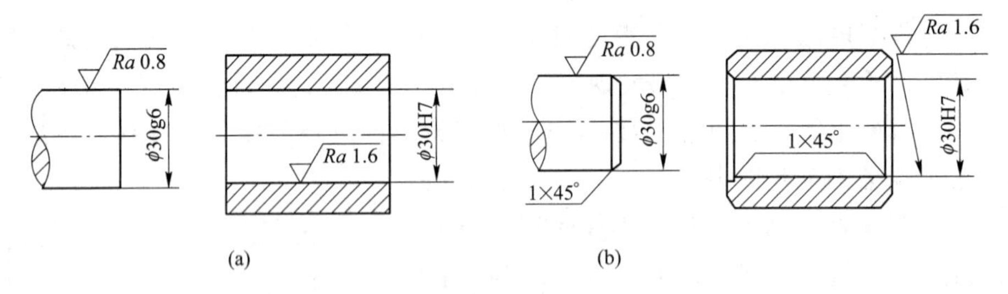

图 5-18　轴套配合的端部结构

（5）与轴承孔配合的轴径不要太长，否则装配较困难。改进前，轴承右侧有很长一段与轴承配合的轴径相同的外圆，如图 5-19（a）所示。改进后，轴承右侧的轴径减小，如图 5-19（b）所示。

（6）互相配合的零件在同一方向上的接触面只能有一对。否则，必须提高有关表面的尺寸精度和位置精度，在许多场合，这是没有必要的，如图 5-20（b）所示。

（7）在大底座上安装机体，采用图 5-21（a）的联接形式，对装配不利，螺栓无法进入装配位置。改进后，可以采用双头螺柱或螺钉直接拧入底座，进行联接，如图 5-21（b）和图 5-21（c）所示。

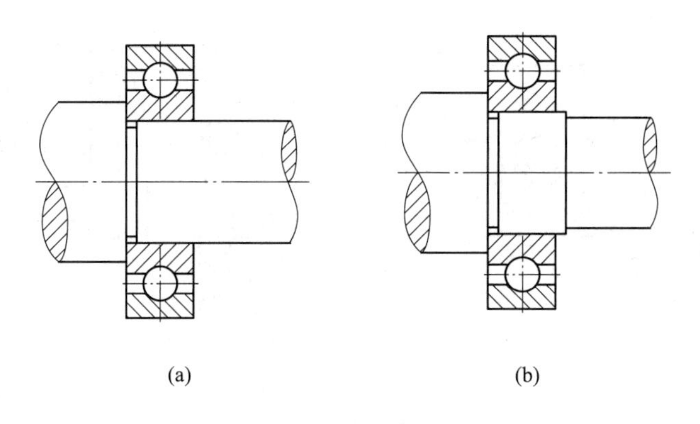

图 5-19　缩短轴与轴承孔的配合长度

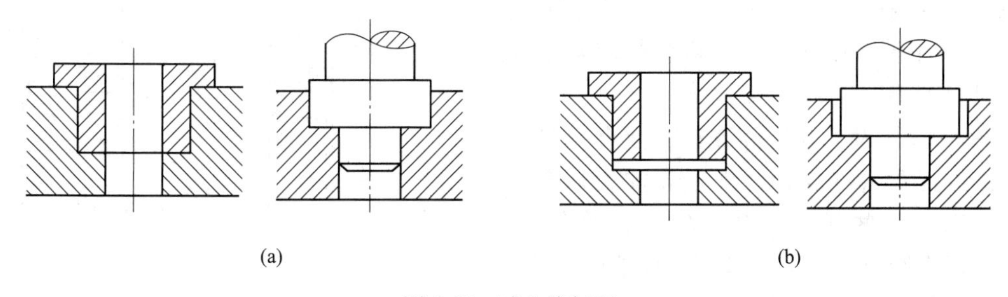

图 5-20　减少接触面

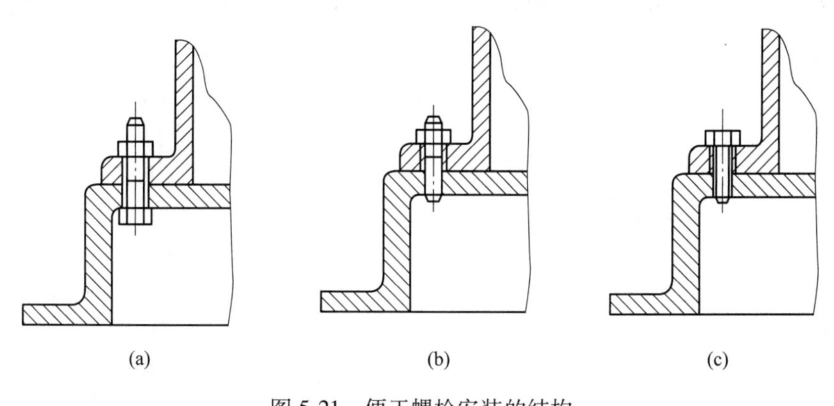

图 5-21　便于螺栓安装的结构

（8）采用螺钉联接，要留出安放螺钉的空间。确定螺栓的位置时，一定要留出扳手的活动空间，如图 5-22（b）所示。

5.4.5　机器的拆卸性

任何机器在装配时都很难一次装配成功，所以应考虑拆卸问题，即使一次装配成功，那么机器在以后的使用中，需要检修时，也要拆卸。因此说，装配工作不仅要考虑装配，还要考虑拆卸。这是机器设计中很重要的一环，不可忽视。

图 5-23 中为了使圆锥滚子轴承能够拆卸，在图 5-23（a）设计时，使箱体的孔径大于

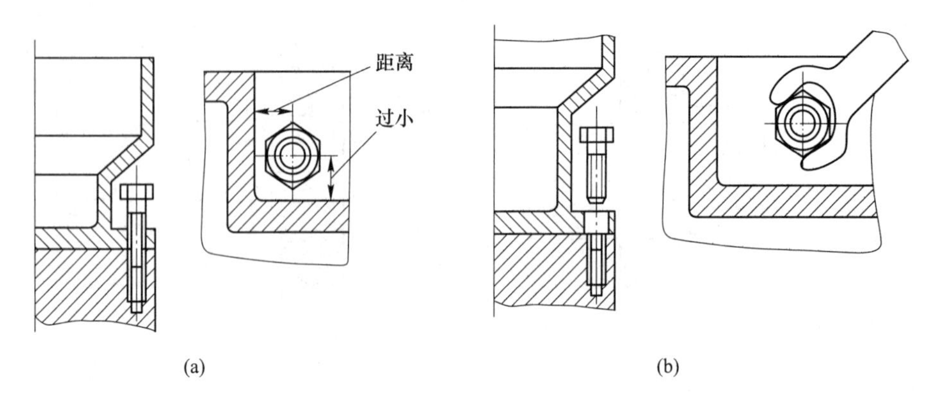

图 5-22 留出合理的扳手空间

轴承外环的内径；图 5-23（b）是在箱体壁上打 2~4 个小孔，以便使用小铁棒打出轴承外环，且以图 5-23（a）方案为佳。

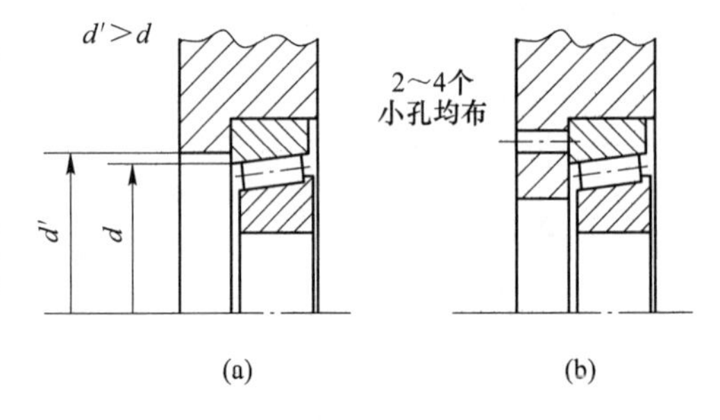

图 5-23 圆锥滚子轴承的外环拆卸

图 5-24 是为了方便拆卸过渡配合及过盈配合组件而设置的结构，即预先加工几个螺纹孔。对于一些间隙配合、甚至非配合面，为了方便拆卸也可以考虑设计这种结构。

图 5-25（a）是在定位销上加螺纹孔，以便用取销器取出，如图 5-25（b）所示。如果定位销孔是通孔，则不必在定位销上加工螺孔。

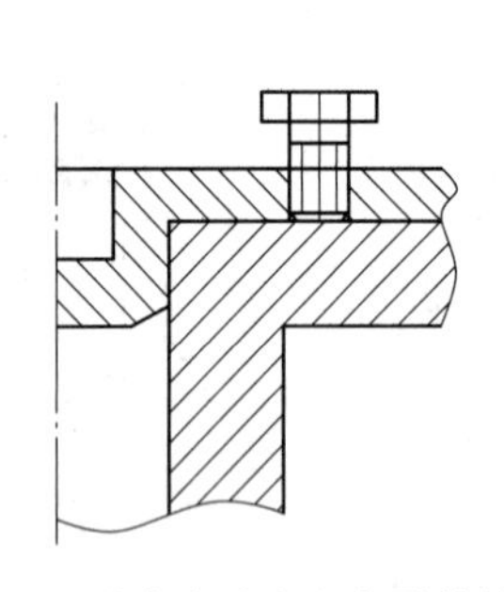

图 5-24 过渡或过盈配合零件的拆卸

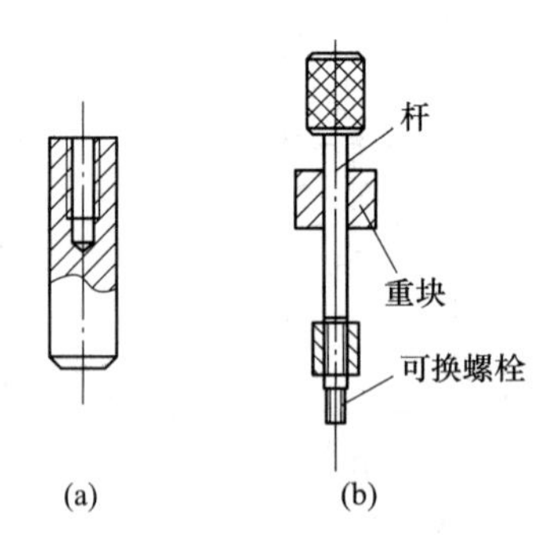

图 5-25 定位销的拆卸

5.4.6 机器的箱体内装配

如图 5-26（a）所示，由于齿轮直径大于箱体支承孔直径，须先把齿轮放入箱体内，才能安装在轴上，然后再装轴承，装配起来很不方便。改成图 5-26（b）后，箱体左侧支承孔直径大于齿轮直径，可以在箱体外把轴上零件装在轴上形成组件再装入箱体。

5.4.7 其他装配结构工艺性要求

此外，对产品装配结构工艺性审查时，还应考虑以下要求：

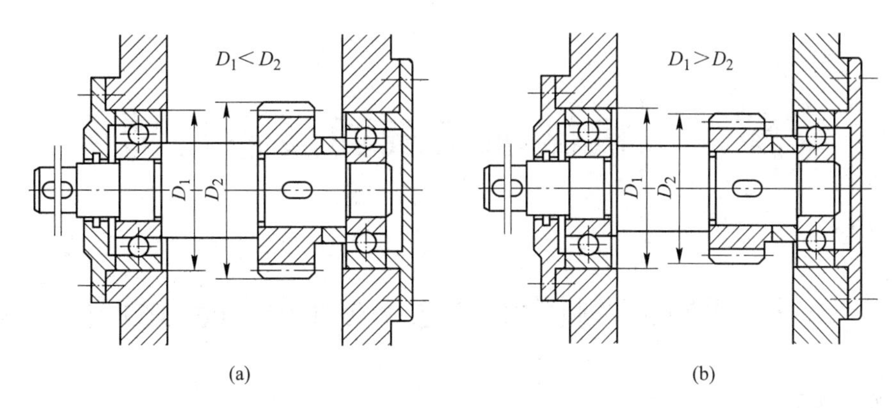

图 5-26　便于箱体内装配的结构

（1）应尽量避免装配时采用复杂工艺装备。

（2）在质量大于 20kg 的装配单元或其组成部分的结构中，应具有吊装的结构要素。

（3）在装配时应避免有关组成部分的中间拆卸和再装配。

（4）各组成部分的连接方法应尽量保证能用最少的工具快速装拆。

（5）各种连接结构形式应便于装配工作的机械化和自动化。

习题与思考题

5-1　简述机械结构工艺性的一般原则以及影响机械结构工艺性的因素。

5-2　简述机械零件结构的铸造工艺性的基本要求。

5-3　简述机械零件结构的锻造工艺性的基本要求。

5-4　何谓零件切削加工的结构工艺性？影响其工艺性的因素有哪些？简述切削加工结构工艺性的基本要求。

5-5　何谓零件、套件、组件和部件？何谓机器的总装？

5-6　机械结构的装配工艺性包括哪些主要内容？试举例说明。

5-7　何为装配单元？为什么要把机器划分成许多独立的装配单元。

5-8　如习图 5-1 所示，判断下列零件的工艺结构是否合理？若不合理，请找出原因。

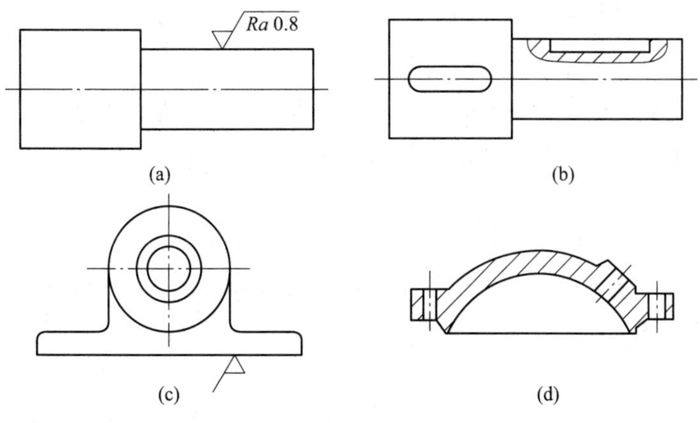

习图 5-1

机械加工表面质量与精度

6.1 机械加工质量的概念及对使用性能的影响

6.1.1 机械加工质量的概念

机械产品质量的好坏，是对其设计、制造、使用、维护等诸环节质量的综合反映。其中设计质量和制造质量是关键，设计质量主要指产品的特征，包括产品的规格参数、功能与性能、外观与舒适性、可靠性与耐久性、使用与维护的方便性、服务的快捷性、特殊性能与顾客特殊需求的满足程度。制造质量主要指产品制造满足设计指标的程度，包括不产生废次品、全面满足设计指标、产品无过早失效等。

机械产品是由若干相互关联的零部件装配而成的，这些零件大多是由机械加工方法获得的，零件的加工质量的好坏直接影响着机械产品的性能、寿命、效率、可靠性等质量指标，是保证机械产品质量的基础。

机械加工质量指标包括两方面的参数：一是宏观几何参数，即机械加工精度；二是表面质量，包括表面层的几何形状特征和表面层的物理力学性能。

6.1.1.1 机械加工精度与机械加工误差

在第1章基本概念中已经介绍了机械加工精度概念，在机械加工过程中，由于各种因素的影响，加工出来的零件实际几何参数不可能与理想的要求完全符合，总会有大小不同的偏差，我们把零件加工后的实际几何参数对理想几何参数的偏离数值称为加工误差，对于一批零件的加工误差是指一批零件加工后，其几何参数的分散范围。

加工精度与加工误差都是评价加工表面几何参数的术语。加工误差用数值表示，数值愈大，其误差愈大。加工精度高，就是加工误差小，反之亦然。零件加工精度要求是根据设计要求、工艺要求、经济指标等因素综合分析而确定的；从满足产品使用性能和减少成本两方面综合考虑，工艺技术人员应根据设计要求、生产条件等采取适当的工艺手段，控制零件的加工误差不超过设计规定的加工精度要求，就认为保证了加工精度。因此，只有通过研究精度规律，掌握影响精度的各个工艺因素，才能达到控制加工误差和进一步提高加工精度的目的。

6.1.1.2 机械加工表面质量

机械加工表面质量又称为表面完整性，其含义包括表面层的几何特征和表面层的材质变化两个方面的内容。

A 表面层的几何特征

表面层的几何特征指零件最外层表面的几何形状，主要由以下几部分组成：

（1）表面粗糙度。表面粗糙度是由加工设备和工具加工后形成的高度尺寸微小的波峰、波谷，且峰、谷之间的间距都较微小的微观不平加工痕迹。其评定参数主要有轮廓算术平均偏差 R_a、轮廓微观不平度十点平均高度 R_z、轮廓最大高度 R_y。

（2）表面波度。它是介于宏观形状误差与微观表面粗糙度之间的周期性形状误差，它主要是由机械加工过程中振动引起的，直接影响零件表面的机械性能，必须加以控制。

（3）表面加工纹理。它是指表面切削加工刀纹的形状和方向，取决于表面形成过程中所采用的机械加工方法及其切削运动的规律。

（4）伤痕。它是指在加工表面个别位置上出现的缺陷，如砂眼、气孔、划痕等，它们大多为随机分布。

B 表面层的材质变化

表面层的材质变化指在一定深度的零件表面层内出现与基体材料组织不同的变质情况，主要指以下三个方面的内容：

（1）表面层的加工冷作硬化。它指工件经机械加工后表面层的强度、硬度有所提高的现象。

（2）表面层金相组织的变化。它指工件经机械加工时的高温使工件表面层金属的金相组织发生了变化。

（3）表面层的残余应力。它指工件经机械加工后残留在工件表面层的应力。

6.1.2 机械加工质量对使用性能的影响

6.1.2.1 机械加工精度对使用性能的影响

A 机械加工精度对使用性能的影响

a 机械加工精度对零（部）件功能要求的影响

一般来说，零件上任何一个几何要素的误差都会以不同的方式影响其功能。

例如，曲柄-连杆-滑块机构中的连杆长度尺寸 L 的误差，将导致滑块的位置和位移误差，从而影响使用功能；又如，机床导轨的直线度误差和平面度误差影响运动部件（如刀架）的运动精度，从而影响机床对零件的加工质量；汽轮机叶片的曲面形状误差也直接影响产品的工作性能；再如发动机中的曲轴和变速器中的齿轮轴，两端支承孔的同轴度误差影响齿轮的啮合精度、产生振动和噪声，从而影响工作性能。

b 机械加工精度对零（部）件配合性质的影响

在机械领域中，配合性质是指配合的极限间隙或极限过盈。表面上配合性质体现为尺寸精度，但实际的配合性质还和机械加工精度中形状精度和位置精度有关。

例如，圆柱结合体的间隙配合中，其表面的形状误差会使间隙大小分布不均，当配合件有相对运动时，圆柱面接触不良，就会造成局部过早磨损，扩大了配合间隙，降低定心精度，降低零件的使用寿命和运动精度，这就需要选择圆度和圆柱度等形状公差限制形状误差；圆柱结合体的过盈配合中，其表面的形状误差会使各处过盈量不一致而影响连接强度和可靠性。

对于平面的形状误差会减小相互配合零件的实际支承面积，增大单位面积压力，使接触表面的变形增大。

此外，位置误差的存在将会加剧这种不良影响结果，如齿轮箱上各轴承孔的位置误差将影响齿面的接触均匀性和齿侧间隙。

c 机械加工精度对零（部）件互换性的影响

互换性原则是机械精度设计的重要原则，对产品设计、制造、使用诸方面都具有重要意义。如轴承盖上各螺钉孔的位置不正确，在用螺栓往基座上紧固时，就有可能影响其自由装配；自动化装配是提高装配生产率和装配质量的重要手段，自动化装配的前提是零件必须完全互换，要求严格控制零件的加工公差，进一步提高零件的加工精度，这在模具、汽车制造领域已得到了证实。

机械加工精度是各种机械产品的重要技术性能指标，影响产品的工作精度、连接强度、运动平稳性、密封性、耐磨性、配合性质以及装配效率等。

B 机械加工精度对制造成本的影响

一般来说，在满足产品使用性能要求的前提下，加工精度要求低的，制造成本低；加工精度要求高的，制造成本高，表现在：

（1）对零部件毛坯的质量要求提高，毛坯制件的成本增加。

（2）对加工设备精度要求提高，设备投资成本增加。

（3）对检测设备精度要求提高，检测设备投资成本增加。

（4）对工人技术水平要求提高，增加了人工成本。

（5）对企业管理水平要求提高，人员素质及必要的硬件等方面投入增加了成本。

C 提高机械加工精度的重要性

机械加工精度的提高，可提高产品的性能和质量，提高其稳定性和可靠性；促进产品的小型化；增强零件的互换性，可提高装配生产率。

例如：导弹是现代战争的重要武器，其命中精度由惯性仪表的精度所决定，而惯性仪表的关键部件是陀螺仪，如果1kg重的陀螺转子，其质量中心偏离对称轴0.5nm，则会引起100m的射程误差和50m的轨道误差。美国民兵Ⅲ型洲际导弹系统的陀螺仪其漂移率为0.03°~0.05°/h，其命中精度的圆概率误差为500m；而MX战略导弹（可装载10个核弹头），由于其制导系统陀螺仪精度比“民兵-Ⅲ”型导弹要高出一个数量级，因而其命中精度的圆概率误差仅为50~150m。

再如，英国Rolls-Royce公司报道，若将飞机发动机转子叶片的加工精度由60μm提高到12μm，表面粗糙度由*Ra*0.5μm减少到0.2μm，发动机的加速效率将从89%提高到94%；齿轮的齿形和齿距误差若能从目前的3~6μm降低到1μm，则其单位重量所能传递的转距可提高近1倍。

为此，产品设计者在对产品进行精度设计时，要综合考虑产品的使用性能要求、制造企业的工艺能力、制造成本、生产效率等因素，在遵照产品性能和国家标准的要求前提下，确定适合的机械加工精度等级。同时，也应该掌握机械加工精度分析与控制相关知识，并不断应用于产品设计制造过程中。

6.1.2.2 表面质量对零件使用性能的影响

机械零件的表面质量常常严重影响其使用性能，实践证明许多产品零件的报废，往往起源于零件的表面缺陷，因此表面质量问题得到高度重视。

A 表面质量对零件耐磨性的影响

零件的耐磨性是零件的一项重要性能指标，当摩擦副的材料、润滑条件和加工精度确定之后，零件的表面质量对耐磨性将起着关键性的作用。

a 表面粗糙度对零件耐磨性的影响

当两个零件表面接触时，其表面凸峰顶部先接触，因此实际接触面积远小于理论上的接触面积。表面愈粗糙，实际接触面积就愈小，凸峰处单位面积压力就会愈大，表面磨损也愈严重。可见，表面粗糙度对零件表面磨损的影响很大。一般来说表面粗糙度值愈小，其耐磨损性愈好。但表面粗糙度值太小，润滑油不易储存，接触面之间容易发生分子粘接，磨损反而增加。因此，接触面的粗糙度有一个最佳值，其值与零件的工作情况有关，工作载荷加大时，初期磨损量增大，表面粗糙度最佳值也加大。图 6-1 给出了不同工况下表面粗糙度与起始磨损量的关系曲线。

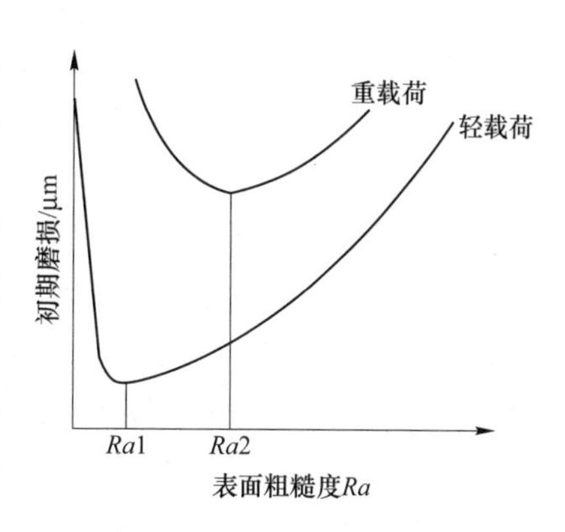

图 6-1 表面粗糙度与初期磨损量的关系曲线

b 表面层的冷作硬化对零件耐磨性的影响

表面层的冷作硬化，一般能提高零件的耐磨性。因为它使摩擦副表面层金属的显微硬度提高，塑性降低，减少了摩擦副接触部分的弹性变形和塑性变形。但如果硬化程度过高，表面层金属组织会变脆，将引起金属组织过度“疏松”，出现微观裂纹，在相对运动中可能会产生金属剥落，在接触面间形成小颗粒，使零件加速磨损。

c 表面纹理对零件耐磨性的影响

表面纹理的形状及刀纹方向对耐磨性也有一定影响，原因是纹理形状及刀纹方向影响有效接触面积和润滑液的存留。一般来说，圆弧状、凹坑状表面纹理的耐磨性好，尖峰状的耐磨性差。在运动副中，两相对运动零件的刀纹方向与运动方向相同时，耐磨性较好；两者的刀纹方向与运动方向垂直时，耐磨性最差；其余情况介于上述两种状态之间。

B 表面质量对零件疲劳强度的影响

表面粗糙度对承受交变载荷的零件的疲劳强度影响很大。在交变载荷作用下，表面粗糙度波谷处容易引起应力集中，产生疲劳裂纹，并且表面粗糙度大，表面划痕深，其抗疲劳破坏能力愈差。

表面层残余应力对零件的疲劳强度影响也很大。当表面层存在残余压应力时，能延缓疲劳裂纹的产生、扩展，提高零件的疲劳强度；当表面层存在残余拉应力时，容易使零件表面产生裂纹而降低其疲劳强度。

表面层的加工硬化对零件的疲劳强度也有影响。适度的加工硬化能阻止已有裂纹的扩展和新裂纹的产生，提高零件的疲劳强度；但加工硬化过于严重会使零件表面组织变脆，容易出现裂纹，从而使疲劳强度降低。

C 表面质量对零件耐腐蚀性能的影响

表面粗糙度对零件耐腐蚀性能的影响很大。零件表面粗糙度大，在波谷处容易积聚腐蚀性介质而使零件发生化学腐蚀和电化学腐蚀。

表面层残余压应力对零件的耐腐蚀性能也有影响。残余压应力使表面组织致密，腐蚀性介质不易侵入，有助于提高表面的耐腐蚀能力；残余拉应力对零件耐腐蚀性能的影响则相反。

D 表面质量对零件间配合性质的影响

零件间的配合性质是由过盈量或间隙量来决定的。在间隙配合中，如果零件配合表面的粗糙度大，则由于磨损迅速使得配合间隙增大，从而降低了配合质量，影响了配合的稳定性；在过盈配合中，如果表面粗糙度大，则装配时表面波峰被挤平，使得实际有效过盈量减少，降低了配合件的连接强度，影响了配合的可靠性。因此，对有配合要求的表面应规定较小的表面粗糙度值。

在过盈配合中，如果表面硬化严重，将可能造成表面层金属与内部金属脱落的现象，从而破坏配合性质和配合精度。表面层残余应力会引起零件变形，使零件的形状、尺寸发生改变，因此它也将影响配合性质和配合精度。

E 表面质量对零件其他性能的影响

表面质量对零件的使用性能还有一些其他影响。如对液压缸、滑阀的密封来说，减小表面粗糙度 *Ra* 可以减少泄漏、提高密封性能；较小的表面粗糙度可使零件具有较高的接触刚度；对于滑动零件，减小表面粗糙度 *Ra* 能使摩擦系数降低、运动灵活性提高，减少发热和功率损失；表面层的残余应力会使零件在使用过程中继续变形，失去原有的精度，机器工作性能恶化等。

总之，提高加工表面质量，对于保证零件的性能、提高零件的使用寿命是十分重要的。

6.1.3 影响机械加工表面质量的因素分析

机械加工表面质量是指零件经过机械加工后的表面层状态，探讨和研究机械加工表面质量，掌握机械加工过程中各种工艺因素对加工表面质量的影响规律，对于保证和提高产品的质量具有十分重要的意义。

6.1.3.1 影响机械加工表面粗糙度的因素

A 影响切削加工表面粗糙度的因素及其控制

a 影响切削加工表面粗糙度的因素

在切削加工中，影响已加工表面粗糙度的因素主要包括几何因素、物理因素和加工中工艺系统的振动。

（1）几何因素。在切削加工过程中，由于受刀具几何形状和进给量的影响，不能把加工余量完全切除，在加工表面上会留下残留面积，形成表面粗糙度。理论上残留面积的高度 H 就是表面粗糙度。以外圆车削加工为例进行说明。

当切削深度较大，刀尖圆弧半径很小时（图 6-2（a）），可得

$$H = \frac{f}{\cot\kappa_r + \cot\kappa_r'} \tag{6-1}$$

当切削深度和进给量较小，刀尖圆弧半径较大时（图 6-2（b）），则

$$H \approx \frac{f^2}{8r_\varepsilon} \tag{6-2}$$

当只考虑几何因素影响时，减小进给量 f、主偏角 κ_r 和副偏角 κ_r'，增大刀尖圆弧半径

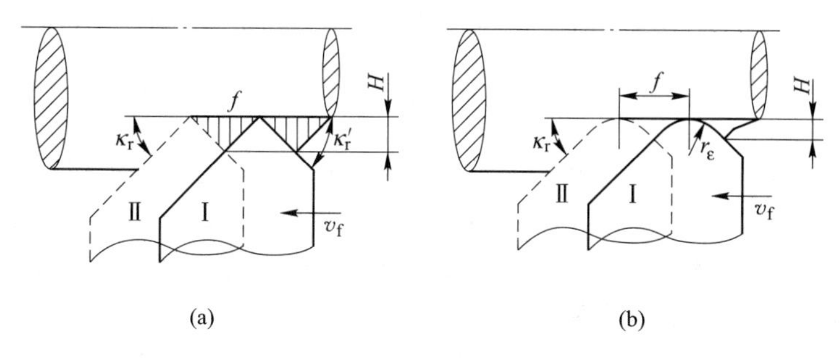

图 6-2　外圆车削时的切削层残留面积

r_ε，可以减小残留面积的高度 H，也就减小了零件的表面粗糙度。

（2）物理因素。在切削加工过程中，刀具对工件的挤压和摩擦使金属材料发生塑性变形，引起原有的残留面积扭曲或沟纹加深，增大了表面粗糙度。当采用中等或中等偏低的切削速度切削塑性材料时，在前刀面上容易形成硬度很高的积屑瘤，它可以代替刀具进行切削，但状态极不稳定，积屑瘤生成、长大和脱落将严重影响加工表面的表面粗糙度。另外，在切削过程中由于切屑和前刀面的强烈摩擦作用以及撕裂现象，还可能在加工表面上产生鳞刺，使加工表面的粗糙度增大。

（3）动态因素。对工件表面粗糙度影响大的因素还有与工件材质有关的因素、与切削刀具有关的因素和与加工条件有关因素等。

在加工过程中，工艺系统有时会发生振动，即在刀具与工件间出现的除切削运动之外的另一种周期性的相对运动。振动的出现会使加工表面出现波纹，增大加工表面的粗糙度，强烈的振动还会使切削无法继续下去。

除上述因素外，造成已加工表面粗糙的原因还有被切屑拉毛和划伤等。

b　改善切削加工表面粗糙度的工艺措施

除考虑几何因素影响并采取措施外，在考虑物理因素和动态因素方面还可以采取以下措施：

（1）加工塑性材料（如中碳钢）时，可降低切削速度（$v<5$m/min）或提高切削速度（$v>30$m/min），可抑制积屑瘤的产生，减小表面粗糙度。

（2）根据工件材料、加工要求，合理选择刀具材料，有利于减小表面粗糙度。

（3）适当的增大刀具前角和刃倾角，提高刀具的刃磨质量，降低刀具前、后刀面的表面粗糙度均能降低工件加工表面的粗糙度。

（4）对工件材料进行适当的热处理，以细化晶粒，均匀晶粒组织，可减小表面粗糙度。

（5）选择合适的切削液，减小切削过程中的界面摩擦，降低切削区温度，减小切削变形，抑制鳞刺和积屑瘤的产生，可以大大减小表面粗糙度。

B　影响磨削加工表面粗糙度的因素及其控制

a　磨削加工表面粗糙度的形成

磨削加工是用分布在砂轮表面上的磨粒通过砂轮和工件相对运动来进行的。由于磨粒在砂轮上分布不均匀，有高有低，而磨粒切削刃钝圆半径较大，同时磨削厚度又很小，因此在磨削过程中，磨粒在工件表面上滑擦、耕犁和切下切屑，把工件表面刻划出无数细微的沟槽，沟槽两边伴随着塑性变形，形成粗糙表面。从纯几何角度考虑，可以认为在单位加工面积上，由磨粒的刻划和切削作用形成的刻痕数多、浅、等高性好，磨削表面的粗糙度值小。

另一方面，砂轮的磨削速度极高，磨粒大多为负前角，每个磨粒所切的切削厚度仅为0.2μm左右，大多数磨粒在磨削过程中只是在加工面上挤过，根本没有切削，磨削余量是在很多后继磨粒的多次挤压下，经过充分塑性变形出现疲劳后剥落的。因此，磨削加工表面塑性变形不是很轻，而是很严重。

b 影响磨削加工表面粗糙度的工艺因素和改善措施

磨削加工表面粗糙度的形成也是由几何因素和表面层金属的塑性变形来决定的。砂轮的粒度、硬度、磨料性质、黏结剂、组织等对粗糙度均有影响。工件材料和磨削条件也对表面粗糙度有重要影响。

（1）磨削用量。砂轮速度提高，单位时间内通过被磨表面的磨粒数就多，磨削表面粗糙度值减小；且砂轮速度越高，就有可能使表面层金属塑性变形的传播速度小于金属流动速度，工件材料来不及变形，致使表面层金属的塑性变形减小，磨削表面粗糙度值也将减小。

工件速度对表面粗糙度的影响刚好与砂轮速度的影响相反，增大工件速度时，单位时间内通过被磨表面的磨粒数减少，表面粗糙度值将增加。

砂轮纵向进给量减小，工件表面的每个部位被砂轮重复磨削的次数增加，被磨表面的粗糙度值将减小。

磨削深度增大，表面层金属塑性变形将随之增大，被磨表面粗糙度值也会增大。通常，先用较大磨削深度以提高生产率，再用较小磨削深度，用无径向进给磨削来获得小的表面粗糙度。

图6-3给出了采用GD60ZR2A砂轮磨削30CrMnSiA材料时，磨削用量对表面粗糙度的影响曲线。

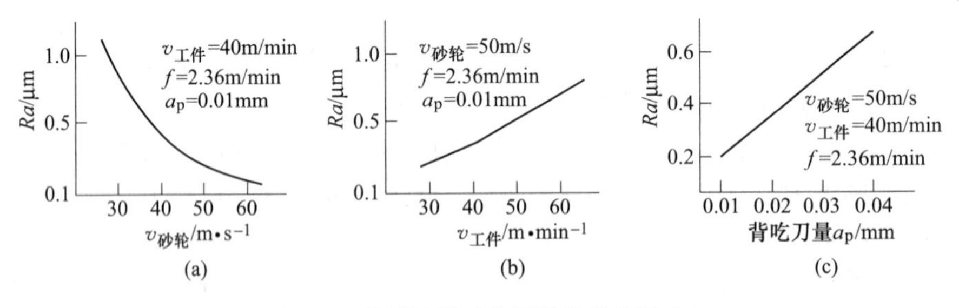

图6-3 磨削用量对表面粗糙度的影响

（2）砂轮。砂轮的粒度越细，磨削的表面粗糙度值越小。但磨粒颗粒太细的砂轮，砂轮易被磨屑堵塞，若导热情况不好，反而会在加工表面产生烧伤等现象，使表面粗糙度值增大。因此，砂轮粒度号常取为46~60号。

砂轮的硬度要适当。砂轮太硬，磨粒磨钝后仍不易脱落，使工件表面受到强烈的摩擦和挤压作用，塑性变形程度增加，表面粗糙度值增大并易使磨削表面产生磨削烧伤。砂轮太软，磨粒易脱落，易产生磨损不均匀的现象，也使表面粗糙度值增大。因此，常选用中软砂轮。

砂轮的组织应适中。紧密组织中的磨粒比例大，气孔小，在成形磨削和精密磨削时，能获得较小的表面粗糙度值。疏松组织的砂轮不易堵塞，适于磨削软金属（如铝等）、非金属软材料（如橡胶、塑料等）和热敏性材料（如磁钢、钨银合金、硬质合金等）。一般情况下，应选用中等组织的砂轮。

砂轮的磨料选配适当，可获得满意的表面粗糙度。氧化物（刚玉）砂轮适用于磨削钢类零件；碳化物（碳化硅、碳化硼）砂轮适于磨削铸铁、硬质合金等材料；用高硬磨料（人造金刚石、立方氮化硼）砂轮磨削可获得很小的表面粗糙度值，但加工成本高。

砂轮的修整质量是改善表面粗糙度的重要因素，因为砂轮表面的不平整在磨削时将被复制到被加工表面上。修整砂轮时，金刚石笔的纵向进给量愈小，刀刃愈锋利，修整出的砂轮磨粒微刃的等高性愈好，磨出的工件表面粗糙度值愈小。

此外，在磨削加工过程中，工件材料、切削液的成分和洁净程度、工艺系统的抗振性能等对磨削表面粗糙度的影响也很大，亦是不容忽视的因素。

6.1.3.2 影响表面物理力学性能变化的因素及其控制

A 表面层加工硬化

a 加工硬化的产生及衡量指标

机械加工过程中，工件表面层金属在切削力的作用下产生强烈的塑性变形，金属的晶格扭曲，晶粒被拉长、纤维化甚至破碎而引起表面层金属的强度和硬度增加，塑性降低，这种现象称为加工硬化（或冷作硬化）。另外，加工过程中产生的切削热会使得工件表面层金属温度升高，当升高到一定程度时，会使已强化的金属回复到正常状态，失去其在加工硬化中得到的物理力学性能，这种现象称为软化。因此，金属的加工硬化实际取决于硬化速度和软化速度的比率。

评定加工硬化的指标常用的有表面层的显微硬度 HV、硬化层深度 h_0(μm) 和硬化程度 N 三项。

$$N = \frac{HV - HV_0}{HV_0} \times 100\% \tag{6-3}$$

式中，HV_0 为金属原来的显微硬度。

一般硬化层深度 h_0 和硬化程度 N 与工件材料、加工方法有关。

b 影响加工硬化的因素

（1）刀具方面。刀刃钝圆半径对加工硬化影响最大。实验证明，已加工表面的显微硬度随着刀刃钝圆半径的加大而增大，这是因为径向切削分力会随着刀刃钝圆半径的增大而增大，使得表面层金属的塑性变形程度加剧，导致加工硬化增大。此外，刀具磨损会使得后刀面与工件间的摩擦加剧，表面层金属的塑性变形增加，导致表面冷作硬化加大。

（2）工件方面。工件材料的硬度低、塑性好，加工时塑性变形增大，冷作硬化加重。就结构钢而言，含碳量少，塑性变形大，硬化严重。如磨削低碳钢 $N_{max} = 150\%$。

（3）切削条件方面。切削用量中进给量和切削速度对加工硬化的影响较大。增大进给量，切削力随之增大，表面层金属的塑性变形区范围增大，加工硬化程度及深度增大；增大切削速度，一方面，刀具对工件的作用时间减少，塑性变形的扩展深度减小，故而硬化层深度减小；另一方面，增大切削速度会使切削区温度升高，有利于减少加工硬化。此外，在加工中使用切削液，可减轻加工硬化，切削液润滑性能愈好，加工硬化愈轻。

c 控制加工硬化的主要措施

（1）选择较大的刀具前角 γ_o、后角 α_o 及较小的钝圆半径 r_n。

（2）合理确定 VB 值。

（3）提高刀具刃磨质量。

（4）合理选择切削用量，尽量选择较高的切削速度 v_c 和较小的进给量 f。

（5）使用性能好的切削液。

B 表面层残余应力

在机械加工过程中，当表面层金属组织发生形状变化、体积变化或金相组织变化后，在外载荷去除后，仍残存在工件表面层与基体材料交界处的相互平衡的应力称为残余应力。当表面层存在残余压应力时，可提高工件的疲劳强度和耐磨性能；当表面层存在残余拉应力时，会使工件的疲劳强度和耐磨性能降低；而当残余应力值超过材料的疲劳极限时，工件表面层就会出现裂纹，会加速工件的损坏。

a 表面层残余应力产生的原因

（1）冷态塑性变形引起的残余应力。切削加工时，加工表面在切削力的作用下产生强烈的塑性变形，表面层金属的比容增大，体积膨胀，但受到与它相连的里层金属的阻止，从而在表面层产生了残余压应力，在里层产生了残余拉应力。当刀具在被加工表面上切除金属时，由于受后刀面的挤压和摩擦作用，表面层金属纤维被严重拉长，仍会受到里层金属的阻止，而在表面层产生残余压应力，在里层产生残余拉应力。

（2）热态塑性变形引起的残余应力。切削加工时，大量的切削热会使加工表面产生热膨胀，由于基体金属的温度较低，会对表面层金属的膨胀产生阻碍作用，因此表面层产生热态压应力。当加工结束后，表层温度下降要进行冷却收缩，但受到基体金属阻止，从而在表面层产生残余拉应力，里层产生残余压应力。

（3）金相组织变化引起的残余应力。如果在加工中工件表面层温度超过金相组织的转变温度，则工件表面层将产生组织转变，表面层金属的比容将随之发生变化，而表面层金属的这种比容变化必然会受到与之相连的基体金属的阻碍，从而在表面层、里层产生互相平衡的残余应力。例如在磨削淬火钢时，由于磨削热导致表面层可能产生回火，表面层金属组织将由马氏体转变成接近珠光体的屈氏体或索氏体，密度增大，比容减小，表面层金属要产生相变收缩但会受到基体金属的阻止，而在表面层金属产生残余拉应力，里层金属产生残余压应力。如果磨削时表面层金属的温度超过相变温度，且冷却又充分，表面层金属将成为淬火马氏体，密度减小，比容增大，则表面层将产生残余压应力，里层则产生残余拉应力。

b 影响表面层残余应力的主要因素

机械加工后工件表面层的残余应力是上述三方面因素综合作用的结果。影响残余应力的工艺因素主要有刀具、切削用量、工件材料的性质、冷却润滑液及工件最终加工工序加工方法的选择等方面。具体情况则看加工时的塑性变形、切削温度和金相组织变化的影响程度而定。在不同的条件下，表面层残余应力的大小、符号及分布规律可能有明显的差别。切削加工时若切削热不多则以冷态塑性变形为主，若切削热多则以热态塑性变形为主。磨削时，轻磨削条件下产生浅而小的残余压应力，主要以塑性变形为主；中等磨削条件下产生浅而大的拉应力；重磨条件下如磨淬火钢则产生深而大的拉应力（最外表面可能出现小而浅的压应力），是热态塑性变形和金相组织变化的影响为主的缘故。

C 表面层金相组织的变化与磨削烧伤

a 表面层金相组织的变化与磨削烧伤的产生

机械加工时，切削所消耗的能量绝大部分转化为热能而使加工表面出现温度升高。当温度升高到超过金相组织变化的临界点时，就会产生金相组织的变化。一般的切削加工，由于单位切削截面所消耗的功率不是太大，故产生金相组织变化的现象较少。但磨削加工因切削速度高，产生的切削热比一般的切削加工大几十倍，这些热量部分由切屑带走，很小一部分传入砂轮，若冷却效果不好，则很大一部分将传入工件表面，使工件表面层的金相组织发生变化，引起表面层的硬度和强度下降，产生残余应力甚至引起显微裂纹，这种现象称为磨削烧伤。因此，磨削加工是一种典型的易于出现加工表面层金相组织变化的加工方法。根据磨削烧伤时温度的不同，可分为：

（1）回火烧伤。当磨削淬火钢时，若磨削区温度超过马氏体转变温度，则工件表面原来的马氏体组织将转化成硬度降低的回火屈氏体或索氏体组织，这种现象称为回火烧伤。

（2）淬火烧伤。当磨削淬火钢时，若磨削区温度超过相变临界温度，在切削液的急冷作用下，使工件表面最外层金属转变为二次淬火马氏体组织，其硬度比原来的回火马氏体高，而其下层因冷却速度较慢仍为硬度较低的回火组织，这种现象称为淬火烧伤。

（3）退火烧伤。若不用切削液进行干磨时超过相变的临界温度，由于工件表层金属冷却速度十分缓慢，形成退火组织，使磨后表面硬度大大降低，这种现象称为退火烧伤。

磨削烧伤时，表面会出现黄、褐、紫、青等烧伤色。这是工件表面在瞬时高温下产生的氧化膜颜色，不同烧伤色表面烧伤程度不同。较深的烧伤层，虽然在加工后期采用无进给磨削可除掉烧伤色，但烧伤层却未除掉，成为将来使用中的隐患。

b 防止磨削烧伤的工艺措施

（1）合理选择磨削用量。减小磨削深度可以减少工件表面的温度，故有利于减轻烧伤。增加工件速度和进给量，由于热源作用时间减少，使金相组织来不及变化，因而能减轻烧伤，但会导致表面粗糙度值增大。一般采用提高砂轮速度和较宽砂轮来弥补。

（2）合理选择砂轮并及时修整。砂轮的粒度越细、硬度越高，其自砺性也越差，使磨削温度升高。砂轮组织太紧密时磨屑堵塞砂轮，易出现烧伤。砂轮钝化时，大多数磨粒只在加工表面挤压和摩擦而不起切削作用，使磨削温度增高，故应及时修整砂轮。

（3）改善冷却方法。采用切削液可带走磨削区的热量，避免烧伤。常用的冷却方法效果较差，由于砂轮高速旋转时，圆周方向产生强大气流，使切削液很难进入磨削区，因此不能有效地降温。为改善冷却方法，可采用内冷却砂轮（图6-4）。切削液从中心通入，靠离心力作用，通过砂轮内部的空隙从砂轮四周的边缘甩出，因此切削液可直接进入磨削区，冷却效果甚好。但必须采用特制的多孔砂轮，并要求切削液经过仔细过滤以免堵塞砂轮。

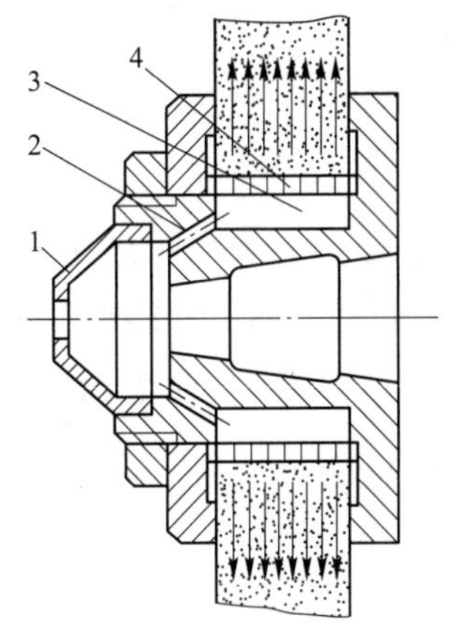

图6-4 内冷却砂轮
1—锥形盖；2—主轴法兰盘；3—砂轮中心腔；4—薄壁套

6.2　影响机械加工精度的因素及其分析

6.2.1　影响机械加工精度因素概述

6.2.1.1　影响加工精度的因素

在机械加工中，零件的尺寸、几何形状和表面间相对位置的形成，取决于工件和刀具在切削运动过程中相互位置的关系，而工件和刀具，又装夹在夹具和机床上，并受到夹具和机床的约束。这样在机械加工时，机床、夹具、刀具和工件就构成一个完整的系统，称之为工艺系统。因此，加工精度问题牵涉到整个工艺系统的精度问题。工艺系统中的种种误差，在不同的具体条件下，以不同的程度和方式反映为加工误差。因此，把工艺系统中凡是能直接引起加工误差的因素称之为原始误差。

原始误差中一部分是在零件未加工前工艺系统本身就具有的某些误差因素，称为工艺系统原有误差，或静误差，包括加工原理误差、机床误差、工件的装夹误差、夹具误差、刀具制造误差、调整误差等。另一部分是在加工过程中受力、热、磨损等原因的影响，工艺系统原有精度受到破坏而产生的附加误差因素，称为工艺过程原始误差，或动误差，包括工艺系统受力变形、工艺系统的热变形、刀具磨损、测量误差、工件残余应力引起的变形等。

6.2.1.2　误差的敏感方向

切削过程中，由于各种原始误差的影响，会使刀具和工件之间正确的几何关系遭到破坏，引起加工误差。不同方向的原始误差，对加工误差的影响程度不同。下面以车削为例进行说明（图6-5）。

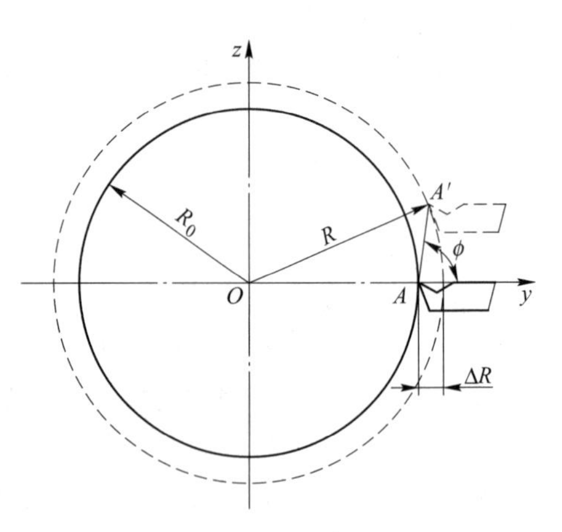

图6-5　误差的敏感方向

车削时工件的回转轴心是 O，刀尖正确位置在 A 处，设某一瞬时刀尖相对于工件回转轴心 O 的位置发生变化，移到 A'。即 $\overline{AA'}$ 为原始误差 δ，它与 $\overline{OA}$ 间的夹角为 ϕ，由此引起工件加工后的半径由 $R_0=\overline{OA}$ 变为 $R=\overline{OA'}$，故工件半径上（即工序尺寸方向上）的加工误差 ΔR 为

$$\Delta R=\overline{OA'}-\overline{OA}=\sqrt{R_0^2+\delta^2+2R_0\delta\cos\phi}-R_0$$

$$=R_0\sqrt{1+\left(\frac{\delta}{R_0}\right)^2+2\frac{\delta}{R_0}\cos\phi}-R_0\approx\delta\cos\phi+\frac{\delta^2}{2R_0}\sin^2\phi \tag{6-4}$$

当 $\phi=90$ 时，刀尖在 z 方向上的位移 ΔZ 引起的加工误差为：$\Delta R_{\phi=90^\circ}=\dfrac{\Delta Z^2}{2R_0}$。设 $2R_0=50\text{mm}$，$\Delta Z=0.1\text{mm}$，则 $\Delta R=0.0002\text{mm}$。ΔZ 对 ΔR 的影响很小。

当 $\phi=0^\circ$ 时，在 y 方向存在对刀误差 ΔY，引起的加工误差为 $\Delta R_{\phi=0^\circ}=\Delta Y$，其影响为最大，一般不能忽略。

当原始误差方向恰为加工表面法线方向时，引起的加工误差为最大；而当原始误差的方向恰为加工表面的切线方向时，引起的加工误差为最小，通常可以忽略。为了便于分析原始误差对加工精度的影响，我们把影响加工精度最大的那个方向即通过刀刃的加工表面的法向称为误差的敏感方向。而当原始误差的方向恰好为通过刀刃的加工表面切线方向时，引起的加工误差最小，通常可以忽略不计，称为误差非敏感方向。

6.2.1.3 研究加工误差常用的方法

研究加工误差常用的方法有以下两种：

（1）因素分析法。研究某一确定因素对加工精度的影响，一般不考虑其他因素的同时作用，通过分析、计算或实验、测试等方法，得出该因素与加工误差间的关系。

（2）统计分析法。运用数理统计方法对生产中一批工件的加工尺寸实测结果进行数据处理，研究各项误差综合的变化规律，适合于批量的生产条件。

实际生产中，常常将这两种方法结合起来应用，一般先用统计分析法寻找误差的出现规律，初步判断产生加工误差的可能原因，然后运用因素分析法进行分析、试验，以便很快地有效地找出影响加工精度的主要原因。

6.2.2 工艺系统原有误差对加工精度的影响及其控制

6.2.2.1 加工原理误差

加工原理误差是指采用了近似的成形运动或近似的刀刃轮廓进行加工而产生的误差。

如在公制丝杠的车床上加工英制螺纹或模数蜗杆时，由于导程都是无理数，只能采用近似传动比的挂轮，刀具与工件之间的螺旋轨迹是近似的成形运动，存在导程误差。再如用模数铣刀成形铣削齿轮时，由于采用了近似刀刃齿廓，存在齿形误差。

在实际生产中，采用近似成形运动或近似的刀刃轮廓方法加工，则常常可使工艺装备简单化，生产成本降低，故在满足产品精度要求的前提下，原理误差的存在是允许的，但必须控制在允许的范围内，一般原理误差应小于10%~15%工件的公差值。

6.2.2.2 机床误差

在工艺系统中，机床是为切削加工提供运动和动力的，因此，工件的加工精度在很大程度上取决于机床的精度。机床的原有误差对加工精度的影响最显著，也最复杂。机床的几何精度对机械加工中各切削成形运动本身以及它们之间的位置关系准确、有时成形运动之间还应保持准确的速比关系有决定性的影响。机床的制造误差、装夹误差以及使用过程中的磨损，都会影响成形运动的精度。

在机床误差中，对加工精度影响比较大的有机床导轨误差、主轴回转误差和机床传动链误差几个方面。

A 机床导轨的导向误差

a 导轨导向误差的概念

导轨是机床上确定各机床部件相对位置关系的基准，也是机床运动的基准。导轨导向精度是指机床导轨副的运动件实际运动方向与理想运动件实际运动方向的符合程度，这两者的偏差值称为导向误差。

在机床的精度标准中，直线导轨的导向精度一般包括：导轨在水平面内的直线度（弯曲)、导轨在垂直面内的直线度（弯曲)、前后导轨的平行度（扭曲）和导轨对主轴回转轴线的平行度（或垂直度)。

b　导轨导向误差对零件的加工精度的影响

机床导轨误差对刀具或工件的直线运动精度有直接的影响。它将导致刀尖相对于工件加工表面的位置变化，从而对工件的加工精度，主要是对形状精度产生影响。

下面以卧式车床为例，来分析导轨导向误差对加工精度的影响。

（1）导轨在水平面内的直线度误差。卧式车床床身导轨在水平面内存在导向误差 ΔY（图 6-6)，将使刀尖的直线运动轨迹产生同样的直线度误差 ΔY，由于是误差的敏感方向，引起工件在半径上的加工误差 $\Delta R=\Delta Y$；当车削圆柱表面时，将造成工件的圆柱度误差。

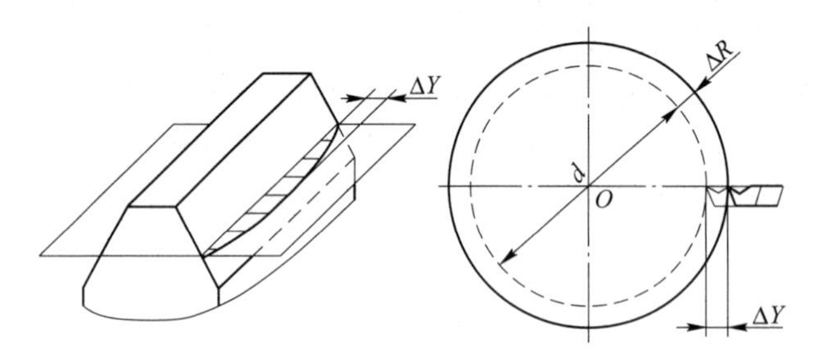

图 6-6　车床导轨在水平面内直线度误差

（2）导轨在垂直平面内的直线度误差。卧式车床床身导轨在垂直面内存在导向误差 ΔZ（图 6-7)，也将使刀尖的直线运动轨迹产生同样的直线度误差 ΔZ，由于是误差的非敏感方向，引起工件在半径上的加工误差 $\Delta R=\Delta Z^2/d$，ΔZ 对加工精度的影响要比 ΔY 小得多，一般可忽略不计。

（3）前后导轨的平行度误差。卧式车床床身前后导轨存在平行度误差（扭曲）（图 6-8)，刀架运动时会产生摆动，刀尖的运动轨迹是一条空间曲线，使工件产生形状误差（鼓形、鞍形、锥度)。若前后导轨的平行度误差为 Δ，引起在半径上的加工误差为：

$$\Delta R \approx \Delta Y = \frac{H}{B}\Delta \tag{6-5}$$

式中，Δ 为导轨在垂直方向的最大平行度误差；H 为主轴至导轨面的距离；B 为导轨宽度。

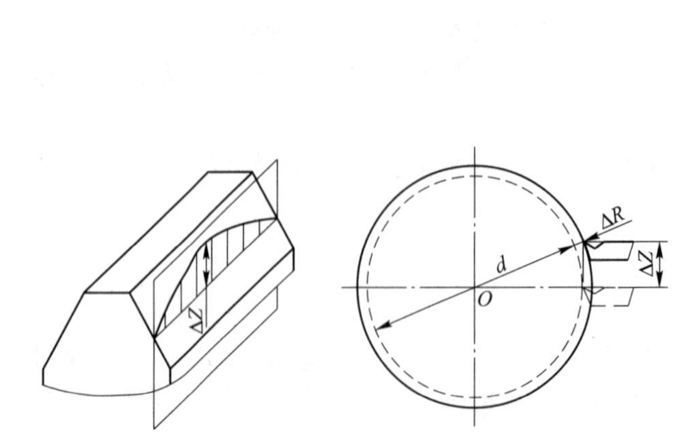

图 6-7　车床导轨在垂直面内直线度误差

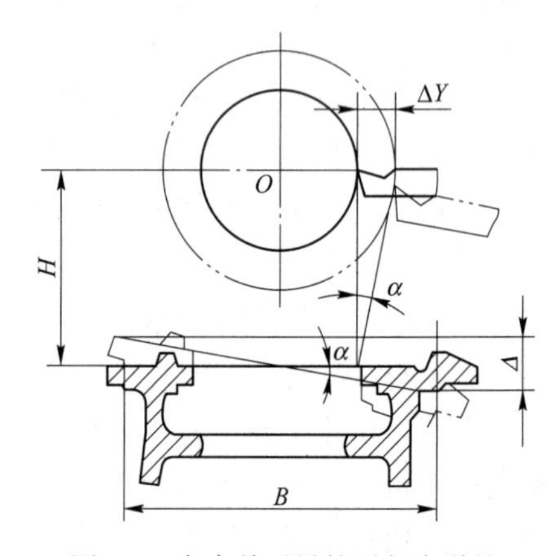

图 6-8　车床前后导轨平行度误差

一般车床 $H/B \approx 2/3$，外圆磨床 $H/B \approx 1$，故前后导轨的平行度误差 Δ 对加工精度的影响很大。

（4）导轨对主轴回转轴线的平行度误差。若车床导轨与主轴回转轴线在水平面内有平行度误差，车出的内外圆柱面就产生锥度误差（图 6-9（a））；若车床导轨与主轴回转轴线在垂直面内有平行度误差，则车出的圆柱面成双曲回转体（图 6-9（b）），因是非误差敏感方向，造成的加工误差很小，一般可忽略。

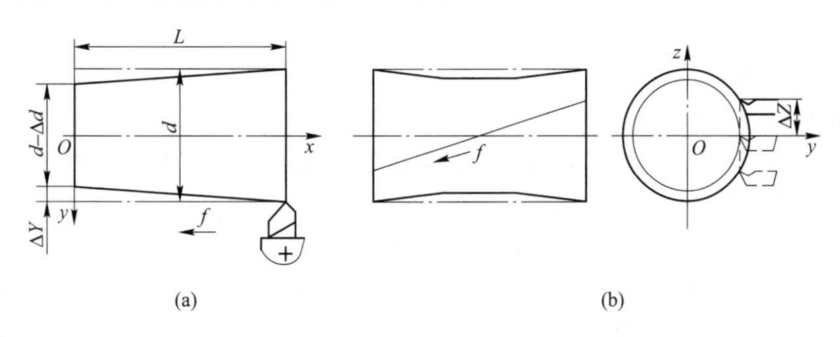

图 6-9 车床导轨对主轴轴线的平行度误差

值得注意的是，采用机床不同，加工方法不同，导轨误差对加工精度的影响不同。如刨床、平面磨床主要是保证工件加工表面的平面度、两表面间的距离尺寸及平行度，故工作台在垂直面内的直线度误差及两导轨间在垂直方向的平行度误差是影响加工表面形状误差的主要因素，几乎 1∶1 地反映为被加工表面的平行度误差。图 6-10 为龙门刨床导轨垂直面内直线度误差引起工件形状误差。

再如镗床的误差敏感方向是随主轴回转而变化的，故导轨在水平面及垂直面内的直线度误差均直接影响加工精度。在普通镗床上镗孔时，如果工作台进给，那么导轨不直或扭曲，都会引起所加工孔的轴线不直，产生直线度、圆柱度误差。当导轨与主轴回转轴线不平行时，则镗出的孔呈椭圆形（图 6-11）。若镗杆进给，即镗杆既旋转又移动，导轨误差不会产生孔的形状误差，但会产生孔的位置误差。

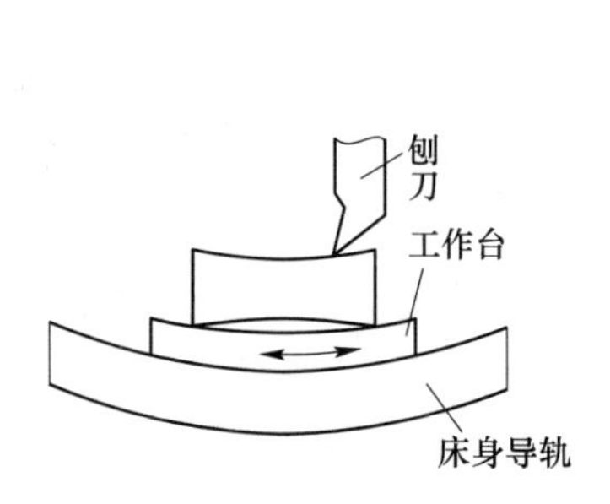

图 6-10 龙门刨床导轨垂直面内直线度误差

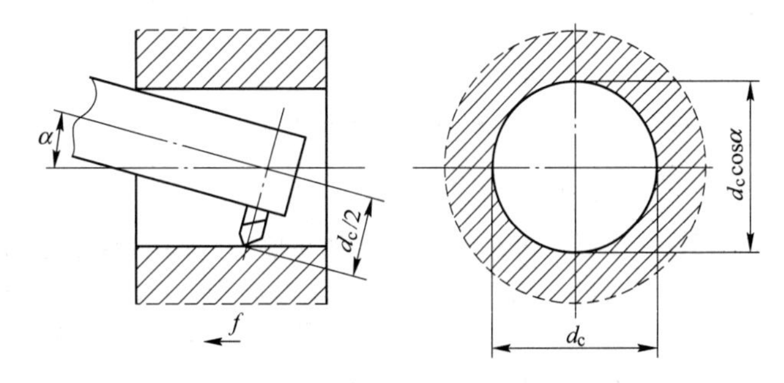

图 6-11 镗孔时导轨与主轴回转轴线不平行

c 导轨误差产生的原因

导轨误差产生的原因主要有：一是导轨本身的制造误差；二是机床的安装不正确引起的导轨误差，特别是龙门刨床、龙门铣床和导轨磨床等尤为突出；三是导轨的不均匀磨损，也是造成导轨误差的重要因素，导轨磨损是机床精度下降的主要原因之一。

d　减小导轨误差的措施

（1）改善导轨的制造精度、接触精度和精度保持性。

（2）采用静压导轨，利用压力油或压力空气的均化作用，可有效提高工作台的直线运动精度和精度保持性。

（3）安装时要有良好的基础，必须进行严格的测量和校正；使用时应定期复校和调整，以减小机床导轨的扭曲变形；加强机床的日常保养和维护、清洁，运动部件经常加油润滑等。

B　机床主轴的回转误差

a　主轴回转误差的基本概念

机床主轴是用来装夹工件或刀具并传递主要切削运动和动力的，主轴回转误差将直接影响被加工工件的精度。

主轴回转时，理论上其回转轴线的空间位置应该固定不变，即回转轴线的瞬时速度为零。实际上，由于主轴部件中轴承、轴颈、轴承座孔等的制造误差和配合质量、润滑条件，以及回转过程中多方面的动态因素的影响，使瞬时回转轴线的空间位置呈现周期性变化。

所谓主轴回转误差是指主轴实际回转轴线对其理想回转轴线的漂移。理想回转轴线虽然客观存在，但却无法确定其位置，因此通常是以平均回转轴线（即主轴各瞬时回转轴线的平均位置）来代替。

为便于研究，可以将主轴回转误差分解为图 6-12 的三种基本形式：

（1）纯径向跳动。瞬时回转轴线始终平行于平均回转轴线方向的径向运动（图 6-12（a））。

（2）纯轴向窜动。瞬时回转轴线沿平均回转轴线方向的轴向运动（图 6-12（b））。

（3）纯角度摆动。瞬时回转轴线与平均回转轴线成一倾斜角度，但其交点位置固定不变的运动，（图 6-12（c））。

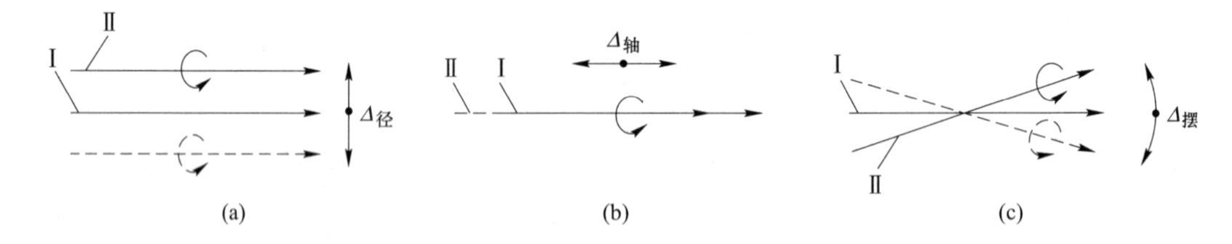

图 6-12　主轴回转误差基本形式
（a）纯径向圆跳动；（b）纯轴向窜动；（c）纯角度摆动
Ⅰ—理想回转轴线；Ⅱ—实际回转轴线

b　主轴回转误差对零件加工精度的影响

由于存在误差敏感方向，不同的加工方法，主轴回转误差所引起的加工误差也不同。

主轴的轴向窜动对圆柱面的加工没有影响，主要影响端面形状和轴向尺寸精度。如车端面时，主轴的轴向窜动将造成工件端面的平面度误差，以及端面相对于内、外圆轴线的垂直度误差（图 6-13）；若主轴回转一周，来回跳动一次，则加工出的端面近似为螺旋面：向前跳动的半轴形成右螺旋面，向后跳动的半轴形成左螺旋面；而端面相对于内、外圆轴

线的垂直度误差随切削半径的减小而增大，其关系为

$$\tan\theta = \frac{A}{R} \tag{6-6}$$

式中，A 为主轴轴向窜动的幅值；R 为工件车削端面的半径；θ 为端面车削后的垂直度偏角。

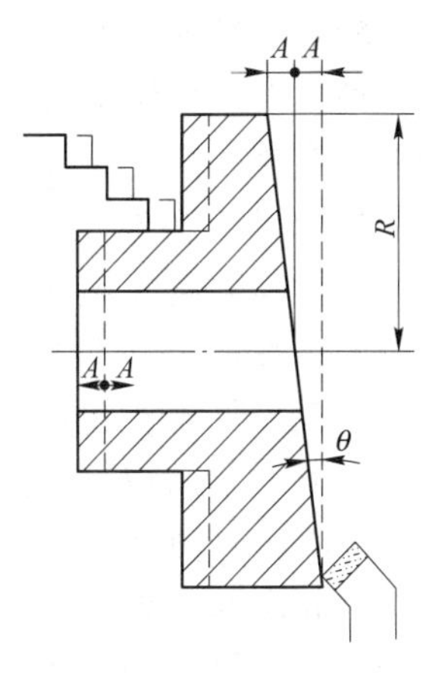

图 6-13 主轴轴向窜动对端面加工精度的影响

再如车螺纹时，若主轴回转一周，来回跳动一次，主轴的轴向窜动将使加工后的螺纹产生瞬时螺旋角误差（图 6-14）。

主轴的径向跳动会使工件产生圆度误差，对加工端面没有影响，但加工方法不同（如车削和镗削），影响程度也不尽相同。考虑最简单的情况，假设主轴回转中心在 y 轴方向上作简谐直线运动，$h=A\cos\phi$（式中：h 为轴心位移量；A 为振幅；ϕ 为主轴转角），其频率与主轴转速相同。现在分析在 yOz 平面内车孔和镗孔两种情况所引起的加工误差。

图 6-15 所示镗孔时，设初始时刻（$\phi=0$）刀具回转中心位于 O_1点，刀尖位于 a_1点；转过 ϕ 角后，刀具回转中心位于 O_2点，刀尖位于 a_2点。此时 a_2点的坐标为

$$y = h + R\cos\phi = (A + R)\cos\phi \tag{6-7}$$

$$z = R\sin\phi \tag{6-8}$$

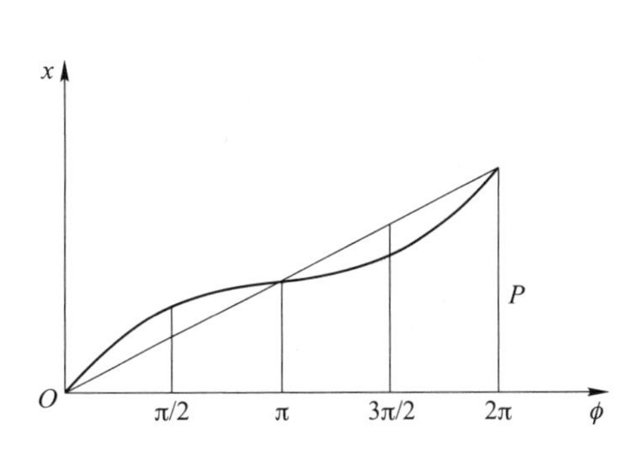

图 6-14 主轴轴向窜动对螺纹加工精度的影响

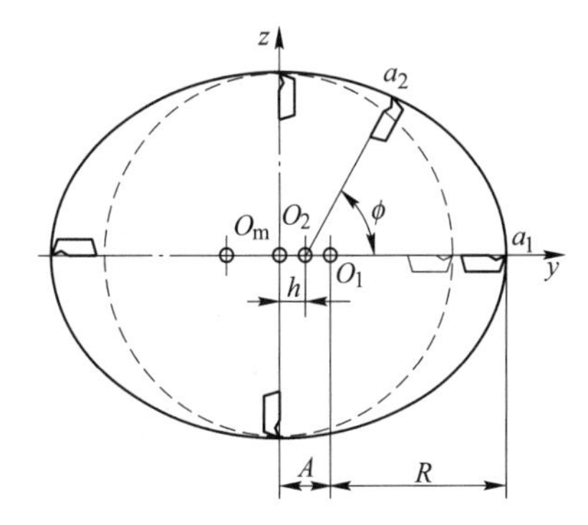

图 6-15 径向跳动对镗孔精度影响

这是一个椭圆的参数方程，其长半轴为（$A+R$），短半轴为 R。说明镗出的孔呈椭圆状，圆度误差为 $2A$。

图 6-16 所示车外圆时，工件旋转，车刀刀尖到平均回转轴线 O_m的距离 R 为定值，则工件 a_1处切出的半径比 a_2、a_4处小一个振幅 A，而在工件 a_3处切出的半径则比 a_2、a_4处大一个振幅 A。这样在工件的上述 4 点测得直径相等，在其他各点处的直径误差也甚小，故车削出的工件表面接近于一个正圆。

主轴的角度摆动对加工误差的影响与主轴径向跳动对加工误差的影响相似，主要区别在于主轴的角度摆动不仅影响工件加工表面的圆度误差，而且影响工件加工表面的圆柱度误差。

在实际加工中，主轴回转误差是三种基本形式误差的合成。

c 主轴回转误差产生的原因

主轴回转误差产生的主要原因有：主轴误差如主轴支承轴径的圆度误差、同轴度误差

和主轴轴径轴向承载面与轴线的垂直度误差；轴承误差如滑动轴承内孔或滚动轴承内外圈滚道的圆度误差及波度、轴承的间隙、与轴承配合零件的误差等；主轴系统的径向不等刚度及热变形。对于不同类型的机床，其误差产生的原因也各不相同。如对于工件回转类机床（如车床、外圆磨床），因切削力的方向大致不变，在切削力的作用下，主轴轴颈以不同部位与轴承孔的某一固定部位接触，此时主轴的支承轴颈的圆度误差影响较大，而轴承孔的圆度误差影响较小（图 6-17（a））；对于刀具回转类机床（如钻床、镗床），刀具与主轴一起旋转，切削力方向随旋转方向而改变，主轴轴颈以某一固定位置与轴承孔的不同位置相接触，此时，主轴的支承轴颈的圆度误差影响较小，而轴承孔的圆度误差影响较大（图 6-17（b））。

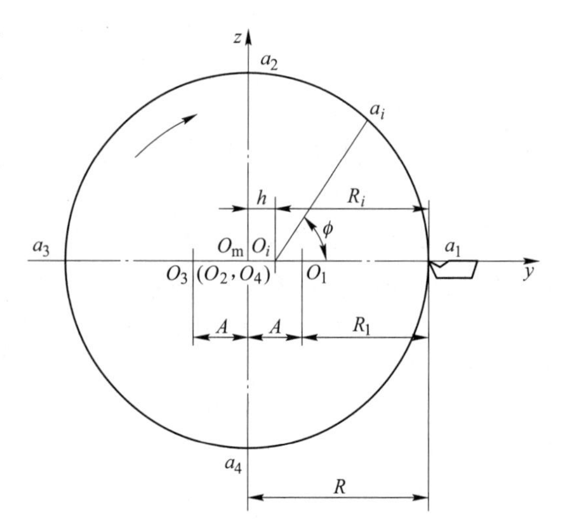

图 6-16 径向跳动对车外圆精度影响

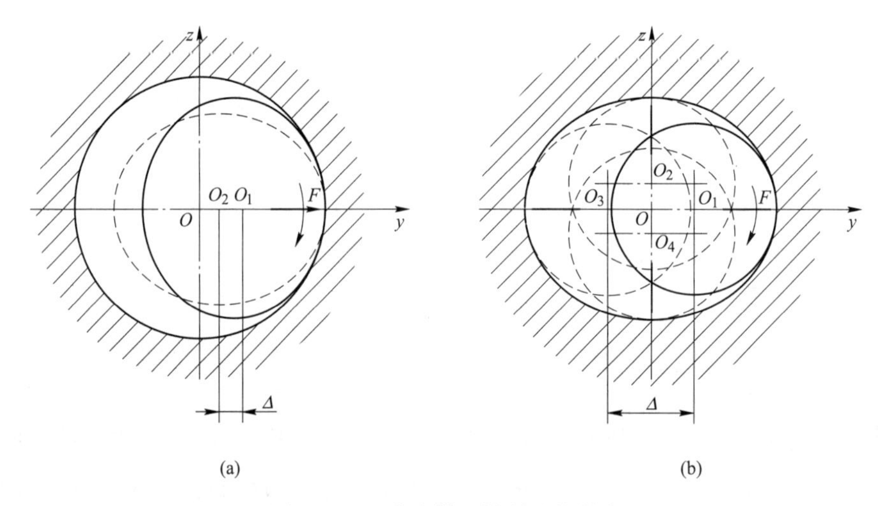

图 6-17 两类主轴回转误差的影响

（a）工件回转类机床；（b）刀具回转类机床

d 提高主轴回转精度的措施

（1）选用高精度的轴承，并提高主轴及箱体的制造精度和主轴部件的装配精度。

（2）对高速主轴部件要进行动平衡，对精密滚动轴承要采取预加载荷等工艺措施。

（3）采用液体或气体静压轴承，由于无磨损，高刚度（是滚动轴承的 5~6 倍），以及对主轴轴颈的形状误差的均化作用，可以大幅度地提高主轴回转精度。

（4）要减少主轴回转误差对零件加工的影响，可以采用运动和定位分离的主轴结构，使工件在加工过程中的回转精度不受机床主轴回转误差的影响，使主轴回转误差不反映到工件上，如轴类零件采用双顶尖定位加工。

C 机床传动链误差

a 传动链误差的概念

传动链误差是指机床内联系传动链始末两端传动元件间相对运动的误差。内联系传动链是指两端件之间的相对运动量有严格要求的传动链。传动链误差一般不影响圆柱面和平面的加工精度，但在车螺纹、插齿、滚齿等加工时，刀具与工件之间有严格的传动比要求。要满足这一要求，机床内联系传动链的误差必须控制在允许的范围内。

例如，车螺纹时，要求主轴与传动丝杠的转速比恒定（图6-18），即

$$S = \frac{z_1 z_3 z_5 z_7}{z_2 z_4 z_6 z_8} T = i_1 i_2 i_3 i_4 T = iT \tag{6-9}$$

式中，i 为总速比。

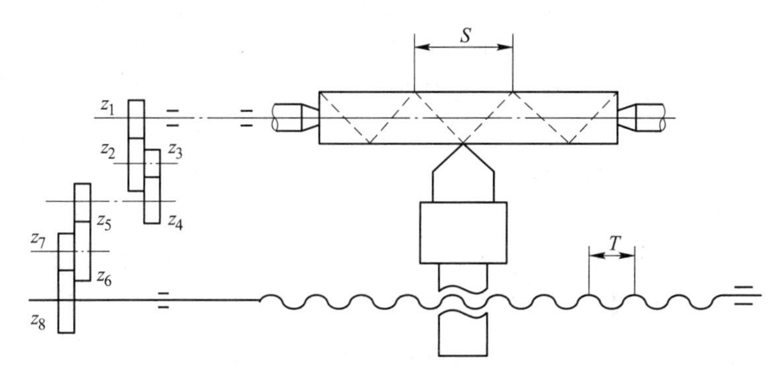

图6-18 车螺纹的传动误差示意图

S—工件导程；T—丝杠导程；$z_1 \sim z_8$—各齿轮齿数

由上式可知，当速比 i 与机床丝杠导程 T 存在误差时，工件的导程 S 将出现误差。

影响速比 i 的因素主要是齿轮副的传动误差，假如齿轮 Z_1 存在周节误差，在传动时其转角误差要经过几对齿轮副才传递到丝杠上。当传动副为升速时，转角误差被扩大，而降速时转角误差被缩小。与丝杠连接的齿轮的转角误差，将直接反映到工件上，有着较大的影响。

b 减少传动链传动误差的主要措施

（1）减少传动元件的数目，缩短传动链。传动元件少，传动累积误差就小，传动精度高。

（2）采用降速传动链，以减小传动链中各传动元件对末端传动元件转角误差的影响。

（3）提高传动元件，特别是末端传动元件的制造精度和装配精度。

（4）采用误差补偿的方法。如采用传动误差校正机构以及微机控制的传动误差自动补偿装置等。

6.2.2.3 工件的装夹误差与夹具误差

A 工件装夹误差

工件的装夹误差 Δ_{ZJ} 是指工件在机床上或夹具中定位和夹紧的过程中引起的误差，包括工件的定位误差 Δ_{DW} 和夹紧误差 Δ_{JJ}。这项误差将影响工件加工表面之间尺寸精度和位置精度。

定位误差的来源与所采用的工件装夹方法有关。对于找正装夹法是来自工件用作找正

的表面或划线的误差和度量误差；对于夹具装夹法是来自工件定位表面和夹具定位元件的定位表面的误差，以及基准不重合误差，内容详见3.3节。

夹紧误差主要是工件和夹具在夹紧力作用下发生变形而带来的加工误差。通常夹具的变形影响很小，可以忽略不计，工件的夹紧变形在工艺系统的受力变形分析时再述。

B 夹具误差

利用夹具装夹工件进行加工时，除了定位误差外夹具误差造成工件加工表面之间尺寸和位置误差主要是夹具的对定误差 Δ_{DD}，包括对刀误差 Δ_{DD} 和夹具位置误差 Δ_{JW}。对刀误差是刀具相对夹具位置不正确所引起的加工误差，夹具位置误差是由于夹具相对刀具成形运动位置不正确所引起的加工误差。这些加工误差的大小与夹具的制造、装夹和使用过程中的磨损等紧密相关。

为减小工件的装夹误差与夹具误差造成的加工误差，应提高工件的找正精度如提高划线精度、找正面的加工精度、操作技能等；在夹具设计时，对于结构上与工件加工精度有关的尺寸和技术要求都要严格控制。一般情况下，精加工用夹具的有关尺寸公差取工件相应尺寸公差的1/5~1/2；粗加工时取1/10~1/5。对于易磨损的定位元件、导向元件等除采用耐磨性好的材料外，应设计成可拆卸的，以方便磨损后更换。

6.2.2.4 刀具误差

刀具误差主要来自刀具的制造、刃磨误差与磨损，包括刀具的尺寸误差、刀具的形状误差和切削刃的几何形状误差，它对加工精度的影响随刀具种类的不同而不同（表6-1）。

表6-1 刀具误差对加工精度的影响

刀具种类	影响因素	消除途径
定尺寸刀具（如钻头、铰刀、键槽铣刀、圆孔拉刀等）	（1）刀具的制造、刃磨误差； （2）刀具的磨损； （3）刀具的安装误差	（1）刀具制造精度应高于加工面的要求精度； （2）控制刀具的磨损量，提高工具耐磨性； （3）按一定技术要求选择、重磨、安装刀具
成形刀具（如成形车刀、成形铣刀、成形砂轮等）		
展成刀具（如齿轮滚刀、插齿刀等）		
一般刀具（如车刀等）	无直接影响	及时调整机床或更换刀具

6.2.2.5 调整误差

在机械加工的每一工序中，为获得被加工表面的形状、尺寸和位置精度，总需要对工艺系统进行一系列调整，由于调整不可能绝对的准确，因而产生调整误差。

不同的调整方式有不同的加工误差影响因素，有试切法调整、调整法调整和自动控制法，其基本影响因素及消除途径（表6-2）。

表6-2 调整误差对加工精度的影响

调整方式	影响因素	消除途径
试切法	（1）试切测量误差； （2）微进给误差； （3）微薄切削层的极限厚度	（1）合理选择量具、量仪，控制测量条件； （2）提高进给机构的制造精度、传动刚度，减小摩擦，采取措施严格控制进刀量（如表法），采用新型的微量进给机构； （3）选择切削刃钝圆半径小的刀具材料，精细研磨刀具刃口，以及提高刀具刚度

续表 6-2

调整方式	影响因素	消除途径
调整法	除试切法、工件安装、刀具尺寸等影响因素外： （1）定程机构的重复定位误差； （2）样件制造误差与磨损，对刀块、导套的位置误差； （3）抽样误差	（1）提高定程机构的刚度及操纵机构的灵敏度； （2）提高样件制造精度及对刀块、导套的安装精度； （3）增加试切工件数，提高一批工件尺寸分布中心位置的判断准确性
自动控制法	控制系统的灵敏性与可靠性	（1）提高自动检测精度、进给机构灵敏度及重复定位精度； （2）减小切削刃钝圆半径及提高刀具刚度

6.2.3 加工过程中其他因素对加工精度的影响及其控制

6.2.3.1 工艺系统受力变形

机械加工工艺系统在切削力、夹紧力、惯性力、重力、传动力等的作用下，会产生相应的变形，从而破坏了刀具和工件之间正确的相对位置，使工件的加工精度下降。

A 工艺系统刚度

工艺系统是一个弹性系统。弹性系统在外力作用下所产生的变形大小取决于外力的大小和系统抵抗变形的能力。工艺系统刚度是指工艺系统在外力作用下抵抗变形的能力。为充分反映工艺系统刚度对零件加工精度的影响，将工艺系统刚度 k_{xt} 的定义确定为加工误差敏感方向上工艺系统所受外力 F_y 与变形量（或位移量）y_{xt} 之比，即

$$k_{xt} = F_y / y_{xt} \tag{6-10}$$

工艺系统中各组成环节在切削加工过程中，由于受到各种外力作用，会产生不同程度的变形，使刀具和工件的相对位置发生变化，从而产生相应的加工误差。

工艺系统在某一处的法向总变形 y_{xt} 是各个组成环节在同一处的法向变形的迭加，即

$$y_{xt} = y_{jc} + y_{jj} + y_d + y_g \tag{6-11}$$

式中，y_{jc}、y_{jj}、y_d、y_g 分别为机床、夹具、刀具、工件的变形量。

由工艺系统刚度的定义，机床刚度 k_{jc}、夹具刚度 k_{jj}、刀具刚度 k_d 及工件刚度 k_g 亦可分别写为

$$k_{jc} = F_y / y_{jc},\ k_{jj} = F_y / y_{jj},\ k_d = F_y / y_d,\ k_g = F_y / y_g$$

代入式（6-11）得

$$\frac{1}{k_{xt}} = \frac{1}{k_{jc}} + \frac{1}{k_{jj}} + \frac{1}{k_d} + \frac{1}{k_g} \tag{6-12}$$

式（6-12）表明，工艺系统刚度的倒数等于工艺系统各组成环节刚度的倒数之和。工艺系统刚度是最小的，比其最薄弱的环节的刚度还要小。欲确定工艺系统刚度一般是先确定各组成环节的刚度。

（1）工件、刀具的刚度。当工件、刀具的形状比较简单时，其刚度可按材料力学有关公式估算。例如装夹在卡盘中的棒料、压紧在车床方刀架上的车刀，可按悬臂梁的公式计算它们的刚度：

$$y_1=\frac{F_yL^3}{3EI},\ k_1=\frac{3EI}{L^3}$$

又如支承在两顶尖间加工的棒料，可按两支点梁的公式计算它们的刚度：

$$y_2=\frac{F_yL^3}{48EI},\ k_2=\frac{48EI}{L^3}$$

式中，L 为工件（刀具）长度，mm；E 为材料的弹性模量，N/mm^2，对于钢 $E=2\times10^5N/mm^2$；I 为工件（刀具）截面惯性矩，mm^4，对于圆柱体 $I=\pi d^4/64mm^4$；y_1为外力作用在梁端点的最大位移，mm；y_2为外力作用在梁中点的最大位移，mm。

（2）机床部件和夹具的刚度。机床部件和夹具由许多零件组成，很难用纯粹的计算方法求出其刚度，多采用实验方法测定，机床部件的实际刚度远比我们按实体估算的要小。

影响机床部件刚度的因素包括：

（1）结合面接触变形的影响；

（2）部件中零件间的摩擦力的影响；

（3）结合面的间隙的影响；

（4）部件中薄弱零件的变形。

用刚度的一般式（6-12）求解工艺系统刚度时，应针对具体情况加以分析与简化，对加工精度影响很小的，可略去不计。如车削外圆时，车刀本身在切削力作用下的变形很小，略去；再如镗孔时，工件（如箱体）的刚度一般很大，其受力变形很小，也可略去不计。

B 工艺系统刚度对加工精度的影响

工艺系统刚度对加工精度的影响主要有以下两种情况。

a 切削力作用点位置变化对加工精度的影响

切削过程中，如果切削力的大小不变，但由于其作用点的位置变化，而使工艺系统的刚度随之变化，将会引起工件轴向剖面中的形状误差。下面以车床两顶尖为支承加工光轴为例进行说明。

（1）机床的变形。在车床两顶尖间车削短而粗的光轴（图 6-19（a）），同时车刀悬伸长度很短，即工件和刀具的刚度较大，其变形量极小，因而可以忽略不计。此时工艺系统的总变形就完全取决于机床的变形（头架、尾座及顶尖和刀架）。

当加工中车刀处于图所示的位置时，在切削分力 F_y的作用下，车床头架前顶尖 A 处受作用力 F_A，产生的相应变形 $y_{tj}=AA'$；尾顶尖 B 处受力 F_B，相应的变形 $y_{wz}=BB'$；刀架受力 F_y，相应的变形 $y_{dj}=CC'$。这时工件轴心线 AB 位移到 $A'B'$。此时工艺系统的总变形 y_{xt}为：

$$y_{xt}=y_{jc}=y_x+y_{dj} \tag{6-13}$$

由图 6-19（a）中几何关系，有

$$y_x=y_{tj}+(y_{wz}-y_{tj})x/L$$

由刚度的定义得：

$$y_{tj}=\frac{F_A}{k_{tj}}=\frac{F_y}{k_{tj}}\left(\frac{L-x}{L}\right);\ y_{wz}=\frac{F_B}{k_{wz}}=\frac{F_y}{k_{wz}}\left(\frac{x}{L}\right);\ y_{dj}=\frac{F_y}{k_{dj}}$$

代入式（6-13）得

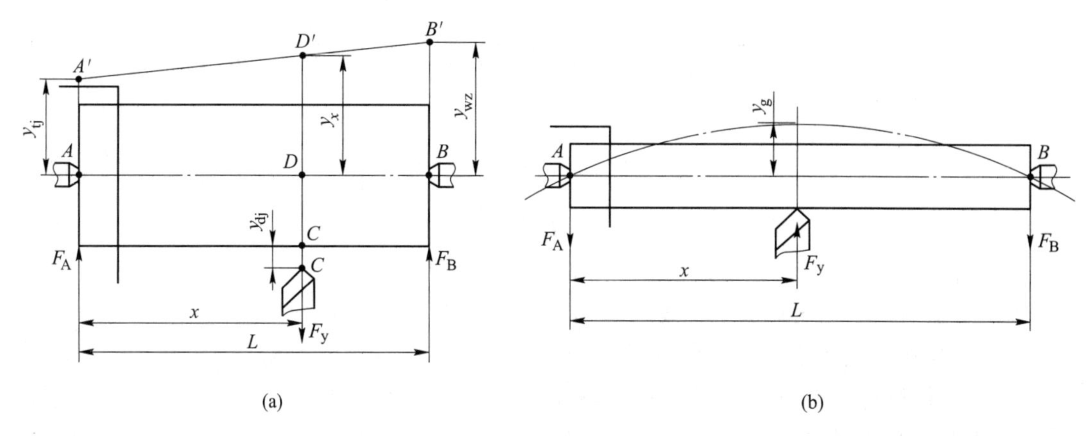

图 6-19 工艺系统变形随受力点变化规律
（a）车短轴；（b）车细长轴

$$y_{xt}=y_{jc}=y_x=y_{dj}=F_y\left[\frac{1}{k_{dj}}+\frac{1}{k_{tj}}\left(\frac{L-x}{L}\right)^2+\frac{1}{k_{wz}}\left(\frac{x}{L}\right)^2\right] \tag{6-14}$$

这说明，随着切削力作用点位置的变化，工艺系统的变形是变化的。

当 $x=0$ 时，$y_{xt}=F_y\left(\frac{1}{k_{dj}}+\frac{1}{k_{tj}}\right)$；

当 $x=L$ 时，$y_{xt}=F_y\left(\frac{1}{k_{dj}}+\frac{1}{k_{wz}}\right)$；

当 $x=\frac{L}{2}$ 时，$y_{xt}=F_y\left[\frac{1}{k_{dj}}+\frac{1}{4}\left(\frac{1}{k_{tj}}+\frac{1}{k_{wz}}\right)\right]$；

当 $x=\frac{k_{wz}}{k_{tj}+k_{wz}}L$ 时，$y_{xtmin}=F_y\left(\frac{1}{k_{dj}}+\frac{1}{k_{tj}+k_{wz}}\right)$。

由于变形大的地方，从工件上切除的金属层薄，变形小的地方，从工件上切除的金属层厚，因此由于机床头架、尾座、顶尖和刀架的受力变形，使加工出来的工件呈两端粗、中间细的鞍形（图 6-20）。

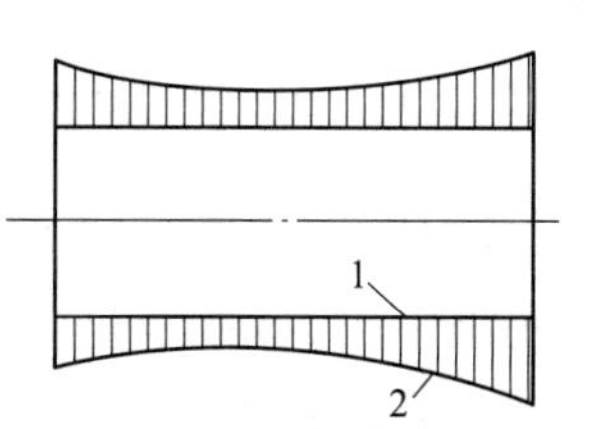

图 6-20 机床刚度变化形成的加工误差
1—理想的工件形状；
2—车出的工件形状

（2）工件的变形。若在两顶尖间车削刚度很差的细长轴（图 6-19（b）），在切削力作用下，工件的变形大大超过机床、夹具和刀具的变形量，不考虑机床和刀具的变形，工艺系统的变形完全取决于工件的变形。根据材料力学的挠度计算公式，细长轴工件在切削点处的变形量为

$$y_g=\frac{F_y}{3EI}\frac{(L-x)^2x^2}{L} \tag{6-15}$$

当 $x=0$ 或 $x=L$ 时，$y_g=0$；当 $x=\frac{L}{2}$时，$y_{gmax}=\frac{F_yL^3}{48EI}$。因此，加工后工件呈鼓形。

（3）工艺系统的总变形。同时考虑机床和工件的变形时，在切削点处刀具相对于工件的位移量为二者的叠加，即

$$y_{xt} = y_{jc} + y_g = F_y\left[\frac{1}{k_{dj}} + \frac{1}{k_{tj}}\left(\frac{L-x}{L}\right)^2 + \frac{1}{k_{wz}}\left(\frac{x}{L}\right)^2\right] + \frac{F_y}{3EI}\frac{(L-x)^2x^2}{L} \tag{6-16}$$

工艺系统的刚度为

$$k_{xt} = \frac{1}{\dfrac{1}{k_{dj}} + \dfrac{1}{k_{tj}}\left(\dfrac{L-x}{L}\right)^2 + \dfrac{1}{k_{wz}}\left(\dfrac{x}{L}\right)^2 + \dfrac{1}{3EI}\dfrac{(L-x)^2x^2}{L}} \tag{6-17}$$

显然，工艺系统的刚度随受力点位置的变化而变化。

b　切削力大小变化对加工精度的影响

根据切削原理中切削分力的经验公式 $F_y = C_{F_y}a_p^{x_{F_y}}f^{y_{F_y}}v^{n_{F_y}}(HB)^{z_{F_y}}K_{F_y}$，其中：$C_{F_y}$、$K_{F_y}$ 为决定于工件材料与切削条件的系数和实际切削条件的修正系数；f、v 为进给量和切削速度，一般在一次切削过程中是不变的；这样 $F_y = Ca_p^{x_{Fy}}(HB)^{z_{Fy}}$，由毛坯加工余量和材料硬度不均匀，会引起切削力大小的变化。工艺系统由于受力的大小不同，变形的大小也相应发生变化，从而导致工件尺寸和几何形状误差。

设工艺系统的刚度为 k_{xt}，车削一材质均匀但具有椭圆形状误差的毛坯（图 6-21）。加工时，工件每转一转，背吃刀量 a_p 在 a_{p1} 与 a_{p2} 之间变化，引起切削分力 F_y 随 a_p 的变化由 F_{ymax} 变化到 F_{ymin}，工艺系统也将产生相应变形，即刀尖相对于工件的位移由 y_1 变化到 y_2，且 $y_1>y_2$，故车出工件产生椭圆形状误差 $\Delta_g = y_1 - y_2$。这种现象称为加工过程中的"误差复映"。

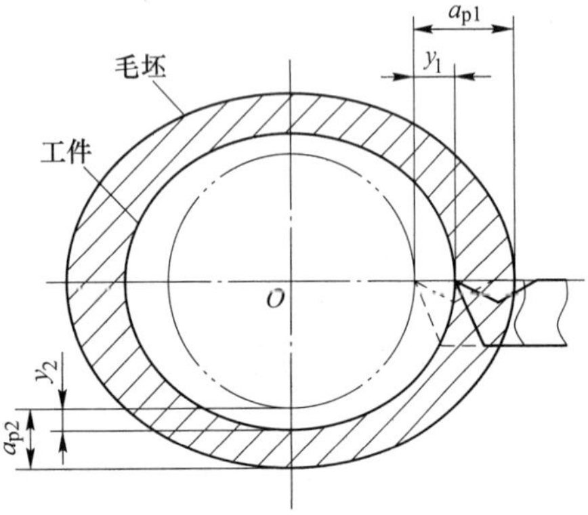

图 6-21　车削时零件形状误差的复映

毛坯的圆度误差

$$\Delta_m = a_{p1} - a_{p2}$$

车削后工件的圆度误差

$$\Delta_g = y_1 - y_2 = (F_{ymax} - F_{ymin})/k_{xt}$$

根据加工条件将式 $F_y = Ca^{x_{Fy}}(HB)^{z_{Fy}}$ 简化为 $F_y = C_Fa_p$（车削时 $x_{F_y}=1$），其中 C_F 为与刀具几何参数及切削条件（刀具材料、工件材料、切削类型、进给量与切削速度、切削液等）有关的系数。

则工件的变形量为：

$$y_1 - y_2 = \frac{1}{k_{xt}}(F_{ymax} - F_{ymin}) = \frac{C_F}{k_{xt}}[(a_{p1} - a_{p2}) - (y_1 - y_2)]$$

$$\Delta_g = y_1 - y_2 = \frac{C_F}{k_{xt} + C_F}(a_{p1} - a_{p2}) = \frac{C_F}{k_{xt} + C_F}\Delta_m$$

令

$$\varepsilon = \frac{\Delta_g}{\Delta_m} = \frac{C_F}{k_{xt} + C_F} \tag{6-18}$$

称 Δ_g 与 Δ_m 之比值 ε 为误差复映系数，ε 是一个小于 1 的正数，它定量地反映了毛坯误差加工后减小的程度。这表明要减小毛坯的误差复映，可以提高工艺系统的刚度 k_{xt}，减小 C_F（如减小进给量 f 等）。

一般情况下 $\varepsilon \ll 1$，故经加工之后工件的误差比加工前的误差明显减小。当毛坯误差较大时，需经多道工序或多次走刀加工之后，工件的误差就会减小到工件公差所许可的范围内。

若经过 n 次走刀加工后

$$\Delta_g = \varepsilon_n \cdots \varepsilon_2 \varepsilon_1 \Delta_m$$

总的误差复映系数为

$$\varepsilon_{总} = \varepsilon_n \cdots \varepsilon_2 \varepsilon_1 \tag{6-19}$$

这表明，增加走刀次数，可减小误差复映，提高加工精度，但生产率降低了。

毛坯的各种形状误差（如圆度、圆柱度、直线度等）或位置误差（如同轴度、垂直度等）都会以一定的复映系数复映成工件的加工误差。毛坯材料的不均匀，同样会引起切削力大小的变化，产生加工误差，分析方法相同。

c　工艺系统中其他作用力对加工精度的影响

（1）夹紧力的影响。工件在装夹过程中，如果工件刚度较低或夹紧力的方向和施力点选择不当，将引起工件变形，从而造成相应的加工误差。

用三爪自定心卡盘夹持薄壁套筒镗孔（图 6-22（a）），假定毛坯件是正圆形，夹紧后由于受力变形，坯件呈三棱形。虽镗出的孔为正圆形，但松开后，套筒弹性恢复使孔又变成三棱形。为了减小套筒因夹紧变形，可在筒外加开口过渡环（图 6-22（b）），使夹紧力均匀分布而减小套筒的变形。

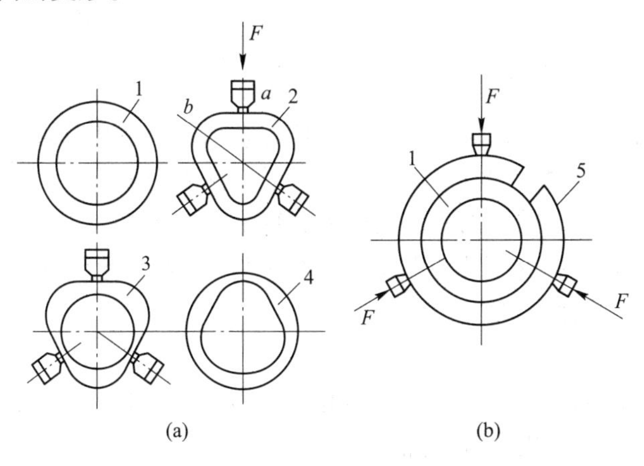

图 6-22　套筒夹紧变形引起的加工误差

1—毛坯；2—夹紧后；3—镗孔后；4—松开后；5—过渡环

（2）重力的影响。在工艺系统中，有些零部件在自身重力作用下产生的变形也会造成加工误差。例如，龙门铣床、龙门刨床横梁在刀架自重下引起的变形将造成工件的平面度误差。对于大型工件，因自重而产生的变形有时会成为引起加工误差的主要原因，所以在装夹工件时，应通过恰当地布置支承的位置或通过平衡措施来减少自重的影响。

（3）惯性力的影响。在高速切削时，如果工艺系统中有不平衡的高速旋转的构件存在，就会产生离心力。它在工件的每一转中不断变更方向，引起工件几何轴线作上述相同形式的摆角运动，故理论上讲也不会造成工件圆度误差。但是要注意的是当不平衡质量的离心力大于切削力时，车床主轴轴颈和轴承内孔表面的接触点就会不断地变化，轴承孔的圆度误差将传给工件的回转轴心。周期变化的惯性力还常常引起工艺系统的强迫振动。因此可采用配重平衡的方法来消除这种影响，必要时亦可适当降低主轴转速，以减小离心力的影响。

C 减小工艺系统受力变形的途径

由前面对工艺系统刚度的论述可知，若要减少工艺系统变形，就应提高工艺系统刚度，减小切削力并压缩它们的变动幅值。

（1）提高工艺系统刚度的途径有：

1）提高工件和刀具的刚度。在设计时，合理选择零件、刀具结构和截面形状。一般地说，截面积相等时，空心截形比实心截形的刚度高，封闭的截形又比开口的截形好。在适当部位增添加强肋也有良好的效果。

2）减小机床间隙，提高机床刚度。采用预加载荷，使有关配合产生预紧力，而消除间隙。在设计工艺装备时，应尽量减少连接面数目，并注意刚度的匹配，防止有局部低刚度环节出现。

3）采用合理的装夹方式和加工方式。减小刀具、工件的悬伸长度，以提高工艺系统的刚度；采用辅助支撑，例如加工细长轴时，工件的刚性差，采用中心架或跟刀架有助于提高工件的刚度。

（2）减小切削力及其变化的途径为：提高毛坯质量；合理地选择刀具材料，增大前角和主偏角；对工件材料进行合理的热处理以改善材料的加工性能等，都可使切削力减小。

6.2.3.2 工艺系统的热变形

A 概述

在机械加工过程中，工艺系统会受到各种热的影响而产生热变形，这种变形使得工件与刀具间的正确相对位置关系遭到破坏，从而造成工件的加工误差。

工艺系统热变形对加工精度的影响比较大，特别是在精密加工和大件加工中，由热变形所引起的加工误差有时可占工件总误差的40%～70%。热变形不仅降低了系统的加工精度，而且还影响了加工效率的提高。

a 工艺系统的热源

引起工艺系统变形的热源可分为内部热源和外部热源两类。内部热源是指切削热和摩擦热，外部热源是指环境温度和辐射热。

（1）切削热。切削（磨削）过程中消耗于切削层的弹、塑性变形能以及刀具与工件、切屑之间摩擦机械能，绝大部分都转变成了切削热，形成切削加工过程中最主要的热源。切削热由切屑、工件、刀具、夹具、机床及周围介质传出，但各部分传出热量的多少与切削条件及各部分结构、材料的导热性能等有关。

车削加工时，切屑所带走的热量可达50%～80%（切削速度愈高，切屑带走的热量占总切削热的百分比就愈大），传给工件的热量约为30%，传给刀具的热量约为5%左右。铣削、刨削加工时，传给工件的热量约为30%。钻削和卧式镗孔时，因有大量的切屑滞留在孔中，传给工件的热量超过50%。磨削加工时，磨屑很小，带走的热量很少，加之砂轮为热的不良导体，约有84%的热量传给工件，磨削表面的温度可高达800～1000℃。

部分切削热还可以通过切屑、切削液、工件、刀具再传入机床。

（2）摩擦热。摩擦热主要是机床的机械和液压等运动部分（如电动机、轴承、齿轮、丝杠副、导轨副、离合器、液压泵、阀等）产生的。尽管摩擦热比切削热少，但摩擦热在工艺系统中是局部发热，会引起局部温升和变形，破坏了系统原有的几何精度，对加工精度也会带来严重影响。摩擦热是机床热变形的主要热源。

（3）环境温度。在工件的加工过程中，周围环境的温度随气温及昼夜温度的变化而变化，局部室温、空气对流、热风或冷风，以及地基温度的变化等都会使工艺系统的温度发生变化，影响工件的加工精度，特别是在加工大型精密件时影响更为明显。

（4）辐射热。在加工过程中，如阳光、照明、加热器以及人体等都会产生辐射热，也会使工艺系统的温度发生变化而影响工件的加工精度。

虽然工艺系统的热源很多，但它们对工艺系统的影响是有主有次的，在分析工艺系统热变形时应先找出其中影响最大的主要热源，采取相应措施减少或消除其影响。

b 工艺系统的热平衡和温度场的概念

工艺系统受各种热源的影响，其温度会逐渐升高。同时，它们也通过各种传热方式向周围散发热量。当单位时间内传入和散发的热量相等时，工艺系统达到了热平衡状态。此时工艺系统的热变形也就达到某种程度的稳定。

由于作用于工艺系统各组成部分的热源（热源的发热量、位置和作用时间）各不相同，各部分的热容量、散热条件也不一样，就使得各部分的温升是不同的，即使同一物体，处于不同空间位置上各点在不同时间其温度也是不等的。物体中各点的温度分布称为温度场。当物体未达热平衡时，各点温度不仅是坐标位置的函数，也是时间的函数，这种温度场称为非稳态温度场，即 $T=f(x, y, z, t)$。当物体达热平衡时，各点温度仅是坐标位置的函数，这种温度场称为稳态温度场，即 $T=f(x, y, z)$。

B 工艺系统热变形对加工精度的影响

a 机床热变形对加工精度的影响

机床工作时要受到内、外热源的影响，但由于各部分热源不同，以及机床结构、尺寸、材料的不同，造成各部分的温升与变形也不相同，往往会使机床的静态几何精度发生变化而影响加工精度。其中主轴部件、床身、导轨、立柱、工作台等部件的热变形，对加工精度影响最大。

车、铣、钻、镗类机床的主要热源是主轴箱。主轴箱中的齿轮、轴承摩擦发热并传给润滑油，使主轴箱及与之相连部分（如床身或立柱）的温度升高而产生较大变形。车床主轴箱的温升将使主轴抬高（图 6-23（a））；主轴前轴承的温升高于后轴承又使主轴倾斜；主轴箱的热量传给床身导致床身中凸，又进一步使主轴向上倾斜。

各类磨床，砂轮主轴轴承的发热和液压系统的发热是主要热源。外圆磨床轴承的发热会使砂轮轴线产生位移及变形（图 6-23（b）），如果前、后轴承的温度不同，砂轮轴线还会倾斜；液压系统的发热使床身温度不均产生弯曲和前倾。

龙门刨床、龙门铣床、导轨磨床等大型机床的主要热源是工作台运动时导轨面摩擦热及环境温度（如车间温度与地面温度温差，局部照射等）。例如一台长 12m 高 0.8m 的导轨磨床床身，导轨面与床身底面温差 1℃时，其弯曲变形量可达 0.22mm。

由以上分析可知，机床热变形具有体积大、热容量大、温升不高、达到热平衡时间长和结构复杂、温度场和变形不均匀的特点，对加工精度影响显著。精密加工应在热平衡状态下进行。

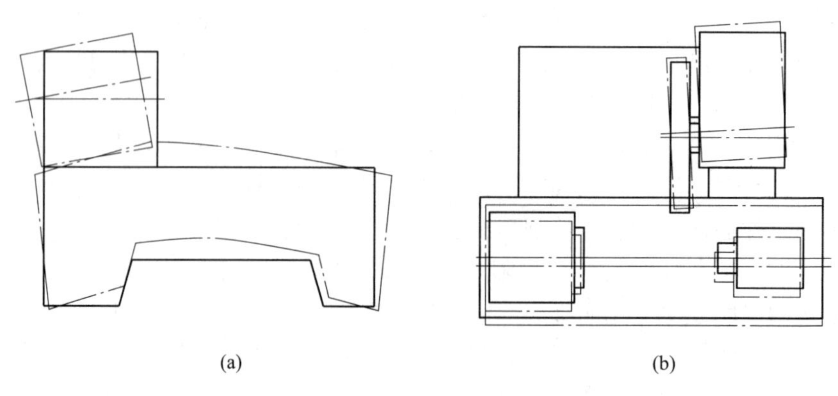

图 6-23　车床和外圆磨床受热变形

b　工件热变形对加工精度的影响

在加工中引起工件热变形的主要热源是切削热或磨削热，对于精密零件，外部热源也是不可忽视的。

对于一些简单的均匀受热工件，如车、磨轴类件的外圆，待加工后冷却到室温时其长度和直径将有所收缩，由此而产生加工误差为 ΔL 和 ΔD，它的值可用简单的热伸长公式进行估算：

$$\Delta L = \alpha L \Delta T\ ;\qquad \Delta D = \alpha D \Delta T \tag{6-20}$$

式中，α 为工件材料的热膨胀系数，1/℃，钢：$\alpha \approx 1.17\times10^{-5}$；铸铁：$\alpha \approx 1.05\times10^{-5}$；$L$ 为工件长度，mm；D 为工件直径，mm；ΔT 为工件的温升,℃。

当工件受热不均时，如刨削、铣削、磨削加工平面时，工件单面受热，上下平面间产生温差，导致工件向上凸起，凸起部分被刀具切去，加工完毕冷却后，加工表面就产生了中凹的形状误差。工件凸起量 f 可按图 6-24 进行估算。由于中心角 ϕ 很小，其中性层的长度可近似认为等于原长 L，则

$$f \approx \frac{L}{2}\tan\left(\frac{\phi}{4}\right) \approx \frac{L\phi}{8}$$

且
$$(R + H)\phi - R\phi \approx \alpha \Delta T L$$

所以
$$\phi = \frac{\alpha \Delta T L}{H}$$

$$f \approx \frac{\alpha \Delta T L^2}{8H} \tag{6-21}$$

c　刀具热变形对加工精度的影响

加工中刀具热变形的热源也是切削热。尽管在切削加工中传入刀具的热量很少，但刀具体积和热容量也小，故仍有相当程度的温升，引起刀具的热伸长并造成加工误差。图6-25为车刀热伸长与切削时间的关系，其中曲线 A 是车刀连续切削时热伸长曲线，刀具热变形量在切削初期增加很快，随后较为缓慢，不长时间后便趋于热平衡状态，此后，热变形量的变化就很小；曲线 B 为车刀停止切削时热收缩曲线，刀具热收缩量在切削停止初期增加很快，随后较为缓慢；曲线 C 是车刀间断切削时热伸长曲线，刀具有短暂的冷却时间，热变形量还要小一些。

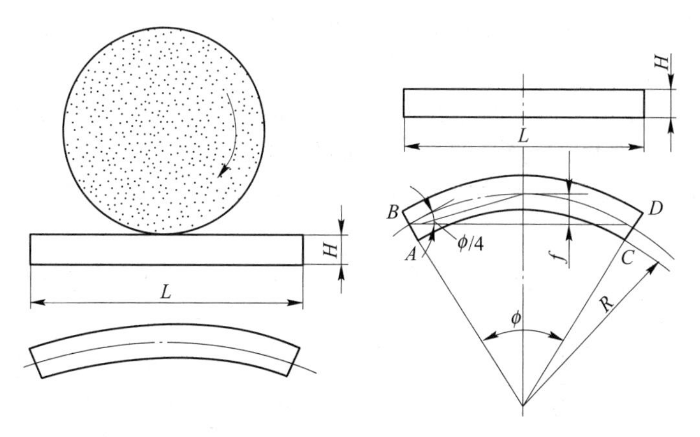

图 6-24　薄板磨削时的弯曲变形及其估算

由于刀具的热伸长，车削长轴时会使工件产生圆柱度误差，间断切削时会造成一批工件尺寸分散。

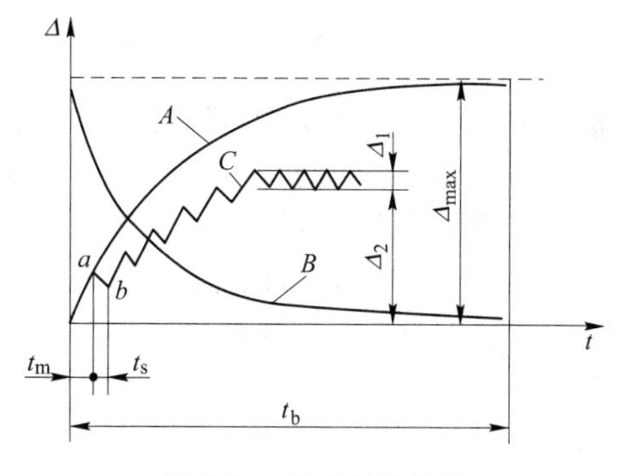

图 6-25　车刀的热伸长

C　控制工艺系统热变形的措施

（1）隔离热源。为了减少机床的热变形，将能从主机分离出去的热源（如电动机、变速箱、液压泵和油箱等）应尽可能放到机外；也可采用隔热材料将发热部件和机床大件（如床身、立柱等）隔离开。

（2）强制和充分冷却。对既不能从机床内移出，又不便隔热的大热源，可采用强制式的风冷、水冷等散热措施；对机床、刀具、工件等发热部位采取充分冷却措施，吸收热量，控制温升，减少热变形。

（3）采用合理的结构减少热变形。如在变速箱中，尽量让轴、轴承、齿轮对称布置，使箱壁温升均匀，减少箱体变形。

（4）减少系统的发热量。对于不能和主机分开的热源（如主轴承、丝杠、摩擦离合器和高速运动导轨之类的部件），应从结构、润滑等方面加以改善，以减少发热量；提高切削速度（或进给量），使传入工件的热量减少；保证切削刀具锋利，避免其刃口钝化增加切削热。

（5）使热变形指向无害加工精度的方向。例如车细长轴时，为使工件有伸缩的余地，可将轴的一端夹紧，另一端架上中心架，使热变形指向尾端；又例如外圆磨削，为使工件有伸缩的余地，采用弹性顶尖等。

（6）控制环境温度。精密加工应在恒温室中进行。

6.2.3.3　*刀具磨损*

任何刀具在切削过程中都不可避免地要产生磨损，改变了刀具的尺寸、形状和切削刃廓型，并由此引起工件尺寸和形状误差。例如用成形刀具加工时，刀具刃口的不均匀磨损将直接复映到工件上造成形状误差；在加工较大表面（一次走刀时间长）时，刀尖的尺寸磨损也会严重影响工件的形状精度；用调整法加工一批工件时，刀具的磨损会扩大工件尺寸的分散范围；刀具磨损使同一批工件的尺寸前后不一致。为此要研究刀具磨损的规律及减少刀具磨损的措施。

刀具的尺寸磨损是指刀刃在加工表面的法线方向（亦即误差敏感方向）上的磨损量 μ（图 6-26），它直接反映出刀具磨损对加工精度的影响。

刀具尺寸磨损的过程（图 6-27），可分为三个阶段。

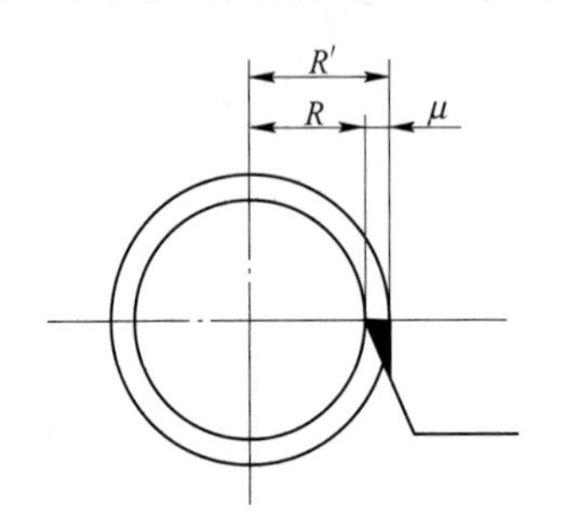

图 6-26　车刀的尺寸磨损

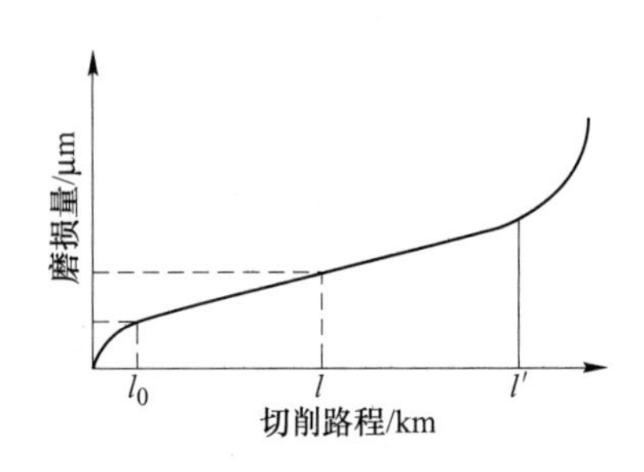

图 6-27　车刀磨损过程

第一阶段称为初期磨损阶段（切削路程 $l < l_0$），时间短（几分钟），磨损剧烈，切削路程不超过 1km，初期磨损量 μ_0 约 3~5μm。

第二阶段称为正常磨损阶段（$l_0 < l < l'$），时间较长，磨损量与切削路程成正比，切削路程可达 30km，可适应加工一批工件。

刀具磨损量 μ 与切削路程 l 之间关系为

$$\mu = \mu_0 + \frac{k_\mu(l - l_0)}{1000} \approx \mu_0 + \frac{k_\mu l}{1000} \tag{6-22}$$

式中，μ_0 为刀具的初期磨损量，μm；l_0 为初期磨损的切削路程，μm；k_μ 为单位磨损量，μm/km。

μ_0 和 k_μ 的值可通过实验或查阅有关资料确定。

第三阶段称急剧磨损阶段，刀具磨损迅速，刀刃在很短时间内损坏，已不能正常工作，因此在达到此阶段前刀具要进行更换或重磨。

为了减少刀具磨损对加工精度影响，要正确地选用刀具材料，积极选用新型耐磨性好的刀具材料；合理地选用刀具几何参数和切削用量，对切削路程长的工件可采用宽刃刀具缩短切削路程；正确地刃磨刀具；正确地采用冷却液等，均可有效地减少刀具的尺寸磨损。必要时还可采用补偿装置对刀具尺寸磨损进行自动补偿。

6.2.3.4　测量误差

测量误差是指工件实际尺寸与量具表示出的尺寸之间的差值。加工一般精度的零件时，测量误差可占工件公差的 1/10~1/5，而加工精密零件时，测量误差可占工件公差的 1/3 左右。

A　测量误差产生原因

a　计量器具本身精度的影响

量具的制造误差并不直接影响工件的加工误差，只不过是使加工误差的数值失真，因此它是间接的影响因素。但在采用试切法和调整法加工时，工件都要通过测量来修正刀具的尺寸和位置，对加工精度则有直接的影响。

计量器具误差决定于它的结构、制造和磨损情况。所以用的计量器具不同，测量误差的变动范围也很大。如用光学比较仪测量轴类零件时，误差小于1μm；用千分尺测量时误差可达5~10μm，而用游标卡尺测量时误差则达150μm。所以必须根据零件被测尺寸的精度选择适当的计量器具。

b 测量条件引起的误差

除量具本身误差之外，测量者的视力、判断能力、测量经验、相对测量或间接测量中所用的对比标准、数学运算精确度、单次测量判断的不准确等因素都会引起测量误差。

需要注意的是：(1) 冷却后测量与加工后马上测量尺寸有变化；(2) 测量力的变化也引起测量尺寸的变化。

B 减小测量误差的措施

(1) 提高量具精度，合理选择量具。根据工件的加工精度要求，限制所选用的测量。

(2) 注意操作方法，正确使用和维护量具。应对量具进行定检。

(3) 注意测量条件，精密零件应在恒温中测量。

6.2.3.5 工件残余应力引起的变形

残余应力也称内应力，是指当外部载荷去除后残存于零件内部的应力。

工件上一旦产生残余应力之后，就会使工件金属处于一种高能位的不稳定状态，它本能地要向低能位的稳定状态转化，并伴随有变形发生，从而使工件丧失原有的加工精度。用这些零件装配成机器，在机器使用中也会逐渐产生变形，从而影响整台机器的质量。

A 残余应力产生的原因及对加工精度的影响

残余应力是由金属内部的相邻宏观或微观组织发生了不均匀的体积变化而产生的，促使这种变化的因素主要来自热加工或冷加工。

a 毛坯制造中产生的残余应力

在铸造、锻造、焊接及热处理过程中，由于工件各部分冷却收缩不均匀以及金相组织转变时的体积变化，在毛坯内部就会产生残余应力。

一个内外壁厚相差较大的铸件（图6-28 (a)），3部分比1、2两部分厚得多，铸造冷却后将在3部分产生残余拉应力，相应在1、2部分产生残余压应力与之平衡。若在2部分切开一个缺口，则2部分内的压应力消失，1、3处的内应力将重新分布，使铸件产生弯曲变形（图6-28 (b)）。

毛坯的结构复杂，各部分壁厚不均匀以及散热条件相差大，毛坯内部产生的残余应力就愈大。具有残余应力的毛坯，其内部应力暂时处于相对平衡状态，虽在短期内看不出有什么变化，但当加工时切去某些表面部分后，这种平衡就被打破，残余应力重新分布，并建立一种新的平衡状态，工件明显地出现变形。

b 冷校直产生的残余应力

细长的零件（如细长轴、曲轴）加工时易发生弯曲变形，不能满足后续工序加工精度要求，常采用冷校直工艺进行校直。校直的方法是在原有弯曲变形的相反方向加力F，使工件向反方向弯曲，产生塑性变形，以达到校直的目的（图6-29 (a)）。在外力F的作用下，工件内部的残余应力重新分布（图6-29 (b)），在轴心线以上的部分产生压应力（用负号表示），在轴心线以下的部分产生拉应力（用正号表示）。在轴心线和两条虚线之间，是弹性变形区域，在虚线以外是塑性变形区域。当外力F去除后，弹性变形本可完全恢复，但因塑性变形部分的阻止而恢复不了，使残余应力重新分布而达到平衡（图6-29 (c)）。

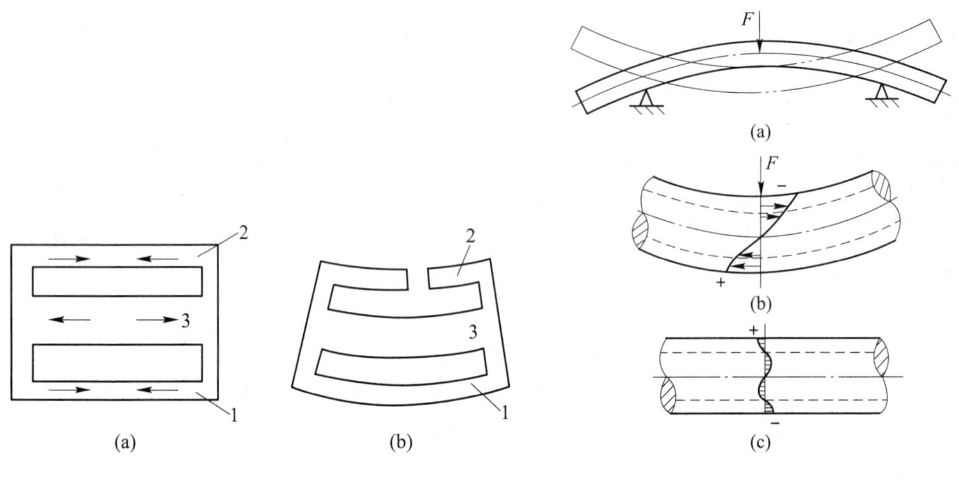

图 6-28　铸件残余应力引起的变形

图 6-29　冷校直引起的内应力

冷校直虽然减小了弯曲，但工件却处于不稳定状态，如再次加工，又使残余应力重新分布，产生新的变形。因此，对精度要求较高的零件（如精密丝杠），不允许采用冷校直来减小弯曲变形，而采用加大毛坯余量，经过多次切削和时效处理来消除内应力。也可以采用热校直，这种热校直工艺是结合工件正火处理进行的，即工件在正火温度下放到平台上用手动压力机进行校直。

c　切削加工中产生的残余应力

工件在切削加工时，其表面层在切削力和切削热的作用下，会产生不同程度的塑性变形，引起体积改变，从而产生残余应力。这种残余应力的分布情况由加工时的工艺因素决定。

B　减小或消除内应力的措施

（1）合理设计零件结构。在零件结构设计中，应简化结构，增大零件的刚度，尽量做到壁厚均匀、结构对称，以减小内应力的产生。

（2）增设消除内应力的热处理工序。一是对毛坯或大型工件粗加工之后，让工件在自然条件下停留一段时间，利用温度的自然变化使之多次热胀冷缩，进行自然时效。二是通过热处理工艺进行人工时效，如铸、锻、焊接件毛坯在机械加工前进行退火和回火；零件淬火后进行回火；对精度要求高的零件，如床身、丝杠、精密主轴、箱体等，在粗加工后进行低温回火，根据要求有的还安排中间时效处理，甚至还对丝杠、精密主轴等在精加工后进行冷处理等。三是对一些铸、锻、焊接件毛坯粗加工后以振动的形式将机械能加到工件上，进行振动时效处理，引起工件内部晶格蠕变，使金属内部结构状态稳定，消除内应力。

（3）合理安排工艺过程。粗加工和精加工宜分阶段进行，使工件在粗加工后有一定的时间来松弛内应力，以减少对加工精度的影响。对质量和体积均很大的笨重零件，即使在同一台重型机床上进行粗精加工也应该在粗加工后将被夹紧的工件松开，使之有充足时间重新分布内应力，再使其充分变形后，然后重新夹紧进行精加工。

6.3 加工误差的统计分析

在上一节对影响加工精度主要因素进行的分析，都是局部的、单向的，生产实际中影响加工精度的因素往往是错综复杂的，很难用单方面的来分析清楚，因此需要应用概率论理论和统计学的原理，对其进行较全面的考察分析，这种方法就是加工误差的统计分析。

加工误差的统计分析是通过对一批工件进行检查测量，将所测得的数据进行处理与分析，找出误差分布与变化的规律，从而找出解决问题的途径，即对加工误差进行分析将两大类不同性质的加工误差分开，确定系统误差的数值和随机误差的范围，从而找出造成加工误差的主要因素，以便采取相应的措施保证或提高零件的加工精度。

6.3.1 加工误差的性质

根据加工一批工件所出现误差的统计规律来看，可分为系统误差和随机误差。

6.3.1.1 系统误差

A 常值系统误差

在顺序加工一批工件时，其加工误差的大小和方向都保持不变或基本不变者，称为常值系统误差。如加工原理误差，机床、刀具、夹具、量具的制造误差，工艺系统受力变形误差，机床、刀具、夹具的调整误差，热平衡后的工艺系统热变形误差等引起的加工误差都属于常值系统误差。

B 变值系统误差

在顺序加工一批工件时，其加工误差的大小和方向按一定规律变化者，称为变值系统误差。如机床、刀具、夹具等在达到热平衡前的热变形，刀具的正常磨损等都随加工时间而有规律地变化，它们所造成的加工误差，一般是变值系统误差。

常值系统误差和变值系统误差的性质不是一成不变的，在不同的场合、不同的定义域内它们是可以相互转化的。如加工艺系统的热变形，在温升过程中，一般将引起变值系统误差，在达到热平衡后，则又引起常值系统误差。因此，要区别常值系统误差和变值系统误差，还需对具体情况作具体分析。

6.3.1.2 随机误差

在顺序加工一批工件时，其加工误差的大小和方向不同且无规则变化的称为随机误差。如加工余量不均匀或材料硬度不均匀引起的毛坯误差复映、定位误差、夹紧误差（夹紧力时大时小）、工件内应力所引起的加工误差等，都是随机误差。这类误差产生的原因是随机的，但有一定的统计规律。

随机误差和系统误差的划分也不是绝对的，如机床一次调整中加工一批工件，机床的调整误差是常值系统误差，若加工工件批量大，需多次调整机床，多次调整时发生的调整误差就不可能是常值，变化也无一定规律，所以是随机误差。

加工误差性质不同，解决的途径也不同。对于常值系统误差，若能掌握其大小和方向，就可以通过调整消除；对于变值系统误差，若能掌握其大小和方向随时间变化的规律，则可通过自动补偿部分抵消，较难完全消除；对随机误差，只能缩小它们的变动范围，而不可能完全消除。

6.3.2 加工误差的统计分析方法

统计分析法是通过一批工件加工误差的表现形式，来研究产生加工误差原因的一种方法，是以现场观察与实际测量所得的数据为基础，应用概率论和统计学原理，确定在一定条件下加工一批零件加工误差的大小及其分布情况。

常用的加工误差统计分析法有两种：分布图分析法和点图分析法。

6.3.2.1 分布图分析法

采用分布图分析法，首先通过实测一批工件加工后的实际尺寸，做出尺寸分布曲线，然后按曲线的形状和位置来确定该加工方法产生加工误差的性质和大小。

A 实际分布图

成批加工某种工件，随机抽取其中一定数量（50~100）进行测量，抽取的这批工件称为样本，样本的件数称为样本容量，用 n 表示。由于加工误差的存在，样本的加工尺寸 x 的实际数值是各不相同的，即尺寸总是在一定范围内变动，这种现象称为尺寸分散。样本尺寸的最大值 x_{max} 与最小值 x_{min} 之差，称为尺寸分散范围 R，即 $R=x_{max}-x_{min}$。

将测量出来的样本尺寸按大小顺序排列，分成 k 组，组距为 d，则 $d=R/k$。

同一尺寸间隔的工件数量即一组中的工件数，称为频数，用 m 表示。频数 m 与样本容量 n 之比，称为频率，用 f 表示，即 $f=m/n$。

选择分组数的多少直接影响组距，组距大小会影响频数。分组数 k 一般按表 6-3 选定。

表 6-3 分组数 k 的推荐值

样本容量 n	50 以下	50~100	100~250	250 以上
分组数 k	6~7	6~10	7~12	10~20

以工件尺寸（或误差）为横坐标，以每组的频数或频率为纵坐标，以分组的组距为底，以每组的频数为高，作出一系列矩形，即直方图。以每组工件尺寸的平均尺寸 $\bar{x}=\sum_{i=1}^{m} x_i/m$ 为横坐标，以每组的频数或频率为纵坐标，得到一些相应的点，将这些点连成折线即为分布折线图。当样本容量 n 增大，组距 d 很小时，此折线图便非常接近于一条曲线，这就是实际分布曲线。

以频数或频率为纵坐标作直方图或实际分布曲线时，如样本容量不同，组距不同，那么作出的图形高低就不同，为了使分布图能代表该工序的加工精度，不受组距和样本容量的影响，纵坐标可改用频率密度，即

$$频率密度 = 频率 / 组距 = 频数 /(样本容量 \times 组距)$$

【例 6-1】 在卧式镗床上精镗活塞销孔直径 $\phi 28_{-0.015}^{0}$，抽取零件件数 $n=100$，样本尺寸的最大值 $x_{max}=28.004$mm，最小值 $x_{min}=27.992$mm，并取分组数 $k=6$，根据实测所得尺寸计算分组间隔（组距）$d=0.002$mm，统计频数和频率，列出表 6-4。计算工件的实际平均尺寸并绘制实际分布曲线图。

表 6-4 活塞销孔直径测量结果

组别	尺寸范围/mm	组平均尺寸 x/mm	组内工件数 m	频率（m/n）
1	27.992 ~27.994	27.993	4	4/100
2	27.994 ~27.996	27.995	16	16/100
3	27.996 ~27.998	27.997	32	32/100
4	27.998 ~28.000	27.999	30	30/100
5	28.000 ~28.002	28.001	16	16/100
6	28.002 ~28.004	28.003	2	2/100
合　计			100	1

解：（1）工件的实际平均尺寸（分散范围中心）：

$$\bar{x} = \frac{1}{n}\sum_{i=1}^{k} x_i m_i = 27.9979\text{mm}$$

（2）工件尺寸为横坐标，以频率 m/n 为纵坐标，便可画出直方图；再根据各组中值和频率可画出一条折线，即实际分布曲线图（图 6-30）。

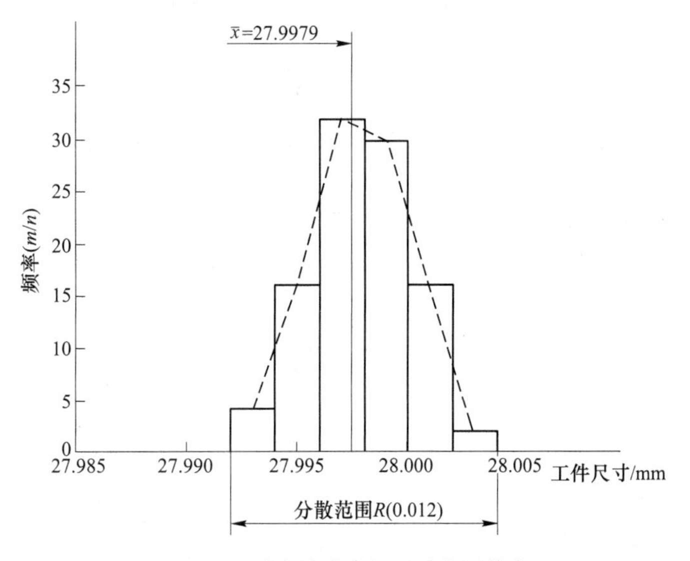

图 6-30 活塞销孔直径尺寸实际分布

根据实测统计画的实际分布曲线往往是折线，不便于找出一般规律。为此，可以采用数理统计学中的理论分布曲线来近似表达相应的实际分布曲线，再根据理论分布曲线研究加工误差问题，可使分析计算得到简化。

B 理论分布曲线

a 正态分布曲线

实践和理论分析表明，一批工件如果是在正常的加工状态下，即在没有某种占优势的因素影响下完成加工，则这批工件尺寸的分布服从正态分布曲线（又称高斯曲线，见图 6-31）。

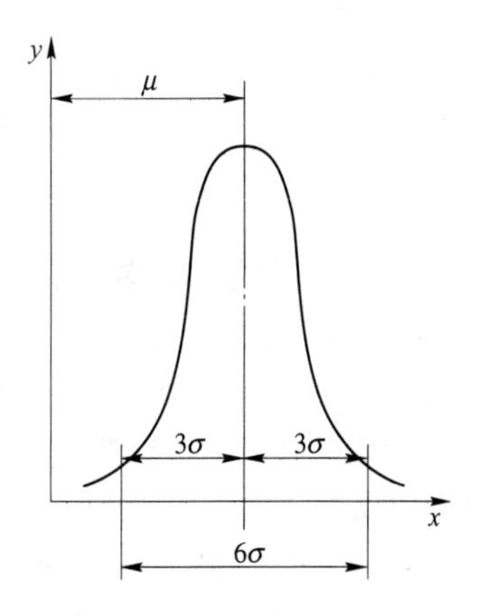

图 6-31 正态分布曲线

正态分布曲线的数学方程为

$$y=\frac{1}{\sigma\sqrt{2\pi}}e^{-\frac{1}{2}\left(\frac{x-\mu}{\sigma}\right)^2}\qquad(-\infty<x<+\infty,\ \sigma>0)\tag{6-23}$$

式中，x 为随机变量；y 为正态分布的概率密度，即工件尺寸为 x 时的概率密度；μ 为正态分布随机变量总体的算术平均值（分散中心）；σ 为正态分布曲线的标准偏差（均方根偏差）。

$$\sigma=\sqrt{\frac{1}{n}\sum_{i=1}^{n}(x_i-\mu)^2}\tag{6-24}$$

正态分布总体的 μ 和 σ 通常是不知道的，但可以通过它的样本平均值 $\bar{x}(\mu=\bar{x})$ 和样本标准偏差 σ 来估计。这样，成批加工一批工件，抽取其中一部分，即可判断整批工件的加工精度。

由式（6-23）和图 6-31 可知正态分布曲线具有如下性质：

（1）正态分布曲线是关于直线 $x=\mu$ 的对称曲线。

（2）当 $x=\bar{x}$ 时，零件尺寸为 $\bar{x}$ 的概率密度 y 取得最大值，即

$$y_{\max}=\frac{1}{\sigma\sqrt{2\pi}}\tag{6-25}$$

（3）在 $x=\bar{x}\pm\sigma$ 处，曲线各有一个拐点；当 $x\to\pm\infty$ 时，曲线逼近 x 轴，即以 x 轴为分布曲线的渐近线。

（4）若 σ 保持不变而改变 $\bar{x}$ 值，分布曲线将沿横坐标 x 轴移动而不改变其形状（图 6-32（a）），说明 $\bar{x}$ 是表征分布曲线位置的参数。$\bar{x}$ 值主要由机床调整尺寸和常值系统误差确定。

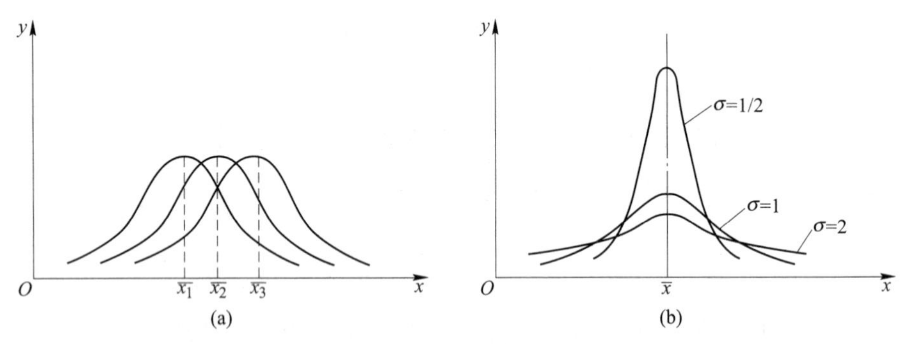

图 6-32　$\bar{x}$ 值和 σ 值对正态分布曲线的影响

（a）$\bar{x}$ 对分布曲线的影响（σ=常量）；（b）σ 对分布曲线的影响（$\bar{x}_1=\bar{x}_2=\bar{x}_3=\bar{x}$）

（5）分布曲线的最大值 $y_{\max}$ 与 σ 成反比，σ 值增大，则 $y_{\max}$ 减小，曲线将趋于平坦，尺寸分散性大；相反，σ 值小，则曲线陡峭，尺寸分散性小（图 6-32）。因此 σ 值反映了一批工件尺寸的分散程度，即 σ 值表明了一批工件加工精度的高低（σ 值小，$y_{\max}$ 值大，加工精度高），是决定曲线形状和分散范围的参数。σ 的大小主要由随机误差和变值系统误差所决定。

（6）分布曲线与 x 轴之间所包含的面积为 1，即包括了全部加工工件数。其中 $x=\bar{x}\pm3\sigma$ 范围内的面积约占 99.73%，即工件尺寸约有 99.73% 在 $x=\bar{x}\pm3\sigma$ 范围之内，只有

0.27%在 $x=\bar{x}\pm3\sigma$ 范围之外，工程上可以忽略不计。因此，一般都取正态分布曲线的分散范围为 $\pm3\sigma$（或 6σ），即所谓的 $\pm3\sigma$（或 6σ）原则。$\pm3\sigma$ 的大小代表了某种加工方法在一定条件下能达到的加工精度。因此，一般情况下，应使公差带的宽度 $T\geqslant6\sigma$。但考虑到变值系统误差（如刀具磨损）以及其他因素的影响，必须使 $T>6\sigma$。

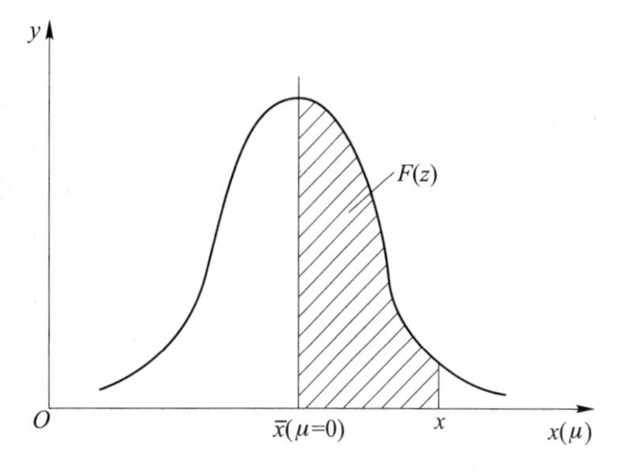

图 6-33　正态分布曲线下的面积计算

对于正态分布曲线来说，由 $\bar{x}$ 到 x 分布曲线下的面积 $F(z)$（图 6-33）：

$$F(z)=\int_{\bar{x}}^{x}y\mathrm{d}x=\frac{1}{\sigma\sqrt{2\pi}}\int_{\bar{x}}^{x}\mathrm{e}^{-\frac{1}{2}\left(\frac{x-\bar{x}}{\sigma}\right)^{2}}\mathrm{d}x \tag{6-26}$$

令

$$z=\frac{x-\bar{x}}{\sigma}$$

则

$$F(z)=\frac{1}{\sqrt{2\pi}}\int_{0}^{z}\mathrm{e}^{-\frac{z^{2}}{2}}\mathrm{d}z \tag{6-27}$$

对于不同 z 值的 $F(z)$，可由表 6-5 查出。

表 6-5　$F(z)$ 值表

z	F(z)	Z	F(z)	Z	F(z)	Z	F(z)
0.0	0.0000	0.80	0.2881	1.80	0.4641	2.80	0.4974
0.05	0.0199	0.90	0.3159	1.90	0.4713	2.90	0.4981
0.10	0.0398	1.00	0.3413	2.00	0.4772	3.00	0.49865
0.15	0.0596	1.10	0.3643	2.10	0.4821	3.20	0.49931
0.20	0.0793	1.20	0.3849	2.20	0.4861	3.40	0.49966
0.30	0.1179	1.30	0.4032	2.30	0.4893	3.60	0.499841
0.40	0.1554	1.40	0.4192	2.40	0.4918	3.80	0.499928
0.50	0.1915	1.50	0.4332	2.50	0.4938	4.00	0.499968
0.60	0.2257	1.60	0.4452	2.60	0.4953	4.50	0.499997
0.70	0.2580	1.70	0.4554	2.70	0.4965	5.00	0.499999

b　非正态分布曲线

在实际加工生产中，工件尺寸有时并不近似于正态分布。

（1）双峰分布曲线（图 6-34（a））。

同一工序的加工内容中，由两台机床来同时完成，由于这两台机床的调整尺寸不尽相同，两台机床的精度状态也有差异，若将这两台机床所加工的工件混在一起，则工件的尺寸误差就呈双峰分布。

（2）平顶分布曲线（图 6-34（b））。

当加工工艺过程中存在有比较明显的变值系统误差时，如刀具的线性磨损，会引起正态分布曲线分布中心随着时间平移，使工件的尺寸误差呈现平顶分布的情况。

（3）偏态分布曲线（图6-34（c））。

当加工过程受到某些人为因素控制或当工艺系统热变形显著时，将会造成加工误差的偏态分布。例如，刀具热变形严重时，加工轴时曲线偏向左，加工孔时曲线偏向右；再如，在用试切法车削轴径或孔径时，由于操作者为了尽量避免产生不可修复的废品，主观地（而不是随机地）使轴颈加工得宁大勿小、使孔径加工得宁小勿大，则它们的尺寸误差就呈偏态分布。

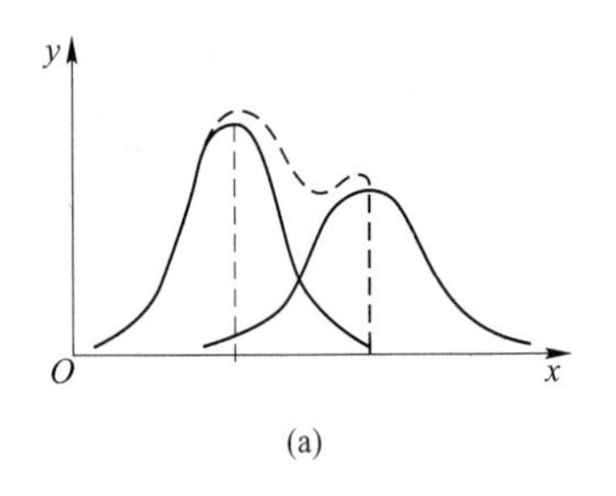

(a)

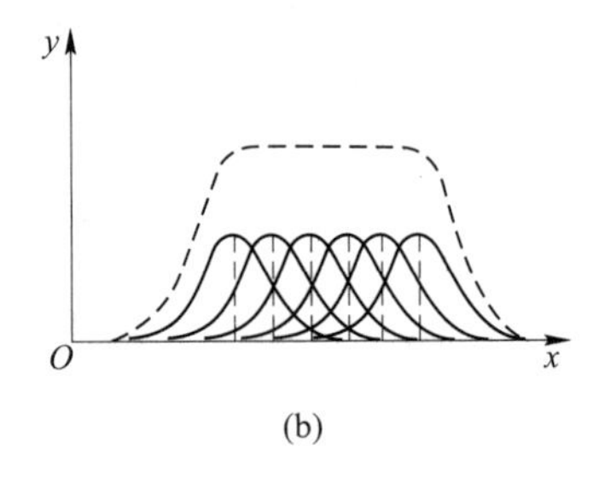

(b)

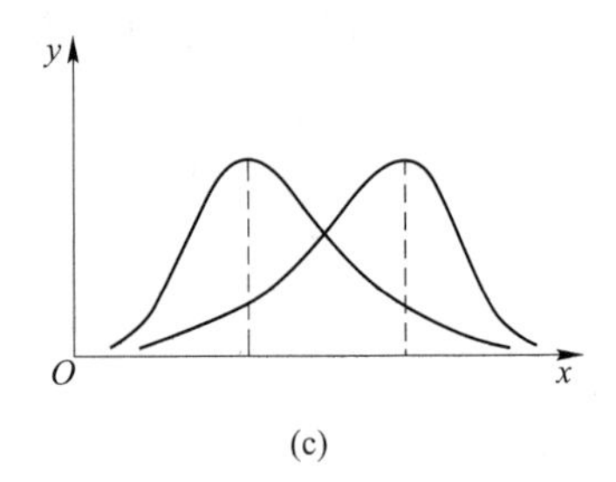

(c)

图6-34　非正态分布曲线

C　正态分布曲线应用

（1）判别加工误差性质。加工过程中没有变值系统误差，那么其尺寸分布应服从正态分布，这是判别加工误差性质的基本方法。若实际分布曲线与正态分布曲线基本相符，说明加工过程中没有变值系统误差，再根据平均值 $\bar{x}$ 是否与公差带中心重合，来判断是否存在常值系统误差。如果实际分布曲线不符合正态分布，可以根据实际分布曲线图形初步判定是什么类型的变值系统误差。

（2）判定工序能力能否满足加工精度要求及其等级。工序能力是指工序处于稳定状态时，加工误差正常波动的幅度。例如，加工尺寸服从正态分布时，其尺寸分散范围应是 6σ，6σ 的大小代表了某一种加工方法在规定的条件下（如毛坯余量、切削用量、正常的机床、夹具、刀具等）所能达到的加工精度，即工序能力。

工序能力等级是工序能力满足加工精度要求的程度，以工序能力系数 C_p 来表示，C_p 代表了工序能力满足公差要求的程度。C_p 值按下式计算：

$$C_p = \frac{T}{6\sigma} \tag{6-28}$$

式中，T 为工件尺寸公差；σ 为均方根偏差。

根据工序能力系数 C_p 的大小，将工序能力分成5级：

$C_p>1.67$，工序能力为特级，说明工序能力过高，不一定经济；

$1.33<C_p\leqslant1.67$，工序能力为一级，说明工序能力足够，可以允许一定的波动；

$1.00<C_p\leqslant1.33$，工序能力为二级，说明工序能力勉强，必须密切注意；

$0.67<C_p\leqslant1.00$，工序能力为三级，说明工序能力不足，可能出少量不合格品；

$C_p\leqslant0.67$，工序能力为四级，说明工序能力不行，必须加以改进。

一般情况下，$C_p>1$。$C_p<1$，则工序能力差，废品率高。C_p 值大，工序能力强，但生产成本也相应地增加。故在选择工序时，工序能力应适当。一般工序能力系数 C_p 值不应低于二级。

（3）估算工件的合格率与废品率。如果工件的尺寸分布范围大于工件的尺寸公差，将会有疵品产生。其中在公差带以内的面积代表合格品的数量，而公差带以外的面积就代表疵品的数量，包括可以返修的和不可以返修的（废品）工件之和。

【例 6-2】 根据例题 6-1，分析该工序的加工质量。

解：（1）判别加工误差性质。

由图 6-35 可知，实际分布曲线与正态分布曲线基本相符，说明加工过程中没有变值系统误差，但 $\bar{x}$ 与公差带中心 L_M 不重合，说明存在常值系统误差。

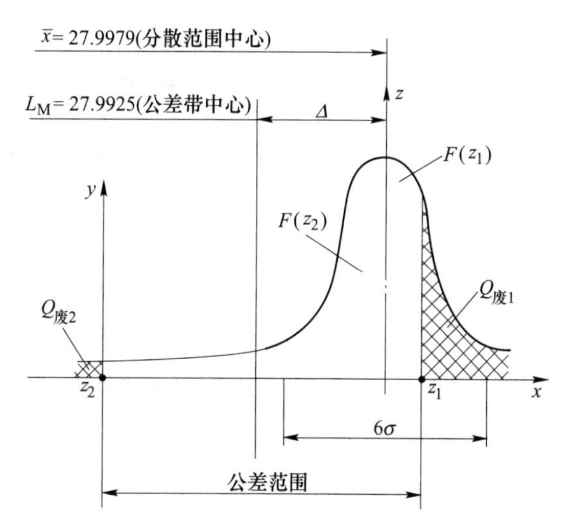

图 6-35 活塞销孔直径正态分布图

公差带中心（理想尺寸）：

$$L_M = 28 - 0.015/2 = 27.9925\text{mm}$$

$$\Delta_{系统} = |L_M - \bar{x}| = 0.0054\text{mm}$$

（2）计算 σ 样本均方根偏差及

$$\sigma = \sqrt{\frac{1}{n}\sum_{i=1}^{k}(x_i - \bar{x})^2 m_i} = 0.002233$$

据此画出活塞销孔直径的正态分布图（见图 6-35）。

（3）计算工序能力系数 C_p。

$$C_P = \frac{T}{6\sigma} = 1.12$$

本工序等级为二级，工艺能力勉强，必须密切注意。

（4）计算合格率和废品率。

合格率按 $F(z_1)$ 和 $F(z_2)$ 两部分计算：

$$z_1 = \frac{|x_1 - \bar{x}|}{\sigma} = \frac{|28 - 27.9979|}{0.002233} = 0.9404$$

查表 6-5 得：$F(z_1) = 0.3261$

$$z_2 = \frac{|x_2 - \bar{x}|}{\sigma} = \frac{|(28 - 0.015) - 27.9979|}{0.002233} = 5.577$$

查表 6-5 得：$F(z_2)=0.5$

全部合格率：$Q_{合}=F(z_1)+F(z_2)=0.8261$，即 82.61%。

废品率：$Q_{废}=1-Q_{合}=0.1739$，即 17.39%（图 6-35 中阴影部分）

（5）改进措施。重新调整刀具尺寸，使分散中心 $\bar{x}$ 与公差带中心 L_M 重合，则可减少废品率。将镗刀的伸出量调短 $\Delta=\Delta_{系统}/2=0.0027\text{mm}$，使工件尺寸绝大多数落在公差带范围内。

D 分布图分析法的缺点

（1）分布图分析法不能反映误差的变化趋势。分析加工误差时，没有考虑工件加工先后顺序的情况下，加工中，由于随机性误差和系统性误差同时存在，很难把这两种区分开来。

（2）分布图分析法需要在一批工件加工结束后才能得出尺寸分布情况，因而不能在加工过程中起到及时控制质量的作用。

6.3.2.2 点图分析法

针对上述分布曲线法存在的不足，人们在生产实践中提出了点图分析法。点图分析法是在一批工件加工过程中，依次测量每个工件的加工尺寸，并记入以顺序加工的工件号为横坐标，以工件加工尺寸为纵坐标的图表中，这样对一批工件的加工结果便可画成点图（图 6-36）。

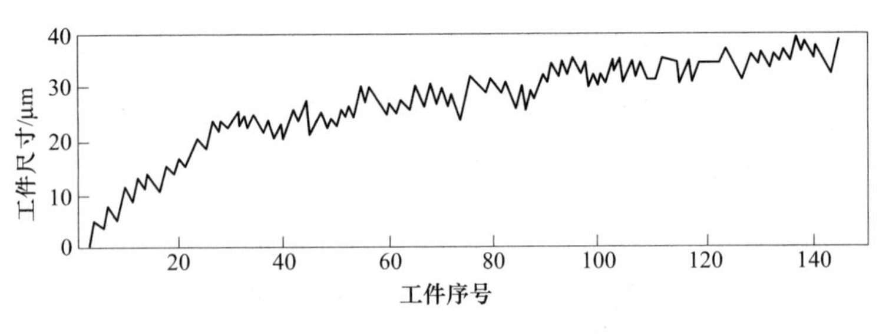

图 6-36 单值点图

为能直接反映出加工中系统性误差和随机性误差随加工时间的变化趋势，实际生产中常用样组点图来代替个值点图。最常用的是 $\bar{x}-R$ 点图（或称均值-极差控制图，图 6-37）。$\bar{x}$ 点图是以分组顺序号为横坐标，以每组工件的平均尺寸 $\bar{x}$ 为纵坐标绘制的，它能看出工件尺寸平均值的变化趋势（突出了变值系统误差的影响）；R 点图是以分组顺序号为横坐标，以每组工件的极差 R（组内工件的最大尺寸与最小尺寸之差）为纵坐标绘制出的点图，它主要用以显示加工过程中工件尺寸分散范围的变化情况。

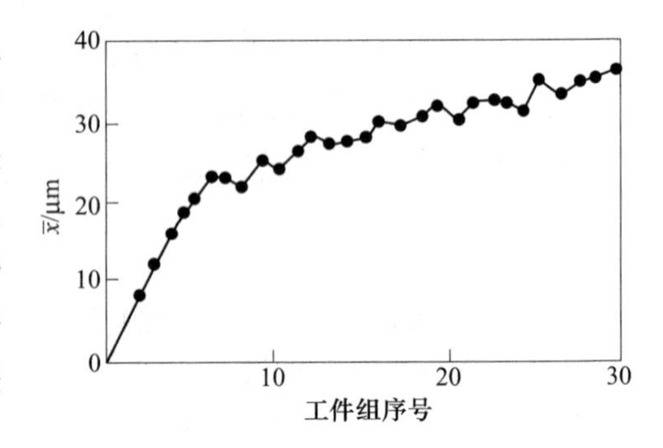

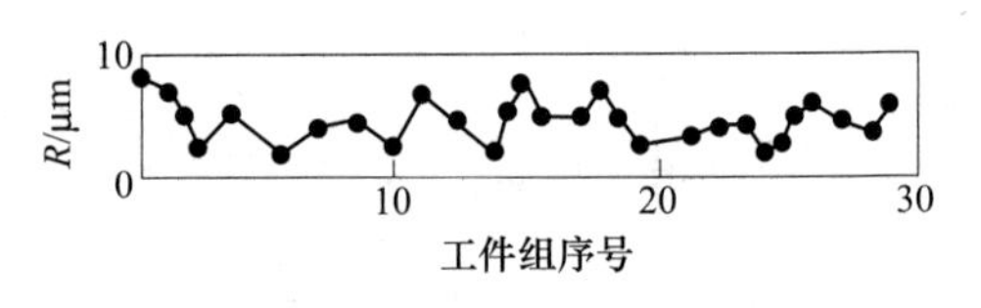

图 6-37 $\bar{x}-R$ 点图

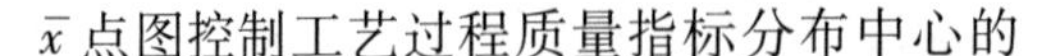

$\bar{x}$ 点图控制工艺过程质量指标分布中心的

变化，R 点图控制工艺过程质量指标分散范围的变化，利用 $\bar{x}-R$ 点图可以观察变值系统误差和随机误差的大小和变化规律，还可以判断工艺过程的稳定性，并在加工过程中提供控制加工精度的资料。

点图分析法所采用的样本是顺序小样本，即每隔一定时间抽取样本容量 $m=3\sim10$ 的一个小样本，计算出各小样本的算术平均值 $\bar{x}$ 和极差 R。

判断工艺过程的稳定性，要根据 $\bar{x}-R$ 点图，同时需要在 $\bar{x}-R$ 点图上分别画出其中心线及上下控制线，而控制线就是判断工艺过程稳定性的界限线。各线的位置可按下列公式计算：

每组的平均值 $$\bar{x}=\frac{1}{m}\sum_{i=1}^{m}x_i$$

每组的极差 $$R=x_{i\max}-x_{i\min}$$

$\bar{x}$ 图的平均线位置 $$\bar{\bar{x}}=\frac{1}{k}\sum_{i=1}^{k}\bar{x}_i$$

R 图的平均线位置 $$\bar{R}=\frac{1}{k}\sum_{i=1}^{k}R_i$$

$\bar{x}$ 图的上下控制线位置 $$x_x=\bar{\bar{x}}+A\bar{R}\quad x_x=\bar{\bar{x}}-A\bar{R}$$

R 图的上下控制线位置 $$R_s=D\bar{R}\quad R_x=0$$

式中，k 为一批工件的分组数；$\bar{x}_i$ 为第 i 组工件的平均尺寸；R_i 为第 i 组工件的尺寸极差；A、D 为系数，数值列于表 6-6。

表 6-6 A、D 系数值

分组工件数 m	2	3	4	5	6	7	8	9
A	1.88	1.02	0.73	0.58	0.48	0.42	0.37	0.34
D	3.27	2.57	2.28	2.11	2.00	1.92	1.86	1.82

点图法是全面质量管理中用以控制产品加工质量的主要方法之一，它是用于分析和判断工序是否处于稳定状态所使用的带有控制界限的图，又称管理图。$\bar{x}-R$ 点图主要用于工艺验证、分析加工误差以及对加工过程的质量控制。

工艺验证就是判定现行工艺或准备投产的新工艺能否稳定地保证产品的加工质量要求。工艺验证的主要内容是通过抽样检查，确定其工序能力和工序能力系数，并判别工艺过程是否稳定。

工艺过程出现异常波动，表明总体分布的数字特征 μ、σ 发生了变化，这种变化不一定就是坏事。例如发现点子密集在中心线上下附近，说明分散范围变小了，但要明确原因，使之巩固可进一步提高工序能力（即减小 6σ 值）。再如刀具磨损会使工件平均尺寸的误差逐渐增加，使工艺过程不稳定，虽然刀具磨损是机械加工中的正常现象，如果不适时加以调整，就有可能出现废品。

工艺过程是否稳定，取决于该工序所采用的工艺过程中本身的误差情况，与产品是否出现废品不是一回事。若某工序的工艺过程是稳定的，其工序能力系数 C_p 值也足够大，且样本平均值与公差带中心基本重合，那么只要在加工过程中不出现异常波动，就可以判定它不会产生废品。

加工过程中不出现异常波动，说明该工序的工艺过程处于控制之中，可以继续进行加工，否则就应停机检查，找出原因，采取措施消除使加工误差增大的因素，使质量管理从事后检验变为事前预防。

习题与思考题

6-1 机械加工质量包含哪些主要内容？加工精度与加工误差二者有何区别与联系？

6-2 举例说明机械加工质量对机器使用性能的影响。

6-3 高速精镗一钢件内孔时，车刀主偏角 $\kappa_r=45°$，副偏角 $\kappa_r'=20°$，当加工表面粗糙度要求为 $Ra=3.2\sim6.3\mu m$ 时，试求：

（1）当不考虑工件材料塑性变形对表面粗糙度的影响时，计算应采用的进给量 f。

（2）分析实际加工的表面粗糙度与计算求得的是否相同？为什么？

（3）是否进给量越小，加工表面的粗糙度就越低？

6-4 影响磨削加工表面粗糙度的因素有哪些？试分析和说明下列加工结果产生的原因？

（1）当砂轮的线速度由 30m/s 提高到 60m/s 时，表面粗糙度 Ra 由 $1\mu m$ 降低到 $0.2\mu m$。

（2）当工件的线速度由 0.5m/s 提高到 1m/s 时，表面粗糙度 Ra 由 $0.5\mu m$ 上升到 $1\mu m$。

（3）当轴向进给量 f_a/B（B 为砂轮宽度）由 0.3 增至 0.6 时，Ra 由 $0.3\mu m$ 增至到 $0.6\mu m$。

（4）磨削深度 a_p 由 $0.01\mu m$ 增至 $0.03\mu m$ 时，Ra 由 $0.27\mu m$ 增至 $0.55\mu m$。

（5）用粒度号为 36 号砂轮磨削后 Ra 为 $1.6\mu m$，改用粒度号 60 号砂轮磨削，可使 $Ra_{降}$ 为 $0.2\mu m$。

6-5 什么是加工硬化？如何控制？

6-6 什么是表面残余应力？引起表面残余应力的原因有哪些？

6-7 什么是磨削烧伤？为什么磨削加工容易产生烧伤？解决磨削烧伤基本途径与措施有哪些？

6-8 何谓工艺系统？何谓原始误差？举例说明原始误差引起加工误差的实质。

6-9 何谓误差敏感方向？车床与镗床的误差敏感方向有何不同？

6-10 何谓“原理误差”？它对零件的加工精度有何影响？试举例说明。

6-11 为什么卧式车床床身导轨在水平面内的直线度要求高于垂直面内的直线度要求？而对平面磨床的床身导轨的要求却相反？

6-12 在外圆磨床上，用直径 ϕ500mm 砂轮磨 ϕ40mm 的光轴，若：

（1）前后顶尖在水平面内相差 0.05mm；

（2）前后顶尖在垂直面内相差 0.05mm。

问上述两种情况下加工后的工件将产生什么样的形状误差？并比较误差大小。

6-13 什么是主轴回转精度？为什么外圆磨床头夹中的顶尖不随工件一起回转，而车床床头箱中的顶尖则是随工件一起回转的？

6-14 如果被加工齿轮分度圆直径 $D=100$mm，滚齿机滚切传动链中最后一个交换齿轮的分度圆直径 $d=200$mm，分度蜗杆的降速比为 1∶96，若此交换齿轮的齿距累积误差为 $\Delta F=0.12$mm，试求由此引起的工件齿距偏差是多少？

6-15 在某车床上用双顶尖安装车光轴 $\phi 50_{-0.04}^{\ 0}$mm×600mm。现已测得 $k_{头座}=6\times10^4$N/mm；$k_{尾座}=5\times10^4$N/mm；$k_{刀架}=4\times10^4$N/mm；$F_y=300$N。试求：

（1）由于机床刚度变化所产生的最大直径误差，并画出工件的形状误差曲线；

（2）由于工件受力变形所产生的最大直径误差，并画出工件的纵向截面形状误差曲线；

（3）比较两种误差大小，后者是前者几倍？

（4）两种因素综合后的工件最大直径误差，并画出工件的纵向截面形状误差曲线。

6-16 在外圆磨床上磨削轴类工件的外圆 ϕ（习图 6-1），若机床几何精度良好，试分析磨外圆后 *A-A* 截面的形状误差，要求画出 *A—A* 截面的形状，并提出减小上述误差的措施。

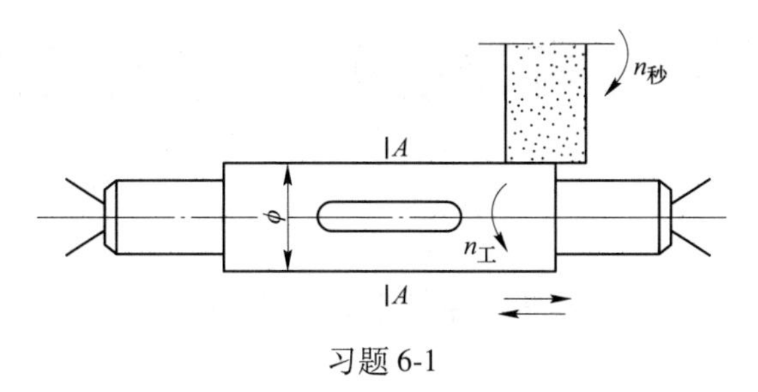

习题 6-1

6-17 何谓误差复映规律？误差复映系数的含义是什么？它的大小与哪些因素有关？减小误差复映有哪些工艺措施？

6-18 在车床上车一短而粗的轴类工件。已知：工艺系统刚度 $k_{系统}=20000$N/mm，毛坯偏心 $e=2$mm，毛坯最小背吃刀量 $a_p=1$mm，$C=C_{F_y}f^{y_{F_y}}v^{n_{F_y}}=1500$N/mm。问第一次走刀后，加工表面的偏心误差是多大？至少需要切几次才能使加工表面的偏心误差控制在 0. 01mm 以内？

6-19 车削一尺寸为 $\phi200\times3000$ 的 45 钢轴，切削用量为：$v=100$m/min，$a_p=0.5$mm，$f=0.05$mm/r。采用 YT30 硬质合金新车刀，并已知刀具的初期磨损量 $\mu_0=5\mu$m，初期磨损的切削路程 $l_0=500$m，正常磨损单位磨损量 $k_\mu=6.5\mu$m/km 刀具。若只考虑车刀磨损影响，试求由它引起的工件锥度？减小锥度误差可采取哪些措施？

6-20 加工误差按照统计规律可分为哪几类？各有什么特点？采取什么工艺措施可减小或控制其影响？

6-21 什么是正态分布曲线？其特征参数反映了分布曲线的哪些特征？

6-22 在无心磨床上磨削一批 $\phi=16_{-0.02}^{\ 0}$mm 小轴，加工后测量发现小轴尺寸按正态分布，均方根偏差 $\sigma=$ 0. 005mm，分布曲线中心比公差带中心大 0. 005mm。试：画出尺寸分布曲线，分析该工序的工序能力，估算废品率，分析误差的性质、产生废品的主要原因及提出改进措施。

机器装配工艺过程设计

7.1 装配工艺概述

7.1.1 装配的基本概念

装配是机器制造过程中的最后阶段，是将零件组合成具有一定功能机器的过程，它包括组装、部装、整装、调试、检验等工作，是保证机器质量的重要环节。装配工艺是研究如何从零件装配成机器；如何提高装配过程的生产效率，降低工人的劳动强度；零件精度与机器装配精度的关系，以及达到装配精度的方法等。装配精度是保证机器具有正常工作性能的必要条件，它一般包括零部件间的相对运动精度和相互位置精度，也包括配合表面间的配合质量和接触质量等。影响装配精度的主要因素一般有：

（1）零件的制造精度与装配技术。

（2）零件之间的配合及接触质量。

（3）热、力、内应力等引起的零件变形。

（4）回转零件的不平衡。

7.1.2 装配生产类型及其特点

装配的生产类型与零件的生产类型类似，也可分为大批量生产、成批生产和单件小批生产三种。生产类型的不同会导致装配的生产组织形式、工艺装备、人员要求等产生巨大差别，同时也会对相关零件的加工精度、质量有不同的要求。表 7-1 是不同装配生产类型的特点。

表 7-1 装配生产类型及特点

装配生产特点	大批量生产	成批生产	单件小批生产
基本特征	产品固定，生产活动长期不变，生产周期一般较短	产品在系列化范围内变动，分批交替投入生产或多品种投入生产，在一定时间内循环	产品经常变换，不定期重复生产，生产周期较长
组织形式	多采用流水装配线：有连续移动、间歇移动、可变节奏等，还有自动装配机、自动装配线	产品笨重批量不大的多采用固定流水线，批量较大的采用流水线，多品种平行投产时用可变节奏流水线	多采用固定装配或固定流水装配进行总装，对批量较大的部件可采用流水线
装配工艺方法	按互换法装配，允许有少量简单的调整，精密偶件成对供应或分组供应装配，无任何修配工作	主要采用互换法，但灵活运用其他保证装配精度的装配工艺方法，以节约成本	以修配法为主，互换件比例较小

续表

装配生产特点	大批量生产	成批生产	单件小批生产
工艺过程	工艺过程划分很细，力求达到高度的均衡性	工艺过程的划分须适合于批量的大小，尽量使生产均衡	一般不定详细的工艺，工序可适当调度，工艺也可灵活掌握
工艺装备	专业化程度高，宜采用专用高效工艺装备，易于实现自动化	通用设备较多，但也采用一定数量的专用装备，以保证装配质量和效率	一般为通用设备及装备，仅在特殊情况下用专用装备
手工操作要求	手工操作比重小，熟练程度容易提高	手工操作比重较大，技术水平要求较高	手工操作比重大，要求工人具有高的技术水平和多方面的工艺知识

由表7-1可以看出，不同装配生产类型的工作特点有很大差异，其主要原因是不同的装配生产类型受经济性限制，导致对装配效率要求之间的差异所致。例如，大批量生产的机器，为了提高装配效率，必须尽量减少装配中的工作量，并使各工序的时间保持高度的一致性，因此主要采用互换法装配，只允许少量简单的调整，工艺过程划分很细，这样一来，不仅容易保证节奏性，而且可以简化专用工艺装备，容易建立流水线、自动线。

对单件小批生产的机器，其装配工艺以修配法和调整法为主，工艺上的灵活性较大，工序集中、工艺不详细、专用工艺装备很少，组织形式以固定式为多，一般效率较低。随着零件加工技术的提高，可使修配工作量减少；由机械化工具代替手工修配；以先进的调整方法及测量手段提高调整效率等，这些技术都为提高小批量装配生产的效率奠定了基础，在设计时应该适当采用。

7.2 装配工艺规程的制订

装配工艺规程是用文档形式规定下来的装配工艺过程，是指导装配工作的技术文件，也是进行装配生产计划及技术准备的主要依据。

因此，应该首先了解制订装配工艺规程所需要的原始资料及应遵守的基本原则，才能制订装配工艺规程。

7.2.1 原始资料

为了制订出合理的装配工艺规程，必须准备好以下资料：

（1）产品图纸及技术性能指标。产品图纸包括：全套总装图、部件装配图、零件图，以便了解产品的整体结构、配合尺寸、配合性质及精度，从而决定装配的顺序、装配的方法及可能采用的技术手段。从零件图的零件重量可以算出部件及整机的重量。以选择适当的起吊工具。

技术性能指标是包括精度、运动范围、试验及验收条件等。其中精度有主轴几何精度、部件之间的位置精度，零件之间的配合精度及传动精度等。试验包括性能试验、温升试验及寿命、安全考验试验等。

（2）生产纲领。生产纲领是选择生产组织形式和装配方法的主要依据。对于大批量生产，可以采用流水线及自动线的生产组织形式，即设计专用生产线，如汽车制造业。这些生产线有严格的生产节拍，所装配的产品在生产线上按节拍移动，组织十分严格。对成批生产的产品，往往采用固定生产地的装配方法，如机床制造业。一台机床固定在一个地点，从头到尾装配，试验后再送油漆包装车间。

大批量生产中可以大量采用专用装配设备及工具，或机器人。单件小批生产则多用普通装配方法。

（3）生产条件。如果是在现有生产条件下制订装配工艺规程，必须考虑企业现状如：车间面积、生产设备、工人水平等，这样才能使装配工艺行之有效。如果是新建厂，则受限条件要少一些。

7.2.2 制订装配工艺规程的原则

由前述装配工艺规程所包括的内容可以看到，它涉及的范围很广，又是保证产品质量的重要环节，因此，在制订装配工艺规程时，应考虑以下几个原则：

（1）保证产品质量。合格的零件是保证产品质量的前提，但有了合格的零件，如果装配不当，仍然不能保证产品质量。所以，装配工艺规程首先要保证装配质量，其次在装配过程中，发现产品设计和零件制造中存在的问题，以便进一步保证和改进产品质量。

（2）满足装配周期。装配周期是根据生产纲领的要求计算出来的，是必须完成的。对于流水生产，就是要保证生产节拍，这一般是成批生产和大量生产的组织形式；对于单件小批生产，一般是规定月产量，容易造成前松后紧，所以要合理安排零件制造，保证装配周期。

（3）钳工装配工作量尽可能小。装配工作中的钳工劳动量很大，大量的人力和时间花费在零件的清洗、修配、调整、校平、配合、连接及整个过程中的检验和运输吊装工作上，尤其是刮研工作，劳动量最大。所以减少钳工工作量，使装配工作机械化是一个亟待解决的问题。这和机器的结构设计有密切的关系。

（4）尽量减少装配工作所占成本。机器装配工作的成本主要体现在：装配线设备的投资、装配生产所占面积、装配工人的水平及数量、装配周期等方面。所以，应在保质保量的条件下，尽量减少这部分投入。

7.2.3 装配工艺规程的内容、制订方法及步骤

装配工艺规程的内容应该包括：机器及其组件、部件装配图、尺寸链分析图、各种装配夹具的应用图、检验方法图及它们的说明、零件机械加工技术要求一览表、各个装配单元及整台机器的运转、试验规程及其所用设备、装配周期表、装配工艺过程卡及工序卡等。

装配工艺规程制订的步骤，大致可分为以下四个步骤。

7.2.3.1 产品图纸分析

从产品的总装图、部装图及零件图了解产品的结构和技术要求；对产品结构进行“尺寸分析”与“工艺分析”，以便了解其结构装配工艺性；将产品分解为可以独立进行装配的“装配单元”，以便组织平行的装配工作。

7.2.3.2 确定生产组织形式

装配组织形式的选择，主要取决于产品的尺寸、重量等结构特点和生产批量，见表 7-1。

装配组织形式一般分为固定和移动两种。固定装配可直接在地面上或在装配台架上进行，这种方式多用于单件小批生产，或机床、汽轮机等成批生产中。

移动式流水装配线用于大批量生产，产品可大可小。产品在装配线上移动，有固定节奏和自由节奏两种。前者节奏严格，各工序的装配工作必须在规定的节奏时间内完成。装配中如果出现问题，应吊装到线外进行处理；后者则节奏不严，上一工位装配完成后传到下一工位，由于节奏不平衡，容易造成阻塞等现象，因此多用于成批生产中。移动式装配流水线又分为连续移动和间歇移动，连续移动即装配线连续缓慢移动，工人在装配时一面装配一面随装配线走动，装配完后再回到原位；间歇移动即在装配时产品不动，工人在装配时间内装配完后，产品被传送带送到下一工位。从输送带的结构来说，连续移动的结构比较简单，断续移动有定位机构及返回机构，结构上略复杂。

7.2.3.3 装配工艺过程的确定

A 装配工作的基本内容

装配工作的基本内容一般有：清洗、刮削、平衡、过盈连接、螺纹连接、校正，部件或总装后的检验、试运转、油漆、包装等。

B 装配工艺方法及其设备

根据机械结构及其装配技术要求可确定装配工作内容，为完成这些工作需要选择合适的装配工艺及相应的设备或工夹量具。例如对过盈连接，采用压入配合还是热涨或冷缩配合法，采用哪种压入工具或哪种加热方法及设备，诸如此类，需要根据结构特点，技术要求，工厂经验及具体条件来确定。

对于一些装配工艺参数，如滚动轴承装配时的预紧力大小，螺纹连接预紧力大小等，若无现成经验数据参考时，则需要进行试验或计算。

C 装配顺序的确定

在划分装配单元的基础上，决定装配顺序是制定装配工艺规程的最重要工作。不论哪一等级的装配单元的装配，都要选定某一零件或比它低一级的装配单元为基础件，首先进入装配工作，然后根据结构具体情况和装配技术要求考虑其他零件或装配单元装入的先后顺序。总之要有利于保证装配精度，以及使装配连接、校正等工作能顺利进行。一般规律是：先下后上，先内后外，先难后易，先重大后轻小，先精密后一般。这是指零件和装配单元进入装配的先后顺序。关于装配工作过程，还应注意安排以下工作：

（1）零件或装配单元进入装配的准备工作——主要是注意检验。此外还应注意倒角，清除毛刺，进行清洗及干燥等。

（2）基准零件的处理——注意安放水平及刚度，合理安排支承，防止因重力或紧固变形而影响总装精度。

（3）检验工作——在进行某项装配工作中和装配完成后，都要根据质量要求安排检验工作，这对保证装配质量要求极为重要。对重大产品的部装、总装后的检验还涉及到运转和试验的安全问题。

D 编制装配工艺

主要是装配工艺过程卡片，装配工序卡，装配工艺装备，时间定额等。有些企业没有装配工艺过程卡，而是用装配工艺流程图代替。装配工艺流程图是在装配单元系统图（图 7-1）的基础上，结合装配工艺方法及顺序发展而来，如图 7-2 所示。

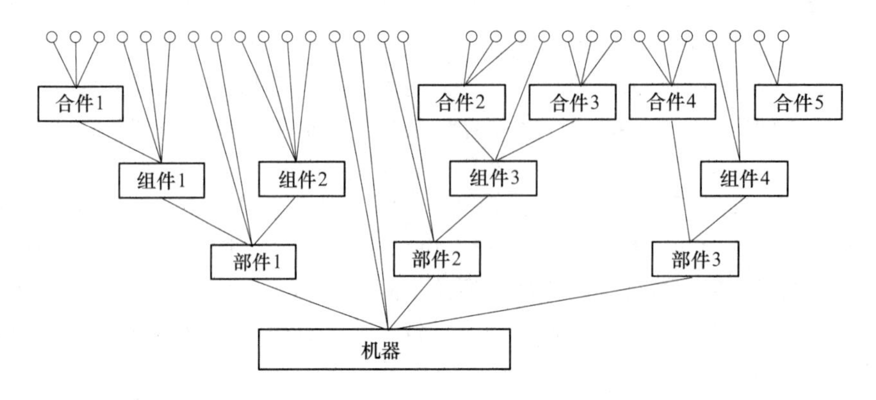

图 7-1 装配单元系统示意图

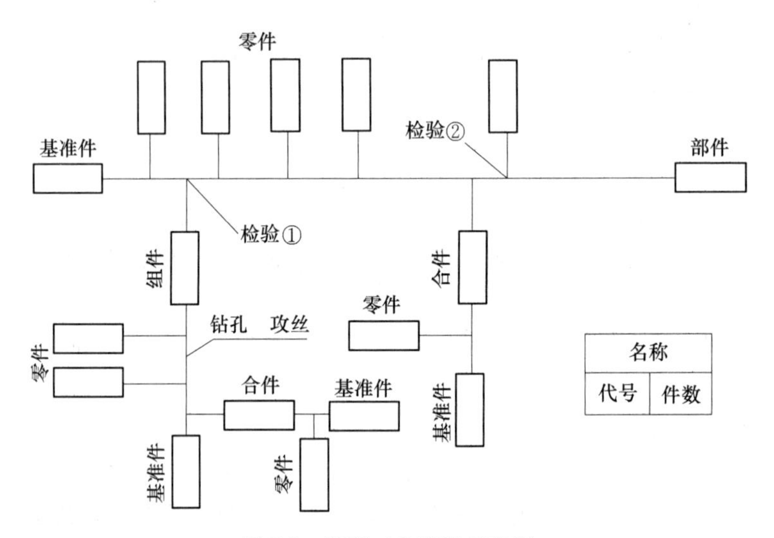

图 7-2 装配工艺流程示意图

由图 7-2 可看出该部件的构成及其装配过程。该部件的装配是由基准件开始，沿水平线自左向右到装配成部件为止。进入部装的各级单元依次为：一个零件、一个组件、三个零件、一个合件、一个零件。在这个过程中有两个检验工序。上述一个组件的构成及其装配过程也可以从图上看出，它是以基准件开始，由一条向上的垂线一直引到装成组件为止，然后由组件再引垂线向上与部装水平线衔接。进入该组件装配的有一个合件、两个零件，在装配过程中有钻孔和攻丝工作。其余合件的组成和装配不再赘述。

图中每一个长方框中都需填写零件或装配单元的名称、代号和件数。格式可如图 7-2 右下方表示形式，也可按实际需要自定。

由于实际的产品包含的零件和装配单元众多，不便集中画成一张图，故在实际应用时，都分别绘制各级装配单元的流程图和一张总装流程图。

由此可见，装配工艺流程图既反映了装配单元的划分，又直观地表示了装配工艺过程。它对于拟定装配工艺过程，指导装配工作，组织计划以及控制装配进度均提供了方便。

在单件小批生产条件下，一般只编写装配过程卡片，不再编写工序卡，有时则直接用装配流程图代替工序卡片。对于重要工序，可以专门编写具有详细说明工序内容、操作要求及注意事项的“装配指示卡片”。

除此之外，还应有装配检验及试验卡片，有些产品还需附有测试报告，修正曲线等。

7.2.3.4 装配工艺规程制定举例

图 7-3 为某锥齿轮轴组件装配图，其装配顺序见图 7-4，装配工艺规程见表 7-2，装配工艺描述的较清楚、易于操作。

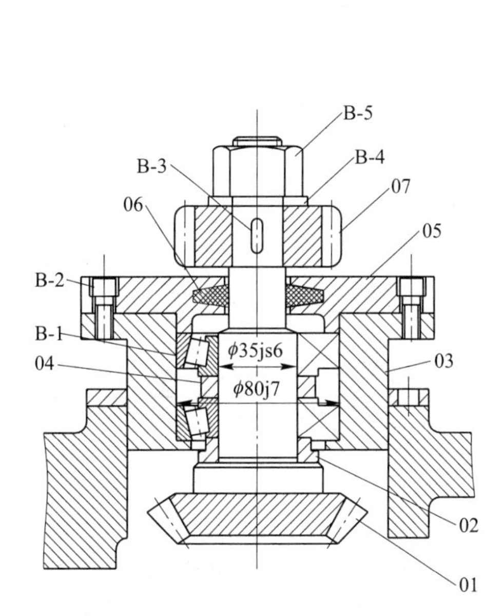

图 7-3 锥齿轮轴组建装配图

01—锥齿轮轴；02—衬垫；03—轴承套；04—隔环；05—轴承盖；06—毛毡圈；07—圆柱齿轮；B-1—轴承；B-2—螺栓；B-3—键；B-4—垫圈；B-5—螺母

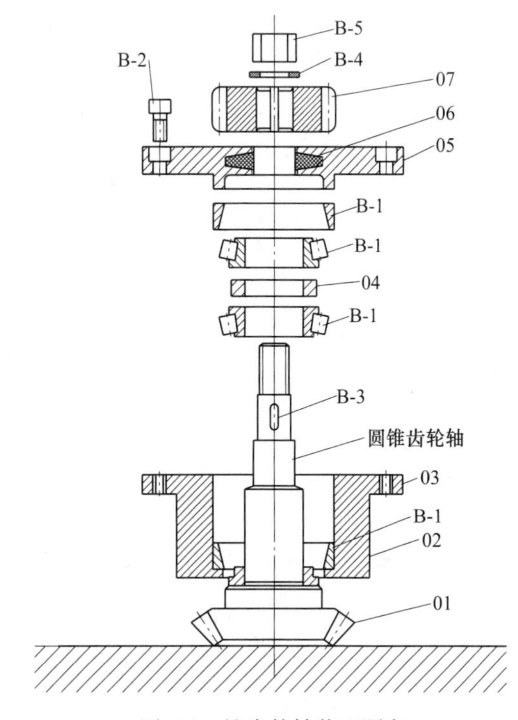

图 7-4 锥齿轮轴装配顺序

表 7-2 锥齿轮轴组件装配工艺过程卡片

序号	工　序	工步	装　配　内　容
1	清洗	清洗	用清洁布和煤油清洗零件
2	装配衬套（02）	定位	将衬垫套装在锥齿轮轴上
3	装配毛毡圈（06）	定位	将已剪好的毛毡圈塞入轴承盖槽内
4	装配轴承外圈（B-1）	润滑	在配合面上涂上润滑油
		压入	以轴承套为基准，将轴承外圈压入孔内至底面
5	装配轴承套（03）	定位	以锥齿轮轴组件为基准，将轴承套分组件套装在轴上
6	装配轴承内圈（B-1）	润滑	在配合面上涂上润滑油

续表 7-2

序号	工　序	工步	装　配　内　容
		压入	将轴承内圈压装在轴上，并紧贴衬垫（02）
7	装配隔圈（04）	定位	将隔圈（04）装在轴上
8	装配轴承内圈（B-1）	润滑	在配合面上涂上润滑油
		压入	将另一轴承内圈压装在轴上，直至与隔套接触
9	装配轴承外圈（B-1）	润滑	在轴承外圈涂油
		压入	将另一轴承外圈压至轴承套内
10	装配轴承盖（05）	定位	将轴承盖放置在轴承套上
		紧固	用手拧紧 3 个螺钉（B-2）
		调整	调整端面的高度，使轴承间隙符合要求
		固定	用内六角扳手拧紧 3 个螺钉（B-2）
11	装配圆柱齿轮（07）	压入	将键（B-3）压入锥齿轮轴键槽内
		压入	将圆柱齿轮压至轴肩
		检查	用塞尺检查齿轮与轴肩的接触情况
		定位	套装垫圈（B-4）
		紧固	用手拧紧螺母（B-5）
		固定	用扳手拧紧螺母（B-5）
12	检验	检验	检验锥齿轮转动的灵活性及轴向窜动

7.2.4 计算机辅助装配工艺过程设计及虚拟装配

计算机辅助装配工艺过程设计对提高装配工艺的编制效率以及标准化有重要意义，可以防止装配工艺过程设计的随意性以及大量的重复性劳动，近年来得到广泛的重视，但由于装配的复杂性和多样性，目前计算机辅助装配工艺过程设计的方法一般为派生式。

7.2.4.1 计算机辅助装配工艺过程设计方法

利用三维 CAD 系统进行虚拟装配，可以将其过程记录为装配顺序，作为计算机辅助装配工艺过程设计的依据，再进行有关工艺方法的设计。

派生式装配工艺设计方法：

（1）按相似性原理建立标准、典型装配工艺方法（装配工序）库。

（2）按相似性原理建立相似产品、部件、组件的装配程序库。

（3）建立人机交互模块，输入、修改、数据库、图形库操作等功能。

（4）建立系统图生成模块，输出各层次装配系统图。

（5）利用 CAD 系统图形库，调用其图形库中图形，用装配编码标注装配单元，完成装配工艺图。

（6）利用 PDM（product data management）系统生成设计的物料清单（bill of material）简称 BOM 的功能，自动生成装配 BOM。

（7）利用 PDM 系统产品结构配置功能，人机交互生成装配 BOM。

（8）如果没有 PDM 系统，单独开发图形属性数据提取生产装配 BOM 模块和产品结构配置模块。

图 7-5（a）是派生式装配工艺设计方案之一，是利用 CAD 系统图形库，调用其图形库中图形，用装配编码标注装配单元，完成装配工艺设计中需要的图形，利用 PDM 系统或自行开发属性数据提取生成设计 BOM 的功能，自动生成装配 BOM。

图 7-5（b）是派生式装配工艺设计方案之二，是利用 PDM 或自行开发产品结构配置功能，人机交互生成装配 BOM。

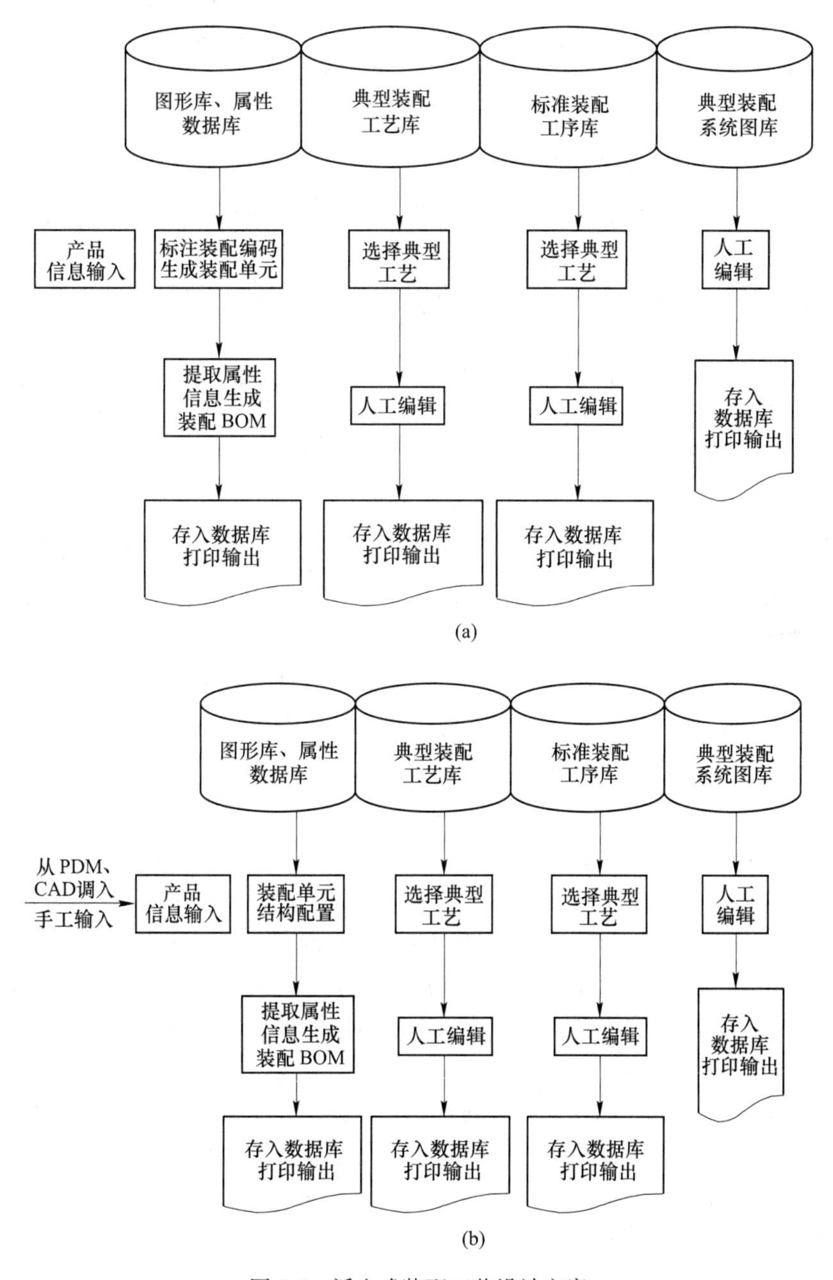

图 7-5 派生式装配工艺设计方案

以上两种方案都是应用 PDM 部分模块的功能实现派生式装配工艺过程设计，如果不采用PDM系统，也可自行开发专用结构配置、装配单元图属性数据提取模块，实现以上装配工艺过程设计。

7.2.4.2 计算机辅助装配工艺过程设计方案分析

以上两个系统方案，三维CAD系统进行虚拟装配，能够模拟机械产品装配的可行性分析，也能记录其模拟过程作为产品的装配顺序及所需物料，但采用什么方法装配、使用什么设备、工装等辅助材料无法解决，也解决不了装配工艺标准化和典型化，另外必须具备三维CAD系统，而且产品的全部设计过程全部在三维CAD系统的条件下才能进行。三维CAD系统进行虚拟装配方案对新结构装配具有装配可行性分析的优点，可以充分发挥其作用。

派生式装配工艺过程设计方案是在总结以往可靠经验的基础上通过标准化、典型化形成的装配工艺，包括装配顺序及所需物料，每一工序的装配方法、使用设备、工装及辅助材料都能明确的解决，其检索过程可以采用成熟的人工智能的产生式方式访问所建立的知识库、数据库，所以在目前技术条件下，派生式装配工艺过程设计不如三维CAD系统进行的虚拟装配直观、可靠。

根据以上分析，具有三维CAD系统条件的可以采用三维CAD系统进行虚拟装配方案解决新结构的装配工艺过程的设计，采用派生式装配工艺过程设计方案解决相似结构的装配工艺过程的设计与工艺方法设计，这样就可以扬长避短。

7.2.4.3 虚拟装配

虚拟装配是在计算机上完成产品零部件的实体造型，并且进行计算机装配、干涉分析等多次协调的设计过程，实现产品的三维设计过程与零部件装配过程的高度统一。虚拟装配技术在机械设计的应用研究中，是一种全新的设计概念，它为产品的研制提供了一种新的设计方法与实施途径，设计质量依赖于对产品总体设计进程的控制。同时，产品的零部件模型数据的合理流动与彼此共享是实现虚拟装配技术的基础，虚拟装配有以下几种基本装配思想。

A 以设计为中心的虚拟装配

以设计为中心的虚拟装配是指在产品三维数字化定义应用于产品研制过程中，结合产品研制的具体情况，突出以设计为核心的应用思想，这表现在以下三个层次：

（1）面向装配的设计。即在设计初期把产品设计过程与制造装配过程有机结合，从设计的角度来保证产品的可装配性。引入面向产品装配过程的设计思想，使设计的产品具有良好的结构，能高效地进行物理装配，能在产品研制初期使设计部门与制造部门之间更有效地协同工作。

（2）自顶向下的并行产品设计。并行产品设计是对产品及其相关过程集成、并行地进行设计，强调开发人员从一开始就考虑产品从概念设计直至消亡的整个生命周期里的所有相关因素的影响，把一切可能产生的错误和矛盾尽可能及早发现，以缩短产品开发周期，降低产品成本，提高产品质量。

（3）与主模型相关的可制造性设计和可装配性设计。产品研制是多部门的协同工作过程，各部门间的合作往往受到各个企业的生产条件等方面的限制，结合各个企业的生产能力和生产特性，改进产品设计模型的可制造性、可装配性，减少零部件模型的数量和特殊类型，减少材料种类，使用标准化、模块化的零部件，是非常必要的。以不同阶段的主模型为核心，可以保证产品研制的不同阶段数据结构完整一致，保证产品研制的各个部门协同工作，实现 CAD/CAM/CAE 系统的高度集成，有效提高产品的可制造性和可装配性。

B 以过程控制为中心的虚拟装配

以过程控制为中心的虚拟装配主要包含以下两方面内容：

（1）实现对产品总体设计进程的控制。在产品数字化定义过程中，结合产品研制特点，人为地将虚拟装配技术应用于产品设计过程，该过程可以划分为三个阶段：总体设计阶段、装配设计阶段和详细设计阶段。通过对三个设计阶段的控制，实现对产品总体设计进程的控制，以及虚拟装配设计流程。

（1）总体设计阶段。总体设计阶段是产品研制的初期阶段，在此阶段进行产品初步的总体布局，主要包括：建立主模型空间；进行产品初步的结构、系统总体布局。

（2）装配设计阶段。装配设计阶段为产品研制的主要阶段，在此阶段产品三维实体模型设计已经基本完成，主要包括：产品模型空间分配（装配区域、装配层次的划分）；具体模型定义（建立几何约束关系、三维实体模型等）以及应力控制。

（3）详细设计阶段。详细设计阶段为产品研制的完善阶段，在此阶段完成产品三维实体模型的最终设计，主要包括：完成产品三维实体模型的最终设计，进行产品模型的计算机装配，进行全机干涉检查。

（2）过程控制管理。过程模型包含了产品开发的过程描述、过程内部相互关系和过程间的协作等方面内容。通过对过程模型的有效管理，实现对工程研制过程中各种产品设计结果和加工工艺等产品相关信息的管理，从而实现优化产品开发过程的目的。

C 仿真为中心的虚拟装配

以仿真为中心的虚拟装配是在产品装配设计模型中，融入仿真技术，并以此来评估和优化装配过程。其主要目标是评价产品的可装性。

（1）优化装配过程。目的是使产品能适应当地具体情况，合理划分成装配单元，使装配单元能并行地进行装配。

（2）可装配性评价。主要是评价产品装配的相对难易程度，计算装配费用，并以此决定产品设计是否需要修改。

总之，虚拟装配的应用研究在国内研究才刚刚起步，无论是在船舶、飞机、机械等领域的产品研制与开发中，还是在其他的轻工业产品的开发中，人们已经逐渐地认识到虚拟装配所能发挥的巨大作用和发展潜力。采用模拟装配思想将改变产品研制人员的研制习惯和观念，而采用合理的虚拟装配方法、建立一定的组织机构是实现虚拟装配的核心，产品数据在研制中的合理管理和流动是实现虚拟装配的基础。

7.3 保证装配精度的工艺方法

要保证机器的装配精度，首先应该保证零件的制造精度，即装配精度主要取决于相关零件的制造精度。根据尺寸链原理，装配精度公差 T_0 与相关零件的制造公差 T_i 之间的关系为：

$$T_0 \geqslant \sum T_i$$

或者

$$T_0 \geqslant \sqrt{\sum T_i^2}$$

但往往零件的制造精度受到现实加工条件和经济性的限制，仅依靠提高零件的制造精度来保证装配精度难以实现或很不经济时，就需要依靠一定的装配工艺方法来实现。

7.3.1 装配工艺方法

在实际生产中，为了在保证质量的前提下获得最大的经济效益，需要根据产品结构的特点、装配精度的要求、生产类型及生产条件选择不同的装配工艺方法。装配工艺方法可以归纳为互换法、选配法、修配法和调整法四类，详述如下。

7.3.1.1 互换法

互换法的实质是用控制零件的制造精度来保证装配精度，它又分为两种情形：

（1）各有关零件公差之和小于或等于装配公差，用公式表示为

$$T_0 \geqslant \sum_{i=1}^{n} T_i = T_1 + T_2 + \cdots + T_n \tag{7-1}$$

式中，T_0 为装配公差；T_i 为各有关零件的制造公差。

显然，这种装配方法中，零件是完全可以互换的，故又称“完全互换法”。可用于任何生产类型。

（2）各有关零件公差平方之和小于或等于装配公差的平方，即

$$T_0^2 \geqslant \sum_{i=1}^{n} T_i^2 = T_1^2 + T_2^2 + \cdots + T_n^2 \tag{7-2}$$

与式（7-1）相比，零件的公差可以放大一些，使加工容易且经济，同时又能保证装配精度。但这是有条件的，即该式的计算是基于概率理论，因此，它仅适用于生产稳定的大批量生产类型，否则将有一部分产品达不到装配要求，即使是所有条件均满足，也会有极少数情况达不到要求，故称“不完全互换法”。

采用完全互换法装配，可以使装配过程简单，生产效率高，便于组织流水线作业及自动化装配，易于实现零、部件的专业协作及备件供应，也易于扩大生产。基于这些优点，只要能满足零件经济精度要求，无论何种生产类型都首先考虑采用完全互换法装配。但在装配精度要求高，组成零件数量多时，对于大批量生产，可以考虑采用不完全互换法装配，对于其他生产类型，就要采用另外的装配方法。

7.3.1.2 选配法

在成批或大量生产条件下，若组成零件数不多而装配精度很高时，采用完全互换法或不完全互换法，都将使零件的公差过严，甚至超过了加工工艺的实现可能性。这时可以采用选择装配方法。即将有关零件按经济精度制造（放大制造公差），在装配时，选择合适的零件进行装配，达到装配精度要求。这种方法有直接选配法、分组选配法和复合选配法三种形式。

（1）直接选配法，是由装配工人从待装配的零件中，凭经验挑选合适的零件通过试凑进行装配的方法。这种方法的优点是简单，但挑选零件需要较长时间，而且装配质量在很

大程度上决定于工人的技术水平，不能用于节奏要求严格的大批量生产。

（2）分组选配法，是事先将互配零件测量分组，装配时按对应组进行装配，满足装配精度要求。其优点是：

1）零件加工精度要求不高，而能获得较高的装配精度要求。

2）同组内的零件仍可以互换，具有互换法的优点，故又称“分组互换法”。

其缺点是：

1）增加了零件存储量。

2）增加了零件的测量、分组工作，并使零件的存储、运输工作复杂。

分组选配法的典型应用就是滚动轴承装配，内燃机活塞销装配。在使用时应注意：

1）配合件的公差要相等，公差的增加方向要一致，增大后的倍数就是分组数。

2）配合件的表面粗糙度、形位公差必须保持原设计要求，不能随公差的放大而降低要求。

3）要采取措施，保证零件分组装配中都能配套，不产生某一组零件由于过多或过少，无法配套而造成积压和浪费。

4）分组数不宜过多，否则将使前述两项缺点更加突出而增加费用。

5）应严格组织对零件的精密测量、分组、识别、保管和运输等工作。

由此可见，分组选配法只适用于装配精度要求很高，组件很少（一般只有两、三个）的情况。

（3）复合选配法，是上述两种方法的复合，即零件预先测量分组，装配时再在各对应组中凭工人经验直接选配。这一方法的特点是配合件的公差可以不等。由于在分组的范围中直接选配，因此既能达到理想的装配精度，又能较快地选择合适的零件，便于保证生产节奏。汽车发动机装配中，汽缸与活塞的装配多采用这种方法。

7.3.1.3　修配法

在单件小批生产中，装配精度要求高且组成件又多时，互换法使零件制造精度要求太高，这时可采用修配法。

修配法是将有关零件的制造精度适当降低，在某一零件上预留修配量，装配时用手工锉、刮、研等方法修去该零件上的多余部分材料，使装配精度满足要求。其优点是能够以较低的零件制造精度，获得很高的装配精度。缺点是增加了装配过程中的手工修配工作，劳动量大，工时不易确定，不便组织流水作业，装配质量依赖于工人的技术水平。

采用修配法装配时应注意：

（1）正确选择修配对象。所选择的修配对象在修配时，不影响其他装配精度；修配面积小；易于装拆。

（2）合理规定相关零件的制造精度及修配件的尺寸及精度。既要保证修配件有足够的修配量，又不使修配量过大。

为了弥补手工修配的缺点，应尽可能考虑采用机械加工的方法代替手工修配，如采用电动修配工具、以刨代刮、以磨代刮等。

修配法思想的进一步发展，就是对组件、部件进行再加工，即所谓的“综合消除法”，或称“就地加工法”。如转塔车床对转塔的刀具孔进行“自镗自”。

由于修配法的独特优点，又采取了各种减轻修配工作量的措施，因此除了在单件小批生产中被广泛应用外，在成批生产中也采用较多。至于综合消除法，其实质就是消除累积误差，这在各类生产中都有应用。

7.3.1.4　调整法

调整法的实质与修配法一样，各组成件均按经济精度制造，由此引起的装配累积误差扩大，在实际装配时，通过一个可调整的零件，调整它在机器中的位置，或者通过一个可更换尺寸大小的零件，以达到装配精度的目的。上述两种零件因起到补偿装配误差的作用，故称补偿件。这两种调整方法分别叫作可动补偿件调整法和固定补偿件调整法。如图7-6（a）为互换法，由尺寸 A_1、A_2 的制造精度保证装配间隙 A_0；图 7-6（b）为固定调整法，由增加的一个相应尺寸的垫片保证装配间隙；图 7-6（c）为可动调整法，由不同的套筒位置保证装配间隙。

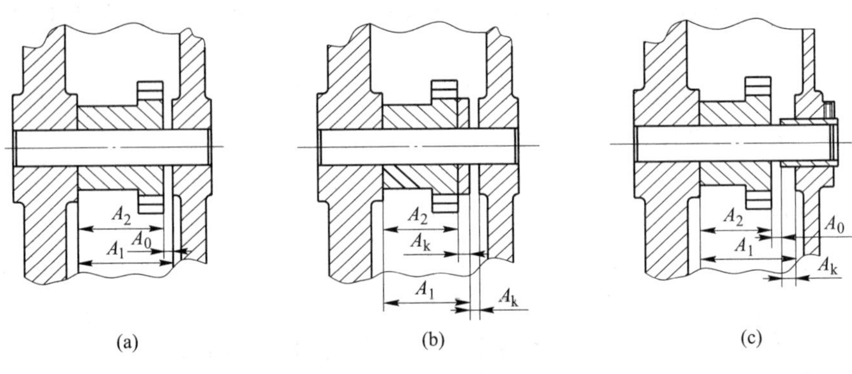

图 7-6　保证间隙的调整方法

调整法的应用非常广泛，如自行车车轮的轴承，就是用可调整件——轴档以螺纹连接方式来调整轴承间隙的。图 7-7（a）是用调节螺钉来调节轴承间隙，图 7-7（b）是通过调节楔块的上下位置来调节丝杠与螺母轴向间隙。

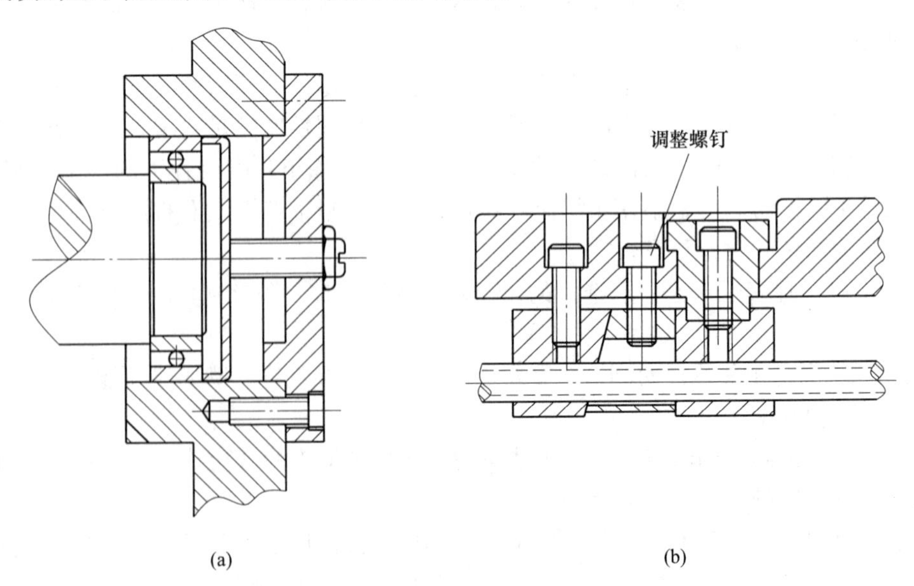

图 7-7　调整法示例

调整法的优点是，零件按经济精度制造，可获得很高的装配精度，在采用可动调整法时，还可以随时调整由于磨损、热变形或弹性变形等原因引起的误差。

其缺点是，往往需要增加调整件；当采用可动调整件时，往往要增大机构的体积；装配精度在一定程度上依靠工人水平。

因此调整法的应用，应根据机器的结构及生产类型进行考虑。

调整法的进一步发展，产生了误差抵消法。这种方法是在装配零件时，调整其相对位置，使各零件的加工误差相互抵消以提高装配精度。如在安装滚动轴承时，可用这个方法调整径向跳动。这是机床制造业中经常用来提高主轴回转精度的一个方法，其实质就是调整前后轴承偏心量的相对位置。

由此可见，运用装配工艺技术可以在不提高零件制造精度的条件下，提高机器的精度。

7.3.2 装配尺寸链

由前面的分析得知，机器的设计、加工与装配是密切相关的，研究装配的一个重要目的就是，在满足机器使用要求下，尽可能采用经济公差，使加工容易，寻求最有效、经济的装配方法，以达到整个产品制造效率高、费用低、质量好的目的。所以，在机器设计阶段就需要对机器结构进行尺寸分析，弄清有关零件的制造误差对机器装配精度的影响，根据具体情况确定装配方法，然后才能合理地标注零件制造公差和技术要求。在制订产品装配工艺过程、解决生产中的装配质量问题时，也需要进行尺寸分析。

7.3.2.1 装配尺寸链的基本概念

在装配图上把与某项装配精度有关的零件尺寸依次排列，构成一个封闭的尺寸组合，就是装配尺寸链。在装配尺寸链中，每一个尺寸都是尺寸链的组成环，它们是进入装配的零件或部件的有关尺寸，装配精度则是封闭环。显然，封闭环不是一个零件或部件上的尺寸，而是不同零件或部件的表面或中心线之间的相对位置尺寸，是装配后形成的。组成环有增环和减环，与工艺尺寸链类似。

各组成环都有加工误差，所有组成环的误差累积就形成封闭环的误差。因此，应用装配尺寸链就便于揭示累积误差对装配精度的影响，并可列出计算公式，进行定量分析，确定合理的装配方法和零件的公差。

装配尺寸链，按照各环的几何特征和所处的空间位置，大致可分为：线性尺寸链、角度尺寸链、空间尺寸链和平面尺寸链。线性尺寸链的特点是全部组成环都平行于封闭环，是最常见的、也是应用最广泛的一种装配尺寸链，本章主要介绍这种尺寸链。

7.3.2.2 装配尺寸链的建立

当运用装配尺寸链去分析和解决装配精度问题时，首先要正确建立装配尺寸链，即正确地确定封闭环，并根据封闭环的要求正确地查明各组成环。其基本原理和方法如下：

（1）装配尺寸链的封闭环一般为装配精度。装配尺寸链中的组成环，是对装配精度要求发生直接影响的那些零件或部件（在总装时部件作为一个整体进入总装）上的尺寸或角度（在线性尺寸链是尺寸，在角度尺寸链是角度）。查找组成环的一般方法是：沿着装配精度要求的位置方向，以相邻零件（或部件）的装配基准间的联系为线索（基准面相接，或在轴孔配合时轴心线重合），分别由近及远地去查找装配关系中影响装配精度的有关零件或部件，直至找到同一基准零件或同一基准表面为止。这样各有关零件或部件上直接连接相邻零件（或部件）装配基准间的尺寸或位置关系即装配尺寸链的组成环。

图 7-8 的装配尺寸链中，以头尾架中心线等高性要求 A_0 为封闭环，按上述方法可查出组成环 $A_{床头箱}$、$A_{尾架}$、$A_{垫板}$。

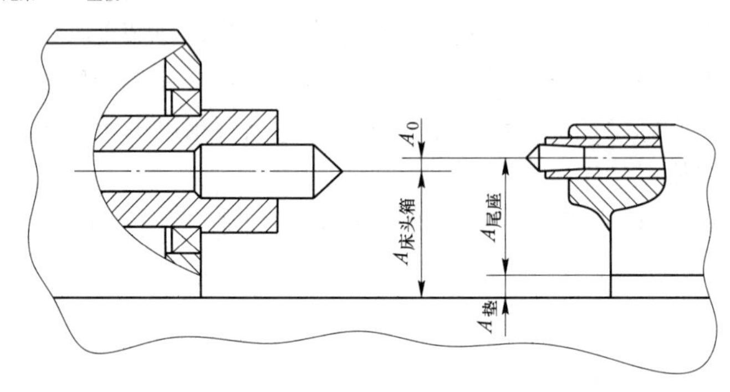

图 7-8 装配尺寸链示例

（2）装配尺寸链建立时，在保证装配精度的前提下，对组成环可以适当地简化。图 7-8 中：

1）封闭环 A_0 是主轴锥孔中心线和尾架顶尖孔中心线对溜板移动的等高度。将该尺寸链简化为车床等高度装配尺寸链。因度量基准是床身导轨，故尺寸链中下面的一条线代表导轨，而确定床头箱、尾架相对位置的是床面上的平导轨，确定溜板位置的也是平导轨，所以这一尺寸链中的直线代表平导轨。但是平导轨存在直线度误差，并非绝对平直，故这一误差被简略。

2）组成环 A_1 上端的一条直线代表主轴锥孔轴线，确定这一轴线位置的因素包括：床头箱主轴孔到床头箱底面的高度名义尺寸、轴承外环内轨道对其外圆的同轴度误差、轴承内环孔对其外轨道的同轴度误差、主轴锥孔轴线对主轴径轴线的同轴度误差。总之，尺寸 A_1 不仅仅是床头箱上主轴孔的高度位置尺寸及其误差，还包括一系列有关零件的同轴度误差。这些同轴度误差在尺寸链中没有表示出来，被简化了。

3）同理，尺寸 A_3 代表了尾架部件上与本项精度有关的一个尺寸。它取决于尾架孔到其底面的高度距离及其误差，但也包括套筒锥孔对其外圆的同轴度误差、套筒外圆与尾架孔之间的间隙。所以，A_3 也被简化了。

总之，作为一个进入总装配的部件而言，在装配尺寸链图上表示的一个有关尺寸及其公差应该是有关零件尺寸与公差的综合，而在尺寸链图中可以简化为一个组成环。如把上述简化了的因素都列入尺寸链图中，则如图 7-9 所示。

其中各轴线意义：1 为箱体主轴孔轴线；2 为滚动轴承外环内滚道；3 为主轴锥孔轴线；4 为尾架套筒锥孔轴线；5 为尾架套筒外圆轴线；6 为尾架体孔轴线 7 为尾架底平面。

各组成环意义：A_1 为箱体主轴孔轴线至箱体底面的高度；A_2 为尾架底板的厚度；A_3 为尾架体套筒孔轴线至尾架体底面的高度；e_1 为滚动轴承外环内滚道对其外圆的同轴度；e_2 为主轴锥孔径向跳动；e_3 为尾架套筒锥孔对其外圆的同轴度；e_4 为尾架套筒与尾架孔之间的间隙；e_5 为导轨直线度。

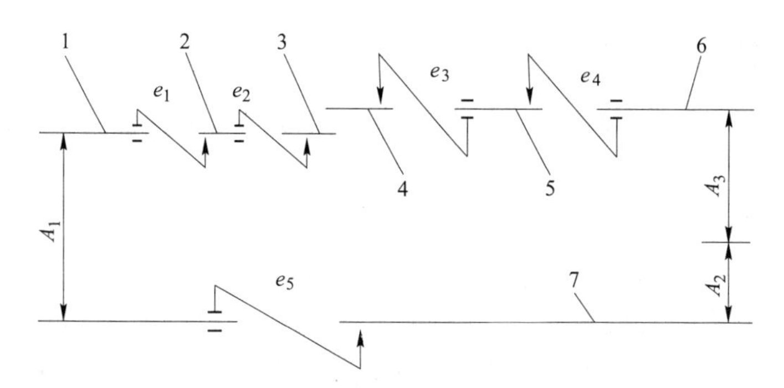

图 7-9 车床“等高度”装配尺寸链详图

由此可见，当 A_0 的精度要求较高时，各同轴度误差和导轨直线度误差均不能忽略。

（3）尺寸链最短原则。装配尺寸链中的组成环是由各组成零件的装配基准相连接而联系着，因此，对于一个既定的机械结构，对其中的某一项装配精度有关的组成环应该是一定的，简化或近似的分析是另外一回事，多出的组成环往往是和此封闭环没有直接联系的，甚至是毫无关系的尺寸。如图 7-10（a）所示的变速箱，其中 A_0 代表轴向间隙，是必须保证的一个装配精度，哪些零件上的哪些轴向尺寸与 A_0 有关呢？只有正确地查明有关尺寸，才能正确地建立与 A_0 有关的装配尺寸链。图 7-10（b）、（c）列出了两种不同的装配尺寸链，前者是错误的，后者是正确的。前者的错误在于将变速箱盖上的两个尺寸 B_1 和 B_2 都列入了尺寸链。很明显，箱盖上只有凸台高度尺寸 A_2 与 A_0 有关。在图 7-10（c）中将 B_1 和 B_2 去除，由 A_2 代替，则正确。比较发现，正确的装配尺寸链，其路线最短，或者说环数最少，此即尺寸链最短原则，又称最短路线原则。再进一步分析可见，要满足这一原则，又必须做到一个零件上只允许一个尺寸列入装配尺寸链，即“一件一环”。否则，会徒增环数，徒增制造难度。实际上，与装配精度有关的零件上的尺寸，在零件设计时，都会根据装配要求直接标出。

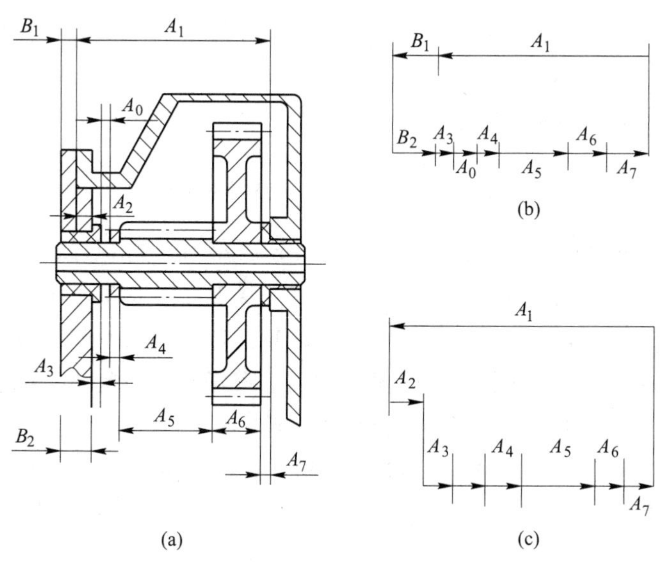

图 7-10 装配尺寸链组成的最少环数原则

7.3.3 装配尺寸链的计算方法

装配尺寸链建立后，则要根据保证装配精度的工艺要求来进行尺寸链的解算，下面分别介绍。

7.3.3.1 互换法

如图7-11（a）所示的对开齿轮箱部件，装配后要求轴向窜动为0.1~0.5mm，即$A_0=0^{+0.5}_{+0.1}$mm。其组成零件的有关基本尺寸为$A_1=100$mm，$A_2=20$mm，$A_3=A_5=3$mm，$A_4=114$mm。各组成零件的尺寸分布均为正态分布，且分布中心与公差带重合。试用极值法和概率法分别确定各组成零件的尺寸公差大小和分布位置。

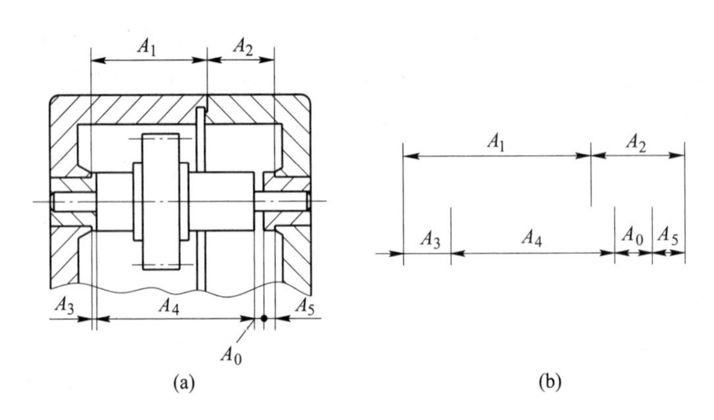

图7-11 齿轮箱部件轴向装配关系简图

A 极值法

（1）画出装配尺寸链图，校验各环基本尺寸。图7-11（b）所示为总环数$n=6$的尺寸链图，其中A_0为封闭环，A_1、A_2为增环，A_3、A_4、A_5为减环。基本尺寸计算为：

$$A_0=A_1+A_2-A_3-A_4-A_5=100+20-3-3-114=0$$

可见各环基本尺寸数据正确。

（2）确定各个组成环的公差大小。首先计算平均公差如下：

$$T_M=\frac{T_0}{n-1}=\frac{0.4}{6-1}=0.08\text{mm}$$

由此值可知，零件制造的平均精度不高，用完全互换法极值解法可行。

其次，根据各尺寸获得的难易程度、设计要求、是否是标准件等具体情况调整各组成环公差，考虑A_1、A_2为箱体尺寸，公差给大一些；A_3、A_5为轴套且尺寸较小，公差给小些；A_4为齿轮轴尺寸，容易加工、测量，故选做协调环。参考平均公差确定各组成环公差为：

$T_1=0.12$mm，$T_2=0.08$mm，$T_3=T_5=0.05$mm

$T_4=T_0-T_1-T_2-T_3-T_5=0.4-0.12-0.08-0.05-0.05=0.1$mm

（3）确定各组成环公差带的分部位置。加工中各尺寸公差带位置一般按“入体”原则标注，即

$$A_1=100^{+0.12}_{0}\text{mm}，A_2=20^{+0.08}_{0}\text{mm}，A_3=A_5=3^{0}_{-0.05}\text{mm}$$

和加工尺寸链类似，求出协调环，即表 7-3 中带方框的数据：

$$A_4 = 114_{-0.2}^{-0.1}\text{mm}$$

表 7-3 求出协调环

基本尺寸		ES	EI
A_1	100	+0.12	0
A_2	20	+0.08	0
$-A_3$	-3	+0.05	0
$-A_4$	[-114]	[+0.2]	[+0.1]
$-A_5$	-3	+0.05	0
A_0	0	+0.5	+0.1

B 概率解法

（1）画出装配尺寸链图，校验各环基本尺寸。

（2）确定各组成环的公差大小。首先求平均公差

$$T_M = \frac{T_0}{\sqrt{n-1}} = \frac{0.4}{\sqrt{6-1}} = 0.18\text{mm}$$

其次，根据各尺寸获得的难易程度、设计要求、是否标准件等具体情况调整各组成环公差，仍选 A_4 为协调环，参考平均值确定各环公差为：

$$T_1 = 0.3\text{mm} \qquad T_2 = 0.15\text{mm} \qquad T_3 = T_5 = 0.08\text{mm}$$

$$T_4 = \sqrt{T_0^2 - T_1^2 - T_2^2 - T_3^2 - T_5^2} = \sqrt{0.4^2 - 0.3^2 - 0.15^2 - 0.08^2 - 0.08^2} = 0.18\text{mm}$$

（3）确定各组成环公差带的分布位置。A_1、A_2、A_3、A_5 公差带按“入体”原则标注，即

$$A_1 = 100_{0}^{+0.3}\text{mm},\ A_2 = 20_{0}^{+0.15}\text{mm},\ A_3 = A_5 = 3_{-0.08}^{0}\text{mm}$$

协调环的偏差应先求其平均尺寸，然后按对称分布标注。

$$A_4 = A_{1M} + A_{2M} - A_{3M} - A_{5M} - A_{0M} = 100.15 + 20.075 - 2.96 - 2.96 - 0.3 = 114.005$$

故
$$A_4 = A_{4M} \pm \frac{T_4}{2} = 114.005 \pm 0.09 = 114_{-0.085}^{+0.095}\text{mm}$$

7.3.3.2 选择装配法

直接选配法仅需要对相应零件进行公差放大，保证放大方向和放大倍数相等，不需要进行进一步的计算。当采用分组选配法时，要进行分组计算，给出分组表，以便零件在加工、装配时使用。

某机器中有一对配合要求很高的阀芯、阀套，其基本尺寸为 ϕ30mm，装配精度为 0.005~0.01mm 的间隙，即 $A_0 = 0_{+0.005}^{+0.01}$mm。设零件制造时的经济精度为 0.01mm，用分组选配法进行装配，试确定零件的尺寸及公差位置，分组尺寸。

（1）画出装配尺寸链图，校验各环基本尺寸。如图 7-12 所示为本装配尺寸链图，其中 A_0 为封闭环，A_1 为阀套尺寸，A_2 为阀芯尺寸，它们的基本值均为 30mm。

$$A_0 = A_1 - A_2 = 30 - 30 = 0$$

可见各基本尺寸正确。

（2）确定各组成环的公差及其分布位置。由于零件精度高，加工困难，尺寸链的环数又少，故一般均采用极值解法求解。其公差只能按等公差方法分配，否则不能满足配合要求。

$$T_M = \frac{T_0}{n-1} = \frac{0.01 - 0.005}{3-1} = 0.0025\text{mm}$$

如果设阀套公差带按“入体”方式标注，$A_1 = \phi 30^{+0.0025}_{0}$mm，则阀芯尺寸为协调环，由表7-4可计算出协调环，阀芯尺寸为

$$A_2 = \phi 30^{-0.005}_{-0.0075}\text{mm}$$

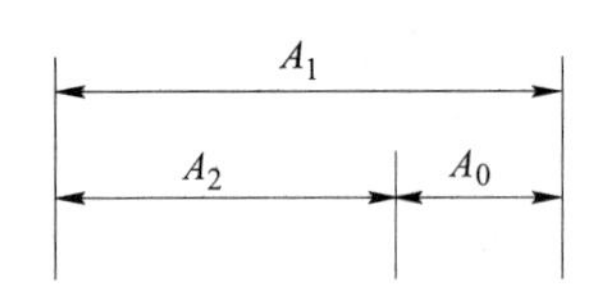

图 7-12 阀芯阀套配合尺寸链图

表 7-4 计算出协调环

基本尺寸	*ES*	*EI*
30	+0.0025	0
-30	+0.0075	+0.005
0	+0.01	+0.005

（3）分组数 m 及零件的制造精度。分组数就是零件公差的放大倍数，所以

$$m = \frac{\text{经济精度}}{\text{零件公差}} = \frac{0.01}{0.0025} = 4$$

在放大零件公差至经济精度时，要注意放大的方向一致。故得阀套、阀芯制造要求为

$$A_1 = \phi 30^{+0.01}_{0}\text{mm} \qquad A_2 = \phi 30^{+0.0025}_{-0.0075}\text{mm}$$

（4）确定各组成环的分组尺寸。零件在加工完成后，进行测量，然后按尺寸大小分为四组，并用不同的颜色区别，以便进行分组装配。具体分组情况及分组后的配合精度见表7-5。

表 7-5 阀套、阀芯分组尺寸对应表

组别	标记颜色	阀套尺寸 $\phi 30^{+0.01}_{0}$	阀芯尺寸 $\phi 30^{+0.0025}_{-0.0075}$	配合精度	
				最小间隙	最大间隙
Ⅰ	红	$\phi 30^{+0.01}_{+0.0075}$	$\phi 30^{+0.0025}_{0}$	+0.005	+0.01
Ⅱ	白	$\phi 30^{+0.0075}_{+0.005}$	$\phi 30^{0}_{-0.0025}$		
Ⅲ	黑	$\phi 30^{+0.005}_{+0.0025}$	$\phi 30^{-0.0025}_{-0.005}$		
Ⅳ	黄	$\phi 30^{+0.0025}_{0}$	$\phi 30^{-0.005}_{-0.0075}$		

7.3.3.3 修配装配法

单件小批生产时，装配精度要求高而且组成环较多，采用互换法装配不合适，可以采用修配法装配。此时可将所有组成环的公差按经济精度确定，装配时对造成封闭环累积误差超过装配精度要求，通过对修配环的再加工（即修配）的方法来补偿，以达到配合要求。

修配法中的单件修配法是其他修配方法的基础，因此这里只研究单件修配法时装配尺寸链的计算。

单件修配法（以下简称修配法）的关键，首先是选择合适的修配环；其次是通过计算确定合理的修配件尺寸，要保证它有足够的，而且是最小的修配余量。修配环的选择原则前面已叙述，下面结合实例分析修配件的尺寸计算方法。

如图 7-13（a）所示是某车床大拖板与导轨装配简图，其中 $A_1=30\text{mm}$，$A_2=10\text{mm}$，$A_3=40\text{mm}$，装配后压板与导轨在垂直方向上要求保证有间隙 $A_0=0\sim0.05\text{mm}$。小批量生产该车床，试选择合适的装配方法，并确定各有关零件的公差大小及其分布位置。

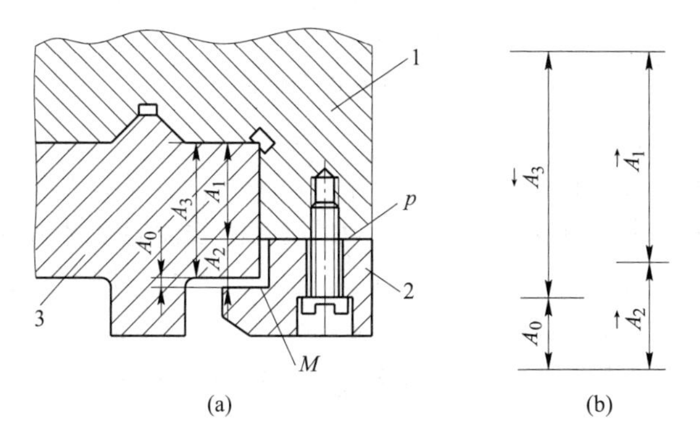

图 7-13　车床大拖板与导轨装配关系简图

（1）建立装配尺寸链，校验基本尺寸。根据装配图，查明装配关系，画出装配尺寸链图如图 7-13（b）所示。

$$A_0=A_1+A_2-A_3=30+10-40=0$$

故封闭环尺寸为 $A_0=0^{+0.05}_{0}\text{mm}$，其公差为 $T(A_0)=0.05\text{mm}$。

（2）选择装配方法，确定各组成环公差。

首先求平均公差

$$T_M=\frac{T(A_0)}{n-1}=\frac{0.05}{4-1}\approx0.017\text{mm}$$

由平均公差值可见，如按这个要求制造，则很困难，不宜使用互换法装配，因是小批生产，宜采用修配法。

选压板为修配件，即 A_2 为修配环。装配时通过修配 P 或 M 面保证装配精度。

将各组成环均按经济精度加工，设 $T(A_1)=T(A_3)=0.15\text{mm}$，$T(A_2)=0.1\text{mm}$。

（3）确定各组成环的公差带分布位置。A_1、A_3 按“入体”原则标注，即 $A_1=30^{+0.15}_{0}\text{mm}$，$A_3=40^{0}_{-0.15}\text{mm}$；修配环 A_2 公差带位置需经计算确定。

1）修配环修配时，封闭环尺寸变小。本例中修配压板 P 面，A_2 尺寸变小，由装配尺寸链可知，此时封闭环尺寸变小，也即“越修越小”。

由于实际装配间隙的变化范围 $T(A_0)'=T(A_1)+T(A_2)+T(A_3)=0.4\text{mm}$，比装配精度要求大许多，为使装配时能通过修配 A_2 来达到装配精度要求，必须使装配后的封闭环实际最小尺寸 $A'_{0\min}$ 在任何情况下都不能小于装配精度规定的最小尺寸 $A_{o\min}$。为了使修配劳动量最小，并且若在任何情况下都不需要留有最小修配量（最小修配量为 0）时，应使修配前封闭环的实际最小尺寸等于装配精度规定的最小尺寸。这种情况如图 7-14 所示，图中箭头表示 A_2 被修配时封闭环实际值的变化方向。根据这种关系，就可看出“越修越小”

时，为求修配环尺寸的公差带分布位置，封闭环实际尺寸及实际偏差与组成环之间的关系式：

$$A_{0\min} = A'_{0\min} = \sum \overrightarrow{A_{i\min}} - \sum \overleftarrow{A_{i\max}} \tag{7-3}$$

由式（7-3）可求出修配环的一个极限尺寸，然后根据修配环的公差，求出修配环的另一个极限尺寸。对于本题：

$$0 = 30 + A_{2\min} - 40$$

$$A_{2\min} = 10\text{mm}$$

因为 $$T(A_2) = 0.1\text{mm}$$

所以 $$A_2 = 10^{+0.1}_{0}\text{mm}$$

如果要求在任何情况下都必须对修配环作一定的修配，即最小修配余量不为0，则修配环需要再加上这必须的最小修配量。比如为提高装配表面的接触刚度，压板P面须经刮研，若最小刮研量为0.05mm，则须修改修配环的值，使 $A'_{0\min}$ 增大。即 $A_{0\min} + 0.05 = A'_{0\min}$ 计算修配环的极限尺寸。修正后修配环的尺寸为 $A'_2 = 10^{+0.15}_{+0.05}\text{mm}$。

另外，当最小修配量不为0时，设为 $Z_{k\min}$，可按图7-15所示关系直接求出修配环的一个极限尺寸。即

$$A_{0\min} + Z_{k\min} = A'_{0\min} = \sum \overrightarrow{A_{i\min}} - \sum \overleftarrow{A_{i\max}}$$

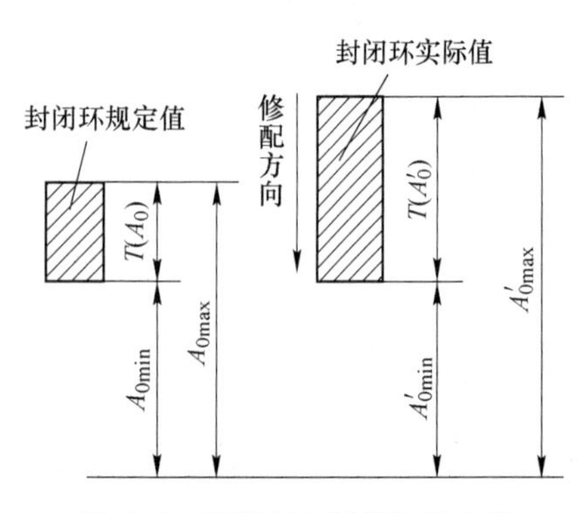

图7-14 封闭环实际值与规定值的相对位置（越修越小时）

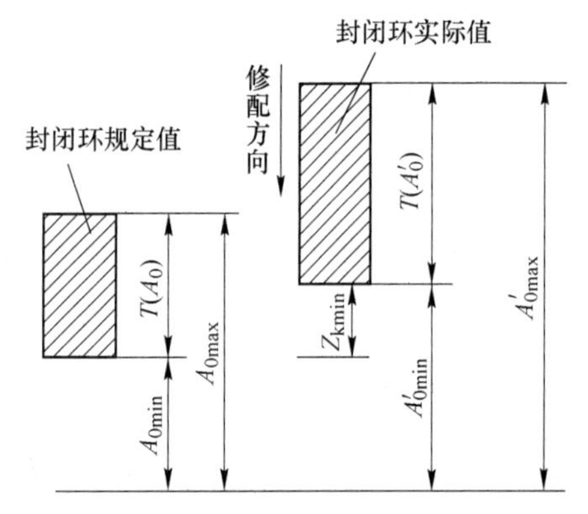

图7-15 封闭环实际值与规定值的对应位置（越修越小且最小修配量不为0时）

2）修配环修配时，封闭环尺寸变大。本例中修配压板 *M* 面，A_2 尺寸变大，由装配尺寸链可知，此时封闭环尺寸变大，也即“越修越大”。

在这种情况下，为使装配时能通过修配 A_2 来满足规定的装配要求，必须使装配后封闭环的实际尺寸 $A'_{0\max}$ 在任何情况下都不能大于装配精度规定的最大尺寸 $A_{0\max}$；为使修配劳动量最小，应使修配前封闭环的实际最大尺寸等于装配精度规定的最大尺寸。此时如图7-16所示，图中箭头表示 A_2 被修配时封闭环实际值的变化方向。根据这种关系，就可看出“越修越大”时，为求修配环尺寸的公差带分布位置，封闭环实际尺寸及实际偏差与组成环之间的关系式：

$$A_{0\max} = A'_{0\max} = \sum \overrightarrow{A_{i\max}} - \sum \overleftarrow{A_{i\min}} \tag{7-4}$$

由上式可求出修配环 A_2 的一个极限尺寸：

$$0.05 = 30 + 0.15 + A_{2\max} - 40 + 0.15$$

$$A_{2\max} = 9.7\text{mm}$$

因为 $T(A_2) = 0.1\text{mm}$

所以 $A_2 = 9.75_{-0.1}^{\ 0} = 10_{-0.35}^{-0.25}\text{mm}$

同样，假如必须留有必要的最小修配量时，就要改变修配环的值，在前面结果中减去一个最小修配余量。若设最小修配余量仍为0.05mm，则修改后修配环的实际尺寸为：

$$A_2' = 10_{-0.4}^{-0.3}\text{mm}$$

此时，同样可以直接求出有最小修配量时，修配环的一个极限尺寸，如图7-17所示。

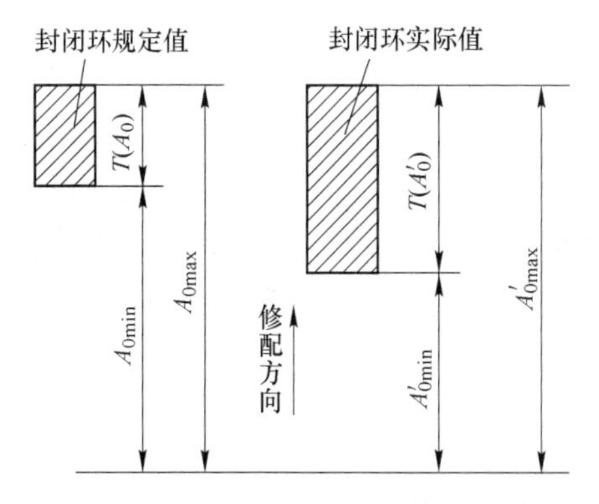

图7-16 封闭环实际值与规定值的对应位置（越修越大时）

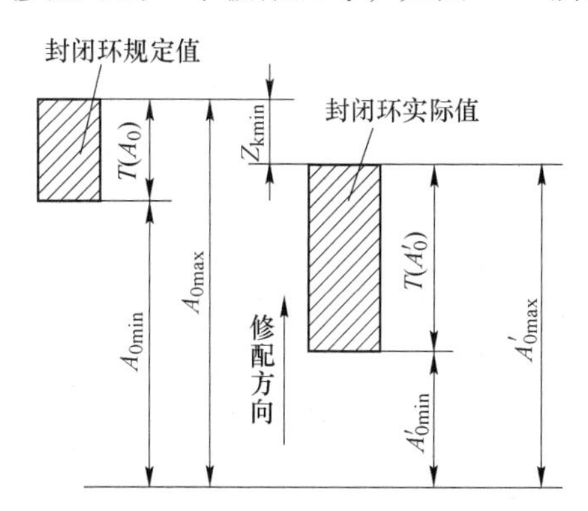

图7-17 封闭环实际值与规定值的对应位置（越修越大时且最小修配量不为0时）

（4）计算最大修配量 $Z_{k\max}$。计算最大修配量的目的，是为了校核最大修配余量是否过大，如过大则可通过减小各组成环公差来解决。

由图7-15可以看出，最大修配余量可按下式计算：

$$Z_{k\max} = A_{0\max}' - A_{0\max} = 30.15 + 10.15 - 40 + 0.15 - 0.05 = 0.4\text{mm}$$

或者直接由 $Z_{k\max} = T(A_0') - T(A_0) + Z_{k\min} = 0.4 - 0.05 + 0.05 = 0.4\text{mm}$ 得出。

修配环的最大修配余量和最小修配余量的合理值应根据生产经验或参考工艺手册确定。

7.3.3.4 调整法

调整法一般采用极值法的公式进行计算。采用可动调整法时，必须使其在任何情况下都能补偿累积误差，所以，需要计算最大调整量以便设计时使用。最大调整量可按修配法中的最大修配量来计算确定。

如果采用固定调整法，需要计算各组调整件的尺寸及其对应的装配尺寸。作为调整件是按一定尺寸间隔制成的一组专门零件，如垫圈、垫片、轴套等。

如图7-18所示的齿轮箱装配关系简图及其尺寸链图。要求单齿轮、隔套、双联齿轮及调整件（垫圈）装在轴上后，双联齿轮的轴向间隙为0.05~0.2mm，即 $A_0 = 0_{+0.05}^{+0.2}\text{mm}$。各零件的轴向尺寸为 $A_1 = 100\text{mm}$，$A_2 = 25\text{mm}$，$A_3 = 20\text{mm}$，$A_4 = 50\text{mm}$，$A_k = 5\text{mm}$。

按经济精度确定各零件的公差大小，并按“入体”原则规定其分布位置。各环尺寸为：$A_1 = 100_{\ 0}^{+0.2}\text{mm}$，$A_2 = 25_{-0.09}^{\ 0}\text{mm}$，$A_3 = 20_{-0.08}^{\ 0}\text{mm}$，$A_4 = 50_{-0.1}^{\ 0}\text{mm}$。

（1）确定调整件尺寸的变动范围。由于各组成环按经济精度规定公差，在未放入调整

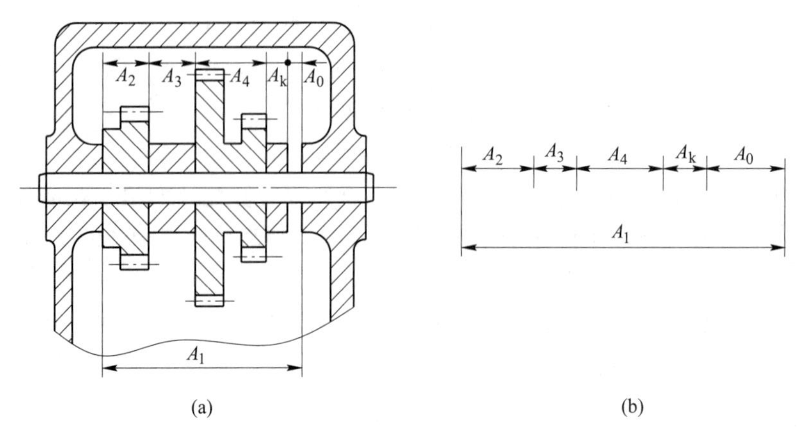

图 7-18 齿轮传动箱装配关系简图

件时，装配后的累积尺寸为 A_s，其变动范围大于规定的累积误差，此时放入调整件来消除，从而保证规定的装配精度要求。在未放入调整件进行装配后的累积误差称为调整件的变动范围 T_s。

$$A_{smin} = \sum \overrightarrow{A_{imin}} - \sum \overleftarrow{A_{imax}} = 100 - 25 - 20 - 50 = 5$$

$$T_s = \sum_{i=1}^{n-2} T_i = T_1 + T_2 + T_3 + T_4 = 0.2 + 0.09 + 0.08 + 0.1 = 0.47\text{mm}$$

（2）确定调整件的分组间隔值。调整件应按尺寸分成几组，装配时根据实测的累积尺寸大小 A_s，选用不同尺寸组的调整件进行补偿，以保证规定的装配精度要求。因此，分组间隔值又称为调整件的补偿能力，它不仅与规定的装配精度要求有关，还与调整件本身的精度有关。如果调整件能做到绝对准确，其分组间隔值就等于装配精度所允许的变动范围 T_0，但调整件本身具有公差 T_k，这一公差会降低补偿效果，故其分组间隔值应为：

$$T_0 - T_k = 0.15 - 0.03 = 0.12\text{mm}$$

此时就相当于由 A_s、A_k、A_0 形成一个三环尺寸链，如图 7-19 所示。A_s的公差就是某一组 A_k所能补偿的范围。按 $T_0 - T_k$ 将 A_s分为几组，每一个 A_s对应一个 A_k。为保证连续补偿，两相邻组别的 A_s、A_k其基本尺寸之差等于分组间隔值。

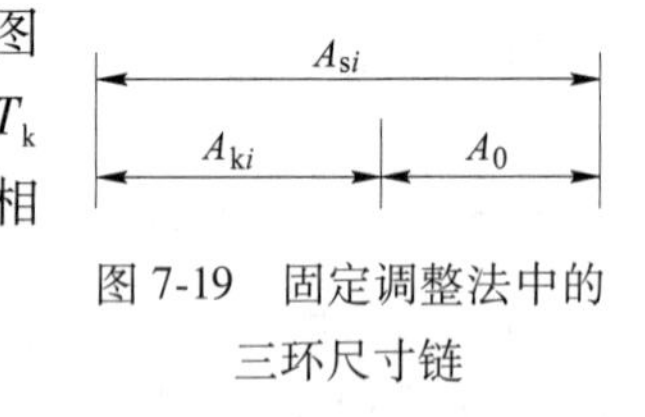

图 7-19 固定调整法中的三环尺寸链

（3）确定调整件的分组数。分组数 m 应根据下式确定

$$m = \frac{T_0}{T_0 - T_k} = \frac{\sum_{i=1}^{n-2} T_i}{T_0 - T_k} = \frac{0.47}{0.12} = 3.92$$

因为分组数不能为小数，故分组数 $m=4$。

由上式可知，调整件的分组数 m 与 $T_0 - T_k$ 成反比，与 $T_s = \sum_{i=1}^{n-2} T_i$ 成正比，尤其是 T_k 对 m 的影响很大。如果分组数太大，将给生产组织工作带来困难，也给装配工作带来麻烦，所以应该全面考虑，以便取得最佳效果，一般分组数取 3～4 为宜。因此，零件加工精度不应取的太低，尤其是调整件的公差应尽量严格控制为好。

实际计算中，应适当调整各组成环公差，使分组数为整数。如果不调整，则有一定的精度储存，它可以存在于没插入调整环时的累积间隙最大或最小处，但这实质上也是一种浪费。

（4）确定各级调整件及其对应的累积间隙。根据图 7-19，分别设 $A_{s1}=5^{+0.12}_{0}$mm，$A_{s2}=5^{+0.14}_{+0.12}=5.12^{+0.12}_{0}$mm，$A_{s3}=5.24^{+0.12}_{0}$mm，$A_{s4}=5.36^{+0.12}_{0}$mm 求出对应的调整件尺寸，如表 7-6 所示。

表 7-6 各级调整件尺寸与累积

组号	累积间隙 A_s	调整件尺寸 A_k	装配精度 A_0
1	$5^{+0.12}_{0}$	$5^{-0.05}_{-0.08}$	0.05～0.2
2	$5.12^{+0.12}_{0}$	$5.12^{-0.05}_{-0.08}$	
3	$5.24^{+0.12}_{0}$	$5.24^{-0.05}_{-0.08}$	
4	$5.36^{+0.12}_{0}$	$5.36^{-0.05}_{-0.08}$	

由表 7-6 中第四组累积间隙可知，调整件可补偿的最大间隙是 5.48mm，而实际最大间隙为 5.47mm，说明有精度储存。如果从间隙最大开始计算，精度储存就转到最小间隙处。

上面讨论的是调整件位于尺寸链的减环处，因此调整环与封闭环很容易合二为一成为累积间隙 A_s，但当调整件在增环位置时，计算要作一个变换，即将封闭环转换到与调整环串联位置，此时的间隙变为过盈，过盈变为间隙即可用与前面相同的方法求解。

7.4 装配自动化

各种零部件（包括自制的，外购的，外协的）需经过正确的装配，才能形成最终产品。但由于加工技术超前于装配技术许多年，装配工艺已成为现代化生产的薄弱环节。据有关资料统计，一些典型产品的装配时间占总生产时间的 53%左右，而目前产品装配的平均自动化水平仅为 10%～15%，因此，装配自动化是制造工业中需要解决的一个关键技术。

7.4.1 概述

7.4.1.1 装配自动化的现状与发展

装配自动化的目的主要在于：提高生产效率、降低成本，保证机械产品的装配质量和稳定性，并力求避免装配过程中受到人为因素的影响而造成质量缺陷，减轻或取代特殊条件下的人工装配劳动，降低劳动强度，保证操作安全。

目前，世界上工业发达国家的机械制造自动化过程中，已将一些产品、部件的装配过程逐渐摆脱了人工操作，并及早地将注意力转向装配自动化系统研究，取得了卓越的成果，已出现了柔性装配系统（flexible assembling system，FAS）。如 1980 年，BRSL（英国机器人系统公司）用 8 年时间对 FAS 进行了可行性研究，研究出一种 FAS，能对质量小于 15kg，体积小于 0.03m^3 的电器、电子、机械产品进行柔性装配，年产量可达 20 万～30 万套，更换产品时间仅为 1～2h。

我国对装配自动化技术的研究起步较晚，近年来有一定的进展，陆续自行设计、建立并引进了一些半自动、自动装配线及装配工序半自动装置。但国内设计的半自动和自动装配线的自动化程度不高，装配速度和生产效率较低，所以装配自动化技术在我国具有很大的开发和应用潜力。

7.4.1.2 自动装配条件下的结构工艺性

自动装配工艺性好的零件结构能使自动化装配过程简化，易于实现自动定向和自我检测，简化自动装配设备，保证装配质量，降低生产成本。

在自动装配条件下，零件的结构工艺性应符合以下三项原则：

(1) 便于自动给料；

(2) 有利于零件自动传送；

(3) 有利于自动装配作业。

改善零件自动装配结构工艺性的示例，见表 7-7。

表 7-7 改善零件自动装配结构工艺性

序号	改进结构目的、内容	零件结构改进前后对比	
		改 进 前	改 进 后
1	有利于自动给料，零件原来不对称部分改为对称	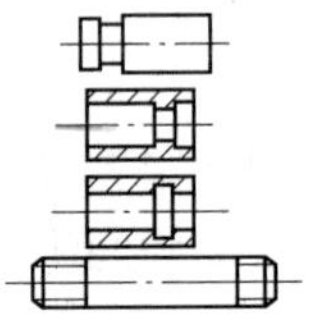	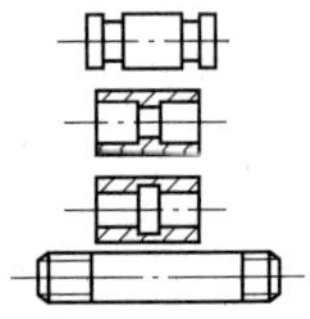
2	有利于自动给料，为避免镶嵌，带有通槽的零件，宜将槽的位置错开，或使槽的宽度小于工件的壁厚	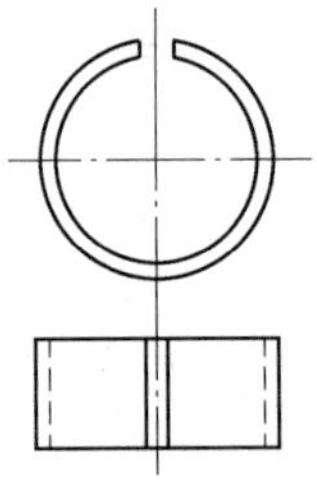	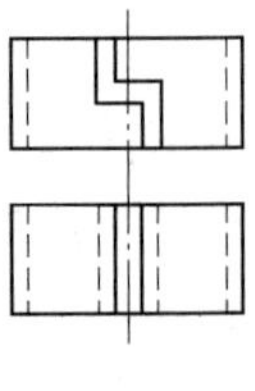
3	有利于自动给料，防止发生镶嵌，带有内外锥度零件，使内外锥度不等，以免发生卡死	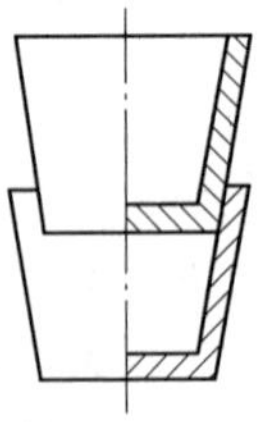	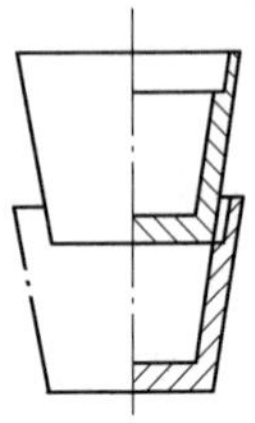
4	有利于自动传送，将零件的端面改为球面，使其在传动中易于定向	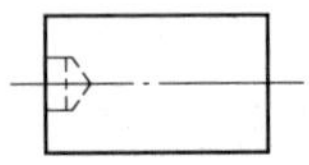	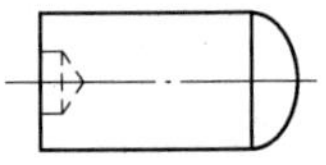
5	有利于自动传送，将圆柱形零件一端加工出装夹面	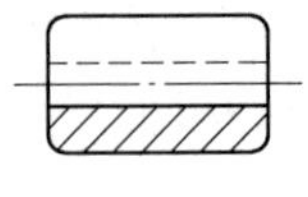	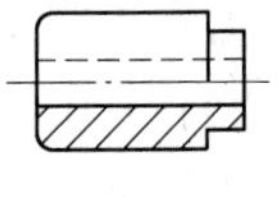

续表 7-7

序号	改进结构目的、内容	零件结构改进前后对比	
		改 进 前	改 进 后
6	有利于自动装配作业中识别，在小孔径端切槽		
7	有利于自动装配作业，将轴的一端定位平面，改为环形槽以简化装配		
8	有利于自动装配作业，简化装配，将轴的一端滚花，作为静配合，比光轴装入再用紧固螺钉好		
9	减少工件翻转，尽量统一装配方向		

7.4.2 自动装配机

自动装配机按类型分，可分为单工位装配机和多任务位装配机。装配机的循环时间、驱动方式以及运动设计都受产量的制约，具体采用哪种形式的自动装配机，要根据装配产品的复杂程度和生产率的要求而定。

7.4.2.1 单工位自动装配机

单工位自动装配机是指所有装配操作都可以在一个位置上完成的自动装配机。它适用于两个到三个零部件的装配，装配操作必须按顺序进行。单工位装配机比较适合于在基础件的上方定位并进行装配操作。当基础件布置好后，另一个零件的进料和装配也在同一台设备上完成。典型的单工位装配机是螺钉自动拧入机，如图 7-20 和图 7-21 所示。单工位装配机由通用设备组成，包括振动料斗、螺钉自动拧入装置等。

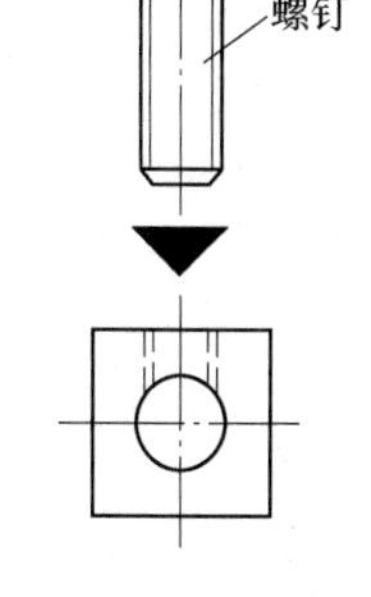

图 7-20 装配实例

随行夹具的设计和操作程序如图 7-21（b）、（c）所示。其操作原理如下：由振动料斗排列好的零件通过出料轨道 1 送到夹具的正确位置上，零件在滑板 2 的作用下被分离出来，并被移到挡块 3 的装螺钉的位置，螺钉插入待装配件中后，完成组装件的操作，并由推板（起出器）4 顶出，同时滑板返回到起始位置，然后进料装置的闭锁打开，放入另一个基础件。

7.4.2.2 多任务位自动装配机

对三个零件以上的产品通常用多任务位装配机进行装配，装配操作由各个工位分别承

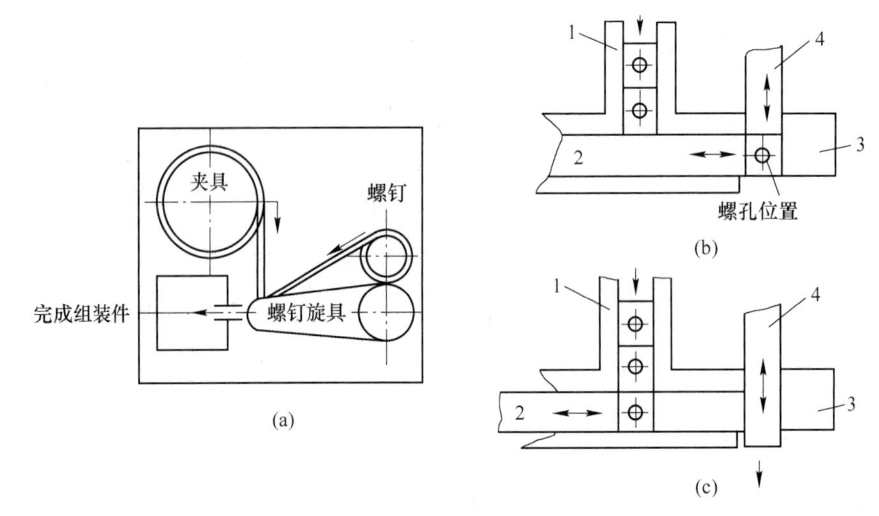

图 7-21 单工位装配机的示意图和操作程序

（a）示意图；（b）装配位置；（c）出料

1—出料轨道；2—滑板；3—挡块；4—起出器

担。多任务位装配机需要设置工件传送系统，传送系统一般有回转式或直进式两种。

工位的多少由操作的数目来决定，如进料、装配、加工、试验、调整、堆放等。传送设备的规模和范围由各个工位布置的多种可能性决定。各个工位之间有适当的自由空间，使得一旦发生故障，可以方便地采取补偿措施。一般螺钉拧入、冲压、成型加工、焊接等操作的工位与传送设备之间的空间布置小于零件送料设备与传送设备之间的布置。图 7-22 所示为供料设备在回转式自动装配机上的两种不同布置。对进料设备的具体布置是由零件的定位和供料方向决定的，因此有不同的空间需求。图 7-22（a）表示零件定位和进料方向是一致的，采用这种布置时，进料轨道可以通过回转工作台的中心。图 7-22（b）表示零件定位和进料方向成 90°夹角，采用这种布置时，进料轨道应放在与回转工作台相切的位置，以便保持零件的正确装配位置。回转式布置会形成回转工作台上若干闲置工位，直进式传送设备也有类似的情况。自动装配机的总利用率主要决定于各个零件进料工位的工作可靠程度，因此进料装置要求具有较高的可靠性。

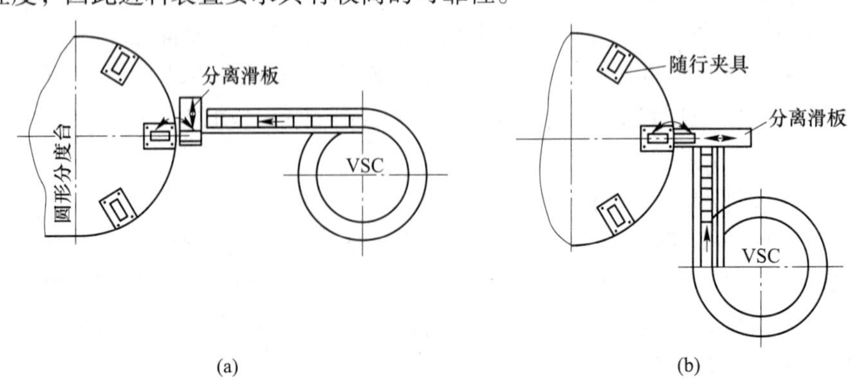

图 7-22 供料装置的不同布置

（a）按零件供料方向进料；（b）横向进料

检测工位布置在各种操作工位之后，可以立即检查前面操作过程的执行情况，并能引入辅助操作措施。检测工位有利于避免自动化装配操作的各种失误动作，从而保护设备和零件。

多任务位自动装配机的控制一般有行程控制和时间控制两种。行程控制常常采用标准气动组件，其优点是大多数组件可重复使用。图 7-23 所示为一台简单的气动回转式多任务位装配机示意图。装配机由气动装置驱动，包括回转式工作台、两零件进料工位和一台冲压机。由电动机驱动的多任务位装配机，常用分配轴凸轮控制装配机的动作，属于时间控制。许多自动装配机以电动机为主结合气动装置。传动装置通常由电动机驱动，而处理装置，进料装置是气动的。回转式装配机中较典型的形式是槽轮或凸轮驱动。

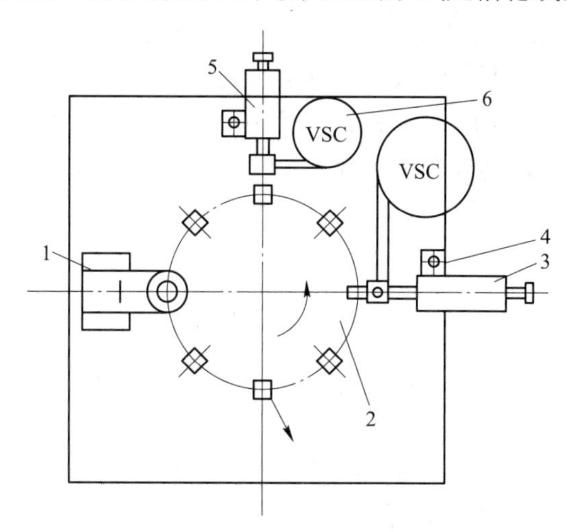

图 7-23 气动回转式多任务位装配机

1—气动冲压机；2—气动回转装置；3—汽缸；4—控制器；5—气动移置结构；6—振动漏斗

7.4.2.3 装配机器人

随着机器人技术水平的日益提高，采用微处理器控制的装配机器人技术越来越成熟，装配机器人逐渐成为自动装配系统最重要的组成部分。各种形式和规格的装配机器人正在取代人的劳动，特别用于对人的健康有害的操作，以及特殊环境（例如高辐射区或需要高清洁度的区域）中进行的工作。

装配机器人可分为两大类——伺服型和非伺服型。非伺服型装配机器人指机器人的每个坐标的运动通过可调挡块由人工设定，因而每个程序的可能运动数目是坐标数的两倍；伺服型装配机器人的运动完全由计算机控制，在一个程序内，理论上可有几千种运动。此外，伺服型装配机器人不需要调整终点挡块，不管程序改变多少，都很容易执行。非伺服和伺服型装配机器人都是微处理器控制的。不过，在非伺服型机器人中，它控制的只是动作的顺序；而对伺服机器人，每一个动作、功能和操作都是由微处理器发信和控制的。

机器人的驱动系统，传统的做法是伺服型采用液压的，非伺服型采用气动的。现在的趋势是用电气系统作为主驱动，特别是新型机器人。液压驱动不可避免有泄漏问题，只有一些大功率的机器人现在和将来都要用液压驱动。由于气动系统装配操作质量较小、功率较小、噪声较小、整洁、结构紧凑，对柔性装配系统（FAS）来说更为合适。非伺服型采用可调终点挡块，能获得很高的精度，因此可应用它进行精密调整。

装配机器人的运动控制有两类。一类是点位控制，任何动作的两个边界点用键盘输入计算机，这两点之间的运动采取随机性轨迹。不过，此随机性可采用某种机器操作系统的方法来控制，这种操作系统规定每个坐标先后动作的顺序，以实现所希望的运动。另一类是连续轨迹运动控制，轨迹的每一点都记录下来，并在机器人允差带内再现。上述两种控制中，运动通常都是三维空间的，可以处理多个自由度。

图 7-24 为一种 SCARA 型装配机器人外形图，已广泛应用于自动装配领域。这种机器人的手臂有大臂回转、小臂回转、腕部升降与回转四个自由度、肩关节回转角 θ_1（0°～210°）、肘关节回转角 θ_2（0°～160°）、腕关节回转角 θ_3（0°～180°）、腕部升降位移 Z（30mm），手部中心位置由 θ_1、θ_2、θ_3、Z 的坐标值确定。该装配机器人的手臂在水平方向有像人一样的柔顺性，在垂直插入方向及运动速度和精度方面又具有机器一样的特性。由于各臂在水平方向运动，所以称为水平关节型机器人。这种机器人在水平方向具有顺应性，在插入方向 Z 有较大的刚性，最适合于装配作业。既可防止歪扭倾斜，又可修正装配时的偏心。结合点承担较大装配作用力时能保持足够的稳定性。

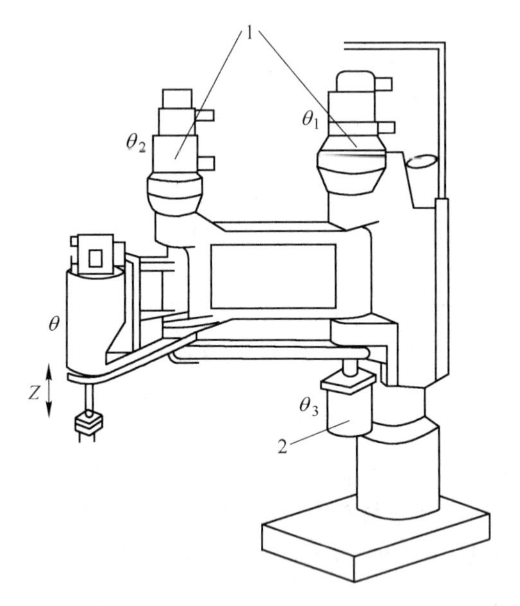

图 7-24　SCARA 型装配机器人
1—PC 伺服电动机；2—状态控制器（脉冲电机）

7.4.3　自动装配线

7.4.3.1　自动装配线的基本形式及特点

如果产品或部件比较复杂，在一台装配机上不能完成全部装配工作，或由于生产原因（如装配节拍、装配件分类等），需要在几台装配机上完成时，就需将装配机组合形成自动装配线。自动装配线基本特征是：在装配工位上，将各种装配件装配到装配基础件上去，完成一个部件或一台产品的装配。按装配线的形式和装配基础件的移动情况可分为两类：

一类是装配基础件移动式自动装配线；如图 7-25 所示。图中装配基础件依次移动到各个装配工位，与此相适应，装配件的给料装置出口处即在装配工位上，这样，装配件依次在相应的装配工位上装配到装配基础件上去。

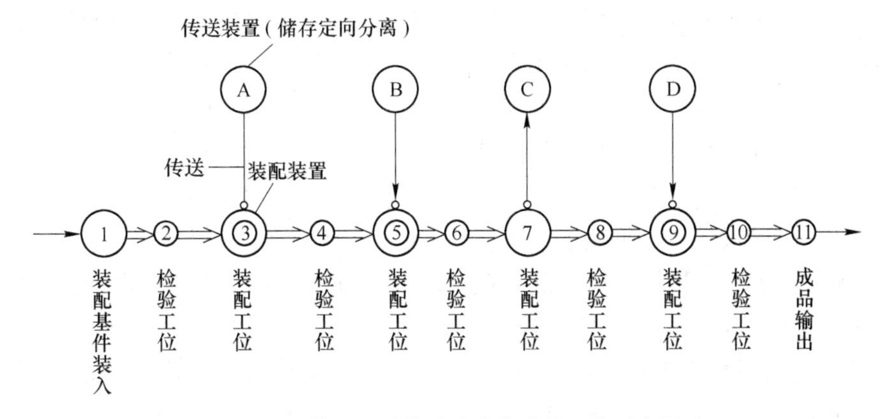

图 7-25 装配基础件移动式自动装配线示意图

另一类是装配基础件固定式自动装配线，如图 7-26 所示。装配基础件固定，各个装配件移动，并按照装配顺序，依次移动到装配基础件位置上进行装配，装配工位只有一个。这两种自动装配线的形式有所不同，两者比较，前一种形式应用较为广泛。

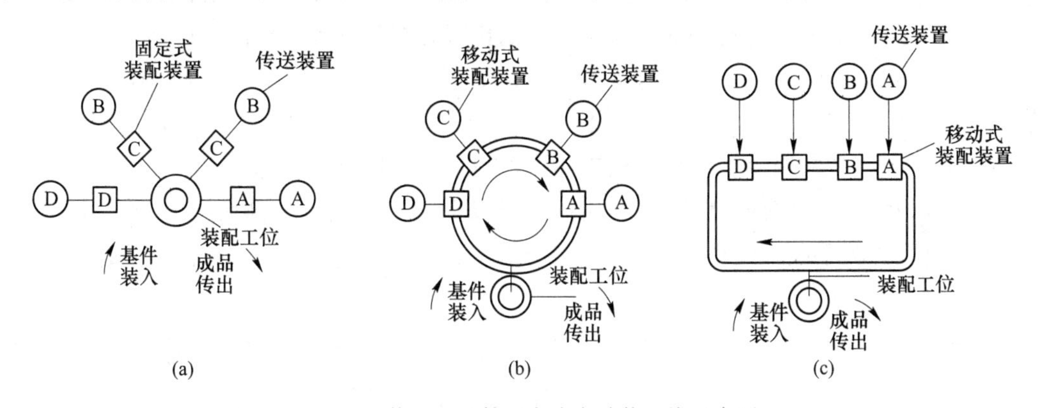

图 7-26 装配基础件固定式自动装配线示意图

（a）装配件位置固定；（b）装配件沿环形传送装置移动；（c）装配件沿框形传送装置移动

7.4.3.2 自动装配系统

A 组成

自动装配系统包括装配过程的物流自动化、装配作业自动化和信息流自动化等子系统。

（1）装配过程的物流自动化：是指在装配工艺过程中，运储系统要实现自动化。在运储系统带动下，物料通过一系列的工作区朝着一个方向高速运动。物流系统一般包括：产品及装配零部件出入库、运输和储存，主要设备是自动化立体仓库、堆垛起重机、自动导向小车和搬运机器人等。

（2）装配作业自动化：在拟定自动装配工艺时，既应保证装配作业实现自动化，又应保证装配过程的可靠性。任何装配工作本质上是简单的拾—放运动，把一个零件抓起来装到另一个零件上。但在这个简单运动中，却会有数个明显不同的动作，即定位、抓取、拾取、移动、放置、配合和反馈。

自动装配工序的概念是在确定的工位上完成装配对象的连接动作，每个工位上的动作都有独自的特点，工序之间由传动机构连接起来。自动装配工序包括：

1）装配工序（又可分为安装工序和固定工序）。

2）检测工序（包括检测、检查和测试等）。

3）调整工序。

4）辅助工序（清洗、去毛刺、打标记、上油、分选、压入密封件等）。

5）机械加工工序。根据具体情况，在自动装配设备上对特定零件进行机械加工，而后进行装配，也可以安装和固定后，对一个或几个零件进行加工。

（3）装配过程的信息流自动化：装配是生产过程的最后阶段，必须在交货时间、批量大小、产品更新换代等方面最大限度地适应市场变化，这就要求自动装配过程与自动化仓库存取调度零件的数量、品种的协调等方面都建立严格的装配生产组织和有效的技术管理措施，使装配过程中的各种信息数据的收集、处理和传送实现自动化。装配过程信息流自动化主要包括：

1）市场预测、订货要求与生产组织间信息数据的汇集、处理和传送自动化。

2）加工好的零件、外购件的存取及自动化仓库的配套发放管理信息自动化。

3）自动装配机（线）与自动运输、装卸机器人及自动仓库工作协调的信息流自动化。

4）装配过程中的监测、统计、检查和计划调度的信息流自动化。

上述各种装配信息流的自动化，可以采用多级计算机、自动监测装置、建立数据库和自动的信息系统等手段来实现，简单的自动装配系统也可以采用人机对话形式来实现。

B　分类

按主机的适用性，自动装配系统可分为两大类：一是根据特定产品制造的专用自动装配系统或专用自动装配线；二是具有一定柔性范围的过程控制的自动装配系统。

通常专用自动装配系统由一个或多个工位组成，各工位设计以装配机整体性能为依据，结合产品的结构复杂程度，确定其内容和数量。

（1）多任务位自动装配系统：这种系统又有两种结构形式：

1）固定顺序作业式自动装配系统，它适应传统的单一品种大批量生产。

2）利用装配机器人进行顺序作业的自动装配系统。装配机器人实际上是具有可编程序功能的装配工具，在作业线上只起到与普通单一功能装配工具的相同作用。它没有更换零件的供给装置，不能适应多品种的变换。可通过操作位置编程来发挥装配机器人的作用，实现对同种零件不同位置的安放，如拧紧螺钉；还可以通过编程控制，实现将平面托盘上不同位置的零件安装到同一位置的基础件上。

（2）单工位自动装配系统：传统的单工位装配机能进行三个以下零件的产品装配，但利用装配机器人可在一处装配具有许多零件的产品。

1）独立型自动装配系统：这种系统配备一台装配机器人，在一处完成全部装配作业，可装配直接供给机器的许多零件。

2）装配中心：装配中心配置多台固定式装配机器人或具有快速更换装配工具系统，采用具有料斗作用的零件托盘，成套地向机器提供大量的多种零件。

具有坐标型装配机器人的自动装配系统：这是一种较灵活的系统，配备 x-y 坐标型机器人，进行简单对话式程序设计，关键零件靠托盘供应，定位精度可达 0.01mm。它既可作为一个独立的系统使用，也可作为柔性装配系统中一个或几个独立的装配设备使用，广泛用于小批或成批生产中结构不同的产品装配。

7.4.4 装配自动化举例

图 7-27 为向心球轴承自动装配线的工艺流程图。滚动轴承一般采用分组装配法，轴承内外套圈在检测工位进行内、外径测量后，送入选配、合套工位，合套后的内外套圈一同送到装球机装入钢球和保持架，然后在点焊工位把保持架焊好，再通过退磁、清洗、外观检视和振动检测，最后油漆包装送出。整个过程除外观检视外，全部自动进行。

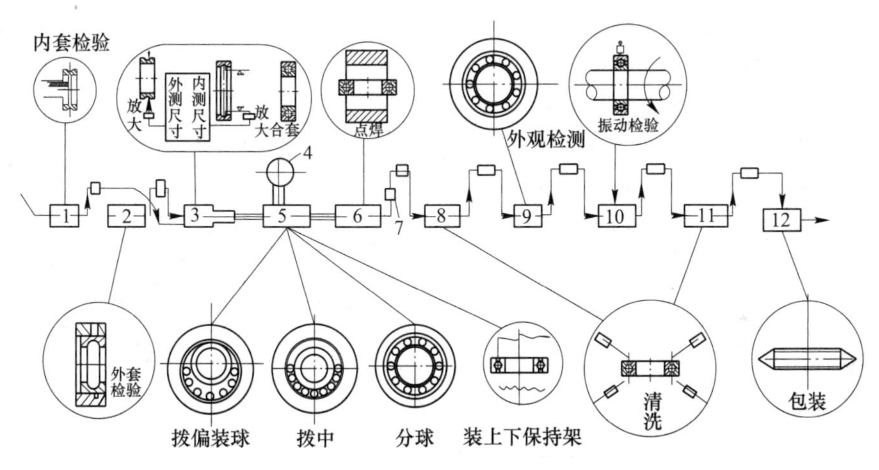

图 7-27 向心球轴承自动装配线的工艺流程

1—内套圈尺寸检验；2—外套圈尺寸检验；3—选配合套；4—钢球料仓；5—装球（内套拨偏、装球、拨中、装上下保持架）；6—点焊保持架；7—退磁；8，11—清洗；9—外观检验；10—振动检验；12—包装

图 7-28 是合套机构的示意图。内、外圈在料道中沿箭头方向滚到合套位置，由挡板 2 和挡料气缸 3 活塞杆定位，气缸 1 的活塞将内套推入外套中，气缸 3 的活塞杆退回，合套后的内、外圈一同滚向装球机。

在自动化装配中，常常采用机械手或工业机器人进行装配。一般机械手只能从事简单的工作，如从某一存放位置将零件拿起，移到一个新的位置，也可以使其与另一零件靠在一起，或将销、杆、轴等装入孔内。复杂一点的工作如拧螺钉、锁紧等可以通过计算机控制的工业机器人来完成。

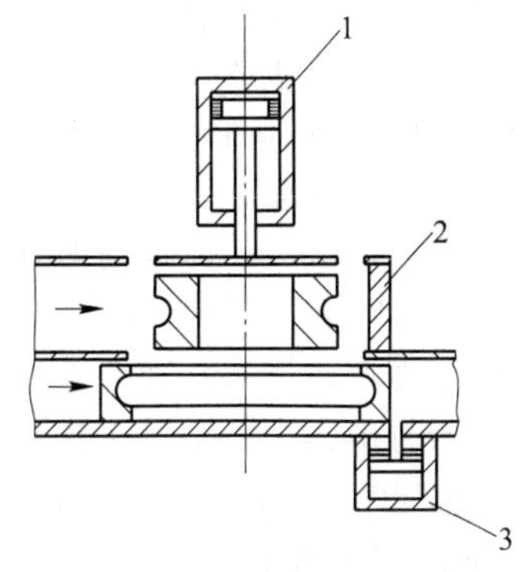

图 7-28 合套机构示意图

1—合套气缸；2—挡板；3—挡料气缸

习题与思考题

7-1 什么是装配精度？机床的装配精度主要包括哪几方面？为什么在装配时要保证一定的装配精度？

7-2 机器的装配精度与其组成零件的加工精度间有何关系？

7-3 试述各种装配方法的特点及适用情况。

7-4 试述制订装配工艺规程的意义、作用、内容、方法及步骤。

7-5 试述装配自动化的意义。

7-6 习图7-1所示为一齿轮箱部件。根据使用要求，齿轮轴肩与轴承端面间的轴向间隙应在0.3~0.9mm范围内。若已知各零件的基本尺寸为$A_1=120$mm，$A_2=A_5=4$mm，$A_3=40$mm，$A_4=88$mm，试用完全互换法确定这些尺寸的公差及偏差。

7-7 习图7-2所示为一连杆曲轴部件，要求装配间隙为0.05~0.15mm，现设计图上的尺寸为：$A_1=120$mm，$A_2=A_3=60$mm，该部件为大批量生产，试用概率法确定各尺寸的公差及偏差。

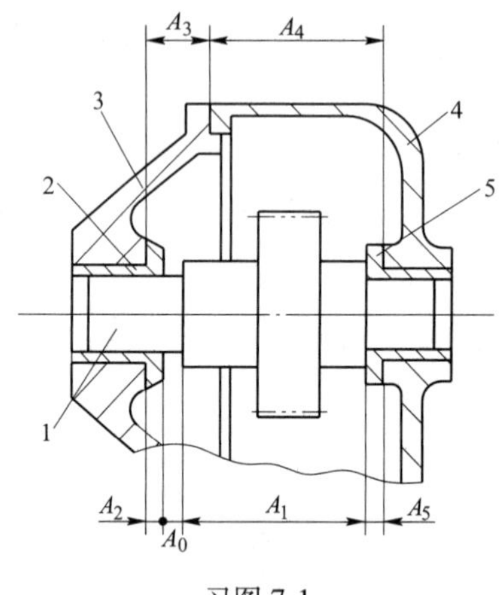

习图7-1

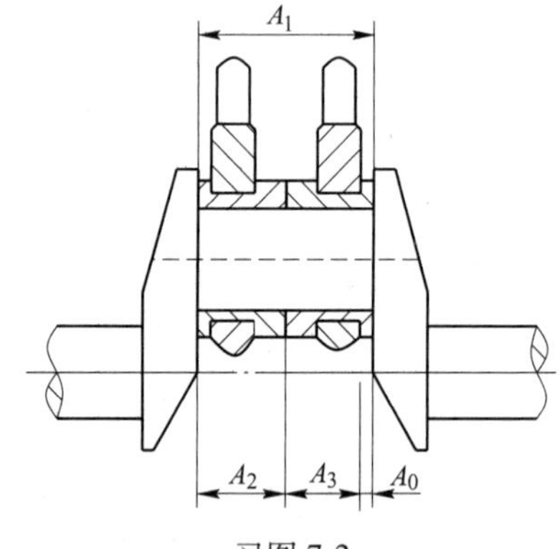

习图7-2

7-8 某设计中，一对轴与孔的配合要求为间隙0.002~0.008mm。因精度要求高，零件难以加工，现将其加工精度放大到经济精度0.012mm进行加工，采用分组装配法达到要求，试求各分组的尺寸及偏差。

7-9 习图7-3所示为一离合器部分装配图。为保证齿轮灵活转动，要求装配后轴套与隔套的轴向间隙为0.05~0.20mm。试合理确定各组成零件的有关尺寸及偏差。

7-10 习图7-4所示为一齿轮与轴的装配关系，已知$A_1=28$mm，$A_2=6$mm，$A_3=42$mm，$A_4=3_{-0.05}^{0}$mm，$A_5=5$mm，装配后齿轮与挡圈的轴向间隙为0.1~0.20mm。采用修配法装配，选A_5为修配件，试确定各组成环的公差及其分布，并求最大修配量。

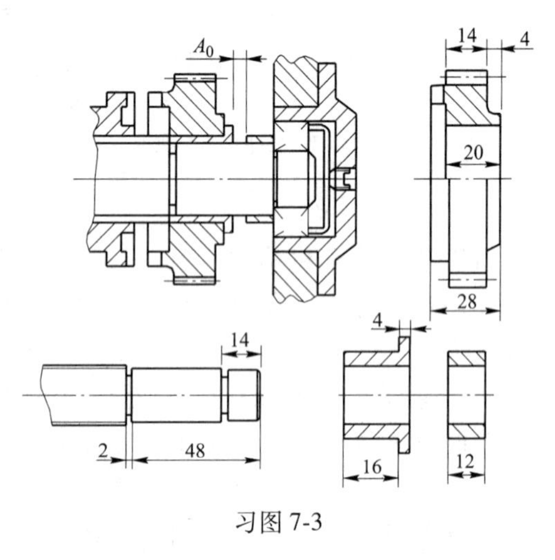

习图7-3

7-11 习图7-5所示为一双联转子泵，装配时要求冷态下的装配间隙为0.04~0.08mm。各组成环的基本尺寸为：$A_1=40\text{mm}$，$A_2=A_4=17\text{mm}$，$A_3=6\text{mm}$。选 A_3 为修配环。试确定修配环的尺寸及偏差，并计算最大修配量。

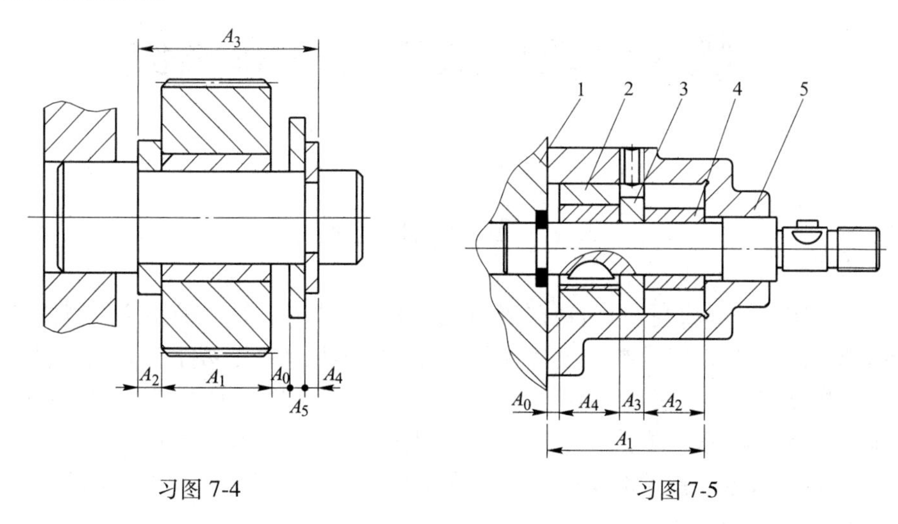

习图 7-4　　习图 7-5

7-12　习图 7-6 所示为 CA6140 车床主轴端部装配简图。根据技术要求，主轴前端法兰与床头箱保持间隙 0.3~0.6mm，有关尺寸为：$A_1=90\text{mm}$，$A_2=20\text{mm}$，$A_3=25_{-0.1}^{\ 0}\text{mm}$，$A_4=41_{-0.12}^{\ 0}\text{mm}$，$A_5=4\text{mm}$，试按完全互换装配法确定各有关尺寸的偏差。

7-13　习图 7-7 所示为一动力头部件装配简图。要求装配后轴承端面与轴承盖之间有 0.2~0.4mm 的间隙。已知 $A_1=A_3=42_{-0.25}^{\ 0}\text{mm}$（标准件），$A_2=160\text{mm}$，$A_4=24\text{mm}$，$A_5=255\text{mm}$，$A_6=40\text{mm}$，$A_k=5\text{mm}$，各组成环均按 IT8 级精度制造。问：

（1）用修配法装配时，最小修配量取 0.05mm，修配环及最大修配量？

（2）用固定调整法装配时，固定调整垫片的尺寸系列及对应空挡尺寸？

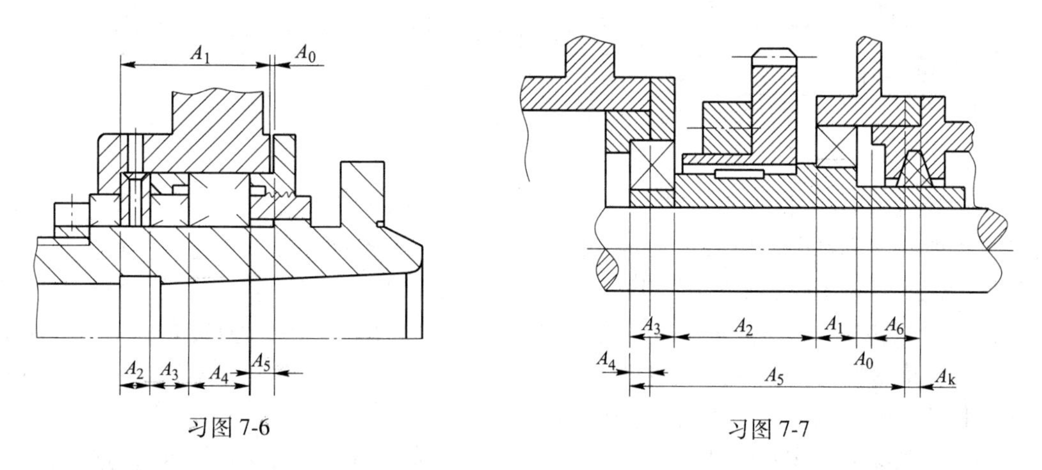

习图 7-6　　习图 7-7

7-14　自动装配机有哪几种形式？各自适用于什么范围？

7-15　自动装配条件下的零件结构工艺性应符合哪些原则？

8 现代加工工艺和系统

8.1 3D 打印技术

3D 打印（3D printing）技术出现在 20 世纪 90 年代中期，是一种快速成型技术，又被称为积层造型法，它是以三维数字模型为基础，运用金属粉末、塑料、液态树脂等原料，通过 3D 打印机逐层打印，堆叠形成一个立体实物。目前，3D 打印技术已在工业造型、机械制造、航空航天、军事、建筑、影视、轻工、医学、考古、食品产业、首饰等领域得到广泛应用，并且随着这一技术的发展，其应用领域将不断拓展。本节主要对 3D 打印的原理、工艺方法和应用做简要的介绍。

8.1.1 3D 打印技术原理

3D 打印技术是集机械工程、CAD、逆向工程技术、分层制造技术、数控技术、材料科学、电子技术和激光技术等为一体的一种综合技术，是实现从零件设计到三维实体原型制造的一体化技术，它采用软件离散-材料堆积的原理实现零件的成型过程，其作业过程如图 8-1 所示。

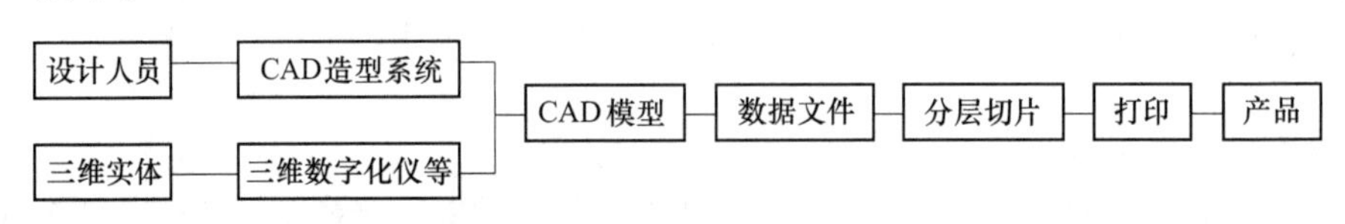

图 8-1 3D 打印的作业过程

（1）零件 CAD 数据模型的建立。由三维 CAD 软件设计出所需要零件的计算机三维曲面或实体模型（亦称电子模型），或者通过相应的测量设备对三维实体进行反求，获取三维数据，以此建立实体的 CAD 模型。

（2）数据转换文件的生成。通过三维造型系统将零件的 CAD 模型转换成一种可被快速成型系统接受的数据文件，如 STL、IGES 等格式文件。目前，绝大多数快速成型系统采用 STL 格式文件，因 STL 文件易于进行分层切片处理。

（3）分层切片。根据工艺要求，将三维实体沿给定的方向、按一定厚度进行分层，把原来的三维电子模型“分区”成逐层的截面，即切片，从而指导打印机逐层打印。

（4）打印。打印机通过读取文件中的横截面信息，用液体状、粉状或片状的材料将这些截面逐层地打印出来，再将各层截面以各种方式黏合起来从而制造出一个实体。这种技术的特点在于其几乎可以造出任何形状的物品。

（5）后期处理。当 3D 打印机完成工作后，取出物体，还需要做一些后期处理，如打磨、抛光、表面喷沙和上色等。经过后期处理，一件成品就算完成了。

8.1.2 3D 打印的几种工艺方法

3D 打印的工艺方法有很多种，下面介绍几种常用的工艺方法。

8.1.2.1 选择性液体固化

选择性液体固化的原理是：将激光聚集到液态光固化材料（如光固化树脂）表面，令其有规律地固化，由点到线到面，完成一个层面的建造，而后升降移动一个层片厚度的距离，重新覆盖一层液态材料，再建造一个层面，由此层层叠加成为一个三维实体。该方法的典型实现工艺有立体光刻（stereo lightgraphy，SL）（如图 8-2 所示）、实体磨固化（solid ground curing，SGC）、激光光刻（light sculpting，LS），总的来说，都以选择性固化液体树脂为特征。该工艺的特点是：原型件精度高，零件强度和硬度好，可制出形状特别复杂的空心零件，生产的模型柔性化好，可随意拆装，是间接制模的理想方法。缺点是需要支撑，树脂收缩会导致精度下降，另外光固化树脂有一定的毒性而不符合绿色制造发展趋势等。

8.1.2.2 选择性层片粘接

选择性层片粘接采用激光或刀具对箔材进行切割。首先切割出工艺边框和原型的边缘轮廓线，而后将不属于原型的材料切割成网格状。通过升降平台的移动和箔材的送给可以切割出新的层片并将其与先前的层片粘接在一起，这样层层叠加后得到下一个块状物，最后将不属于原型的材料小块剥除，就获得所需的三维实体。选择性层片粘接的典型工艺是分层实体制造（laminated object manufacturing，LOM），如图 8-3 所示。该工艺的特点是工作可靠，模型支撑性好，成本低，效率高。缺点是前、后处理费时费力，且不能制造中空结构件。

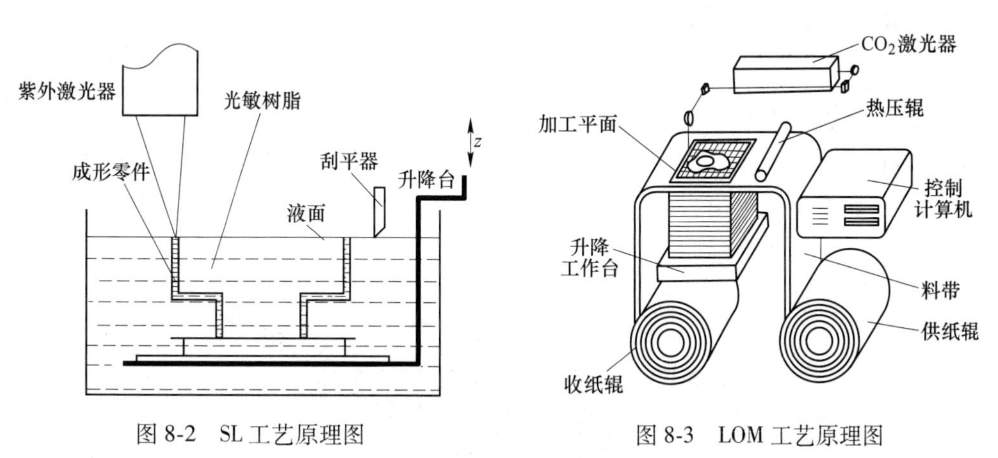

图 8-2 SL 工艺原理图　　图 8-3 LOM 工艺原理图

8.1.2.3 选择性粉末熔结/粘接

选择性粉末熔结/粘接的工艺原理是：对于由粉末铺成的有较好密实度和平整度的层面，有选择地直接或间接将粉末熔化或粘接，形成一个层面，铺粉压实，再熔结或粘接成另一个层面并与原层面熔结或粘接，如此层层叠加为一个三维实体。所谓直接熔结是将粉末直接熔化而连接；间接熔结是指仅熔化粉末表面的粘结涂层，以达到互相粘结的目的。粘接则是指将粉末采用粘接剂粘接。其典型工艺有选择性激光烧结（selective laser sintering，SLS）（如图 8-4 所示）和三维印刷（3D printing，3DP）等。无木模铸型（patternless casting mold，PCM）工艺也属于这类方法。该工艺的特点是材料适应面广，不仅能制造塑料零件，还能制造陶瓷、金属、蜡等材料的零件。造型精度高，原型强度高，所以可用样件进行功能试验或装配模拟。

8.1.2.4　挤压成型

挤压成型是指将热熔性材料（ABS、尼龙或蜡）通过加热器熔化，挤压喷出并堆积一个层面，然后将第二个层面用同样的方法建造出来，并与前一个层面熔结在一起，如此层层堆积而获得一个三维实体。采用熔融挤压成型的典型工艺为熔融沉积成型（fused deposition modeling，FDM），如图 8-5 所示。该工艺的特点是使用、维护简单，成本较低，速度快，一般复杂程度原型仅需要几个小时即可成型，且无污染。

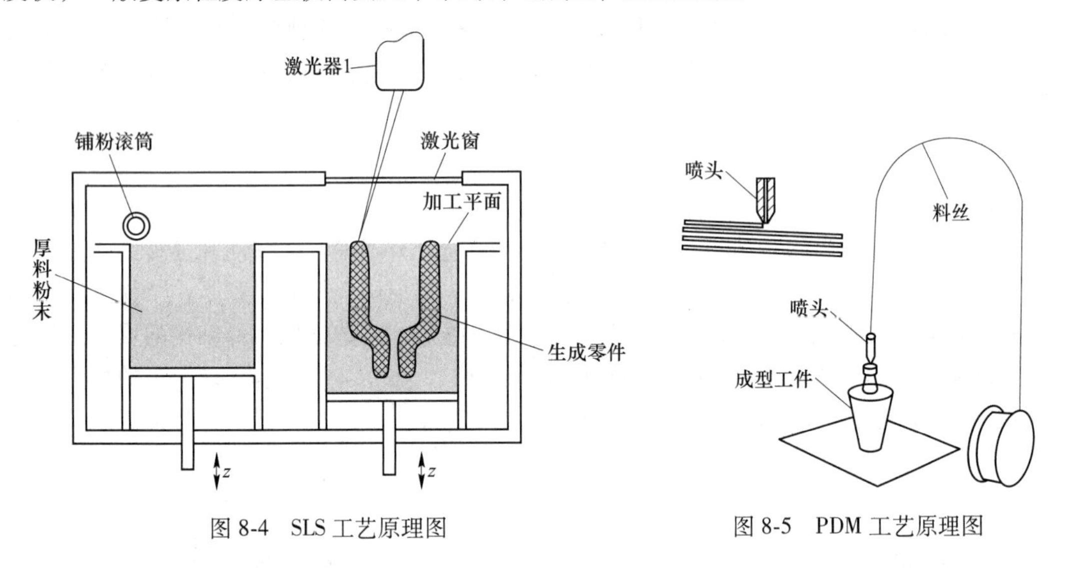

图 8-4　SLS 工艺原理图　　图 8-5　PDM 工艺原理图

8.1.2.5　喷墨印刷

喷墨印刷（ink-jet printing）是指将固体材料熔融，采用喷墨打印原理（气泡法和晶体振荡法）将其有序地喷出，一个层面又一个层面地堆积建造而形成一个三维实体，如图 8-6 所示。

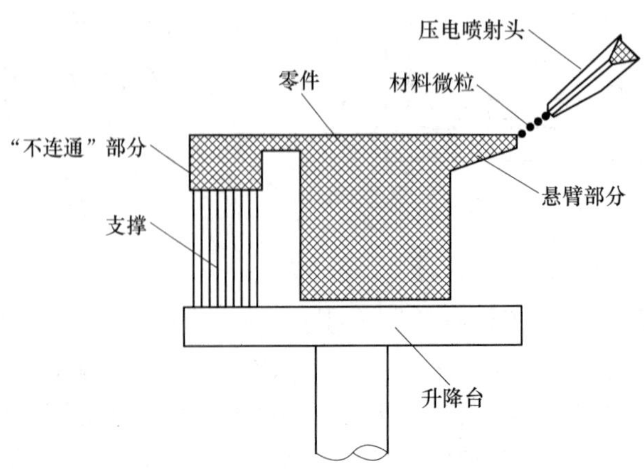

图 8-6　喷墨印刷工艺原理图

8.1.2.6 熔融沉积成型工艺

熔融沉积成型工艺（fused deposition modeling，FDM）是继 LOM 工艺和 SLA 工艺之后发展起来的一种 3D 打印技术。该技术由 Scott Crump 于 1988 年发明，随后 Scott Crump 创建了 Stratasys 公司。1992 年 Stratasys 公司推出了世界上第一台基于 FMD 技术的 3D 打印机，这也标志着 FDM 技术步入商业阶段。FDM 工艺无需激光系统支持，所用的成型材料价格低廉，总体性价比高，因此在大多数的开源桌面 3D 打印机中得到广泛应用。

FMD 工艺是利用热塑性材料的热熔性、粘结性，在计算机控制下层层堆积成型。加热喷头在计算机控制下，可根据截面的轮廓信息，在 x-y 平面内及 z 轴方向移动，丝状热塑性材料由供丝机构送至喷头，并在喷头中加热至熔融态，然后被选择性地涂覆在工作台上，快速冷却后形成截面轮廓。一层截面完成后，喷头上升一截面高度，再进行下一层的涂覆，如此循环最终形成三维产品。

8.1.3 3D 打印技术的应用

8.1.3.1 在机械设计和制造领域的应用

3D 打印在产品开发中的关键作用和重要意义是很明显的，它不受复杂形状的任何限制，可迅速地将显示于计算机屏幕上的设计变为可进一步评估的实物。根据原型可对设计的正确性，造型合理性，可装配和干涉进行具体的检验。对形状较复杂而贵重的零件，若直接依据 CAD 模型不经原型阶段就进行加工制造，风险极大，往往需要多次反复才能成功，不仅延长了产品开发的周期，而且增加了资金消耗。而通过 3D 原型的检验可将此种风险减到最低的限度。

3D 打印技术的出现改变了传统机械制造理念，由于 3D 打印是采用材料逐层叠加的方式形成产品，省去了传统机械制造中需使用的机床、工装夹具等较多生产设备以及车、铣、刨、磨等诸多工序，因此采用 3D 打印技术可大大减少加工过程所消耗的时间，缩短产品制造周期。同时，由于 3D 打印技术的广泛使用使打印材料的种类也越来越丰富，设计者可根据需要合理的选择打印材料，在保证工件强度的条件下大大降低制造成本。总之 3D 打印技术的出现使产品设计和加工过程都得到了大大的简化。

8.1.3.2 在医学领域内的应用

在医学上应用 3D 打印技术进行辅助诊断和辅助治疗的应用也得到日益推广。如脑外科、骨外科，可直接根据 CT 扫描和磁共振数据转换成 STL 文件，再采用各种 3D 打印工艺技术均可制造出病变处的实体结构，以帮助外科医生确定复杂的手术方案。在骨骼制造和人的器官制造上，3D 打印技术有着独特的用处，如人的右腿遭遇粉碎性骨折，则用左腿的 CT 数据经过对称处理后可获得右腿粉碎处的骨组织结构数据，通过 3D 打印技术制取骨骼原型，可取代已破坏的骨骼，注以生长素，可在若干天后与原骨骼组织长为一体。这项技术已被清华大学等单位所掌握和应用。2013 年 3 月 9 日，日本一家医院的医生先使用刀具切割了一个由 3D 打印生成患者肝脏的三维复制品，这个模型帮助医生正确计算出如何切割肝脏，并成功地进行了肝脏移植手术。2015 年 9 月 11 日，3D 打印技术在医学界再次获得重大突破，西班牙成功施行首例 3D 打印钛合金胸肋骨植入手术。

8.1.3.3 在模具制造业中的应用

3D 打印技术在模具制造过程中主要采用逆向建模的方式对传统模具进行加工，通过三维扫描仪对产品实物样件的表面进行三维数字化处理，利用可进行逆向三维造型设计的软件进行样件三维再现，可对已有样件重新进行优化设计，同时解决了模具制造的母模问题。原型的快速设计和自动制造也保证了模具的快速制造，无需数控铣削，无需电火花加工，无需任何专用夹具和工具，直接根据原型就可将复杂的工具和型腔制造出来。一般来说，采用快速成型技术模具制造时间和成本均为传统技术的1/3。

8.1.3.4　在其他方面的应用

随着3D打印技术不断发展，其已在越来越多行业得到广泛应用。在建筑行业，工程师和设计师们用3D打印机打印各种建筑模型，这种方法快速、成本低、环保，同时制作精美。在食品行业，研究人员已经开始尝试打印巧克力和各种蛋糕，或许在不久的将来，很多看起来一模一样的食品就是用食品3D打印机“打印”出来的。在考古领域，利用3D打印技术可以还原和重建文物的原有样貌。在饰品、服装等行业，设计师和研究人员已经开始采用3D打印技术生产鞋、首饰、眼镜、皮带等配饰和服装。荷兰设计师Iris van Herpen和麻省理工大学教授Neri Oxman多次合作在其发布会中展示了3D打印技术打印的服装；NIKE和New Balance用此技术为运动员生产定制运动鞋；美国旧金山Protos眼镜行采用3D扫描技术，参数化的3D模型和3D打印技术为客户量身定制眼镜。

8.2　精密加工和纳米加工

8.2.1　精密加工

精密加工是指在一定的发展时期，加工精度和表面质量达到较高程度的加工工艺。就目前科技发展的情况来讲，应该是指加工精度在微米级到亚微级、表面粗糙度值在毫微米级的加工。精密加工也可分为去除加工、结合加工和变形加工，就其加工机理有传统和非传统两大类，本节仅介绍传统精密加工。

8.2.1.1　精密加工基本原理

利用切削加工的方法实现精密加工，就需要在工件表面上切去一层极薄的材料，例如要能达到0.1μm级的加工精度，刀具必须能从加工表面上切除深度小于0.1μm材料的能力。因为如果检测结果发现工件尺寸大了0.1μm须切除，而刀具根本就没有能力切除这多余的0.1μm材料，那么切削的加工精度就无法达到0.1μm级。所以，精密加工要求所用刀具必须具有极其锋利的切削刃。切削刃的锋利程度一般用切削刃钝圆半径表示，理论研究与实验证明它的最小极限切削深度值$a_{pmin}\approx 0.3$倍切削刃钝圆半径。由此可见，为了能实现精密切削，首先应选择合适的刀具材料，以得到切削刃钝圆半径小的、锋利的切削刃。表8-1是目前常用刀具材料所能达到的切削刃钝圆半径。

表8-1　不同刀具材料的切削刃钝圆半径

刀具材料	碳素工具钢	高速钢	硬质合金	陶瓷	天然单晶金刚石
切削刃钝圆半径/μm	10~12	12~15	18~24	18~31	0.01（国际最高水平） 0.1~0.3（中国）

由表8-1中数据可以看到，刀具切削刃钝圆半径不仅与刀具材料有关，而且与制造水

平有关。实际上，目前天然单晶金刚石刀具的刃磨和切削刃钝圆半径测量技术是精密加工中的关键技术之一，受到各国的重视。这些数据也说明了为什么在精密加工中均选用天然单晶金刚石作刀具。

8.2.1.2 实现精密加工的条件

为实现精密加工，仅有锋利的刀具还不够，还应具备以下条件：

（1）高刚度和高精度的机床，如美国 Livermor 实验室研制的 DTM-3 型金刚石切削车床的主轴系统刚度高达 500N/μm，主轴回转精度 0.02μm。

（2）极高的测量精度，如双频激光测量系统，X 射线干涉仪等可达到 0.1nm 的测量精度。

（3）高精度的微量进给系统（包括数控系统的脉冲当量值要小，数控系统的脉冲当量值一般应为最小极限背吃刀量 a_{pmin} 值的 1/10~1/5；微量进给机械系统）。

（4）适合于精密、超精密加工的材料。

8.2.1.3 实现精密加工的环境

主要指空气的洁净度、机床加工环境的温度和湿度变化及外界振动的干扰。超精密加工要求每立方英尺的空气中大于 0.5μm 的灰尘不得超过 10~100 个；机床加工环境温度要求达到 20℃±0.01℃。

8.2.1.4 超精密车削

超精密车削一般指精度在 IT5 级以上，表面粗糙度值小于 *Ra*0.025μm 的加工。实现超精密车削除上述条件外，还需要对被加工材料和刀具提出一些要求。

（1）被加工材料。由于材料的均匀性及微观缺陷对加工后的表面粗糙度影响很大，所以工件材料的纯度要求达到 99.97%以上。常用材料为铜、铝等有色金属及其合金。

（2）刀具。由于切削深度和进给量很小，所以刀具应具有以下性能：

1）极锋利的刃口；

2）前、后刀面有极小的粗糙度；

3）高的硬度和弹性模量，保证刀具的使用寿命；

4）好的抗氧化粘结性，减少粘结磨损；

5）好的抗热、抗电磨损性。

常用刀具材料为天然单晶金刚石，图 8-7 为两把金刚石车刀。图 8-8 是四种常用金刚石车刀的形状。

8.2.1.5 超精密磨削

对于铁族等黑色金属材料的零件，采用磨削的方法实现其超精密加工。需要对砂轮进行定期的精细修正，一是去除砂轮外层已磨钝的磨粒或去除已被磨屑堵塞了的一层磨粒；二是将砂轮的磨粒修整出大量等高的有效微刃，如图 8-9 所示。

（1）砂轮精细修整获得等高微刃是关键。为此，修整时金刚石笔的进给量一般在 0.01~0.05mm/r，切入深度一般在 0.0025~0.005mm/双行程。

（2）合理选择磨削用量。

1）砂轮速度不宜太高，以免振动和增加磨削热，一般可取 12~20m/s。

2）工件线速度和纵向进给量均应取小值。一般工件线速度取 4~10m/min；纵向进给

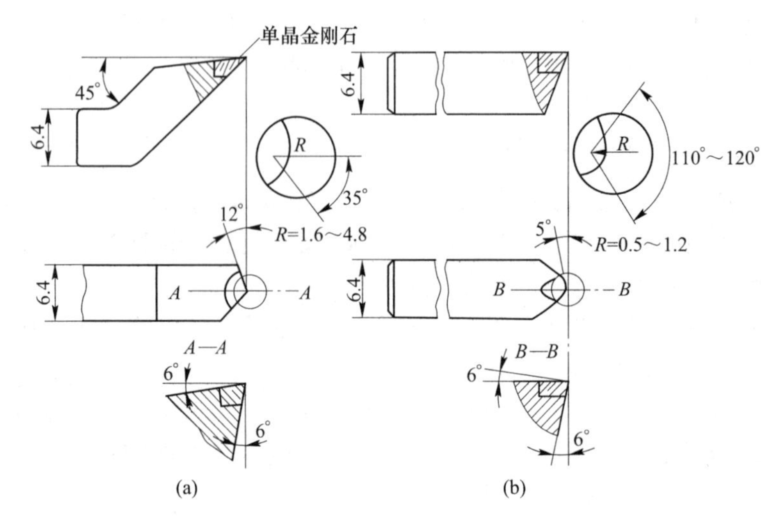

图 8-7 金刚石车刀

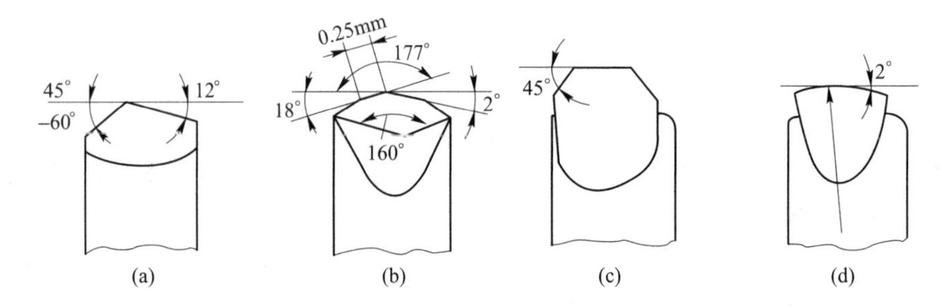

图 8-8 常用的金刚石车刀形状

（a）尖刃；（b）多棱刃；（c）单直线刃；（d）圆弧刃

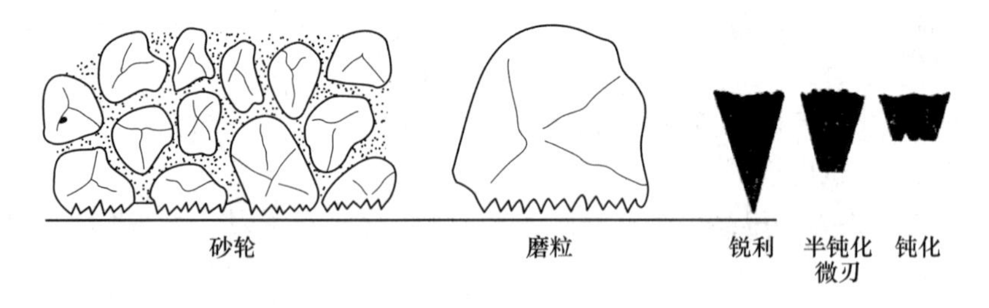

图 8-9 磨粒微刃性和等高性

量小于 80mm/min。

3）小的磨削深度。因这时的磨削是靠微刃进行切削，而微刃高度很小，为减少微刃负荷及磨削热，磨削深度一般取 2.5～5μm。

8.2.2 纳米加工

纳米技术是一个涉及范围非常广泛的术语，它包括纳米材料、纳米摩擦、纳米电子、纳米光学、纳米生物、纳米加工、纳米机械等，这里只讨论与纳米加工有关的问题。

纳米加工的材料去除过程与传统的切削、磨削加工的材料去除过程有原则区别。为加工具有纳米级加工精度的工件，其最小极限背吃刀量 a_p 必须小于 1nm，而加工材料原子间间距为 0.1~0.3nm，这表明，在纳米级加工中材料的去除（增加）量是以原子或分子数计量的。

纳米级加工是通过切断原子（分子）间结合进行加工的，而这只有在外力对去除材料做功产生的能量密度超过了材料内部原子（分子）间结合能量密度（为 $10^5 \sim 10^6 J/cm^3$）时才能实现。传统的切削、磨削加工所能产生的能量密度较小，用传统的切削、磨削加工方法切断工件材料原子（分子）间结合是无能为力的，所以主要是利用光子、电子、离子等基本能子的加工。纳米级加工的目的是为了达到纳米级的加工精度，其含义是纳米级尺寸精度、纳米级几何形状精度、纳米级表面质量，对不同的加工对象，这三方面是有所偏重的。

纳米级加工方法种类很多，此处仅以扫描隧道显微加工为例，介绍纳米加工原理和方法，并用以展示近年来人们在研究发展纳米级加工方面所达到的水平。

扫描隧道显微镜（scanning tunneling microscope，STM）是 1981 年由两位在瑞士苏黎世实验室工作的科学家 C. Binning 和 H. Rohrer 发明的，STM 可用于测量三维微观表面形貌，也可用作纳米加工。STM 的工作原理主要基于量子力学的隧道效应。当一个具有原子尺度的探针针尖足够接近样品表面某一原子 A 时，探针针尖原子与 A 原子的电子云相互重叠，此时在探针与样品表面之间施加幅值仅几伏、宽度为几十毫秒的脉冲电压时，将在针尖与 A 原子的间隙内生成一个 $10^9 V/m$ 数量级的电场。样品表面的原子在强电场的作用下，将被吸附到针尖端部，在表面层上留下空穴；同样针尖上的原子物质，也可以转移到样品的表面，从而实现针尖与样品间的物质交换，即原子搬迁，也即原子操纵。在探针与被加工材料间通过的电流叫隧道电流。

原子操纵分为原子获取、移动、放置几个步骤。当增大隧道电流，从分子中分离出来的原子在强大电场作用下，被吸附到针尖上，针尖在样品表面移动时，所吸附的原子将随之一起移动到预定位置，此时减小参考隧道电流，针尖对原子的吸引力减弱，原子留在该位置，从而形成新的表面结构。重复该过程，可以搬迁多个原子，形成具有一定形状的纳米结构。1990 年，美国的 Eilger 等人在 4K 温度和超真空环境中，用 STM 将 Ni(110) 表面上的 Xe（氙）原子逐一搬迁，最终以 35 个 Xe 原子排成 IBM 字样，每个字母高 5nm，氙原子间距约 1nm，如图 8-10 所示。

图 8-10　移动原子排成 IBM

在单原子操纵基础上，还可以进行纳米尺度结构加工，各国学者在原子搬迁的基础上，已经逐渐转向纳米结构和功能器件的加工研究。2001 年，重庆大学的蔡从中、王万录等人在高序定向的热裂解石墨上，利用 STM 进行了纳米级加工研究，并分析了高电压脉冲宽度对纳米刻蚀效果的影响，加工出一系列小坑组成的“CU”字符，每个字大小为 64nm×64nm，小坑直径约为 4nm。同年，日本理化研究所的清野正和等人，用 STM 在有机导电高分子材料上，首次加工出线宽仅为 3nm 的极细导线。这些研究为纳米器件的实际应用打下了坚实的基础。

仅就 STM 纳米加工技术也还有表面直接刻字、低能电子束光刻、电化学加工等多种工艺。随着纳米技术研究的深入，人们会开发出更多更好的纳米加工技术，生产出更为精细的器件、产品。

8.3　高速切削和超高速切削

8.3.1　高速切削的概念

随着数控机床、加工中心和柔性制造系统在机械制造中的应用，使机床空行程动作（如自动换刀、上下料等）的速度和零件生产过程的连续性大大加快，机械加工的辅助工时大为缩短。在这种情况下，再一味地减少辅助工时，不但技术上有难度，经济上不合算，而且对提高生产率的作用也不大。这时辅助工时在总的零件单件工时中所占的比例已经较少，切削工时占去了总工时的主要部分，成为主要矛盾。只有大幅度地减少切削工时，即提高切削速度和进给速度等，才有可能在提高生产率方面出现一次新的飞跃和突破。这就是高速切削和超高速切削加工技术得以迅速发展的历史背景。近几十年来，切削加工时间与制造时间的变化如图 8-11 所示。

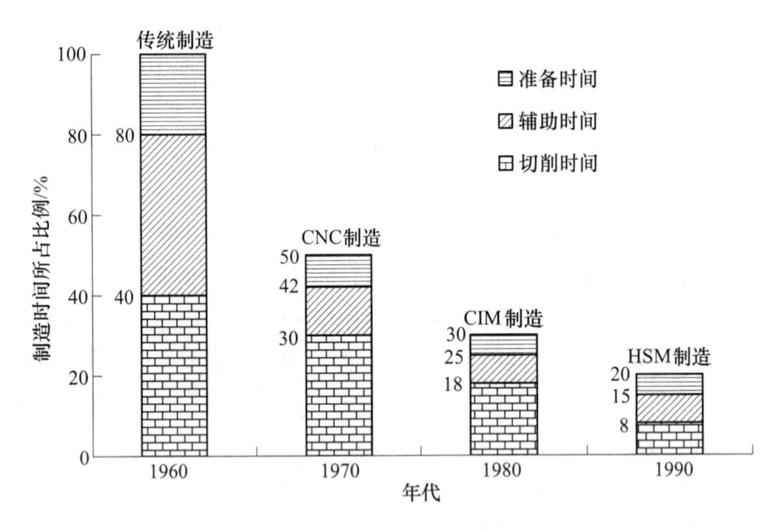

图 8-11　不同年代切削加工时间与制造时间的变化

高速加工概念来源于德国科学家 C. J. Salomon 博士，他于 20 世纪二三十年代，根据大量的切削实验数据，指出切削温度并不是随切削速度的增加而单调地上升，当切削速度超过某一临界切削速度（随材料不同而不同）时，切削温度随切削速度的增加反而下降，并由此给出了著名的萨洛蒙曲线。但由于当时实验条件的限制，Salomon 的这一新颖的切削理论长期未得到验证。直到 50 年代后期，高速切削加工的理论基础研究开始在世界范围内展开，美国、日本、德国和苏联等国采用弹射实验方法，对不同的工件材料用不同的切削刀具进行了大量的高速切削试验，试验结果表明，与传统铣削相比较，高速铣削加工效率提高了 3~6 倍，主切削力减少了 30%以上，切削温度明显下降，刀具耐用度提高，加工表面质量明显提高。高速加工技术的发展经历了理论探索、应用探索、初步应用和较成熟四个阶段，现已在生产中得到愈来愈多的推广应用。如表 8-2 所示国外几种高速加工机床实例。

表 8-2 部分国外高速加工机床实例

机型	SPARKCUT 6000	HyperMach	HVM600	HSM700	DMC85V Linear	HS644 系列	MINUMAC 系列
生产厂家	Kitamura（日本）	Cincinnati（美国）	Ford & Ingersoll（美国）	MIKRON（瑞士）	DECKEL MAHO（德国）	CONTINI（意大利）	Forest Line（法国）
主轴转速 /r · min^{-1}	150000	60000	20000	42000	18000/30000	40000	30000/40000
进给速度 /m · min^{-1}	60	60	76.2	20	120	30	20
快移速度 /m · min^{-1}	60	100	76.2	40	120	30	20

由于不同的工件材料和加工方式有着不同的切削速度范围，因而很难就高速和超高速加工的切削速度范围给定一确切的数值。目前，对于各种不同加工工艺和不同加工材料，高速加工的切削速度范围分别如表 8-3 所示。

表 8-3 不同加工工艺和各种材料的切削速度范围

加工工艺	切削速度范围/m · min^{-1}	加工材料	切削速度范围/m · min^{-1}
车削	700～7000	铝合金	2000～7500
铣削	300～6000	铜合金	900～5000
钻削	200～1100	钢	600～3000
拉削	30～75	铸铁	800～3000
铰削	20～500	耐热合金	>500
锯削	50～500	钛合金	150～1000
磨削	5000～10000	纤维增强塑料	2000～9000

8.3.2 高速切削优越性

近年来，由于高速切削加工和常规切削加工相比，在提高生产率、减少热变形和切削力以及实现高精度、高质量零件加工方面具有显著的优越性，因此，高速切削加工越来越引起人们的关注。

（1）材料切除率高。高速切削加工比常规切削加工单位时间材料去除率可提高 3～6 倍，因而零件加工时间通常可缩减到原来的 1/3，从而提高了生产率和设备利用率。

（2）切削力低。和常规切削加工相比，高速切削力至少降低 30%，这对于加工刚性较差的零件（如细长轴、薄壁件等）来说，可减少加工变形，提高零件加工精度。同时，按高速切削单位功率比，材料切除率可提高 40%以上，有利于延长刀具使用寿命，通常刀具耐用度可提高约 70%。

（3）减少热变形。高速切削加工过程，95%以上的切削过程所产生的热量将被切屑带离工件，工件积聚热量极少，零件不会由于温升导致翘曲或膨胀变形。因此，高速切削特别适合于加工容易发生热变形的零件。

（4）加工效率高。高速切削加工允许使用较高进给速度，比常规切削加工提高5~10倍，可大大提高加工效率，缩短生产周期。

（5）实现高精度加工。应用高主轴转速、高进给速度的高速切削加工，其激振频率特别高，已远远超过机床-工件-刀具系统的固有频率范围，使加工过程平稳、振动较少，可实现高精度、低粗糙度加工。高速切削加工获得的工件表面质量几乎可与磨削加工相比，高速切削加工可直接作为最后一道精加工工序。

（6）增加机床结构稳定性。高速切削加工由于温升及单位切削力较小，增加了机床结构的稳定性，有利于提高加工精度和表面质量。

（7）良好的技术经济效益。采用高速切削加工将能取得较好的技术经济效益，如缩短加工时间，提高生产率；加工刚性差的零件；提高了刀具耐用度和机床利用率；零件加工精度高，表面质量好，工件热变形小；刀具成本低，节省了换刀辅助时间及刀具刃磨费用等。

8.3.3 高速切削技术的应用

高速切削加工技术主要用于加工钢、铸铁及其合金、铝、镁合金、超级合金（镍基、铬基、铁基和钛基合金）及碳素纤维增强塑料等复合材料，其中加工铸铁和铝最为普遍。高速切削技术的主要应用领域如表8-4所示。

表8-4 高速切削技术的主要应用领域

技术优点	应用领域	应用实例
切削效率高	轻金属合金、钢、铸铁	航空航天产品、模具制造
表面质量高	精密加工	光学工业、精密加工件、螺旋压缩机
切削力小	薄壁件加工	航空航天工业、汽车工业、家电工业
激励频率高	对临界频率敏感的工件	精密机械、光学工业
切削热对工件影响小	对切削热敏感的工件	精密机械、镁合金

8.3.3.1 在航空航天领域的应用

高速切削技术在航空航天领域应用广泛，如大型整体结构件、薄壁类零件、微孔槽类零件和叶轮叶片等。国外许多飞机及发动机制造厂已采用高速切削加工来制造飞机大梁、肋板、舵机壳体、雷达组件、热敏感组件、钛和钛合金零件、铝或镁合金铸件等航空零部件产品。现代飞机构件都采用整体加工技术，即直接在实体毛坯上进行高速切削，加工出高精度、高质量的铝合金或钛合金等有色轻金属及合金的构件，而不采用铆接等工艺，从而可以提高生产率，降低飞机重量。Ingersoll公司的“高速模块”所用的切削速度为：加工航空航天铝合金时为2438m/min，铸铁时为1219m/min，这均比常规切削速度高出几倍到几十倍。美国波音公司制造F15战斗机两个方向舵之间的气动减速板，以前需要约500多个零部件装配而成，制造一个气动减速板所需要的交货期约为3个月，现在应用高速切削技术直接在实体铝合金毛坯上经铣削加工完成，交货期仅需几天。美国惠普公司与以色列叶片技术公司合作开发钛合金涡轮叶片的高速铣削，选用主轴转速为20000r/min的铣床加工叶片锻件，可在7min内完成粗加工，再经7min精加工成叶片。

8.3.3.2 在汽车工业领域的应用

高速加工在汽车生产领域的应用主要体现在模具和零件加工两个方面。典型零件包括：伺服阀、各种泵和电机的壳体、电机转子、汽缸体和模具等。如美国福特汽车公司与Ingersoll公司合作研制的HVM800卧式加工中心及镗汽缸用的单轴镗缸机床已实际用于福特公司的生产线。Lamb公司用氮化硅陶瓷刀片，铣削发动机缸体顶面，切削速度达1524m/min，进给速度达6.35m/min，生产效率提高了50%。

8.3.3.3 在模具工具工业领域的应用

采用高速切削可以直接由淬硬材料加工模具，这不单单省去了过去机加工中所需的几道电加工工序，节约工时，还由于目前高速切削已经可以达到很高的表面质量（$Ra \leq 0.4\mu m$），因此省去了电加工后表面研磨和抛光的工序。另外，切削形成的已加工表面的压应力状态还会提高模具工件表面的耐磨程度。这样，锻模和铸模仅经高速铣削就能完成加工。对于复杂曲面加工、高速粗加工和淬硬后高速精加工很有发展前途，并有取代电火花和抛光加工的趋势。统计表明，到1996年为止，已有44%的德国模具公司在使用高速切削技术，日本和美国大约有30%的模具公司有高速切削的使用经验。如汽车车门外覆盖件拉延模具，尺寸为1400mm×1200mm×600mm，模具重量2500kg，材料为铸铁GCG30，硬度240HB，传统数控加工时间50h，钳工修复90h，总计140h；高速加工时间16.5h，手工修复15h，总计31.5h。

8.3.3.4 在难加工材料领域的应用

高速车削加工硬金属材料（HRC55~62）现已被广泛用于代替传统的磨削加工，车削精度可达IT5~6，表面粗糙度可达$Ra0.2 \sim 1\mu m$。山特维克生产的K20焊接式立铣刀，切削钛合金速度可达100m/min，日本黛杰公司生产的TiAlN涂层的整体硬质合金刀具，切削速度可达200m/min。用YG类硬质合金切削高温合金Inconel 718时，切削速度19m/min，被吃刀量3.4mm，进给量0.23mm/r；而用氮化硅陶瓷刀具加工时，切削速度可达172m/min，被吃刀量10.2mm，进给量0.18mm/r，金属切除率是硬质合金刀具的21倍。

8.3.3.5 在超精密微细切削加工领域的应用

在电路板上，有许多0.5mm左右的小孔，为了提高小直径钻头的钻刃切削速度，提高效率，目前普遍采用高速切削方式。日本FANUC公司和电气通信大学合作研制了超精密铣床，其主轴转速达55000r/min，可用切削方法实现自由曲面的微细加工。

高速切削的应用范围正在逐步扩大，不仅用于切削硬材料金属，也越来越多用于切削软材料，如：橡胶、塑料、木头等，经高速切削后这些软材料被加工表面极为光滑，比普通切削的加工效果好得多。

8.4 特种加工技术

8.4.1 电火花加工

8.4.1.1 电火花加工的基本原理

电火花加工是利用工具电极与工件电极之间脉冲性的火花放电，产生瞬时高温将金属蚀除，以达到对零件的尺寸、形状、表面质量要求的加工。又称为放电加工、电蚀加工、电脉冲加工。

图 8-12 是电火花加工原理图，为正极性接法，即工件接阳极，工具接阴极，由直流脉冲电源提供直流脉冲。工作时，工具电极和工件电极均浸泡在工作液中，工具电极缓缓进给与工件电极保持一定的放电间隙。电火花加工是电力、热力、磁力、流体动力、电化学和胶体化学等综合作用的过程，一般可分为以下四个连续的加工阶段：

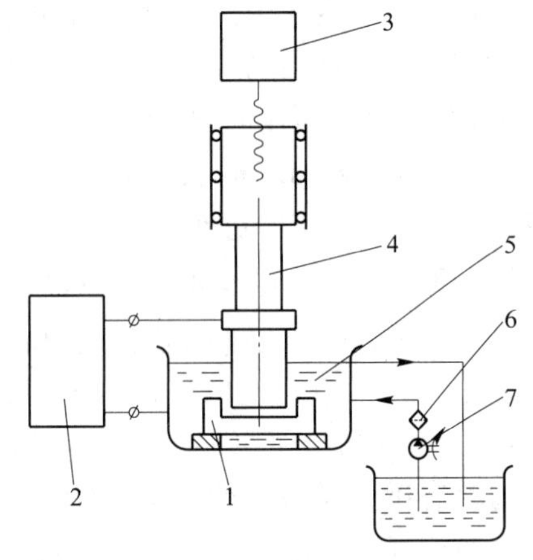

图 8-12　电火花加工原理示意图

1—工件；2—脉冲电源；3—自动进给调节装置；4—工具；5—工作液；6—过滤器；7—工作液泵

（1）介质电离、击穿、形成放电通道。当脉冲电压施加于工件与工具电极之间，立即形成电场。由于工件表面、工具电极表面是微观不平，使极间电场很不均匀，随极间间隙减小，两极间突出点电场强度增加到 10^5V/mm 左右时，就会产生场致电子发射，由阴极表面向阳极逸出电子。在电场作用下，负电子高速向阳极运动并撞击工作液介质中的分子或中性原子，产生碰撞电离。形成带负电的粒子和带正电的粒了，导致带电粒子雪崩式增多，使介质击穿形成放电通道。

（2）火花放电产生熔化、气化、热膨胀。极间介质被电离、击穿、形成放电通道后，脉冲电源使通道间的电子高速奔向正极，正离子奔向负极。电能变成动能，动能通过碰撞又变成热能，使通道产生瞬时高温，使工作液气化、热分解，使两极材料熔化，直至沸腾气化，其体积瞬时猛增，迅速热膨胀而产生爆破特性。

（3）抛出蚀除物。两极的瞬时高温，使两极的材料同时产生熔化、气化，它们在被抛离电极表面时，四处飞溅，绝大部分进入工作液后形成小颗粒。材料的抛出是热爆炸力、电动力、流体动力等综合作用的结果，目前对这一过程的认识还在深化中。

虽然在这个过程中，两极材料均有蚀除，但正、负极受电子、离子撞击的能量、热量不同；不同电极材料的熔点、气化点不同；电流宽度、脉冲电流大小不同，正、负电极上被抛出的材料也不同。

（4）间隙介质消除电离。当一次放电结束，需要将介质恢复到放电前的状况，即消除电离，就是把放电通道中的带电粒子恢复为中性粒子，使介质的绝缘强度恢复到原来值（10^3 ~ $10^7\Omega \cdot$cm），为下一次放电做好准备。

8.4.1.2　电火花加工的特点及分类

电火花加工中的材料去除是靠放电时的电热作用实现的，与工具和工件材料的硬度无关，所以可以实现用软的工具加工硬的工件。又由于加工时没有机械加工的宏观力，所以适宜于加工低刚度工件。因数控技术的应用，可以用结构简单的电极加工形状复杂的零件。但它只能加工导电材料，且加工速度较慢。

电火花加工的分类一般按工具与工件的相对运动方式和用途不同分，大致分为电火花穿孔成型加工、电火花线切割、电火花磨削和镗削、电火花同步共轭回转加工、电火花高速小孔加工、电火花表面强化与刻字六大类。

8.4.1.3 电火花加工中的一些基本规律

（1）影响材料放电腐蚀的主要因素：不同电极，蚀除速度不同的极性效应；电脉冲频率、单脉冲能量、脉冲宽度等电参数；金属材料的熔点、沸点、比热容、熔化热、气化热等热学常数；工作液的介电性能、密度、黏度等；此外，加工过程的稳定性、加工面积、电极材料的选择等。

（2）电火花的加工速度与工具的损耗速度：加工速度就是材料的蚀除速度。粗加工时 $200\sim1000\text{mm}^3/\text{min}$，$Ra$ 为 $10\sim20\mu\text{m}$，半精加工时 $20\sim100\text{mm}^3/\text{min}$，$Ra$ 为 $2.5\sim10\mu\text{m}$，精加工时一般在 $10\text{mm}^3/\text{min}$ 以下，Ra 为 $0.32\sim2.5\mu\text{m}$。

工具相对损耗是加工中工具的蚀除速度与工件的蚀除速度的比值，次值越小说明工具的损耗越少。

（3）影响加工精度的因素：主要有放电间隙的大小及其一致性、工具电极的损耗及其稳定性。

（4）电火花加工的表面质量：1）表面粗糙度，电火花加工后的表面是由无方向性的无数小坑和硬凸边组成，有利于存油，可提高表面耐磨性。对表面粗糙度影响最大的是单个脉冲能量。2）表面变质层，熔化凝固层是表层瞬时熔化又被工作液冷却的一层金属，其厚度与脉冲能量有关，大约为 Ra 的 $1\sim2$ 倍，且一般不超过 0.1mm；热影响层是介于熔化层与基体之间，厚度约为 Ra 的 $2\sim3$ 倍；显微裂纹出现在熔化层，是由于熔化层金属的速冷造成。3）表面力学性能，电火花加工后的表面一般为残余拉应力，表面显微硬度较基体高，但表面变质层虽硬，却与基体的结合不牢，仅可提高滑动耐磨性。

8.4.1.4 电火花加工的主要用途

电火花加工可加工任何导电材料，不论其硬度、脆性、熔点如何。现已研究出加工非导体材料和半导体材料的方法。由于加工时工件不受力，适于加工精密、微细、刚性差的工件，如小孔、薄壁、窄槽、复杂型孔、型面、型腔等零件。加工时，加工参数调节方便，在一次装夹下同时进行粗、精加工。电火花加工机床结构简单，现已几乎全部数控化。电火花加工的应用范围非常广泛，是特种加工中最广泛应用的方法。

（1）穿孔加工：可加工型孔、曲线孔（弯孔、螺旋孔）、小孔。

（2）型腔加工：可用于锻模、压铸模、塑料模、叶片、整体叶轮等零件加工。

（3）线电极切割：可用于切断、开槽、窄缝、型孔、冲模等加工。

（4）回转共轭加工：将工具电极做成齿轮状和螺纹状，利用回转共轭原理，可分别加工相同模数不同齿数的内外齿轮和相同螺距、齿形的内外螺纹。

（5）电火花回转加工：加工时工具电极回转，类似钻削和磨削，可提高加工精度。这时工具电极可分别做成圆柱形和圆盘形。

（6）金属表面强化、打印标记、仿形刻字等。

8.4.2 电火花线切割加工

8.4.2.1 电火花线切割的原理和特点

电火花线切割的基本原理是利用移动的细金属导线（铜丝或钼丝）作电极，对工件进行脉冲火花放电、切割成型。其机型根据电极丝的运行速度不同分为两类：一类是高速往复走丝机床，其走丝速度为8~10m/s，是我国独创的，也是我国生产和使用的主要机种；另一类是低速走丝机床，电极丝作低速单向运动，一般走丝速度低于0.2m/s，是国外生产和使用的主要机种。图8-13是电火花线切割原理。

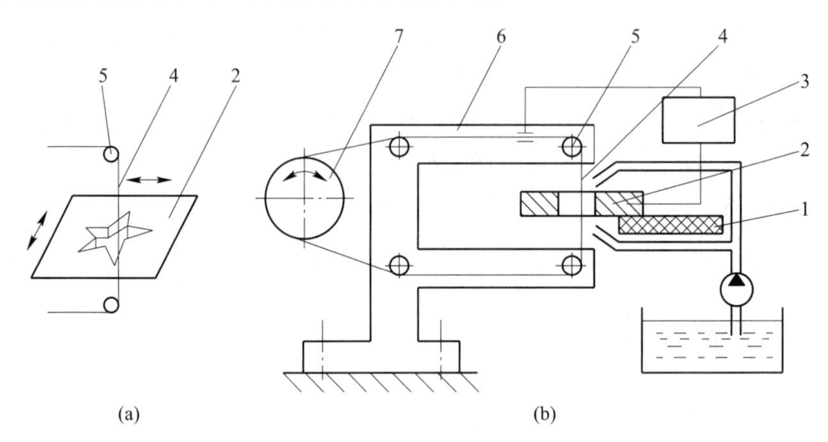

图8-13　电火花线切割加工原理示意图
1—绝缘底板；2—工件；3—脉冲电源；4—钼丝；5—导向轮；6—支架；7—储丝筒

线切割加工的特点是：由于电极工具是直径很小的细丝，脉冲能量不能太大，属中、精正极性电火花加工；用水或水基工作液，安全，但绝缘性差，有电解效应，可改善表面粗糙度；电极与工件间存在着“疏松接触”式轻压放电现象，间隙状态可以认为是正常火花放电、开路、短路三种状态组成；不需要成型电极，且因电极丝很细，可以加工微细异型孔、窄槽和复杂形状零件，同时因切缝略比电极丝直径大，所以实际金属去除量很小，材料利用率很高；因电极丝运动，单位长度上的损耗小，丝径变化对加工精度影响小，特别是低速走丝，电极丝一次性使用，其损耗对加工精度影响更小。

8.4.2.2　影响线切割工艺指标的因素

（1）切割速度。单位时间内所切割的面积（mm^2/min），也称切割效率。一般来讲高速走丝的切割速度比低速走丝略高，工件材料的厚度在50~100mm时取得最大切割速度，其他影响因素与电火花加工类似。

（2）表面粗糙度。高速走丝线切割的表面粗糙度Ra一般为5~2.5μm，最佳Ra为1左右。低速走丝一般可达Ra为1.25μm，最佳Ra为0.2μm。影响因素是电极丝直径小、走丝稳定性高、电极丝张力恒定、工作液容易进入并充满放电间隙则粗糙度值小，加工精度高。

（3）加工精度。快速走丝线切割的可控加工精度为0.01~0.02mm左右，低速走丝可达0.005~0.002mm左右。

（4）电极丝损耗量。对高速走丝机床，用每切割10000mm^2面积后电极丝的直径减小量表示。如钼丝直径减小一般应小于0.01mm。主要受电参数的影响，如放电波形的电流前沿上升比较快时，电极丝损耗大。

8.4.2.3　线切割加工的主要用途

（1）加工模具条件：适用于加工各种形状的冲模，只需调整不同的间隙补偿量，一次编程就可以切割凸模、凸模固定板、凹模及卸料板等，且一般可一次达到所要求的精度。还可以加工挤压模、粉末冶金模、弯曲模、塑压模等通常带锥度的模具。

（2）加工电火花成型加工用电极。

（3）加工零件：主要用于加工特殊难加工材料的零件、各种型孔零件、样板、成型刀具等。在配备数控转台后，可加工由直线组成的三维直纹曲面如螺纹面、双曲面等。

8.4.3 束流加工

束流加工一般包括激光加工（lasser beam machining，LBM）、电子束加工（electrin beam machining，EBM）、离子束加工（ion beam machining，IBM），是近年来发展较快的特种加工方法。激光加工主要用于打孔、切割、电子器件的微调、焊接、热处理、激光存储等；电子束加工主要用于打孔、焊接、电子束光刻化学加工；离子束加工主要用于离子刻蚀、离子镀膜、离子注入等。本节主要简介光刻加工。

所谓光刻加工就是利用某种束流对涂有抗蚀剂的基片进行图形复印曝光、显影、刻蚀等处理后，在基片上形成所需要的精细图形。它是微细加工中的重要技术之一，是大规模集成电路制作中的核心技术。

单个芯片上晶体管数目的增长是以光刻技术所能获得的特征线宽不断减小来实现的，因此每一代集成电路的出现，总是以光刻所能获得的最小线宽为主要技术标志。而这与光刻所使用的光源及其相关技术有关，目前生产中使用的仍然是光学光刻，利用波长为193nm光源，已经实现90nm量产工艺。采用浸入式工艺技术，45nm量产工艺会很快研制成功。但这也是目前人们预测的光学光刻的极限工艺。为了适应集成电路技术的迅猛发展，在光学光刻努力突破分辨率极限的同时，替代光学光刻的下一代光刻技术在近几年内获得了大量研究，下面简介几种。

8.4.3.1 极紫外光刻技术

极紫外光刻技术是利用短波长曝光，可以在很小的数值孔径下获得线宽小于100nm的图形，焦深足够长，满足实际生产的要求，是现有可见光——近紫外投影光刻技术向软X射线波长（1~30nm）的延伸，因此，发展该技术具有良好的技术延伸性。目前很多科学家认为该技术是制造未来纳米集成电路的较好候选者。

8.4.3.2 电子束光刻技术

电子束光刻（electron beam lightgraphy，EBL）采用高能电子束对光刻胶进行曝光，从而获得结构图形，由于其德布罗意波长约为0.004nm，所以EBL不受衍射极限的影响，可获得接近原子尺度的分辨率。因EBL可获得极高分辨率，并能直接产生图形，不但在超大规模集成电路制作中成为不可缺少的掩膜制作工具，也是加工用于特殊目的器件和结构的主要方法。EBL的缺点是生产效率低，每小时5~10个圆片，远小于目前光学光刻的50~100个圆片。相信突破效率的EBL技术将对光刻技术产生巨大影响。

8.4.3.3 离子束光刻技术

离子束光刻（ion beam lightgraphy，IBL）技术采用液态原子或气态原子电离后形成的离子，通过电磁场加速及电磁透镜的聚焦或准直后对涂在硅片上的抗蚀剂进行曝光。IBL技术原理与电子束光刻（EBL）类似，只是离子质量比电子的大，德布罗意波长更短

(<0.0001nm)。具有邻近效应小，分辨率比 EBL 高等优点。但也由于离子质量大，使其在抗蚀剂上的曝光深度有限，一般小于 0.5μm。IBL 技术主要包括聚焦离子束光刻（focus ion beam lightgraphy，FIBL）、离子束投影光刻（ion projected lightgraphy，IPL）。利用 FIBL 技术，在实验室已获得 10nm 的分辨率，但曝光效率较低，于是又发展了具有较高曝光效率的 IPL 技术。

8.4.3.4 纳米压印光刻技术

纳米压印光刻技术是美国普林斯顿大学华裔科学家周郁在 1995 年首先提出的。该技术具有生产效率高、成本低、工艺过程简单等优点，已被证实是纳米尺寸大面积结构复制最有前途的下一代光刻技术之一。目前该技术能实现的分辨率已小于 5nm。该技术是采用高分辨率的电子束等方法将结构复杂的纳米结构图案制在印章上，然后用预先图案化的印章使聚合物材料变形而在聚合物上形成结构图案。目前主要包括热压印、紫外压印以及微接触印刷。

8.4.3.5 光刻加工技术简介

光刻加工分为两个阶段，第一阶段为原版制作，生成工作原版或工作掩膜，为光刻加工时用；第二阶段为光刻。图 8-14 及图 8-15 分别为原版制作过程和光刻加工过程示意图。

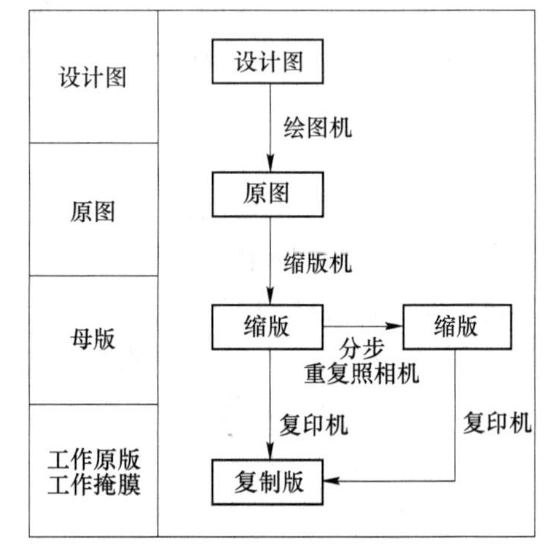

图 8-14 原版制作过程

A 原版制作

(1) 按照产品图纸的技术要求，用 CAD 等技术对加工图案进行设计，并按工艺要求生成图形加工工艺文件。

(2) 利用绘图机和激光光源程序直接对照像底片曝光制作原图。为提高制版精度，对原图进行缩版制成母版。

B 光刻

(1) 预处理基底（多为硅片）或被加工材料表面。通过脱脂、抛光、酸洗、水洗等方法使被加工表面得以净化，使其干燥，以利于光刻胶与硅片表面有良好的附着力。

(2) 涂胶。在待光刻的硅片表面均匀涂上一层吸附性好、厚度适当的光刻胶（光致抗蚀剂），即涂胶。常用的涂胶方法有旋转甩涂、浸渍、喷涂和印刷等。光刻胶分为正性胶和负性胶。

(3) 前烘。使光刻胶膜干燥，以增加胶膜与硅片表面的吸附性和胶膜的耐磨性，同时使曝光时能进行充分的光化学反应。

(4) 曝光。在涂好光刻胶的硅片表面上覆盖掩膜版，或将掩膜置于光源与光刻胶之间，利用紫外线等透过掩膜对光刻胶进行选择性照射。由光源发出的光束，经掩膜在光致抗蚀剂涂层上成像，或将光束聚焦成细小束斑通过扫描在光致抗蚀剂涂层上的绘制图形，统称为曝光。前者为投影曝光，又称复印。常用的光源为电子束、X 射线、远紫外线（准分子激光）、粒子束等。从投影方式上可分为接触式、接近式、反射式等。前述的原版就是用于投影曝光。后一种曝光称为扫描曝光，又称为写图。常用的光源有电子束、粒子束等。在受到光照的地方，光刻胶发生光化学反应，从而改变了感光部分胶的性质。曝光时准确地定位和严格控制曝光强度与时间是其关键。

（5）显影、烘片及检查。曝光后的光致抗蚀剂分子结构发生变化，在特定溶剂或水中的溶解度不同，利用曝光区与非曝光区的这一差异，可在特定溶剂中把曝光的硅片表面图形呈现出来，即显影。显影的目的在于使曝过光的硅片表面的光照胶膜呈现与掩膜相同（正性光刻胶）或相反（负性光刻胶）的图形。有的光致抗蚀剂在显影干燥后，要进行 200~250℃ 的高温处理。发生热聚合反应，以提高强度，叫烘片。为保证质量，显影后的硅片要进行严格检查。

（6）刻蚀。利用化学或物理方法，将没有光致抗蚀剂部分的氧化膜去除，得到期望的图形，称为刻蚀。刻蚀的方法很多，有化学刻蚀、离子刻蚀、电解刻蚀等。

（7）剥膜与检查。用剥膜液去除光致抗蚀剂，清洗修整，处理外观、尺寸、断面形状、物理性能和化学特性等。

图 8-16 为电子束光刻大规模集成电路加工过程。

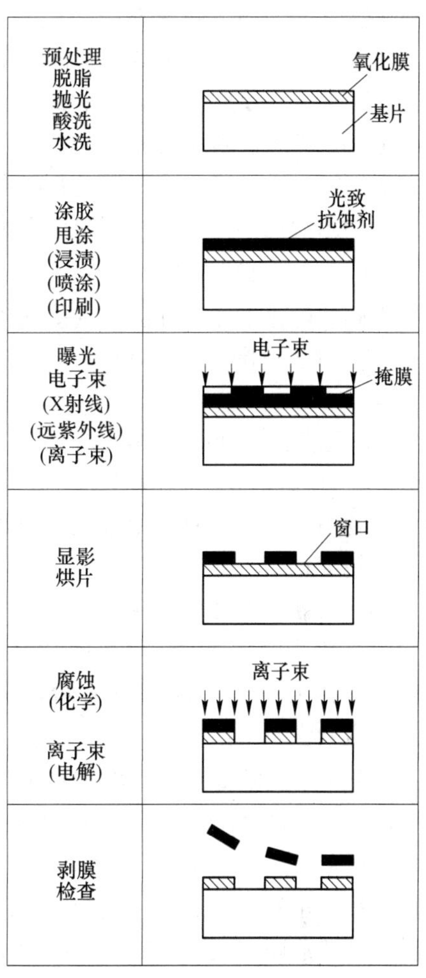

图 8-15　光刻加工过程

8.4.4　电化学加工

8.4.4.1　电化学加工原理和分类

在工具和工件之间接上直流电源（6~24V），两极间有流动的电解液（6~60m/s），则

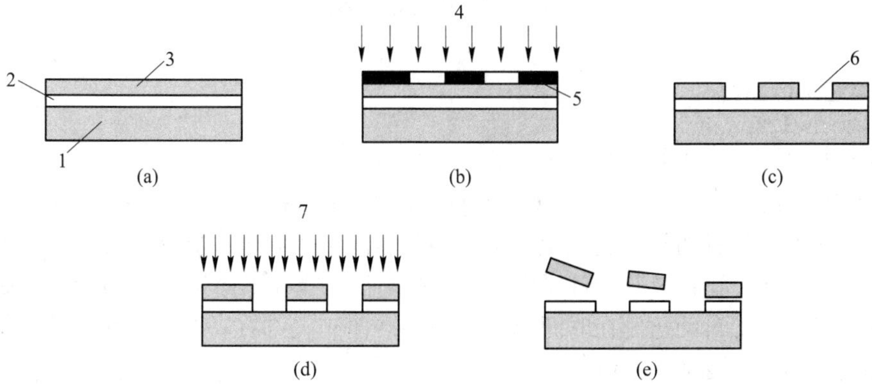

图 8-16　电子束光刻加工大规模集成电路加工过程

（a）涂胶；（b）曝光；（c）显影；（d）刻蚀；（e）剥膜

1—基片；2—氧化膜；3—光致抗蚀剂；4—电子束；5—掩膜；6—窗口；7—离子束

两极和溶液的界面上必定有交换电子反应，即电化学反应，进入溶液中的离子将定向移动，正离子移向负极，负离子移向正极，在两极进一步发生化学反应，产生沉积或沉淀，利用这种电化学反应为基础的金属加工方法就是电化学加工。

电化学加工按其作用原理分为三类：其一是利用电化学阳极溶解进行加工，有电解加工、电解抛光等；其二是利用电化学阴极沉积、涂覆进行加工，有电镀、涂覆、电铸等；其三是利用电化学加工与其他加工方法结合的电化学复合加工，有电解磨削等。

8.4.4.2　电化学加工的特点

不同的电化学加工方法特点差别较大，这里仅介绍目前应用较多的电解加工特点。

（1）加工范围广，不受金属材料本身力学性能的限制，并可加工叶片、锻模等各种复杂型面。

（2）加工效率高，比电火花加工高5~10倍。

（3）阴极在加工中损耗极小，但设计和修正比较复杂。加工精度不及电火花加工，棱角，小圆角（$r<0.2$mm）很难加工出来。电解加工的表面粗糙度 Ra 为0.2~1.25μm，平均加工精度±0.1mm。

（4）加工过程中无机械力，加工后无残余应力和变形，无飞边毛刺。

（5）因为电解液大多采用中性电解液（如 $NaCl$、$NaNO_3$ 等）、酸性电解液（如 HCl、HNO_3、H_2SO_4 等），对机床和环境有腐蚀和污染作用，所以设备要求防腐蚀、防污染，应配置废水处埋系统。

8.4.4.3　电化学加工的主要用途

电解加工的主要用途：各种镗线、花键孔、深孔、型腔、叶片等的加工，电解去毛刺、电解刻字、电解抛光、电解磨削刀具及各种高硬度零件等。

电铸加工的主要用途：复制精细的表面轮廓花纹，如唱片模、工艺美术品模、纸币、证券、邮票的印刷板；复制注塑用的模具、电火花型腔加工用的电极工具；制造复杂、高精度的空心零件和薄壁零件；制造表面粗糙度标准样块、反光镜、表盘、异型孔喷嘴等特殊零件。

8.5　先进制造系统

8.5.1　柔性制造系统

8.5.1.1　柔性制造系统的概念、特点和适应范围

柔性制造系统（flexible manufacturing system，FMS）是一个制造系统，由多台（至少两台）加工中心或数控机床、自动上、下料装置、储料和输送系统等组成，没有固定的加工顺序和节拍，在计算机及其软件系统的集中控制下，能在不停机调整的情况下更换工件和工夹具，实现加工自动化，在时间和空间（多维性）上都有高度的柔性，是一种计算机直接控制的自动化可变加工系统。

与传统的刚性自动生产线相比，它有以下突出的特点：

（1）具有高度的柔性，能实现多种不同工艺要求不同“类”的零件加工，进行自动更换工件、夹具、刀具和自动装夹，有很强的系统软件功能。

（2）具有高度的自动化程度、稳定性和可靠性，能实现长时间的无人自动连续工作（如连续24小时工作）。

（3）提高设备利用率，减少调整、准备终结等辅助时间。

（4）具有高生产率。

（5）降低直接劳动费用，增加经济收益。

柔性制造系统的适应范围很广，如图8-17所示，如果零件生产批量很大而品种数较少，则可用专用机床线或自动生产线；如果零件生产批量很小而品种较多，则适于用数控机床或通用机床；在两者中间这一段，均是适于用柔性制造系统来加工。

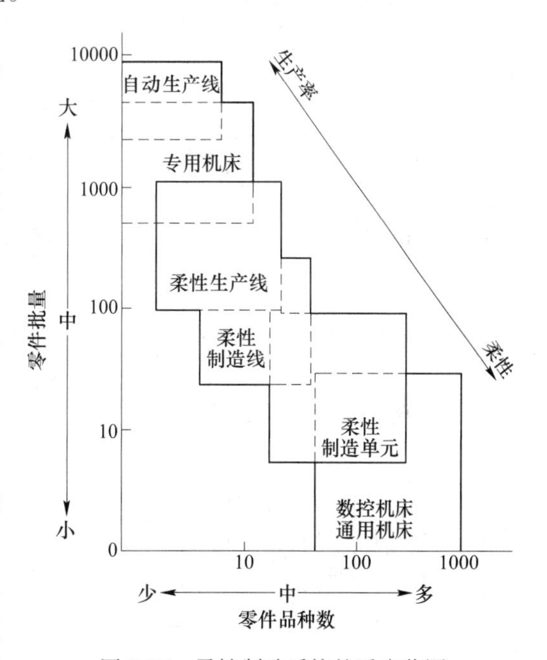

图8-17 柔性制造系统的适应范围

8.5.1.2 柔性制造系统的类型

柔性制造系统是一个统称，其类型很多，可分为柔性制造单元、柔性制造线、柔性生产线等，前已论述了柔性制造单元，现分述柔性制造线和柔性生产线。

柔性制造线（flexible manufacturing line，FML）是由两台或两台以上的加工中心、数控机床或柔性制造单元所组成，配置有自动输送装置（有轨、无轨输送车或机器人）、工件自动上、下料装置（托盘交换或机器人）和自动化仓库等，并有计算机递阶控制功能、数据管理功能、生产计划和调度管理功能，以及实时监控功能等，如图8-18所示，它是典型的柔性制造系统，通常所说的柔性制造系统就是指的这种类型。

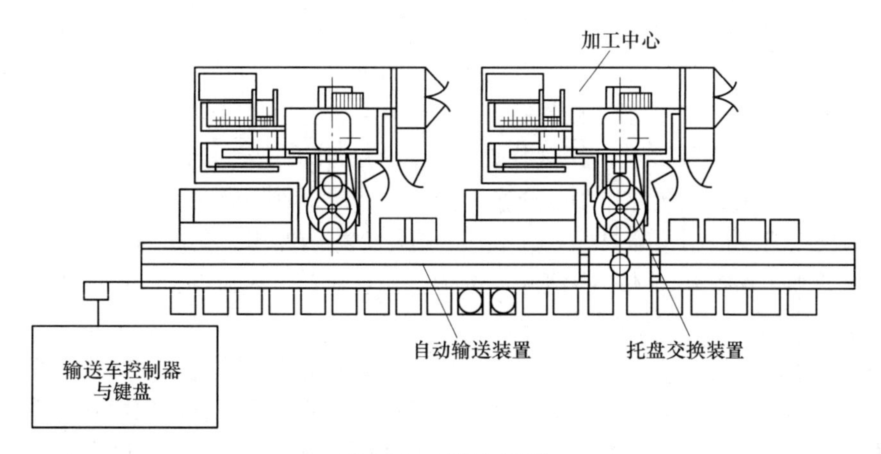

图8-18 柔性制造线

柔性生产线（flexible transmission line，FTL）是由若干台加工中心组成，但物料系统不采用自动化程度很高的自动输送车、工业机器人和自动化仓库等，而是采用自动生产线所用的上、下料装置，如各种送料槽等，不追求高度的柔性和自动化程度，而取其经济实用。这种柔性制造系统又称之为准柔性制造系统。

8.5.1.3　柔性制造系统的组成和结构

柔性制造系统的组成如图 8-19 所示，由物质系统、能量系统和信息系统三部分组成，各个系统又由许多子系统构成。

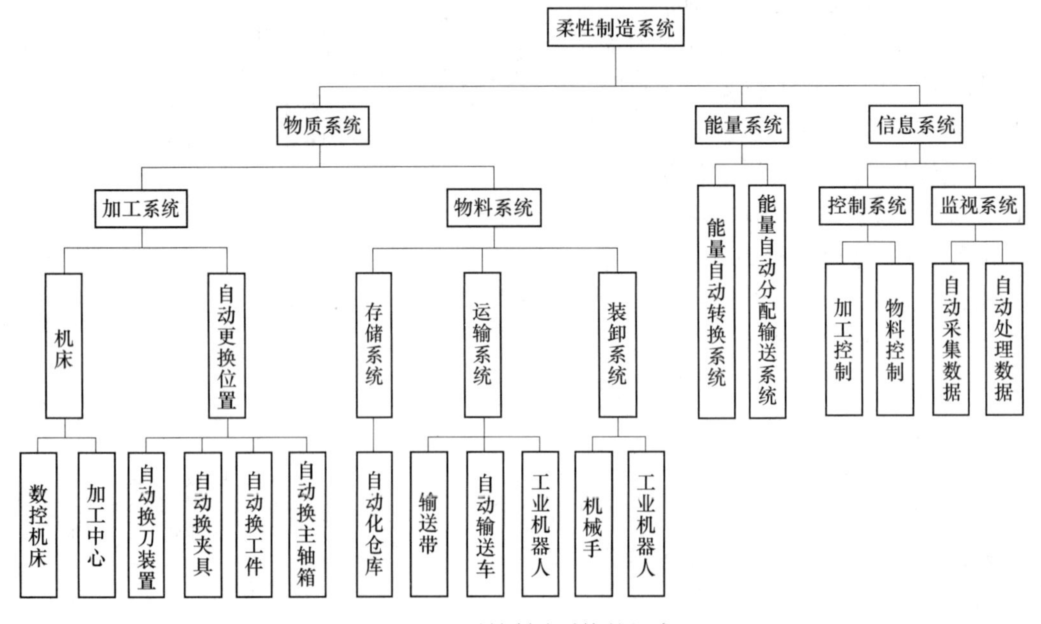

图 8-19　柔性制造系统的组成

柔性制造系统的主要加工设备是加工中心和数控机床，目前以铣镗加工中心（立式和卧式）和车削加工中心占多数，一般多由 3～6 台组成。柔性制造系统常用的输送装置有输送带、有（无）轨输送车、行走式工业机器人等，也可用一些专用输送装置。在一个柔性制造系统中可以同时采用多种输送装置形成复合输送网。输送方式可以是线形、环形和网形。柔性制造系统的储存装置可采用立体仓库和堆垛机，也可采用平面仓库和托盘站。托盘是一种随行夹具，其上装有工件夹具，工件装夹在工件夹具上，托盘、工件夹具和工件形成一体，由输送装置输送，托盘装夹在机床的工作台上。托盘站还可起暂时存储作用，配置在机床附近，起缓冲作用。仓库可分为毛坯库、零件库、刀具库和夹具库等，其中刀具库有集中管理的中央刀具库和分散在各机床旁边的专用刀具库两种类型。柔性制造系统中除主要加工设备外，还应有清洗工作站、去毛刺工作站和检验工作站等，它们都是柔性工作单元。

柔性制造系统具有制造不同产品的特有柔性，不需要改变系统硬件结构，能够生产不同的产品，从而适应市场变化，缩短新品研发周期；借助于计算机，柔性制造系统加工辅助时间大为减少，可以显著提高机床利用率，可达 75%～90%；由于工序合并，所需装夹次数和使用机床数量减少，降低设备成本，缩减系统在制品库存量，工作循环时间减少，生产周期缩短；系统的控制、管理和传输都是在计算机下进行的，使得操作人员也减少。

根据柔性制造系统的统计数据表明，采用 FMS 可以降低加工成本 50%，减少生产面积40%，提高生产率50%，过程的在制品可减少80%。柔性制造系统的主要缺点是：系统投资大，投资回收期长；系统结构复杂，对操作人员的要求很高；结构复杂使得系统的可靠性较差。

8.5.2　计算机集成制造系统

8.5.2.1　计算机集成制造系统的概念

计算机集成制造系统（computer integrated manufacturing system，CIMS）又称计算机综合制造系统，它是在制造技术、信息技术和自动化技术的基础上，通过计算机硬软件系统，将制造工厂全部生产活动所需的分散自动化系统有机组成起来，进行产品设计、制造和管理的全盘自动化。

计算机集成制造系统是在网络、数据库的支持下，由以计算机辅助设计（computer aided design，CAD）为核心的产品设计和工程分析系统、以计算机辅助制造（computer aided manufacturing，CAM）为中心的加工、装配、检测、储运、监控自动化工艺系统和以计算机辅助生产经营管理为主的管理信息系统（management information system，MIS）所组成的综合体。

8.5.2.2　计算机集成制造系统的结构体系

计算机集成制造系统的结构体系可以从功能、层次和学科等不同角度来论述。

A　层次结构

任何企业都是有层次结构的，这便于组织管理，但各层的职能及其信息特点有所不同。计算机集成制造系统可以由公司、工厂、车间、单元、工作站和设备六层组成。设备是最下层，如一台机床、一台输送装置等；工作站是由两台或两台以上设备组成；两个或两个以上工作站组成一个单元，单元相当于生产线，即柔性制造系统，“单元”名称是由英文“Cell”译过来的，应该是加工线比较明确；两个或两个以上单元组成一个车间，如此类推组成工厂、公司。总的职能有计划、管理、协调、控制和执行等，各层有所不同。“层”又可称为“级”。

计算机集成制造系统的各层之间进行递阶控制，公司层控制工厂层、工厂层控制车间层、车间层控制单元层，单元层控制工作站层，工作站层控制设备层。递阶控制是通过各级计算机进行的，上层的计算机容量大于下层的计算机容量。

B　功能结构

计算机集成制造系统包含了一个制造工厂的设计、制造和经营管理三大基本功能，在分布式数据库和计算机网络等支撑环境下将三者集成起来，图8-20表示了计算机集成制造系统的功能结构，通常可归纳为五大功能。

（1）工程设计功能。包括计算机辅助设计、计算机辅助工艺过程设计、计算机辅助制造、计算机辅助装备（机床、刀具、夹具、检具等）设计和工程分析（有限元分析和优化等）。

（2）加工制造功能。实际上是一个柔性制造系统，由若干加工工作站、装配工作站、夹具工作站、刀具工作站、输送工作站、存储工作站、检测工作站和清洗工作站等完成产

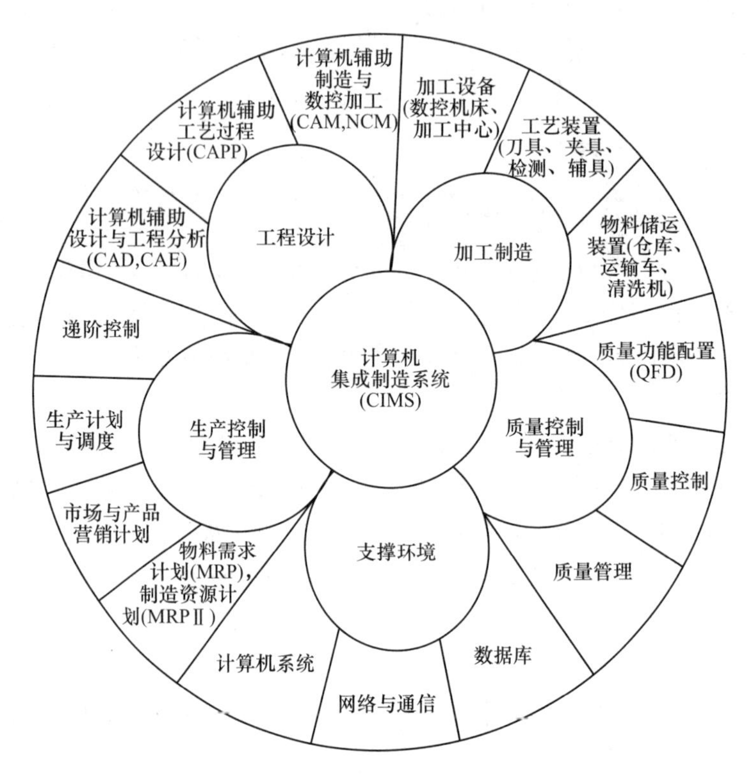

图 8-20　计算机集成制造系统的功能结构

品的加工制造。同时应有工况监测和质量保证系统以便稳定可靠地完成加工制造任务。加工制造的任务一般比较复杂，涉及面广，物料流与信息流交汇，要将加工制信息传输到各有关部门，以便及时处理，解决加工制造中发生的问题。

（3）生产控制与管理功能。其任务主要有市场需求分析与预测，制订发展战略计划、产品经营销售计划、生产计划（年、季、月、周、日、班）、物料需求计划（manufacturing resource planning，MRP）和制造资源计划（manufacturing resource planning Ⅱ，MRPⅡ）等，进行具体的生产调度、人员安排、物资供应管理和产品营销等管理工作。

制造资源计划是将物料需求计划、生产能力（资源）平衡和仓库、财务等管理工作结合起来而形成的，是更实际更深层次的物料需求计划。

（4）质量控制与管理功能。它是用质量功能配置（quality function deployment，QFD）方法规划产品开发过程中各阶段的质量控制指标和参数，以保证产品的用户需求。当前已发展为包括全面质量管理和产品全生命周期的质量管理。全面质量管理是指“一个组织以质量为中心，以全员参加为基础，目的在于通过让顾客满意和本组织所有成员及社会受益而达到长期成功的管理途径”。它是质量管理更高层次、更高境界的管理。

（5）支撑环境。它主要是指计算机系统、网络和数据库，以及一些工程软件系统和开发平台等。

此外，计算机集成制造系统的集成结构还有多方面的含义：如学科集成、信息集成、物流集成、人机集成等。

8.5.2.3 计算机辅助设计、计算机辅助工艺过程设计和计算机辅助制造之间的集成

计算机辅助设计（CAD）、计算机辅助工艺过程设计（CAPP）和计算机辅助制造（CAM）称之为3C工程，它们之间的集成是计算机集成制造系统的信息集成主体和关键技术。

工艺过程设计是设计与制造之间的桥梁，设计信息只能通过工艺过程设计才能形成制造信息，因此，在集成制造系统中，自动化的工艺过程设计是一个关键，占有很重要的地位。

图8-21是采用集成的计算机辅助制造定义方法绘制的计算机辅助设计、计算机辅助工艺过程设计、计算机辅助制造之间的集成关系。

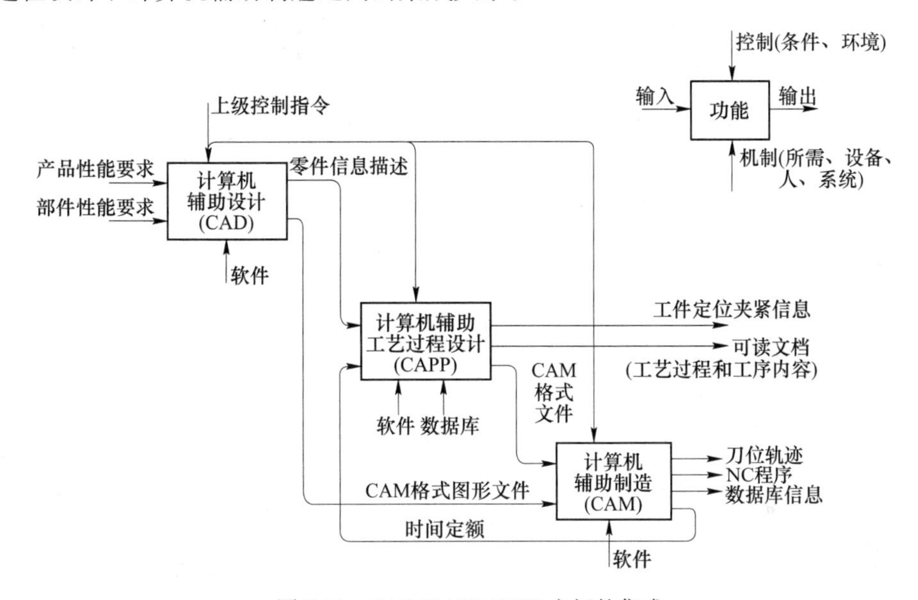

图8-21 CAD/CAPP/CAM之间的集成

A CAD、CAPP与CAM之间的集成过程

CAD、CAPP与CAM之间的集成过程可以分为以下两部分。

（1）计算机辅助设计和工艺过程设计之间的集成。在计算机辅助设计时，其输出主要是零件的几何信息，缺少工艺信息，从而使得在进行计算机辅助工艺设计时，由于缺少工艺信息而不能进行。另一方面，由于计算机辅助设计和计算机辅助工艺过程设计分别由各自的人员所开发，从而使得计算机辅助设计的输出信息，其数据内涵和格式不能被计算机辅助工艺过程设计所接收。以上两点造成了计算机辅助设计和工艺过程设计之间集成的困难，至今未能很好解决，成为关键技术问题。

（2）计算机辅助工艺过程设计和制造之间的集成。由于计算机辅助工艺过程设计和计算机辅助制造都是制造工艺方面的问题，信息上易于集成；同时两者大多由工艺技术人员开发，数据内涵和格式易于统一，因此两者之间的集成易于解决。

B 计算机辅助设计、工艺过程设计、制造三者之间的信息集成途径

（1）采用统一数据交换标准进行相互间的直接交换。产品模型数据交换标准（standard for the exchange of product model data，STEP）是近年来由国际标准化组织（ISO）

制定的一个比较理想的国际标准，它包含了几何信息、制造信息、检测和商务信息等，它不仅使所有的集成环节均有统一的数据标准，而且在进行计算机辅助设计中，可输出几何信息和工艺信息，解决了计算机辅助设计与工艺过程设计之间的信息集成问题。

（2）采用数据格式变换模块来进行相互间的数据交换。在两个集成环节之间，开发一个数据格式变换模块，并通过它进行数据交换。

上述两种办法的数据交换情况如图 8-22 所示。

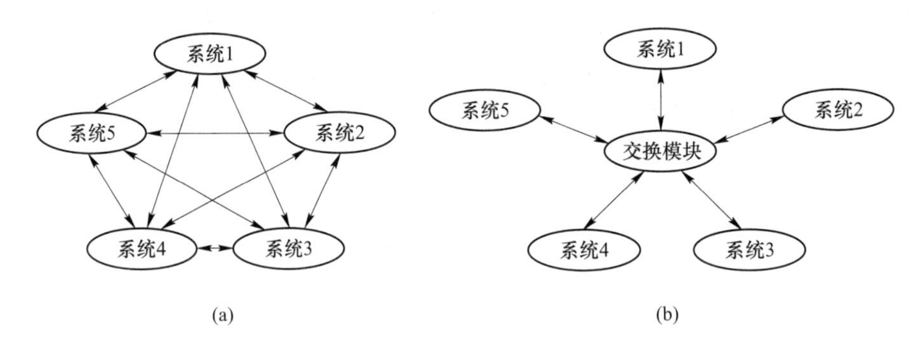

图 8-22　集成环节之间的数据交换

（a）点对点的数据交换；（b）基于中性数据的数据交换

8.5.2.4　计算机集成制造的发展和应用

A　计算机集成制造的发展

20 世纪 70 年代初期，美国 Joseph Harrington 博士首先提出了计算机集成制造的概念，其核心思想就是强调在制造业中充分利用计算机的网络、通信技术和数据处理技术，实现产品信息的集成。此后，计算机集成制造在世界各国发展起来，美国国家标准和技术研究所（national institute of standard & technology，NIST）的自动化制造研究实验室基地（automated manufacturing research facility，AMRF）于 1986 年底完成了研究计算机集成制造计划的全部工作，对开展计算机集成制造系统起了重大的推动作用。

欧洲共同体把工业自动化领域的计算机集成制造作为信息技术战略的一部分，制定了欧洲信息技术研究发展战略计划（europe strategic programmed-for research and development in information technology，ESPRIT）以及有欧洲 19 个国家参加的西欧高技术合作发展计划（European Research Combination Agency，EURECA），即尤里卡计划，ESPRIT 计划包括微电子技术、软件技术、先进的信息处理技术、办公室自动化、计算机集成化生产 5 个部分。

我国从 1986 年开始酝酿筹备进行计算机集成制造的研究工作，将它列入高技术研究发展计划（863 计划）的自动化领域中，提出了建立计算机集成制造系统实验研究中心（computer integrated manufacturing system experiment research center，CIMS-ERC）、单元技术网点和应用工厂等举措。

B　计算机集成制造系统的实例分析

1987~1992 年建立在清华大学的国家计算机集成制造系统工程技术研究中心的计算机集成制造系统实验工程，是我国第一个计算机集成制造系统。

图 8-23 是该系统的主要结构示意图，该系统由车间层、单元层、工作站层、设备层

四层组成，在网络和分布式数据库管理的支撑环境下，进行计算机辅助设计、计算机辅助制造、仿真、递阶控制等工作。系统分为信息系统和制造系统两大部分：

（1）信息系统：由计算机网络、数据管理、信息管理与决策、仿真、软件工程、计算机辅助设计制造等6个系统组成。

（2）制造系统：由递阶控制和柔性制造两个系统组成。

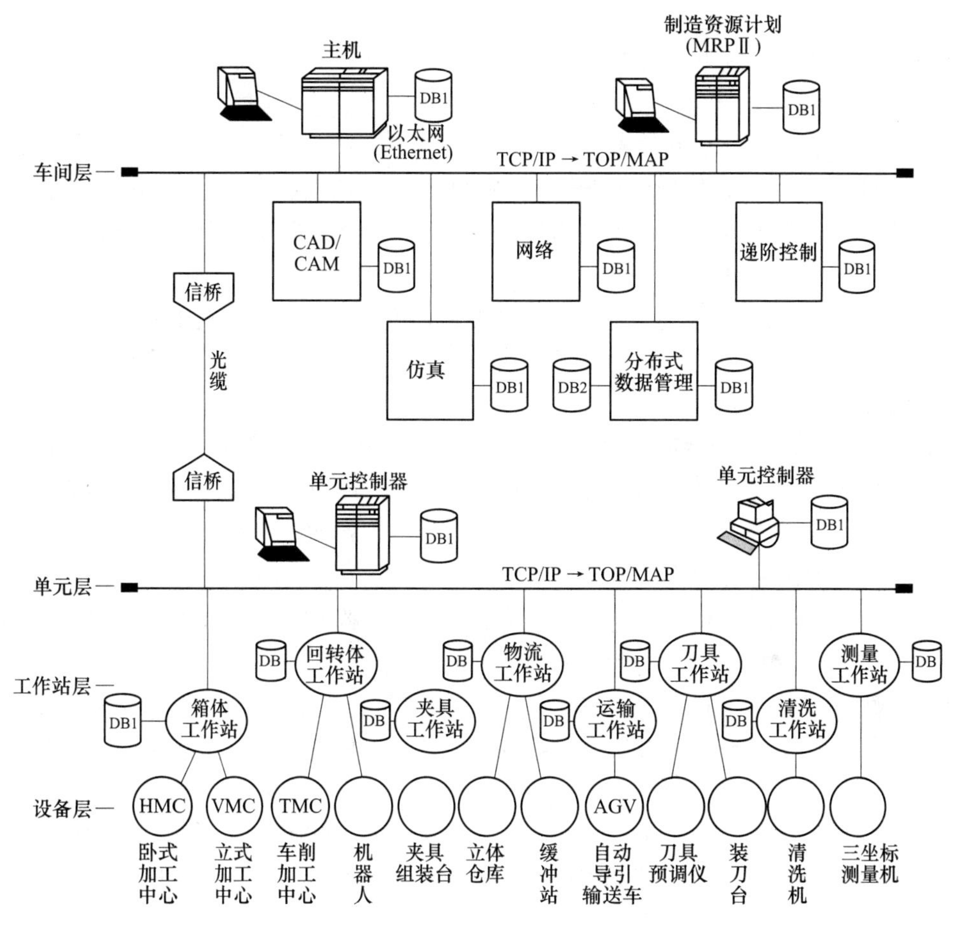

图8-23 计算机集成制造系统实验工程系统结构

DB—数据库

8.5.3 智能制造系统

8.5.3.1 智能制造的含义

智能制造是20世纪80年代发展起来的一门新兴学科，是指将专家系统、模糊推理、人工神经网络和遗传算法等人工智能（artificial intelligent，AI）技术应用在制造中，解决多种复杂的决策问题，提高制造系统的实用性和水平。人工智能的作用是要代替熟练工人的技艺，具有学习工程技术人员实践经验和知识的能力，并用以解决生产实际问题，从而将工程技术人员、工人多年来累积起来丰富而又宝贵的实际经验保存下来，并能在生产实际中长期发挥作用。

智能制造的特征是在制造工业各个环节的高度柔性与高度集成的方式，通过计算机和模拟人类专家的智能活动，进行分析、判断、推理、构思和决策，旨在取代或延伸制造环境中人的部分脑力劳动，并对人类专家的制造智能进行收集、存储、完善、共享、继承和发展。

目前，智能制造是在以“人为系统的主导者”这一总的概念指导下，发挥人的创造能力，强调了人的作用。

8.5.3.2 智能制造系统的特点

(1) 自组织能力。智能制造系统中的各种智能机器能够按照工作任务的要求，自行集结成一种最合适的结构，并按照最优的方式运行。

(2) 自律能力。能根据周围环境和自身作业状况的信息进行监测、判断和处理，并根据处理结果自行调整控制策略，以采用最佳行动方案。这种自律能力使整个制造系统具备抗干扰、自适应和容错等能力。

(3) 自学习和自维护能力。能以原有的专家知识为基础，在实践中不断进行学习，完善系统知识库，并删除库中有误的知识，使知识库趋向最优。同时，还能对系统故障进行自我诊断、排除和修复。

(4) 整个制造系统的智能集成。在强调各子系统智能化的同时，更注重整个制造系统的智能集成。智能制造系统包括了经营决策、采购、产品设计、生产计划、制造装配、质量保证和市场销售等各个子系统，并把它们集成为一个整体，实现整体的智能化。

8.5.3.3 智能制造的形式

当前，智能制造技术的研究主要有智能制造系统的构建技术、与生产有关的信息与通信技术、生产加工技术，以及与生产有关的人的因素等。

(1) 智能机器 (intelligent machine, IM)。主要是指具有一定智能的数控机床、加工中心、机器人等，其中包括一些智能制造的单元技术，如智能控制、智能监测与诊断、智能信息处理等。

(2) 智能制造系统 (intelligent manufacturing system, IMS)。智能制造系统由智能机器组成整个系统包含制造过程的智能控制、作业的智能调度与控制、制造质量信息的智能处理系统、智能监测与诊断系统等。

智能制造系统结构的主要类型有:

1) 经典型智能制造系统: 以提高制造系统智能为目标，以机器人、智能体、智能决策为手段的智能制造系统。

2) 网络型智能制造系统: 通过互联网把企业或企业间的建模、加工、测量、机器人操作一体化的智能制造系统。

3) 生物型制造系统 (biological manufacturing system, BMS): 使制造系统具有生物特点，采用生物问题的求解方法等。

8.5.3.4 智能制造的方法

智能制造技术有许多方法，如专家系统、模糊推理、神经网络和遗传算法等。

A 专家系统

专家系统 (expert system, ES) 是当前主要的人工智能技术，它首先是要采集领域专家的知识，分解为事实与规则，存贮于知识库中，通过推理和作出决策。主要适于解决一些比较简单的确定性问题；在过程控制中，推理判断有一段延迟过程，不易满足实时性要求。

B 模糊推理

模糊推理（fuzzy inference，FI）又称模糊逻辑，它是依靠模糊集和模糊逻辑模型进行多个因素的综合考虑，采用关系矩阵算法模型、隶属度函数、加权、约束等方法，处理模糊的、不完全的乃至相互矛盾的信息。主要解决不确定现象和模糊现象，需要多年经验的感知判断问题。

C 神经网络

神经网络（neural network，NN）通常在其前面冠以“人工”两字，说明其目的在于寻求新的途径以解决目前计算机不能解决或不善于解决的大量问题，构建更加逼近人脑功能的新一代计算机模型，出现了人工神经网络（artificial neural network，ANN）。

神经网络是人脑部分功能的某些抽象、简化与模拟，由数量巨大的以神经元为主的处理单元互连而构成，通过神经元的相互作用来实现信息处理。它可大规模并行分布处理信息，具有类似人的主动学习、联想、自适应等能力和高度的鲁棒性。在智能控制、模式识别、非线性优化等方面有良好的应用前景，适于实时处理动态多变的复杂问题。

D 遗传算法

遗传算法（genetic algorithm，GA）是模拟达尔文遗传选择和自然淘汰的生物进化过程的计算模型，是一种全局优化搜索算法。它是从任一初始化的群体出发，通过随机选择、交叉和变异等遗传操作，实现群体内个体结构重组的迭代处理过程，使群体一代一代地得到进化（优化），并逐渐逼近最优解。

生物中遗传物质的主要载体是染色体，基因是控制生物性状遗传物质的结构单位和功能单位，复数个基因组成染色体。在遗传算法中，染色体对应的是数据、数组或位串。

主要操作有：选择（或复制）操作、交叉和变异。

遗传算法的特点主要有在搜索过程中不易陷入局部最优，能以很大的概率找到全局最优解；由于遗传算法固有的并行性，适合于大规模并行分布处理；易于和神经网络、模糊推理等方法相结合，进行综合求解。

8.5.4 并行工程

8.5.4.1 并行工程的概念

并行工程（concurrent engineering，CE）又称同步工程（simultaneous engineering，SE）或同期工程，是针对传统的产品串行开发过程而提出的一个强调并行的概念、哲理和方法。可以认为：并行工程是在集成制造的环境下，集成地、并行有序地设计产品全生命周期及其相关过程的系统方法，应用产品数据管理（production date management，PDM）和数字化产品定义（digital product definition，DPD）技术，通过多学科的群组协同工作，使产品在开发的各阶段既有一定的时序，又能并行交错。

并行工程采用计算机仿真等各种计算机辅助工具、手段、技术和上下游共同决策的方式，通过宏循环和微循环的信息流闭环体系进行信息反馈，在开发的早期就能及时发现产品开发全过程中的问题。

并行工程要求产品开发人员在设计一开始就考虑产品整个生命周期中，从概念形成到报废处理的所有因素，包括用户需求、设计、生产制造计划、质量、成本等。

综上所述，并行工程缩短了产品开发周期、提高了产品质量、降低了成本，缩短了产品上市时间，增强了企业的竞争能力，具有显著的经济效益和社会效益。

并行工程的主体是并行设计，是用计算机仿真技术设计产品开发的全过程。

8.5.4.2 并行工程的体系结构

并行工程通常由过程管理与控制、工程设计、质量管理与控制、生产制造和支撑环境等五个分系统组成，如图 8-24 所示。

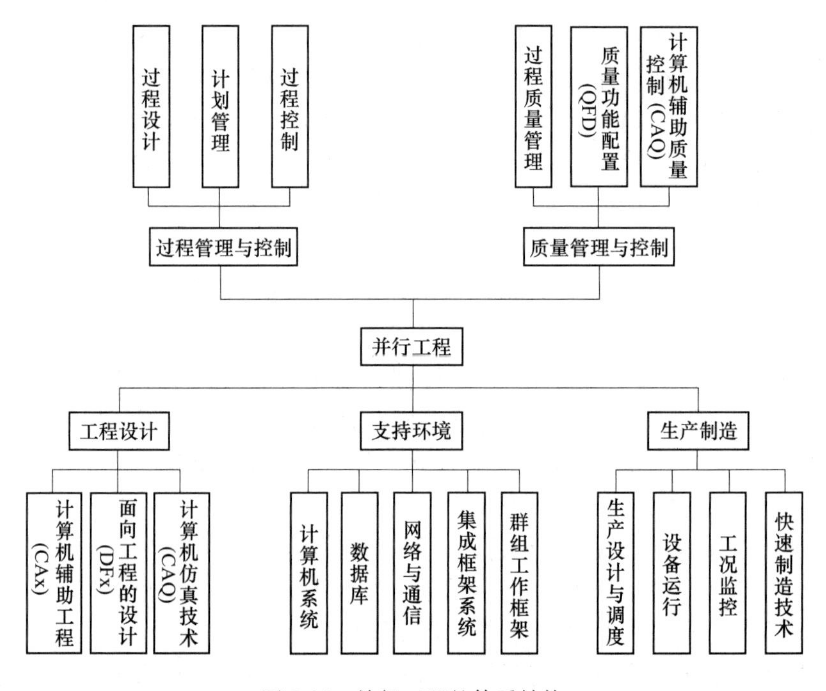

图 8-24 并行工程的体系结构

并行工程是在计算机集成制造的基础上发展起来的，具有并行处理产品全生命周期各阶段问题的能力。并行设计是并行工程的主体。并行工程强调了过程管理与控制，群组协同工作（teamwork）和上下游共同决策的机制以及计算机仿真等使能技术。

8.5.4.3 并行工程的应用和发展

并行工程问世后，受到了国内外工业界、学术界和政府部门的高度重视，在航空、航天、机械、电子、汽车、建筑、化工等工业中受到广泛应用。

在 20 世纪 90 年代针对波音 777 大型民用客机的研制，进行了以国际流行的 CATIA 三维实体造型系统为核心的同构 CAD/CAM 系统的信息集成，由 8 台 IBM 大型主机 ES/9000-720 构成 CATIA 集成系统的相距 51 英里、11 个地方的 2000 个 IBM5080 和 5082 图形终端进行图形处理工作。研制工作有以下特点：

（1）对产品进行数字化定义为“无图纸”研制的飞机。

（2）建立电子样机，取消原型样机的研制，仅对一些关键部件，如起落架轮舱作了全尺寸模型，采用计算机预装配查出零件干涉2500多处，减少工程更改50%。

（3）采用群组协同工作，参加该机研制的工程技术人员、部门代表、用户、供应商及转包商等代表各种人员共有7000多人，组成了200多个研制小组。

（4）利用并行工程，应用CATIA，使该机在设计时就能充分考虑工艺、制造、材料等下游的各种因素，提高了飞机研制的成功率。

（5）改变了研制流程，缩短研制周期，波音767飞机用了40个月，而波音777飞机只用了27个月。

我国自1995年开始，由国家科委多次立项进行并行工程的研究，工程实施后效益显著，其中产品设计周期缩短了60%、工程绘图周期从2个月减少到3周、工艺检查周期减少50%、更改反馈工艺设计（规划）时间减少30%、工装准备周期减少30%、数控加工编程与调试周期减少50%、毛坯成品率由30%~50%提高到70%~80%、降低成本20%。同时提高了产品的开发能力，加强了团队的协作精神，实现了网络环境下的并行设计工作。

8.5.5　精良生产

精良生产（lean production，LP）是20世纪50年代日本丰田汽车公司工程师丰田英二和大野耐一根据当时日本实际情况所提出的一种新的生产方式。

精良生产综合了单件生产和大批大量生产方式的优点，使工人、设备投资以及开发新产品的时间等一切投入都大为减少，而生产出的产品品种和质量却又多又好。这种生产方式到60年代已发展成熟，80年代中期受到美国重视，认为它会真正改变世界的生产和经济形势，对人类社会产生深远影响。这种生产方式被称之为精良生产，也有人称之为无故障生产。

精良生产的主导思想是以“人”为中心，以“简化”为手段，以“尽善尽美”为最终目标，因此，精良生产的特点：

（1）强调人的作用，以人为中心：工人是企业的主人，生产工人在生产中享有充分的自主权。所有工作人员都是企业的终身雇员，企业把雇员看作是比机器更为重要的固定资产。要充分发挥职工的创造性。

（2）以“简化”为手段去除生产中一切不增值的工作：要简化组织机构、简化与协作厂的关系，简化产品开发过程、生产过程、产品检验过程，减少非生产费用，强调一体化质量保证。

（3）精益求精，以“尽善尽美”为最终目标：持续不断地改进生产、降低成本、力争无废品、无库存和产品品种多样化。所以精良生产不仅是一种生产方式，而且是一种现代制造企业的组织管理方法。可以说，精良生产的核心是“精心”，它已受到世界各国的注视。

及时生产（just in time，JIT）是精益生产的核心，其基本原则是以需定供。即供方根据需方的要求，按照需方需求的品种、规格、质量、数量、时间、地方等要求，将物品配送到指定的地点。不多送，也不少送，不早送，也不晚送，所送品种要个个保证质量，追求的是零废品目标。

8.5.6 敏捷制造

美国在 1994 年底出版了《21 世纪制造企业战略》报告，它是美国国防部根据国会要求拟定一个较长时期的制造技术规划而委托里海（Lehigh）大学编定的，报告中提出了既能体现国防部与工业界的各自利益，又能获取共同利益的一种新的制造模式，即敏捷制造（agile manufacturing，AM），并将它作为制造企业战略，在 2006 年以前通过它夺回美国制造业在世界上的领先地位。

敏捷制造是将柔性生产技术、有生产技能和知识的劳动力与企业内部和企业之间相互合作的灵活管理集成在一起，通过所建立的共同基础结构，对迅速改变或无法预见的用户需求和市场做出快速响应，其核心是"敏捷"。

敏捷制造的特点可归纳为以下几点：

（1）能迅速推出全新产品：随着用户需求的变化和产品的改进，用户容易拿到欲买的重新组合产品或更新换代产品。

（2）形成信息密集的、生产成本与批量无关的柔性制造系统，即可重新组合、可连续更换的制造系统。

（3）生产高质量的产品，在产品全生命周期内使用户感到满意，不断发展的产品系列具有相当长的寿命，与用户和商界建立长远关系。

（4）建立国内的或国际的虚拟企业（公司）或动态联盟，它是靠信息联系的动态组织结构和经营实体，权力是集中与分散相结合的，建有高度交互性的网络，实现企业内和企业间全面的并行工作。通过人、管理、技术三结合，要充分调动人的积极性，最大限度发挥雇员的创造性。以其优化的组织成员、柔性的生产技术和管理、丰富的资源优势，提高新产品投放市场的速度和竞争能力，实现敏捷性。

敏捷制造的基础结构可以表示为由产品—人—技术—管理四个晶核聚合而成树枝形结晶结构，如图 8-25 所示。

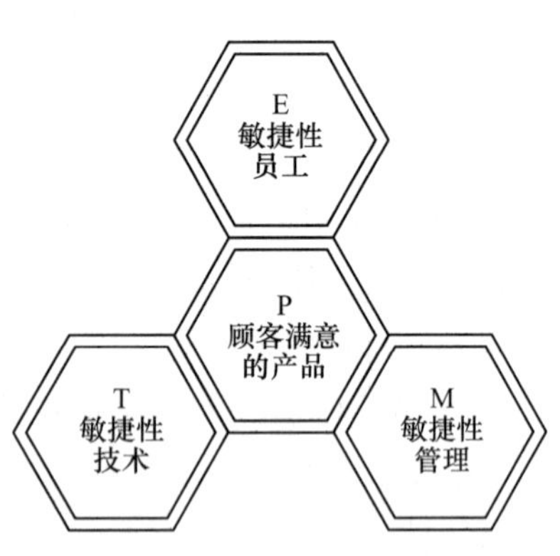

图 8-25 敏捷制造的基本结构

其中，P(顾客满意的产品）是指能提供使顾客感到满意的优质低价产品，P 是敏捷制造经营活动的目标，是敏捷制造用以占领市场、赢得竞争发展的武器；E(敏捷性员工）是指具有专业知识和技能的企业员工，是敏捷制造赖以发展创新、开发出新产品的核心要素；T(敏捷性技术）是指支持企业能以极短的周期开发出使顾客满意的新产品的设计及制造技术；M(敏捷性管理）是指能快速响应市场变化，善于多方动态合作，采用群决策的基于工作组的产品研制和生产经营管理方式。在敏捷制造基础结构中，P(顾客满意的产品）是经营的目标，E(敏捷性员工)、T(敏捷性技术)、M(敏捷性管理）是实现目标的三个支柱。

8.5.7 虚拟制造

虚拟制造（virtual manufacturing，VM）技术的本质是以计算机支持的仿真技术为前提，对设计、制造等生产过程进行统一建模，在产品设计阶段，适时地、并行地模拟出产品未来制造全过程及其对产品设计的影响，预测产品性能、产品制造技术、产品的可制造性，从而更有效、更经济地、柔性灵活地组织生产，使工厂和车间的设计和布局更合理、更有效，以达到产品的开发周期和成本的最小化，产品设计质量的最优化，生产效率的最高化。

虚拟制造是敏捷制造的核心，是其发展的关键技术之一。敏捷制造中的虚拟企业在正式运行之前，必须分析这种组合是否最优，这种组合能否正常协调运行工作，以及对这种组合投产后的效益及风险进行确实有效的评估。实现这种分析和有效评估，就必须把虚拟企业映射为虚拟制造系统，通过运行虚拟制造系统进行实验。

虚拟制造系统是基于虚拟制造技术实现的制造系统，是现实制造系统在虚拟环境下的映射，它不消耗现实资源和能量，所生产的产品是可视的虚拟产品，具有真实产品所必须具有的特征，它是一个数字产品。

虚拟现实制造简称拟实制造，其发展很快，现在，操作者戴上专门的头盔和手套，在计算机上模拟出现实环境下制造过程的情况已比较成熟。另外虚拟仪器的出现可代替一些实际仪器的工作，已经商品化，具有广泛的应用前景。

8.5.8 绿色制造

绿色制造（green manufacturing，GM）是一种综合考虑环境影响和资源利用的现代制造模式，其目标是使产品在从市场需求、设计、制造、包装、运输、使用到报废处理的全生命周期中，对环境的负面影响最小，而资源利用率最高。绿色制造的含义很广，且十分重要，涉及以下一些方面。

8.5.8.1 环境保护

制造是永恒的，产品的生产会造成对环境的污染和破坏，人类的生存环境面临日益增长的产品废弃物危害和资源日益匮乏的局面，要以产品全生命周期来考虑，从市场需求开始，进行设计、制造，不仅要考虑它如何满足使用要求，而且要考虑当生命终结时如何处置它，使它对自然界的污染和破坏最小，而对自然资源的利用最大。如工业废液、粉尘的排放，一些产品如电池、印刷线路板，计算机等在报废后元件中有害元素的处理。

8.5.8.2 资源利用

世界上的资源从再生的角度来分类，可分为不可再生资源与可再生资源，如石油、矿产等都是不能再生的，树木等是可再生的，因此在产品设计时，应尽量选择可再生材料，产品报废后，要考虑资源的回收和再利用问题。为此，机械产品从设计开始就要考虑拆卸的可能性与经济性，在产品建模时，不仅要考虑加工、装配结构工艺性，而且要考虑拆卸结构工艺性，把拆卸作为计算机辅助装配工艺设计的一项重要内容。

8.5.8.3 清洁生产

在产品生产加工过程中，要减少对自然环境的污染和破坏，如切削、磨削加工中的冷却液，电火花加工、电解加工的工作液都会污染环境，为此，出现了干式切削、磨削加工，而干式切削、磨削中的切屑粉尘会造成对人体的伤害，需要配置有效的回收装置；热处理废液会造成严重的水污染和腐蚀，对人体有害，应进行处理后才能排放；又如机械加工中的噪声也是一种环境污染，需要控制，不能超标，如此等等，不再枚举。

为了进行清洁生产，需要研究产品全生命周期设计和并行工程，它能有效地处理与生命周期有关的各因素，其中有需求认可、设计和开发、生产、销售、使用、处理和再循环。

图 8-26 表示了产品制造技术的全过程，它包括产品技术、生产技术、拆卸技术和再循环技术。

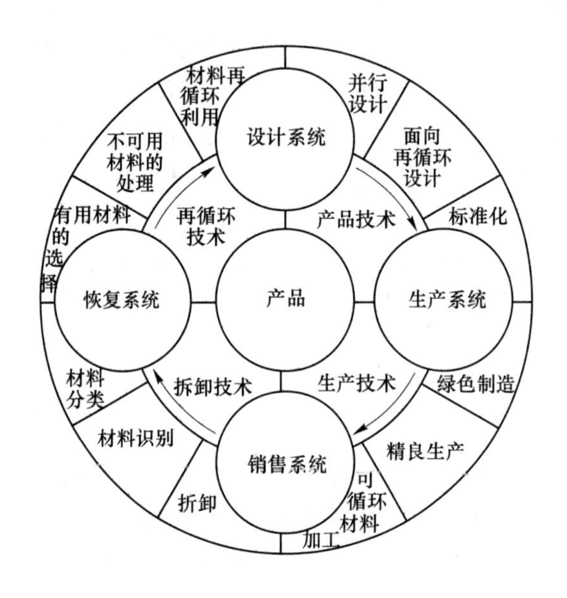

图 8-26　产品制造技术的全过程

实现绿色制造的主要技术措施如图 8-27 所示。

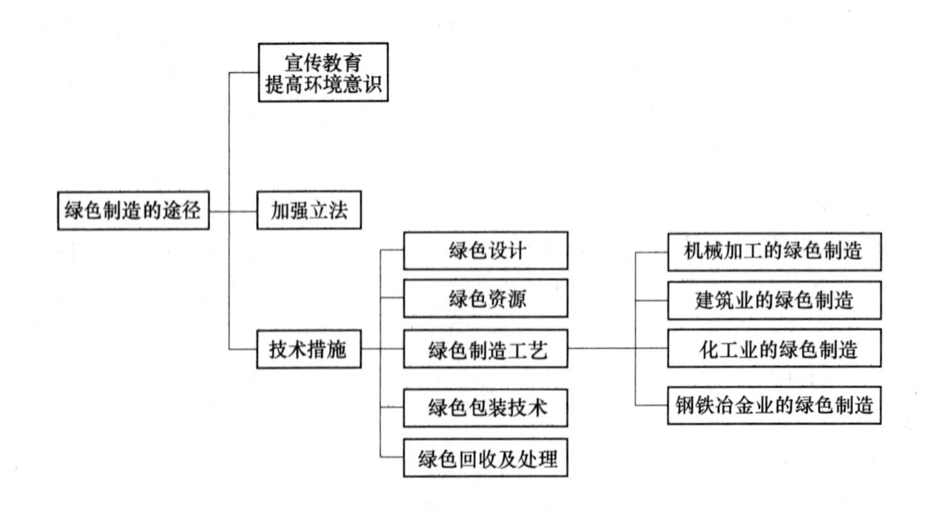

图 8-27　绿色制造的实施

习题与思考题

8-1 快速成形制造（RPM）的工艺原理和作业过程是什么？
8-2 常见的 RPM 的工艺有哪些？其工艺原理分别是什么？
8-3 精密加工时，为什么要用天然单晶金刚石作刀具？
8-4 实现精密加工的条件是什么？
8-5 纳米级去除加工与传统切削加工的区别？
8-6 纳米级去除加工的常用方法有哪些？
8-7 电火花加工的基本原理是什么？它适合于加工哪类零件？
8-8 线切割加工与电火花加工有何区别？它适合于加工哪类零件？
8-9 高速走丝和低速走丝线切割方法其原理有何异同？各有何特点？
8-10 为什么说光刻加工技术是大规模集成电路制造中的核心技术？
8-11 简述电化学加工的特点和用途。
8-12 试述柔性制造系统的概念、特点、构成和应用。
8-13 试述柔性生产线的特点和应用。
8-14 试述计算机集成制造系统的概念和体系结构。
8-15 何谓并行工程，它与计算机集成制造系统有何不同？
8-16 试述智能制造的含义和方法。
8-17 试述精益制造的核心思想。
8-18 试述敏捷制造和虚拟制造的含义和特点。
8-19 试述绿色制造的重要意义和举措。
8-20 为什么要强调产品的全生命周期？

参考文献

[1] 张平宽．机械制造工程学基础［M］．北京：国防工业出版社，2014.
[2] 贾振元，王福吉．机械制造技术基础［M］．北京：科学出版社，2011.
[3] 赵雪松，任小中，等．机械制造装备设计［M］．武汉：华中科技大学出版社，2009.
[4] 赵雪松，任小中，等．机械制造技术基础［M］．武汉：华中科技大学出版社，2010.
[5] 王先逵．机械制造工艺学［M］．北京：机械工业出版社，2007.
[6] 卢秉恒．机械制造技术基础［M］．北京：机械工业出版社，2005.
[7] 陈德生．机械制造工艺学［M］．杭州：浙江大学出版社，2007.
[8] 龚庆寿．机械制造基础［M］．北京：高等教育出版社，2006.
[9] 熊良山，严晓光，张福润．机械制造技术基础［M］．武汉：华中科技大学出版社，2007.
[10] 蔡安江．机械制造技术基础［M］．北京：机械工业出版社，2007.
[11] 姜银方，王宏宇．机械制造技术基础实训［M］．北京：化学工业出版社，2007.
[12] 骆莉，卢记军．机械制造工艺基础［M］．武汉：华中科技大学出版社，2006.
[13] 卢波，董星涛．机械制造技术基础［M］．北京：中国科学技术出版社，2006.
[14] 吴惕华．机械制造自动化［M］．北京：机械工业出版社，2006.
[15] 陈明，张茂，李子琼．机械制造工艺学［M］．北京：机械工业出版社，2005.
[16] 余小燕，郑毅．机械制造基础［M］．北京：科学出版社，2005.
[17] 张季中．机械制造基础［M］．北京：北京大学出版社，2005.
[18] 刘长青．机械制造技术［M］．武汉：华中科技大学出版社，2005.
[19] 韩秋实．机械制造技术基础［M］．北京：机械工业出版社，2005.
[20] 王先逵．机械加工工艺手册［M］．北京：机械工业出版社，2007.
[22] 戴曙．金属切削机床［M］．北京：机械工业出版社，1993.
[23] 王启平．机械制造工艺学［M］．哈尔滨：哈尔滨工业大学出版社，1999.
[23] 郑修本．机械制造工艺学［M］．北京：机械工业出版社，1999.
[24] 王爱玲．数控机床加工工艺［M］．北京：机械工业出版社，2006.
[25] 崔兆华．数控加工工艺［M］．济南：山东科学技术出版社，2006.
[26] 陆剑中．金属切削原理与刀具（第3版）［M］．北京：机械工业出版社，2001.
[27] 庞怀玉．机械制造工程学［M］．北京：机械工业出版社，1998.
[28] 徐立华．机械制造工程学［M］．北京：兵器工业出版社，1997.
[29] 顾崇衔．机械制造工艺学［M］．西安：陕西科学技术出版社，1986.
[30] 王启平．机床夹具设计［M］．哈尔滨：哈尔滨工业大学出版社，2002.
[31] 张德全，陈思夫，林彬．机械制造装备及其设计［M］．天津：天津大学出版社，2003.
[32] 冯辛安．机械制造装备设计［M］．北京：机械工业出版社，2006.
[33] 王先逵，张平宽．机械制造工程学基础［M］．北京：国防工业出版社，2008.
[34] 金问楷，赵敖生，刘友和．机械加工工艺基础：工程材料及机械制造基础（Ⅲ）［M］．北京：高等教育出版社，1998.
[35] 张九渊．表面工程与失效分析［M］．杭州：浙江大学出版社，2005.
[36] 周峥．工程材料与热处理［M］．济南：山东大学出版社，2006.
[37] 徐永礼，田佩林．金工实训［M］．广州：华南理工大学出版社，2006.
[38] 韩荣第，王扬，张文生．现代机械加工新技术［M］．北京：电子工业出版社，2003.
[39] 吕德隆．表面工程技术的发展与应用［J］．国外金属热处理，2002，23（5）.
[40] 钱翰城，李俊．轻合金表面工程技术述评［J］．特种铸造及有色合金，2007，27（8）.

[41] 吴振亭，王德俊．冷冲压模具设计与制造［M］．郑州：河南科学技术出版社，2006.
[42] 吴伯杰．冲压工艺与模具［M］．北京：电子工业出版社，2004.
[44] 李海梅，申长雨．注塑成型及模具设计实用技术［M］．北京：化学工业出版社，2002.
[44] 郭广思．注塑成型技术［M］．北京：机械工业出版社，2002.
[45] 周锦进，方建成，徐文骥．光整加工技术的研究与进展［J］．制造技术与机床，2004（3）：7~11.
[46] 王志勇，张常清，郝建军．光整加工技术及其应用［J］．纺织机械，2005（3）：39~41.
[47] 杨世春，汪鸣铮，杨胜强．表面质量与滚磨光整加工技术［J］．山东内燃机，2001（1）：14~16.
[48] 何光宏，杨学恒．基于扫描探针显微镜的纳米加工技术研究进展［J］．微电子学，2005，35（2）：169~173.
[49] 傅惠南，王晓红，刘雄伟．纳米加工材料的去除机理研究［J］．机械工程学报，2002，38（6）：36~39.
[50] 魏强，张玉林，宋会英，等．基于扫描隧道显微镜的纳米加工技术［J］．微电子技术，2005（9）：424~430.
[51] 袁哲俊，王先逵．精密和超精密加工技术［M］．北京：机械工业出版社，1999.
[52] 张世昌．先进制造技术［M］．天津：天津大学出版社，2004.
[53] 耿磊，陈勇．纳米光刻技术发展现状与进展［J］．世界科技研究与发展，2005，27（3）：7~10.
[54] 刘晓莉，李霄燕，邵敏权．光刻技术及其新进展［J］．光机电信息，2005，9：12~15.
[55] 宋昭祥．现代制造工程技术实践［M］．北京：机械工业出版社，2004.
[56] 罗振璧，朱耀祥，张书桥．现代制造系统［M］．北京：机械工业出版社，2004.
[57] 王润孝．先进制造技术导论［M］．北京：科学出版社，2004.
[58] 方子良．机械制造技术基础［M］．上海：上海交通大学出版社，2004.
[59] 梁炳文．机械加工工艺与窍门精选［M］．北京：机械工业出版社，2003.
[60] 姚智慧，张广玉，侯珍秀，等．机械制造技术［M］．哈尔滨：哈尔滨工业大学出版社，2002.
[61] 刘战强，黄传真，郭培全．先进切削加工技术及应用［M］．北京：机械工业出版社，2005.
[62] 路剑中，孙家宁．金属切削原理与刀具（第4版）［M］．北京：机械工业出版社，2005.
[63] 张世昌．机械制造技术基础［M］．天津：天津大学出版社，2002.
[64] 蔡光起．机械制造技术基础［M］．沈阳：东北大学出版社，2002.
[65] 杨宗德．机械制造技术基础［M］．北京：国防工业出版社，2006.
[66] 曾志新．机械制造技术基础［M］．武汉：武汉理工大学出版社，2001.
[67] 傅水根．机械制造工艺基础［M］．北京：清华大学出版社，1998.
[68] 艾兴，等．高速切削技术［M］．北京：国防工业出版社，2003.
[69] 张伯霖．高速切削技术及应用［M］．北京：机械工业出版社，2002.
[70] 武良臣，等．先进制造技术［M］．徐州：中国矿业大学出版社，2001.
[71] 盛晓敏，邓朝晖．先进制造技术［M］．北京：机械工业出版社，2000.
[72] 李发致．模具先进制造技术［M］．北京：机械工业出版社，2003.
[73] 蔡建国，吴祖育．现代制造技术导论［M］．上海：上海交通大学出版社，2000.
[74] 李凯岭，宋强．机械制造工艺基础［M］．济南：山东科学技术出版社，2005.
[75] 李伟．先进制造技术［M］．北京：机械工业出版社，2005.
[76] 王先逵．制造技术的历史回顾与面临的机遇和挑战［J］．机械工程学报，2002（8）：1~8.
[77] 王先逵．广义制造论［J］．机械工程学报，2003（10）：86~94.
[78] 王先逵．计算机辅助制造［M］．北京：清华大学出版社，1999.
[79] 许香穗，蔡建国．成组技术［M］．北京：机械工业出版社，1987.
[80] 袁哲俊，王先逵．精密和超精密加工技术［M］．北京：机械工业出版社，2007.

[81] 赵东福．自动化制造系统［M］．北京：机械工业出版社，2004.
[82] 陈根琴，宋志良．机械制造技术［M］．北京：北京理工大学出版社，2007.
[83] 戴起勋．机械零件结构工艺性 300 例［M］．北京：机械工业出版社，2003.
[84]《机械设计手册》编委会．机械设计手册 零件结构设计工艺性［M］．北京：机械工业出版社，2007.
[85] 何少平，李国顺，舒金波．机械结构工艺性［M］．长沙：中南大学出版社，2006.
[86] 机械工程手册、电机工程手册编辑委员会．机械工程手册：第 5 卷 第 25 篇［M］．北京：机械工业出版社，1982.
[87] 全国技术产品文件标准化技术委员会．GB/T 24737.3—2009 工艺管理导则 第 3 部分 产品结构工艺性审查［S］．北京：中国标准出版社，2010.